Jürgen Gänßmantel, Gerd Geburtig, Astrid Schau

Sanierung und
Facility Management

T0281577

Jürgen Gänßmantel, Gerd Geburtig,
Astrid Schau

Sanierung und Facility Management

Nachhaltiges Bauinstandhalten und Bauinstandsetzen

Teubner

Bibliografische Information Der Deutsche Bibliothek
Die Deutsche Bibliothek verzeichnet diese Publikation in der Deutschen Nationalbibliografie;
detaillierte bibliografische Daten sind im Internet über <http://dnb.ddb.de> abrufbar.

Dipl.-Ing. Jürgen Gänßmantel leitet sein Ingenieurbüro als selbstständiger Servicepartner für mineralische
Werkstoffe im Bauwesen. Seit 2001 ist er von der IHK Reutlingen ö.b.u.v. Sachverständiger für mineralische Werkstoffe im Bauwesen. Außerdem hält er fach- und führungsspezifische Seminare. Er arbeitet im Referat Fachwerk
in der Wissenschaftlich-Technischen Arbeitsgemeinschaft für Bauwerkserhaltung und Denkmalpflege e.V. mit
und ist Leiter der WTA-Akademie.
Email: info@gaenssmantel.de
Internet: www.gaenssmantel.de

Dipl.-Ing. Astrid Schau ist Inhaberin eines Ingenieurbüros und leitet außerdem die Geschäfte einer Baubetreu-
ungsgesellschaft in Weimar. Sie ist zertifizierte Sicherheit- und Gesundheitsschutzkoordinatorin nach Baustellen-
verordnung sowie Gutachterin für die Immobilienbewertung und Sachkundige für Bauschäden und Baumängel.
Email: ingenieurbüro.schau@arcor.de
Internet: www.sk-baubetreuung.de

Arch. Dipl.-Ing. Gerd Geburtig ist Inhaber der gleichnamigen Planungsgruppe. Er hält Gastvorlesungen für den
Fachbereich Baukonstruktion und Entwerfen an der Bauhaus-Universität Weimar. Außerdem ist er Leiter des
Referates Fachwerk in der Wissenschaftlich-Technischen Arbeitsgemeinschaft für Bauwerkserhaltung und Denk-
malpflege e.V. und Mitglied im Deutschen Nationalkomitee von ICOMOS. Er gibt fachspezifische Seminare und
ist als freier Sachverständiger tätig.
Email: planungsgruppe.geburtig@arcor.de
Internet: www.pg-geburtig.de

1. Auflage Oktober 2005

Der B. G. Teubner Verlag ist ein Unternehmen von Springer Science+Business Media.
www.teubner.de

Umschlaggestaltung: Ulrike Weigel, www.CorporateDesignGroup.de
Gedruckt auf säurefreiem und chlorfrei gebleichtem Papier.

ISBN 3-519-00474-7

Vorwort

„Facility Management sollten Leute machen, die nicht nur die Philosophie einer Bestandsverwaltung und nicht nur das Motto ‚Bauen und dann bin ich weg' verinnerlicht haben. Für ein erfolgreiches Facility Management bedarf es einer permanent intensiven Kommunikation zwischen der Facility Management Abteilung und den Gebäudenutzern."

Ausspruch eines motivierten Fachingenieurs für Energetik und Medienversorgung

Das Bewirtschaften von Gebäuden, Anwesen und Liegenschaften bis hin zu großen Gebäudekomplexen ist im Prinzip genauso alt wie die Geschichte des Bauens. Einer relativ kurzen Errichtungsphase folgt meist eine relativ lange Benutzungsphase, in der Ressourcen wie Energie zur Beheizung, Geld zur Zahlung von Zinsen und Tilgung usw. verbraucht werden. Je komplexer eine Gebäudestruktur ist, umso systematischer sollte die Verwaltung erfolgen. Bereits im frühen Mittelalter kannte man bei Kloster-, Burg-, Schlossanlagen usw. intelligente Verwaltungs- und Betreibersysteme. In ihren Grundstrukturen haben sie sich bis in die heutige Zeit gerettet; neu ist nur die Bezeichnung: Facility Management.

Kennzeichen einer genutzten Immobilie sind Alters- und Gebrauchsspuren, die durch entsprechende Wartung und Instandhaltung beseitigt werden können. Instandhaltungsstau bewirkt Instandsetzungsbedarf; sollen zudem Gebäude um- oder neu genutzt werden, so ist in vielen Fällen eine „Sanierung" des Bestandsgebäudes erforderlich. Welche Berührungspunkte zwischen Facility Management und Sanierung begründen nun die Herausgabe dieses Fachbuches?

Beide Faktoren beeinflussen sich gegenseitig. So kann Facility Management eine Sanierungsaufgabe und damit Bauen in Bestand auslösen, unabhängig davon, wie einfach oder kompliziert der Gebäudebetrieb ist. Das einfachste Facility Management ist das eines Eigenheimbesitzers, der seine Bauakten aufbewahrt, seine laufenden Kosten erfasst und auf der Basis dieser Informationen entscheidet, wann er z. B. eine energetische Sanierung durchführen muss. Bauen im Bestand ist umgekehrt die Chance für ein Gebäude oder einen Gebäudekomplex, durch die notwendige Datenbeschaffung im Rahmen von Bestandsaufnahmen, Zustandsanalysen usw. die Basis zur Einführung eines Facility Management Systems für die nun sanierte, neu genutzte Immobilie zu schaffen.

Bisher wurden in der Fachwelt beide Aspekte überwiegend losgelöst voneinander betrachtet. Zweck des Fachbuches ist es, die beiden oft gegenläufigen Gesichtspunkte miteinander zu verbinden, Schnittstellen aufzuzeigen und Synergieeffekte vorzustellen. Die Notwendigkeit, ein Fachbuch über Facility Management und Sanierung erstmalig zu veröffentlichen, begründet sich angesichts des zunehmenden Anteils an Bestandsgebäuden und dem bevorstehenden gesellschaftlichen, politischen und technischen Wandel. Aber auch zu viele mangelhafte Sanierungen sowie fehlendes oder mangelhaftes Facility Management und die damit verbundenen, zum Teil immensen Kosten, geben Anlass dazu.

Das vorliegende Fachbuch soll mögliche Konzepte zur nachhaltigen Sanierung aus Sicht des Facility Managements aufzeigen; es verschafft aber auch einen Überblick über die Grundlagen des Facility Managements, über die Anforderungen an die nachhaltige Nutzung und den Betrieb von Bestandsimmobilien, Gebäuden und Liegenschaften und soll an Hand zahlreicher

Praxisberichte zeigen, dass es ökologischer und ökonomischer ist, vor der Entscheidung „Neu bauen oder Alt umnutzen?" unter Zuhilfenahme aller die Gebäudenutzung berücksichtigender Faktoren, eine Abwägung der Bestandsnutzung vorzunehmen.

In diesem Buch würde der Praxisbezug fehlen, wären nicht einige wichtige Gebäudebetreiber bereit gewesen, ihre Erfahrungen mit Facility Management und Sanierung offen zu legen. Den Firmen und Institutionen, den Gesprächspartnern und Facility Managern sei an dieser Stelle herzlich gedankt.

Dieses Fachbuch bringt die Meinungen der beteiligten Autoren zum Ausdruck. Wichtig sind aber auch die Meinungen der fachkundigen Leserinnen und Leser. Ratschläge und konstruktive Kritik sind daher stets willkommen, ebenso auch konkrete Vorschläge für Verbesserungen und Veränderungen, damit dieses Buch immer auf dem aktuellen Stand des Wissens ist.

Weimar/Dormettingen, im Frühjahr 2005

Astrid Schau, Gerd Geburtig, Jürgen Gänßmantel

Inhalt

1 Einleitung

Das Bauen im Bestand und der Umgang mit dem Bestand werden zukünftig eine größere Bedeutung haben. Die gesellschaftliche Forderung nach Verringerung des Flächenverbrauchs für Bauland und das Bewusstsein für die Umwelt und deren Beeinflussung werden zu einer intensiveren Nutzung des vorhandenen Gebäudebestands führen. Im Jahr 2025 werden ungefähr 70 % der Bauten im Bestand vorhanden sein. Es ist unrealistisch weiterhin davon auszugehen, dass neue Bauplätze vorwiegend auf der „Grünen Wiese" entstehen und vorhandene Bausubstanz in den Städten nur abgerissen wird oder ungenutzt verfällt. Die Nutzung dieser Bausubstanz mit ihrem gewachsenen urbanen Umfeld wird zukünftig im Mittelpunkt stehen und deren Vorzüge bei Wegfall von z. B. Steuerbegünstigungen für Neubau an Bedeutung gewinnen. Ungeahnte Mengen an stoffgebundenen Energieinhalten sind zu erhalten. Die Preisentwicklung für das Entsorgen und Bauen unter Beachtung ökologischer Aspekte nimmt ebenfalls an Bedeutung zu. Es lassen sich nicht mehr unbegrenzt alle anfallenden Kosten auf den Verbraucher umschlagen, so dass Bauindustrie und Gesetzgeber gemeinsam gefordert sind, neue Potenziale für Kostensenkungen zu erschließen. Die Beachtung der vielschichtigen und fachübergreifenden Aspekte für zukünftiges Handeln erfordert eine strukturierte Herangehensweise, die als dynamischer Prozess verstanden werden muss. Ständige Analyse und Reaktion im Wechselspiel sind vorauszusetzen. Nur damit lassen sich Entscheidungen für längere Zeiträume, die bei der Errichtung oder Sanierung einer Immobilie anstehen, sicher und kostengünstig für alle Beteiligten fällen.

Facility Management

In den vermeintlich guten alten Zeiten, als die Heizung mit Kohle befeuert und morgens der Haupteingang mit einem Schlüssel aufgesperrt wurde, da waren die Hausmeister noch allein die guten Seelen der Gebäude. In unserer modernen Gesellschaft ist vieles automatisiert, technisiert und rationalisiert. Deshalb brauchen Krankenhäuser, Bürotürme, Rathäuser und Hochhäuser einen Gebäudemanager, der Technologie und Wirtschaftlichkeit verbindet und dafür sorgt, dass Technik, Organisation und Finanzen reibungslos funktionieren. Miete, Versicherungen und Abrechnungen gehören ebenso zu den Aufgaben des Facility Managements wie Inventar, Gebäudereinigung und der Sicherheitsdienst. Durch technisches, kaufmännisches und/oder infrastrukturelles Facility Management können Kosten und Energie gespart werden, was zusätzlich der Umwelt zugute kommt.

Der deutsche Verband für Facility Management (GEFMA) prophezeit den Gebäudemanagern von morgen sehr gute Berufsaussichten als Angestellte großer Unternehmen und als Selbstständige, denn immer mehr Betreiber großer Gebäudeanlagen vergeben das Management ihrer Objekte an externe Dienstleister. Dem Gebäudemanager werden laut GEFMA immense Werte anvertraut, denn nur 20 Prozent der Kosten einer Immobilie entfallen auf die Herstellungskosten. Vier Fünftel entstehen dagegen in der Betriebsphase durch Zinsen, Miete, Versicherungen, Steuern, Energie, Wartung, Instandsetzung, Reinigung, Sicherung und Unterhalt.

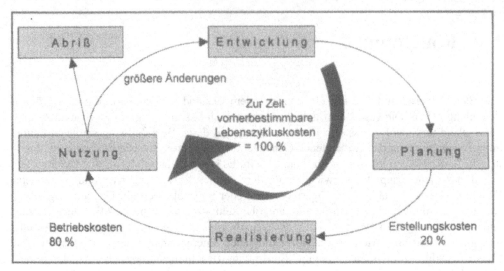

Bild 1-1 Lebenszykluskosten eines Gebäudes

Weil ein längerer Zeithorizont des gemeinsamen Arbeitens und Lebens von vornherein die Planung bestimmt (Lebenszyklusgedanke) und soziale, ökonomische, ökologische wie technische Aspekte gleichwertig und aufeinander abgestimmt bei Entscheidungen Berücksichtigung finden, ist Facility Management als ein ganzheitliches Gebäudemanagement unter Berücksichtigung aller anfallenden Dienstleitungen zu verstehen. Eine der wesentlichen Herausforderungen besteht in der Koordinierung der verschiedenen Dienstleistungen im Interesse der Menschen, die in diesen Gebäuden leben und arbeiten. Facility Management ist damit als umfassendes Dienstleistungsmanagement rund um den Nutzen dieser Kunden zu verstehen; es erleichtert und unterstützt ihren Arbeits- und Lebensalltag. Dabei geht es darum, die anfallende Arbeit produktiver und motivierender zu gestalten sowie die werterhaltende und wertschöpfende Bewirtschaftung der Gebäude, in denen Menschen arbeiten und leben, zu optimieren.

Kern dieser Ganzheitlichkeit ist eine interdisziplinäre Herangehensweise, die aus ökonomischen, sozialwissenschaftlichen und technischen Einheiten bestehen sollte und diese Einheiten unter dem Gesichtspunkt des „Managements", also des Planens, Entscheidens, Realisierens und Kontrollierens verbindet. Diese Verbindung bedeutet weiter, dass personenbezogene, ökonomische, soziale und technische Wechselwirkungen und Folgeketten bedacht werden müssen. Dabei geht es im Management auch um die Beachtung und Einbeziehung der verschiedenen Interessen, die Menschen mit Blick auf ihre Arbeits- und Lebensumwelt äußern.

Instandhalten, Instandsetzen, Sanieren?

Wie bereits ausgeführt, ist die Lebenszyklusbetrachtung eines Gebäudes ein grundlegender Gedanke des Facility Managements. In Anbetracht der laut 3. Bauschadensbericht in Deutschland vorhandenen ca. 34 Mio. Wohneinheiten, von denen 70 % älter sind als 30 Jahre, kommt der nachhaltigen Instandhaltung und Instandsetzung von Gebäuden – besonders im Bestand – eine zunehmende Bedeutung zu. Beide in der Nutzungsphase auftretenden Aspekte hängen sehr eng miteinander zusammen und beeinflussen sich gegenseitig in hohem Maße.

Wirtschaftlich gesehen bedeutet *Instandhaltung* die Beseitigung kleinerer Schäden am Anlagevermögen (Unterhalt). Nach § 3 HOAI versteht man unter Instandhaltung alle Maßnahmen zur Erhaltung des zum bestimmungsgemäßen Gebrauch geeigneten Zustandes (Soll-Zustand) eines Objektes, also z. B. Maler- und Lackierarbeiten an Fenstern, Anstricharbeiten an Fassaden usw. Wird Instandhaltung organisatorisch, betrieblich und technologisch nicht adäquat behandelt und unterlassen, kommt es meist zu einem Instandhaltungsrückstau, der die Instandsetzung auslösen kann.

Wirtschaftlich versteht man unter *Instandsetzung* die vollständige Überholung von Gegenständen des Anlagevermögens, um diese wieder in einen gebrauchsfähigen Zustand zu versetzen. Nach § 3 der Honorarordnung für Architekten und Ingenieure (HOAI) zählen zur Instandsetzung alle Maßnahmen, die zur Wiederherstellung des Soll-Zustandes führen, sofern es sich nicht um Wiederaufbauten (Wiederherstellung zerstörter Objekte auf vorhandenen Bau- oder Anlageteilen) oder um Modernisierungsmaßnahmen handelt.

Bild 1-2 Lebenszyklus von Bestandsgebäuden

Als umgangssprachlicher Oberbegriff für eine umfassende Bauinstandsetzung oder das Bauen im Bestand wird häufig der Begriff der *Sanierung* verwendet. Die Sanierung kann eine Vielfalt von Strategien beinhalten und ist nicht auf ein bestimmtes Konzept fokussiert.

Betrachtet man die integralen Bestandteile eines umfassenden Facility Management Leistungsbildes, so stellt die Bauunterhaltung nur einen von vielen Aspekten dar.

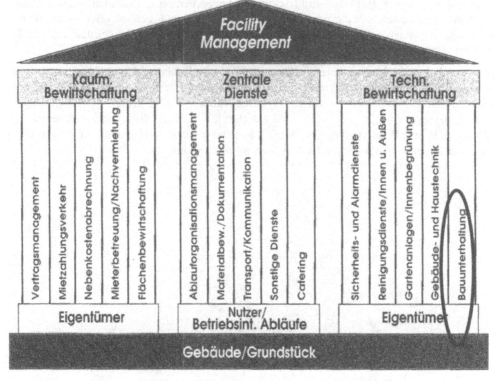

Bild 1-3 Leistungsbild des Facility Managements und seine integralen Bestandteile

Spricht man bei „Instandhaltung" Kriterien wie z. B. Verfügbarkeit und Ausfallverhalten, differenzierte Instandhaltungsstrategien, Organisation der Instandhaltung, Beschaffung von Investitionsgütern, Instandhaltungs- und Ersatzteillogistik, Instandhaltungscontrolling, EDV-Einsatz in der Instandhaltung usw. an, so muss der Begriff „Bauinstandhaltung" im Rahmen von Facility Management Betrachtungen weiter gefasst werden, wie dies auch bereits seit längerer Zeit in der Ausbildung und Lehre der Fall ist.

Nachhaltigkeit

Die wesentlichen Aspekte eines nachhaltigen Bauinstandhaltens im Sinne einer methodischen Instandhaltung und Weiterentwicklung technischer Systeme in der Nutzungsphase umfassen daher

1. Instandhalten (Wartung, Inspektion, Instandsetzung)
2. Optimieren (Qualität, Quantität, Kosten)
3. Modernisieren (Stand der Technik)

Nachhaltiges Bauinstandhalten bedeutet also eine adäquate Mischung verschiedenen Disziplinen und eine ganzheitliche Vorgehensweise, insbesondere die gleichzeitige Berücksichtigung ökologischer, ökonomischer und sozialer Aspekte. Viele Planer und Architekten haben
erhebliche Bedenken, derartige Aufträge zu realisieren – oft auch aus Unkenntnis der notwendigen Vorgehensweise und zu berücksichtigenden Kriterien.

Vorschläge für eine einheitliche Vorgehensweise des Bauinstandhaltens und Bauinstandsetzens bei allen in Frage kommenden Arten der Bestandsbauten werden in den nächsten Jahren
von Institutionen im Bereich der Bauwerkserhaltung und Denkmalpflege wie z. B. der Wissenschaftlich-Technischen Arbeitsgemeinschaft und Denkmalpflege e. V. (WTA) erarbeitet
werden. Außerdem wird es erforderlich werden, Forschungsprojekte (öffentlich) zu fördern,
um zu überprüfen, inwieweit die praktischen Nutzungsgewohnheiten in instand gesetzten
Bestandsbauten die (theoretisch) ermittelten Nachhaltigkeitskriterien beeinflussen.

2   Grundlagen des Facility Managements

2.1   Definition, Bestandteile und Aufgaben des Facility Managements

2.1.1   Begriffsbestimmung und Definition

Im Zusammenhang mit dem Begriff Facility Management stößt man auf zahlreiche Definitionen und Begriffsdeutungen, die sich teilweise voneinander unterscheiden und unter denen jeder etwas anderes versteht. Auch die Schreibweise für Facility Management ist unterschiedlich. Es finden sich die Schreibweisen mit einem Bindestrich zwischen den beiden Substantiven und die Schreibweise bei der die beiden Worte zusammen geschrieben werden. Die international gebräuchliche Schreibweise ist die mit zwei getrennten Substantiven ohne Bindestrich. Diese wird hier verwendet.

Der Begriff Facility Management war Anfang der achtziger Jahre in Deutschland noch weitgehend unbekannt. Erst Mitte der neunziger Jahre begannen sich in Deutschland Unternehmen, Dienstleister und öffentliche Verwaltungen für dieses Managementfeld zu interessieren. Der Begriff des Facility Managements ist heute allgemein gebräuchlich wird jedoch dem Inhalt nach sehr vielfältig interpretiert und somit werden ihm meistens nur spezielle Themenbereiche und Aufgabengebiete zugeordnet, insbesondere wird damit die Gebäudetechnik in Zusammenhang gebracht.

Weiterhin muss beachtet werden, dass mittlerweile verschiedene Berufsgruppen das Facility Management für sich entdecken und es daher entsprechend ihren Möglichkeiten und Aufgabenbereichen für sich passend definieren.

Dabei wird die Einordnung und Suche nach der Stellung der jeweiligen Berufsgruppe in dieses Aufgabenfeld oft einseitig vorgenommen. Die bisherigen vorhandenen Strukturen und Aufgabentrennungen ermöglichen es nicht, die dringend notwendigen Schnittstellen zu anderen Fachbereichen in Bezug auf die eigene nicht mehr ausreichende Leistungsfähigkeit zu erkennen und man ist nicht bereit, Aufgaben- und Betätigungsfelder zu Gunsten anderer Fachbereiche aufzugeben oder diese frühzeitig in die Verantwortung mit einzubeziehen.

Der komplexe Ansatz, der dem Facility Management zu Grunde liegt, nämlich ein strategisches ganzheitliches Instrument der Unternehmensführung zu sein und die Technischen Wissenschaften, Wirtschaftswissenschaften und Organisationsstrukturen gleichermaßen und im Zusammenhang zu betrachten, wird noch nicht vollzogen.

Somit ist es nicht verwunderlich, dass wir heute zahlreiche Definitionen für Facility Management finden und nicht festlegen können, welche „die" Definition für das Facility Management ist. Definitionen werden von verschiedenen Verbänden, Anwendern, Nutzern und Berufsgruppen erstellt, jeweils aus der Sicht ihres Aufgabenfeldes und ihrer Erfahrungen und nicht zuletzt ihren Interessen folgend.

Im Weiteren sollen einige Beispiele für die Begriffsdefinition genannt werden.

- Die erste Definition wurde durch die IFMA (International Facility Management Association, Houston/Texas), der Institution, die sich seit 1980 in den USA mit diesem Thema beschäftigt, bekannt gemacht. Sie wird durch die in Deutschland tätige IFMA Deutschland wie folgt frei übersetzt:

  „Facility Management ist immer dort notwendig, wo Geschäftsprozess, Mensch und Arbeitsplatz an einem Ort zusammengeführt werden." [1]

- Ein weiterer Verband, der sich in Deutschland mit dem Thema Facility Management beschäftigt, ist der GEFMA e.V. Deutscher Verband für Facility Management. Durch die Arbeit dieses Verbandes wurde eine Definition im Jahre 1994 vorgenommen und 1996 weiterentwickelt. So lautet die Definition gefasst in der Richtlinie GEFMA 100:

  „Facility Management ist die Betrachtung, Analyse und Optimierung aller kostenrelevanten Vorgänge rund um ein Gebäude, ein anderes bauliches Objekt oder eine im Unternehmen erbrachte (Dienst-) Leistung, die nicht zum Kerngeschäft gehört. Ziel von Facility Management ist es, bei Planung, Bau, Nutzung, Sanierung und Abriss von Gebäuden den Nutzen zu mehren und den Aufwand zu verringern. Der Nutzen eines Gebäudes besteht darin, den Menschen, die darin leben oder arbeiten, ein Höchstmaß an Schutz und Wohlbefinden zu geben, ihre Gesundheit zu bewahren und ihnen bestmögliche Arbeitsbedingungen zur Unterstützung des Kerngeschäftes zur Verfügung zu stellen. Nutzen ist auch Erhalt oder Erhöhung des Gebäude-Kapitalwertes. Der Aufwand eines Gebäudes ist sein Bedarf an Ressourcen: Zeit (für Planung, Bau, Unterhalt, Werterhaltung), Kapital (in jeder Phase), menschliche Arbeitskraft (in jeder Phase), Natur (für Grundstück, Baustoffe, Energie)." [2]

  In der neuen Richtlinie Entwurf GEFMA 100-1:2004 findet sich folgende weiterentwickelte Definition für Facility Management: „Facility Management (FM) ist eine Managementdisziplin, die durch ergebnisorientierte Handhabung von Facilities (3.2.1, [3]) und Services (3.2.2, [3]) im Rahmen geplanter, gesteuerter und beherrschter Facility Prozesse (3.5.3, [3]) eine Befriedigung der Grundbedürfnisse von Menschen am Arbeitsplatz, Unterstützung der Unternehmens-Kernprozesse (3.5.1, [3]) und Erhöhung der Kapitalrentabilität bewirkt. Hinzu dient die permanente Analyse und Optimierung der kostenrelevanten Vorgänge rund um bauliche und technische Anlagen, Einrichtungen und im Unternehmen erbrachte (Dienst-) Leistungen, die nicht zum Kerngeschäft gehören." [3].

  Die einzelnen verwendeten Begriffe sind in ihrer Bedeutung konkret in der Richtlinie erläutert und eingeordnet.

- VDMA Definition, Berlin 1996: „Facility Management ist die Gesamtheit aller Leistungen zur optimalen Nutzung der betrieblichen Infrastruktur auf der Grundlage einer ganzheitlichen Strategie [4]."

- In DIN 32736 erfolgt die Definition am Begriff Gebäudemanagement, es wird hier wie folgt beschrieben: „Die Gesamtheit aller Leistungen zum Betreiben und Bewirtschaften von Gebäuden, eingeschlossen sind, die baulichen und technischen Anlagen auf der Grundlage ganzheitlicher Strategien. Es gehören dazu auch die infrastrukturellen und kaufmännischen Leistungen. Das Gebäudemanagement zielt strukturellen und kaufmännischen Leistungen. Das Gebäudemanagement zielt auf die strategische Konzeption, Organisation und Kontrolle, hin zu einer integralen Ausrichtung der traditionell additiv erbrachten einzelnen Leistungen. [5]"

- Nach Nävy [6] wird definiert: „Facility Management ist ein strategisches Konzept zur Bewirtschaftung, Verwaltung und Organisation aller Sachressourcen innerhalb eines Unternehmens."

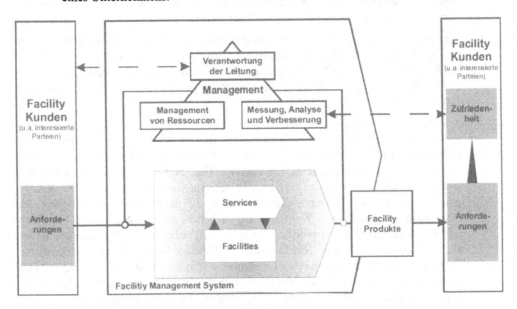

Bild 2-1 Allgemeines Prozessmodell für Facility Management

So ließe sich die Liste der Definitionen beliebig fortsetzen. Es wird deutlich, dass eine Modifizierung des Begriffs Facility Management aus der jeweiligen Sicht dazu führt, dass Facility Management für ganz unterschiedliche Sachverhalte benutzt wird und somit nur ein Sammelbegriff ist.

Die häufig vorgenommene Reduzierung des Facility Managements auf Gebäude und die darin enthaltenen Anlagen führt dazu, dass Facility Management den Hausmeisterdienstleistungen während der Nutzungsphase gleich gesetzt wird. Es sind jedoch weitaus komplexere Aufgabenstellungen und Strukturen zu berücksichtigen, um einen langfristigen Erfolg eines Facility Managements erzielen zu können. Die Betrachtung aller Leistungserstellungsprozesse innerhalb des gesamten Lebenszyklus im Zusammenhang mit Projektmanagement und Nutzungsmanagement bildet das umfassende Facility Management.

Das Facility Management wird für die Subsumierung von unterschiedlichsten Aufgaben, Gewerken und Dienstleistungen verwendet.

Um das Facility Management zu beschreiben, ist es deshalb nötig und sinnvoll festzulegen, welche Aufgaben, Funktionen und Ziele das Facility Management im konkreten Fall leisten und erfüllen soll. Facility Management muss den jeweiligen Ansprüchen folgend konkret und maßgeschneidert eingeführt und entwickelt werden.

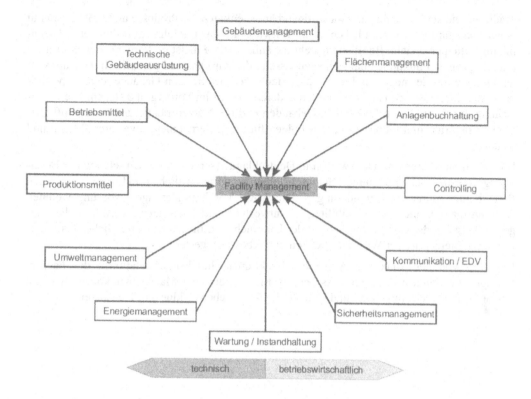

Bild 2-2 Aufgaben, Funktionen und Bereiche des Facility Managements

Eine konkrete Auswahl und Beschreibung der genannten Aufgabe, Funktionen und Bereiche für das einzuführende Facility Management nach den durch den Auftraggeber formulierten Anforderungen und vorhandenen Rahmenbedingungen des Unternehmens, bilden somit bei der Einführung eines Facility Management Projekts die Grundlage. Ohne konkrete Ziel- und Aufgabenstellungen, die durch kritische Bewertung der vorhandenen Kostenstrukturen und Organisationsstrukturen zu erarbeiten sind, ist ein Facility Management Projekt nicht möglich.

2.1.2 Bestandteile und Interpretation des Facility Managements

Aus den vorangegangenen Feststellungen ergeben sich zusätzlich auch noch national unterschiedliche Inhalte zum Begriff Facility Management.

In den USA wird Facility Management als Dienstleistung verstanden, in deren Mittelpunkt der Kunde und dessen Zufriedenheit stehen [7].

Das Facility Management ist bedürfnisorientiert ausgelegt, Gebäudetechnik steht dabei nicht so im Mittelpunkt wie es in Deutschland der Fall ist. Ziel ist es, ein Optimum von Kundenzufriedenheit und Wirtschaftlichkeit zu finden.

In Deutschland stehen wir am Anfang eines notwendigen strukturellen Wandels in den Unternehmen. Änderungen erfolgen stückchenweise und in kleinen Schritten. Die technische

Tradition und starke Liefer- und Industrieverbände, entwickelte Produkte und Leistungen mit hohem Standard und Niveau haben in der Entwicklung dazu geführt, dass die Gebäudetechnik im Mittelpunkt steht. Bei Planern steht die äußere Hülle meist im Vordergrund, das Innere mit allen seinen Funktionen hat sich anzupassen oder wird passend gemacht, Ingenieure statten Objekte mit der neuesten Technik aus, Bauherren beauftragen Gebäude, deren Investitionskosten losgelöst und isoliert von allen anderen Kosten im Vordergrund stehen. Die Einbeziehung der Lebenszykluskosten von Gebäuden und die Nutzerorientierung werden oft wissentlich ignoriert und führen zu fatalen Folgen für die Unternehmen, Investoren, Mieter und Kunden.

Die festen Strukturen und Denkweisen in Deutschland erschweren die Umsetzung der Beseitigung von inzwischen erkannten Schwachstellen im wirtschaftlichen und organisatorischen Bereich und führen zu Behinderungen. Die Angst vor Veränderungen, vor ungewohnten Strukturorganisationen, vor Flexibilität, Verantwortung und Transparenz, wird über die dringende Aufgabe, die Überlebenschancen der Unternehmen, Investoren, öffentlicher Institutionen durch Steigerung der Wirtschaftlichkeit zu verbessern, gestellt.

Losgelöst von den konkreten Aufgaben, Funktionen, Inhaltsinterpretationen des Facility Managements kann man sagen, dass Facility Management ein Managementkonzept ist, das sich auf drei Säulen stützt. Das sind Ganzheitlichkeit, Lebenszyklus und Transparenz.

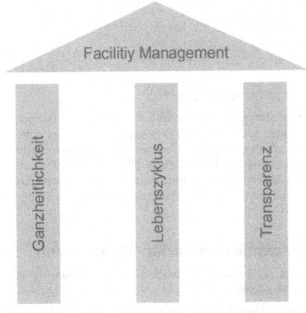

Bild 2-3 Säulen des Facility Managements, nach Nävy [6]

Ganzheitlichkeit

Durch das gezielte Zusammenführen von Informationen und Daten ist es bereichsübergreifend möglich, ganzheitliche Betrachtungsweisen anzustellen und in die Entscheidungsfindungen mit einzubeziehen. Viele Informationen können in die Betrachtungen einfließen und ermöglichen ein optimales Ergebnis.

Lebenszyklus

Facility Management beinhaltet einen Zeitaspekt, der über den Ansatz des gesamten Lebenszyklus eines Objekts, von der Idee bis zum Abriss mit allen seinen einzelnen Lebensphasen,
gesehen wird. In diesem gesamten Zyklus der Objekte werden in jeder einzelnen Phase Informationen gesammelt, ausgewertet und zusammengestellt.

Transparenz

Im Rahmen des Facility Managements werden Daten, Informationen zusammengefasst, bewertet, analysiert und stehen somit aktuell und jederzeit abrufbar für alle notwendigen Bereiche zur Verfügung. Informationen werden sinnvoll zusammengeführt und lassen sich daher
benutzerorientiert auswerten und gezielt beeinflussen und messen. Dies schafft eine breite
Transparenz, die für die Durchsetzung und Betreibung des Facility Managements unabdingbar ist.

2.1.2.1   Interpretation

Die Auslegungen zum Begriff Facility Management betreffen drei große Hauptbereiche:
Architektur und Bauplanung, Dienstleistung, Gebäudemanagement.

Architektur oder Bauplanung

Unter den Architekten und Bauplanern muss es Selbstverständnis werden, dass der Facility
Manager die gesamte Verantwortung für das Bauen unter Beachtung des gesamten Lebens-
zyklus eines Bauwerkes übernehmen muss. Der Prozess der Gebäudeplanung vom ersten
Gedanken über seinen gesamten Lebenszyklus hinweg bis hin zum Abbruch wird durch das
Facility Management beeinflusst. Es kommt darauf an, sich der Aufgabe bewusst zu werden,
Verantwortung für die Nutzungsphasen des Gebäudes zu übernehmen und die Bereitschaft
aufzubringen, diese Anforderungen und Zielvorgaben konsequent im Planungsprozess mit
umzusetzen.

Bild 2-4 Verantwortlichkeiten zwischen Architekt und Facility Manager

Dienstleistung

Dienstleistungen sind Teilbereiche des Gebäudemanagements. Diese Aufgabenbereiche werden vom Dienstleister ausgeführt und unterliegen dessen Verantwortung. Dienstleistungen werden in der Regel dann in Anspruch genommen, wenn es sich hierbei um Nebenbereiche handelt, die nicht zu den Kernprozessen des Unternehmens selbst zählen. Diese externen Dienstleistungen können Fuhrparkbetreibung, Datenverarbeitung, Kopierservice, Reinigungsservice, Kantinenbetrieb etc. sein.

Gebäudemanagement

Gebäudemanagement beinhaltet das technische und das kaufmännische Gebäudemanagement. Diese beiden Managementsparten umfassen sämtliche Leistungen, die zum Unterhalt von Gebäuden erforderlich sind. Das Gebäudemanagement muss einen effektiven Nutzen von Gebäuden gewährleisten. Das Gebäudemanagement ist ein Teilbereich des Facility Managements und widmet sich ausschließlich der Nutzung von Gebäudeliegenschaften. Das Gebäudemanagement ist im Gegensatz zum Facility Management objektbezogen und wird nur in der Nutzungsphase des Gebäudes betrieben.

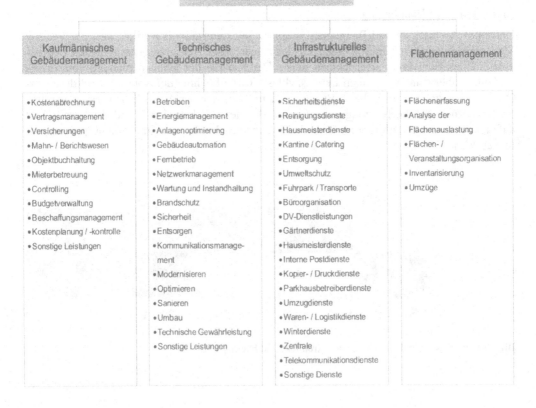

Bild 2-5 Bestandteile des Gebäudemanagements

2.1.3 Aufgaben des Facility Managements

Die Aufgaben des Facility Managements ergeben sich aus den sozialen Veränderungen, dem gestiegenen Bewusstsein für Kosten und Umgang mit Ressourcen jeglicher Art, wirtschaftlichen Anforderungen und den bestehenden technischen Möglichkeiten.

Dieses neue Managementkonzept verschafft Unternehmen weitere Einsparungspotenziale. Es werden Sachressourcen wie Gebäude, Liegenschaften, Infrastruktur und Anlagen optimiert und die bisher unberücksichtigten Potenziale innerhalb der Unternehmen freigesetzt.

Das Facility Management befasst sich mit den übergreifenden Entscheidungsgrundlagen für eine optimale Konzeption und Planung, Errichtung, Vermarktung, Beschaffung, Nutzung, Umbau/Umnutzung und Sanierung/Modernisierung und Verwertung von Gebäuden ihrer Systeme und Einrichtungen

Schwerpunkte sind dabei:

- Bauprojekte managen
- Projekte entwickeln
- Grundstücke erwerben
- Grundlagen für die Planung ermitteln
- Objekte planen und Leistungen ausschreiben und vergeben
- Bauleistungen erbringen und überwachen
- Objekte verkaufen, verleasen, vermieten, verpachten
- Objekte ankaufen, leasen, anmieten, pachten
- das Ermitteln, Zusammenführen und Bereithalten aktueller Daten zu den Gebäuden, Systemen, Einrichtungen
- Bewerten von Gebäuden und Plänen
- Raum- und Belegungsplanung
- Gebäudebetrieb und Bewirtschaftung
- Controlling
- Budgetierung und Bewertung
- Objekte umbauen, sanieren
- Leerstand managen
- Objekte rückbauen, abbrechen, Altlasten beseitigen

Aufgabe des Facility Managements muss es auch sein, die innerbetrieblichen Vorgänge darzustellen und die Verantwortung für Strategie orientierte Planung, Errichtung, laufenden Betrieb, Wartung, Instandhaltung, Sicherheit, Nutzungsänderung, Stilllegung, Vermietung, Verpachtung, Verkauf usw. von Grundstücken, Gebäuden, Räumen, Geräten, Einrichtungen und Ausstattungsgegenständen über den gesamten Lebenszyklus zu übernehmen.

Die o. g. Aufgaben werden oft noch durch den Corporate Real Estate-Bereich (CRE-Bereich) und die klassische Anlagenwirtschaft abgedeckt. Bei dieser Vorgehensweise fehlt die ganzheitliche und übergreifende Betrachtungsweise. Die Bereiche bestehen nebeneinander und isoliert voneinander und sind damit vom Ansatz des Facility Managements weit entfernt.

2.2   Vorgehensweisen für die Einführung des Facility Managements für Bestandsobjekte

Die Integration eines prozessorientierten Facility Managements in die vorhandenen Organisationsstrukturen, wie sie aus vielen deutschen Unternehmen bekannt sind, ist sicher eine der größten Schwierigkeiten bei der Einführung von Facility Management Projekten.

Das Facility Management weist weitreichende Überschneidungen mit Personalpolitik, Bauplanung, der Behandlung organisatorischer Fragen und anderen Unternehmensaktivitäten auf. Durch diese Überschneidungen wird deutlich, dass Facility Management grundsätzlich im Gesamtzusammenhang der Unternehmensführung zu sehen ist. [8]

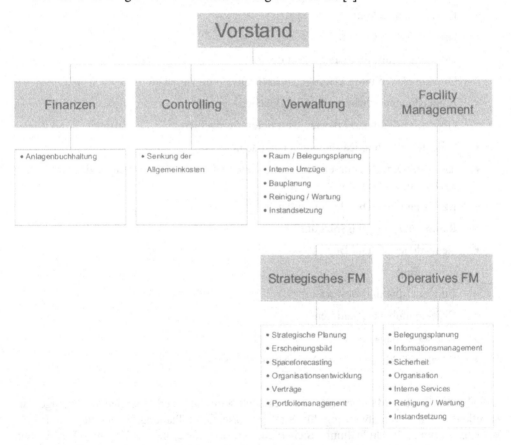

Bild 2-6 Einbindung des FM in die betriebliche Organisation, nach Zechel [8]

Die konkrete Zielformulierung des Unternehmens, Betreibers oder Eigentümers in einem klar definierten Betreiberkonzept ist Grundvoraussetzung für die Einführung eines erfolgreichen Facility Managements.

Basierend auf diesem Anforderungsprofil wird die Planung und Organisation der Datenerhebung vorbereitet.

Die Formulierung der Anforderungen und Vorgaben für die EDV muss erfasst und der Aufwand für die Datenerfassung und der Nutzen der Systeme abgewogen werden. Die Vorgabe aller EDV-relevanten Anforderungen an graphische und numerische Daten muss klar definiert werden und ein definiertes Bezeichnungssystem erstellt werden.

Bei Bestandsgebäuden werden Sanierungen, Umplanungen, Instandsetzungen, Modernisierungen notwendig, wenn innerhalb des Lebenszyklus die Sachressourcen bezüglich ihrer funktionalen Anforderungen zu optimieren sind.

In dieser Phase finden die gleichen Abläufe wie in der Planungsphase statt. Jedoch ist ein vorhandener Bestand mit zu berücksichtigen. Nun stellen sich bei einer Umplanung häufig Probleme ein, die mit dem Umfang der geplanten Maßnahmen steigen. Grundsätzlich ist es notwendig, dass auf Bestandspläne und Bestandsdaten zurückgegriffen wird, da diese mit zu integrieren sind und auf die aktuelle Rechtslage und die Genehmigungspflicht der geplanten Veränderungsprozesse zu kontrollieren sind.

Insbesondere Nutzungsänderungen ziehen genehmigungsrechtliche Verfahren nach sich. Umfangreichere bauliche Maßnahmen sind ebenfalls genehmigungspflichtig und werden damit dem technischen Niveau zum Zeitpunkt der Umbaumaßnahme anzupassen sein. Diese Maßnahmen müssen zeichnerisch dokumentiert, freigegeben und genehmigt werden. Diese äußeren Zwänge führen dazu, entsprechende Dokumentationen anzufertigen.

2.2.1 Der Entscheidungsprozess zu Art und Umfang der Bestandsaufnahme, Datenverwaltung

2.2.1.1 *Entscheidungskriterien zu Art und Umfang der Datenerhebung*

Entsprechend den gestellten Aufgaben und Zielen des Auftraggebers leiten sich der Umfang und die Art der Erhebung ab. In Abhängigkeit von den erwarteten Einsparungspotenzialen muss der Aufwand eingegrenzt werden, um eine Akzeptanz für die Einführung eines Facility Managements zu erzielen. Der Aufwand für die Beschaffung und Erhebung ist abhängig von den bisher vorhandenen Datensammlungen und deren Verfügungsformen.

Kein Facility Management Projekt kommt heute ohne IT-Systeme aus, in denen die Daten gesammelt werden und die notwendigen Verknüpfungen erfolgen, die eine Transparenz gewährleisten. Die Daten bestehen in der Regel in alphanumerischer und in grafischer Form die in CAFM- und CAD- Systemen (CAFM = Computer Aided Facility Management, CAD = Computer Aided Drawing) genutzt werden. Das CAFM-System ist verknüpft mit CAD- und ERP- Systemen und Untersystemen für spezielle Anforderungen.

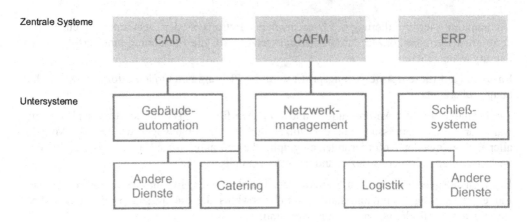

Bild 2-7 CAFM in seiner Umgebung

Die Untersuchung und Bewertung der am Markt angebotenen Software gehört zwingend zum Entscheidungsprozess. Die darin enthaltenen Möglichkeiten, die zugleich auch zu Zwängen werden können, müssen genau überprüft und mit der Beschreibung des Bedarfs und den vorhandenen Unternehmensstrukturen verglichen werden. Mit der Formulierung des Bedarfs müssen die geforderten Funktionen und die Datenarten beschrieben werden. Eine Ausschreibung der benötigten Software mit einem Pflichtenheft, das eine genaue Bedarfsbeschreibung mit Darstellung der Funktionen und Prozesse des Facility Managements und der genauen Anforderungen an die Software sein soll, gestaltet sich in der Praxis meist als schwierig. In der frühen Phase der Einführung des Facility Management Projektes können Funktionen und Prozesse meist nicht hinreichend beschrieben oder übersehen werden.

Häufig hilft in der frühen Phase ein Funktionskatalog, der das Facility Management Projekt und die Verknüpfung mit den Funktionen im Unternehmen beschreibt.

Die Software sollte in der Lage sein, die Umsetzung in zeitlichen Stufen und erweiterbar für künftige Anforderungen zu gestalten, so dass mögliche Erfolge durch die Einführung des Facility Management Projekts sichtbar werden und die Akzeptanz zur Notwendigkeit größer wird.

Die Tiefe der Datenverwaltung und die daraus resultierenden Informationsstrukturen geben den Aufwand bei der Datenerhebung vor und sind deshalb im Vorfeld hinsichtlich des Aufwandes und des Nutzens möglichst genau zu untersuchen und Entwicklungen abzuschätzen.

Beabsichtigt man z. B., ein Objekt zeitnah umzubauen oder abzureißen, weil es lange leer stand, ist abzuwägen, ob eine Erfassung nach dem Umbau nicht sinnvoller ist, da sehr viele Änderungen eintreten werden bzw. keine Daten mehr benötigt werden. Es liegt nahe anzunehmen, dass diese Entscheidung sinnvoll ist, sie muss es jedoch nicht sein. Es kann sinnvoller sein, eine tiefgründige Bestandserfassung unter dem Gesichtspunkt eines geplanten Umbaus zum Zwecke der Wiedernutzung/Neuvermietung vorzunehmen. So kann erst einmal die Grundlage für eine optimierte Umbauplanung geschaffen werden und man kann sich so mit dem Aufwand und Nutzen der geplanten Investition (Umbau oder Abriss) gezielter beschäftigen. Bedarfsanforderungen des Marktes können überprüft, bauordnungsrechtlich relevante Punkte abgewogen und damit ermittelt werden, welche Entscheidung für das Unternehmen die Günstigste ist.

Es wird deutlich, dass sehr viele verschiedene Aspekte berücksichtigt werden müssen und die Schwachstellen und Möglichkeiten im Unternehmen erkannt und auftraggeberorientiert gelöst werden müssen.

2.2.1.2   Ziele der Datenerhebung und Datenverwaltung

Ziel der umfassenden Datenbeschaffung, Datenerhebung ist es, die Grundlagen für die Erfassung von auszuwertenden Daten zu schaffen. Die möglichst genaue Erhebung aller notwendigen Daten zu im Auftrag formulierten Aufgaben ist entscheidend für die Möglichkeit der Analyse und Auswertung von Prozessen und Kennzahlen sowie für Bestandsermittlungen, von denen aus Konzepte und Maßnahmen entwickelt werden sollen, die eine Beeinflussung hin zu einem für alle Beteiligten möglichst günstigen Kosten-/Nutzenverhältnis ermöglichen.

Der Prozess der Bestandsdatenerhebung zeigt in der Regel schon auf, welche Unzulänglichkeiten in der Datenerhebung und Datenpflege selbst vorhanden sind und dass die unterschiedlichen Arten der Sammlung Probleme für die weitere Verwendung bringen. Die bisher übliche Trennung der Daten und Verwaltung in unterschiedlichen Abteilungen führt bisher dazu, dass es keine raschen Auskünfte zu Belegungszahlen, Nutzerverbräuchen, Instandhaltungsbedarf, Kosten für Unterhaltung etc. geben kann.

2.2.1.3   Anforderungen an die Datenverwaltung und Softwarelösungen

Ist im Entscheidungsprozess aufgrund der formulierten Ziele der Einsatz von CAFM-Systemen notwendig – was ab einer gewissen Größenordnung als unabdingbar angesehen wird – stellt sich bei der Auswahl der am Markt angebotenen CAFM-Systeme eine Vielzahl von Fragen. Kann ich mit der Software neue Leistungsfelder oder neue Leistungsinhalte erschließen? Wie ist die Softwarepflege organisiert? Welche Qualifikation müssen sich die Mitarbeiter erarbeiten?

Da das hauptsächliche Ziel der Einführung eines CAFM-Systems damit begründet ist, Kosten einzusparen, sollte sich die Einführung damit eindeutig begründen lassen. Nach diesem Entscheidungsfaktor gibt es noch weitere Argumente, die die Einführung positiv begründen, wie z. B. Verbesserung von Arbeitsabläufen, effizientere Ablage von Daten und Dokumenten, zur Verfügungstellung von Daten und Informationen für viele Betriebsabteilungen und Betriebsangehörige sowie die Möglichkeit der Einführung eines Qualitätsmanagementsystems.

Das Grundgerüst eines CAFM-Systems ist unabhängig von der Art der Darstellung einer Datenbank. Die Inhalte dieser Datenbank müssen möglichst einfach und nicht redundant erfassbar sein, um eine Effizienz der personellen Ressourcen zu wahren. Die Datenbank muss für möglichst alle anstehenden Aufgabenfelder und Sachgebiete Daten bereitstellen können, möglichst resultierend aus einer einmaligen und eindeutigen Eingabe, so dass sich hier redundante Erfassungen vermeiden lassen können und die Möglichkeit von nicht aktuellen oder fehlerhaften Daten größtmöglich verringert wird.

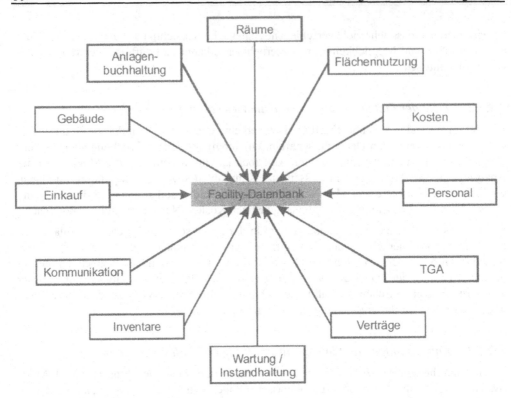

Bild 2-8 Facility-Datenbank

Neben dieser hauptsächlichen Basisanforderung gibt es weitere Kriterien, die bei der Auswahl einer geeigneten CAFM-Software Berücksichtigung finden müssen.

- Modularer Aufbau, d. h. organisatorisch vorgegebenen Rahmenbedingungen muss entsprochen werden, der Einsatz nur bestimmter Module muss möglich sein und eine ggf. erforderliche Erweiterung über die geforderten Funktionen hinaus muss offen bleiben und möglich sein. Solche Module können sein: Modul Liegenschaftsmanagement, Flächenmanagement, Raumbuch, Raumvergaben, Assessmanagement, Dokumentenmanagement, Reinigungsmanagement, Umzugsmanagement, Kostenmanagement, Personalverwaltung, Vertragsmanagement, Anlagendatenerfassung, Inventarisierung, Instandhaltungsmanagement, Störungsmanagement, Informations- und Kommunikationsmanagement, Rohrleitungs- und Kabelmanagement, Brandschutz, Energiemanagement, Arbeitssicherheit und Umweltschutz und weitere.

- Die Möglichkeit einer Integration in bereits bestehende Datenverarbeitungen/Organisationen/Betriebsabläufe muss gegeben sein.

- Das Programm muss mit heute gängigen Hardwarekomponenten und Betriebssystemen handhabbar und der Datenaustausch über Schnittstellen möglich sein.

- Das System sollte wenig kosten. Das betrifft vor allem die Kosten je Modul bzw. Lizenz, aber auch die Folgekosten, denn diese können die Anschaffungskosten um ein mehrfaches übersteigen.

- Der Einsatz des CAFM-Systems darf keinen hohen Schulungsaufwand für den Personenkreis der Nutzer und dabei besonders für Personen die das System nur sporadisch nutzen, erfordern. Ausnahmen sind spezielle Funktionen bei der Konfigurierung und Anpassung des Systems, diese müssen durch speziell ausgebildete Benutzer erfolgen.

- Die Mulitmediafunktionen müssen bereitgestellt werden.

- Die Datenbankverknüpfung gängiger Datenbanksysteme muss gegeben sein. Folgende Datenbanktypen sind zu unterscheiden: Relationale Datenbanken, Postrelationale Datenbanken, Objektorientierte Datenbanken, Objekt-Relationale Datenbanken

- Die Möglichkeit der Vernetzung um eine möglichst breite Anwendung des Systems zu ermöglichen, muss gegeben sein.

- Zusätzliche Dienstleistungen, die vom Lieferanten angeboten werden, müssen bei der Auswahl der Systeme mit bewertet werden z. B.

- Pflichtenheft

- Installation/Inbetriebnahme

- Schulungsmaßnahmen

- Einführungsunterstützungen

- Hotline etc.

- Schnittstellen sollen eine offene Bauweise haben und es ermöglichen, sich über Standardschnittstellen mit anderen Systemdaten auszutauschen.

- Solche Schnittstellen sind für alphanumerische Daten:

- ASCII, PDF, RTF, DOC, SGML, HTML

- Für Tabellen:

- CSV, MS-Excel, ODBC

- Für Geometrische Daten (Vektorgrafik-Daten):

- DXF (Drawing eXchange Format – ASCII), DWG (Autocad DraWing – binär), diese beiden stellen die gebräuchlichsten Austauschformate dar.

- DGN (Microstation DesiGN File), IGES (Initial Graphic Exchange Specification), STEP-2D/BS (Standard for Exchange of Product Model Data), AP225 (Step-3D), die Anwendung dieser Formate geht zurück.

- SVG (Scarable Vector Format) befindet sich in ständiger Weiterentwicklung.

- Für Objektgrafik-Daten mit Geometrie:

- IFC (Industry Foundation Classes) – Standard

Das CAFM-System führt dazu, dass die konventionelle „Datenhaltung" wie Listen, Ordner, Karteikästen durch Datenbanken abgelöst werden können. Dies vermeidet oder verringert Redundanzen, reduziert den Aufwand für Mehrfachpflege und die Fehlerquellen.

Der entscheidende Vorteil von CAFM-Systemen liegt in ihrer schnellen Bereitstellung von Informationen an nahezu jedem Ort der Welt. Es wird durch CAFM-Software eine Transparenz durch die Verknüpfung von Informationen verschiedener Dimensionen z. B. Fläche,

Personal, Prozessinformationen geschaffen, die eine verlässliche Analyse zulässt. Dadurch können Prozesse optimiert und Entscheidungen enorm beschleunigt werden.

Die vorrangige Aufgabe besteht in der Unterstützung der Tätigkeiten während des Lebenszyklus und des Gebäudebetriebs. Alle am Gebäudebetrieb Beteiligten, wie z. B. die bedienenden Techniker, die kaufmännische Gebäudeverwaltung und die Geschäftsführung nutzen das CAFM-System. Organisationsbereiche im Unternehmen die für die Errichtung, Betreuung und Instandhaltung baulicher Anlagen verantwortlich sind, können effektiv unterstützt werden. [9]

2.3   Die Gebäudedatenerhebung und Vermessung der Bestandsobjekte

2.3.1   Arten der zu erfassenden Daten und Erfassungsmethoden für Gebäude

Bei der Festlegung der zu erfassenden Daten stellen sich anfangs sehr viele Fragen, die es zu beantworten gilt und die in der Erstellung einer Prioritätenliste entsprechend den vorhandenen Objektklassen endet. Die Zusammenfassung von einzelnen Objekten in Objektklassen hat den Vorteil, dass nicht bei jedem Objekt neu mit der Analyse der zu erfassenden Datenarten begonnen werden muss. Für die Auswahl der Datenerhebung sind folgende Fragen wichtig:

- Wie oft ändern sich die Daten?

- Wie hoch ist der Erhebungsaufwand?

- Ist die Bereitstellung der Daten gesetzlich vorgeschrieben?

- Welche externen Quellen lassen sich zur Datensammlung abfragen?

Durch die Beantwortung dieser Fragen, kann man prüfen, ob eine Eigenerfassung möglich ist. Es können somit Prioritäten in der Notwendigkeit der Erfassung gefunden werden.

Die Erfassung der Gebäudebestandsdaten, besonders im Inneren wird heute von Architekten, Bauingenieuren, Vermessungsingenieuren, dem Unternehmen mit seinen eigenen Strukturen (Buchhaltung, technischer Dienst soweit vorhanden) und Gebäudedienstleistern ausgeführt.

Die benötigten Bestandsdaten bestehen aus alphanumerischen Daten wie Listen, Verzeichnissen, Berechnungen, Beschreibungen und graphischen Daten wie Plänen aller Art, Skizzen, Kennlinien, Photos, Videos.

Bei den Daten kann man weiterhin unterscheiden zwischen Stammdaten und beweglichen Daten. Stammdaten werden als Grunddaten erfasst und bilden die Grundlage für Bewegungsdaten. Bewegungsdaten sind Berechnungsergebnisse auf Grundlage der Stammdaten. Stammdaten können also Kostenstellen sein. Bewegungsdaten sind z. B. Nebenkosten aus der Umlage der im Objekt anfallenden Kosten. Weitere Stammdaten sind z. B. Dokumente über die Art und Bauweise von Gebäuden, Flächendaten, Brandschutzhinweise, Herstellerbescheinigungen. Bewegungsdaten sind Zustandsdokumentationen, alle Bewirtschaftungskosten und

Verbräuche, Anzahl der Mitarbeiter, Anzahl der Objekte, Wartungsverträge, das Alter, Intervalle. Der betrieblich vorhandene Ist-Zustand wird beschrieben.

Nicht zu vergessen sind aber auch Zustandsdaten des Bestandes wie Gefahrenzustände, Betriebszustände, Störungen jeglicher Art, Defekte, Nutzungseinschränkungen und wenn möglich eine Ursachenangabe zu den negativen Zustandsdaten.

Es werden Verbrauchsdaten benötigt für Energie, Wasser, Betriebsmittel und nicht zuletzt kaufmännische Daten wie Verträge und deren Daten, Kostenuntersetzungen, Preise für alle möglichen Dienste.

Die Vielfalt der Datenarten, die es zu erfassen gilt, macht deutlich, dass die o. g. Berufsgruppen und Strukturen nur bedingt in der Lage sind, diese Daten allein zu erheben und der künftigen Verwaltung zuzuführen. Wieder wird die koordinierende Bedeutung eines Facility Managements in diesem frühen Stadium deutlich. Der Erfassungsprozess muss interdisziplinär betrachtet und die Präferenzen der Einzelnen koordiniert und detailliert abgestimmt werden. Sehr wichtig ist es im Vorfeld abzustimmen und vorzugeben welche Daten-Modelle und Daten-Schnittstellen verlangt werden und einen Standard zu vereinbaren.

Da in den meisten Fällen keine direkt verwertbaren Gebäudebestandsunterlagen vorhanden sind und gegenwärtig immer noch nicht flächendeckend durchgesetzt werden kann, einen einheitlichen Standard für die Objektdokumentation anzuwenden, müssen die Gebäudebestandsdaten in der Regel neu erstellt werden.

Der Trugschluss, Bestände einfach übernehmen zu können und die „paar Änderungen, die sich im Laufe der Zeit durch kleinere Umbauten ergeben haben oder erst gar nicht nach Beendigung der Bauphase dokumentiert wurden (was leicht 20% des Gesamtvolumens annehmen kann)" [10] zu ignorieren, führt zu unbrauchbaren Datenbeständen und großen Problemen.

Es gibt durch die fortschreitende Technisierung der Messmethoden und die technologischen Entwicklungen eine Reihe von Möglichkeiten, Gebäudedaten zu erfassen.

Die Methoden der Erfassung können sehr vielfältig sein und stellen unterschiedlich hohe Anforderungen an den Erfassenden. Die Methoden haben unterschiedliche Genauigkeiten und Detaillierungsstufen und sind daher mit steigender Genauigkeit aufwendiger und teurer.

Materielle Objekte lassen sich z. B. über Aufmasse, Begehungen und Einmessen der betreffenden Objekte aufnehmen. Graphische Daten können über das Einscannen vorhandener Unterlagen oder die Digitalisierung und Neuaufnahme erfasst werden. Werden nur graphische Informationen benötigt und ist es nicht geplant ein Plottsystem mit diesen Daten zu füllen, so ist das Einscannen eine wesentlich preiswertere Methode für eine Datenbestandserfassung. Schriftstücke und Texte können entweder neu erfasst oder auch eingescannt werden, da es in vielen Fällen ausreicht, Rechnerlesbarkeit zu gewährleisten. Die numerischen Informationen werden heute vorwiegend durch Neueingabe in CAFM-Systeme erfasst.

Vorwiegend von Vermessungsfachleuten angewendete Methoden sind:

-   Laserscanning

-   Reflektorlose Tachymetrie

-   Architekturphotogrammetrische Methoden

Von Architekten und Bauingenieuren angewandte Arten sind:

- Scannen vorhandener Pläne und Aufbereiten

- Manuelles Digitalisieren

- Digitalfotografie mit entsprechender Software zur Entzerrung und Weiterverarbeitung in CAD-Programmen (bes. für An- und Aufsichten geeignet)

- Lasergestütztes Vermessen und Konstruieren

- Vermessen/Erfassen von Inventar, Sachdatenerhebung

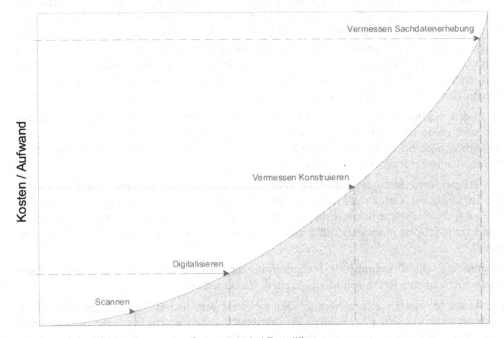

Genauigkeit / Detaillierung

Bild 2-9 Bestandserfassung im Zusammenhang von Aufwand und Genauigkeit

2.3.2   Verfahren und deren Anwendungsgebiete

1. Handaufmaß

Das Handaufmaß ist die noch am meisten angewandte Methode der maßlichen Bestandsaufnahme. Sie ist für die Aufnahme von einfachen Geometrien geeignet und lässt sich unter Verwendung von Laser-Messgeräten für die Messung von größeren Distanzen durch eine Person ausführen. Die Erfassung von Schiefwinkligkeiten, freien Formen und nicht orthogonalen Geometrien ist schwierig, ungenau und damit begrenzt.

2. Tachymetrie

Die Tachymetrie ist eine Aufmaßtechnologie auf elektooptischer Basis, die sich bei der Gebäudeaufnahme nunmehr etabliert hat. Es werden mit dem Gerät sehr genau einzelne Punkte im Raum bestimmt. Innerhalb kurzer Zeit kann von vielen Standorten aus gemessen werden.

3. Laserscannen

Laserscanning ist ein erweitertes Verfahren auf Grundlage der Tachymetrie. Die Scan-Methode ermöglicht eine flächenhafte und berührungslose Vermessung, erlaubt eine automatische Verarbeitung, ist leicht in der Handhabung und schnell. [11] Es ist eine kostengünstige Alternative zum konventionellen Raumaufmaß. Es werden geringe vermessungstechnische Kenntnisse gefordert und das Scanning kann vollautomatisch betrieben werden, insbesondere bei unzugänglichen Objekten und Teilen von Anlagen wie Tanks, Hohlräume, sehr hohe und differenzierte Hallenbauwerke, Kirchen. [10]

4. Photogrammetrische Objektaufnahme

Unter diesem Sammelbegriff werden verschiedene Verfahren der Bildauswertung verstanden. Die Messungen werden am fotografischen Bild ausgeführt und nicht am Objekt selbst. Je detaillierter die Objekte sind, desto eher kommt diese Methode zum Einsatz. Anfällig ist diese Methode für Aufnahmewinkel, Ausleuchtung etc., so dass hier Anforderungen an die Erstellung der Aufnahmen gestellt werden.

Es ist für den Auftraggeber wichtig, alle Anforderungen an die Datenerfassung und deren beabsichtigte Verwertung und Nutzung genau zu formulieren und sich dann im Rahmen von Anbietergesprächen und Angeboten einen Überblick über die Kosten zu verschaffen. Weiterhin ist das Anfragen nach einer möglichen Eigenerfassung (z. B. für Inventar, das womöglich schon innerbetrieblich erfasst wurde und nur noch eine Einbindung in Raumstrukturen benötigt) in eine mitzuliefernde Oberfläche von Bedeutung, da sich so Einsparungen erzielen lassen und eine Flexibilität der Datenhaltung, z. B. bei Änderungen der Raumnutzung, gegeben ist.

Die Auswahl der messtechnischen Verfahren, sollte man dem Fachmann überlassen, jedoch genau hinterfragen, was man mit den gelieferten Daten anfangen kann, wie man diese Nutzen kann, welche Oberflächen und Verknüpfungen mit den Daten geliefert werden und möglich sind, wie die Einbindung in vorhandene Systeme erfolgen kann. Unverständliche Datenstrukturen, schwieriges Handling führen später zu Inakzeptanz und weiteren Kosten für Einarbeitung, Schulung etc.

Die Entscheidung über die Einbeziehung der dritten Dimension in die Datenerfassung ist eine wesentliche Entscheidung, die in der frühen Phase des Facility Managements oft zurückgestellt wird, da zunächst noch nicht die Notwendigkeit überblickt oder eine Kosteneinsparung vermutet wird. Bei den meisten messtechnischen Methoden erhält man ohne viel Aufwand die dritte Dimension mit, so dass sich die Fragestellung für die Gebäudeerfassung nicht stellen sollte. Bei der Einbindung der Anlagentechnik ist die Frage berechtigt und sollte in einer separaten Kostenabfrage im Rahmen eines Angebotes geklärt werden.

Es kommt bei der Erfassung von Geometriedaten auf die konkrete Zielformulierung an. Der Detaillierungsgrad ist von den geforderten Maßstäben abhängig. Das moderne Facility Management fordert darüber hinaus Sachdatenerfassungen für das Gebäudemanagement mit allen seinen Möglichkeiten. Die Verknüpfung mit einem CAFM-System muss gewährleistet werden. Ausgehend vom gestellten konkreten Anforderungsprofil und unter dem Aspekt des Kostendrucks sollte das Motto gelten: So viel und so genau wie nötig!

2.4   Der Einfluss der laufenden Instandhaltung auf den Lebenszyklus

2.4.1   Technisches Gebäudemanagement als Bestandteil einer effektiven Immobilienbewirtschaftung

Der Leistungsbereich des technischen Gebäudemanagements umfasst das Energiemanagement, Gebäudeautomationen, Netzwerkmanagement, Wartung und Instandhaltung, Brandschutz, Sicherheit, Anlagenoptimierung.

Die Zielstellung des technischen Gebäudemanagements muss darin liegen, die Anforderungen der Kunden (Nutzer, Mieter) mit einem hohen Maß an Zuverlässigkeit sicherzustellen und dabei jedoch auch mit so wenig Kosten wie möglich auszukommen.

Zur Bearbeitung dieser verschiedenen Aufgabenfelder muss für jede Aufgabe festgelegt werden, wie die Bewirtschaftung und deren Controlling durchgeführt werden soll. Die Analyse und Festschreibung des Ist-Zustandes bildet dabei die Grundlage für die weiteren Strategien und Vorgehensweisen bei der Bewirtschaftung.

Bei der laufenden Bewirtschaftung der Immobilien spielen die folgenden Kosten eine wesentliche Rolle:

Sämtliche Kosten der II. Berechnungsverordnung für Nebenkosten - II. BV

1. Kosten des Eigentümers, die möglichst voll von den erzielten Mieten gedeckt werden

- Kapitalkosten

- Abschreibung

- Verwaltungskosten

- Instandhaltungskosten

- Mietausfallwagnis

2. Kosten des Betriebes, die möglichst voll von den Nutzern erstattet werden

- Laufende öffentliche Lasten

- Wasserversorgung, Wasserentsorgung

- Heizung

- Warmwasserversorgung

- Personen- und Lastenaufzüge

- Straßenreinigung

- Müllabfuhr

- Hausreinigung und Ungezieferbekämpfung

- Gartenpflege

- Gemeinschaftliche Beleuchtung

- Schornsteinreinigung, Abgasmessungen

- Sach- und Haftpflichtversicherungen

- Hauswart

- Gemeinschaftsantennenanlagen und Kosten für Breitbandkabelnetz

- Wascheinrichtungen

- Sonstige objektspezifische Betriebskosten.

Die Kostenoffenlegung weiterer Wartungsdienste und Dienstleistungen wird nötig, je spezifischer und umfangreicher die wartungspflichtigen Einbauten werden, da nur so eine Akzeptanz der Zusammensetzung der Nebenkosten erreicht werden kann und die entstehenden Kosten gerechtfertigt werden können.

2.4.2 Begriffe

Für die Zuordnung der einzelnen anfallenden Kosten ist die inhaltliche Abgrenzung der durchzuführenden Maßnahmen notwendig.

2.4.2.1   *Instandhaltung*

Zum Begriff der Instandhaltung definiert DIN 31051 [12] alle Maßnahmen zur Bewahrung und Wiederherstellung des Sollzustandes sowie zur Feststellung und Beurteilung des Ist-Zustandes von technischen Mitteln eines Systems.

Maßnahmeninhalte sind:

- Wartung

- Inspektion

- Instandsetzung

Alle Maßnahmen schließen eine Abstimmung der Instandsetzungsziele mit den Unternehmenszielen und das Festlegen von Instandhaltungsstrategien ein. Die Begriffe Wartung, Inspektion, Instandsetzung sollen im Folgenden näher definiert werden, um eine Sicherheit in der Verwendung der Begriffe beim Umgang zu erzielen. Häufig werden die Wörter im Sprachgebrauch verwechselt und die Inhalte vertauscht oder vermeintlich mit eingeschlossen.

Wartung

- Alle Maßnahmen zur Bewahrung des Soll-Zustandes von technischen Mitteln eines Systems:

  - Wartungspläne erstellen

  - Vorbereiten der Maßnahmen, Durchführung von Wartungen gemäß Wartungsplan, Rückmeldung über Art und Umfang der ausgeführten Arbeiten

Inspektion

- Alle Maßnahmen die der Feststellung und Beurteilung des Ist-Zustandes von technischen Mitteln eines Systems dienen:

  - Aufstellung eines Plans zur Feststellung des jeweiligen Ist-Zustandes (Inhalte müssen Angaben über Ort, Termin, Methode, Gerät, Maßnahmen enthalten)

  - Vorbereiten der Durchführung, Durchführung mit Dokumentation der Ist-Zustandsfeststellung

  - Auswertung des Ist -Zustandes, notwendige Konsequenzen ziehen

Instandsetzung

- Alle Maßnahmen zur Wiederherstellung des Soll-Zustandes von technischen Mitteln eines Systems:

  - Auftrag formulieren als Grundlage für Planung der Wiederherstellung des Soll-Zustandes

  - Planung von Vorschlägen mit Alternativen und Entscheidung für eine der Lösungen

  - Vorbereitung der Durchführung der Maßnahmen einschließlich Kalkulation, Terminplanung, Abstimmung, Bereitstellung von Personal, Mitteln und Material, Erstellung von Arbeitsplänen

  - Einleiten von Vorwegmaßnahmen und Überprüfung der Vorwegmaßnahmen

  - Durchführung der Maßnahmen, Funktionsprüfung und Abnahme

  - Fertigmeldung mit der Auswertung der Maßnahmen einschließlich Dokumentation, Kostenerfassung, evtl. mögliche Verbesserungen aufzeigen und einführen

2.4.2.2   Ziel der Instandhaltung

Das oberste Ziel der Instandhaltung sollte sein, den Soll-Zustand beizubehalten und bei sich verschleißenden Bauteilen die Ist-Zustände zu dokumentieren. Es muss die mögliche Schadensgrenze zum Totalausfall möglichst so lange ausgelotet werden, dass kurz vor dem Versagensfall die ggf. notwendige Instandsetzung erfolgt und somit der Soll-Zustand wieder erreicht oder erhöht wird. Dies kann dadurch geschehen, dass z. B. im Laufe der Jahre bessere Materialien entwickelt wurden, die eine deutlich höhere Lebenserwartung als das z. B. vorher eingesetzte Material haben.

Zum Begriff Instandhaltung kommen heute noch weitere Aspekte hinzu. Das sind ökonomische Aspekte, die Ökologie, Gesundheit und Wohlergehen für Leib und Leben.

2.4.2.3   Nutzungskosten

Die Instandhaltung verursacht im Laufe des Lebenszyklus eines Gebäudes Kosten. Diese werden mit Nutzungskosten bezeichnet.

Nutzungskosten im Hochbau werden nach DIN 18960 als in baulichen Anlagen und deren Grundstücken entstehenden regelmäßig oder unregelmäßig wiederkehrenden Kosten verstanden. Dabei werden alle Kosten von Beginn der Nutzbarkeit bis zur Beseitigung der baulichen Anlagen erfasst. Weiterhin wird darauf hingewiesen, dass Nutzungskosten keine Kosten nach DIN 276 sind. [13]

Die Gliederung der Nutzungskosten erfolgt in drei Ebenen.

In der ersten Ebene ergibt sich folgende Gliederung:

100 Kapitalkosten

200 Verwaltungskosten

300 Betriebskosten

400 Instandsetzungskosten (Bauunterhaltungskosten).

Die Erläuterungen zu den Begriffen werden im Folgenden vorgenommen.

Kapitalkosten

Alle Kosten, die aus der Inanspruchnahme von Fremdkapitalkosten und Eigenkapitalkosten entstehen sowie aus sonstigen Finanzierungsmitteln wie Zinsen.

Verwaltungskosten

Alle Kosten, die für die Verwaltung des Gebäudes oder einer Wirtschaftseinheit notwendig sind, Kosten für Fremd- und Eigenleistungen an Arbeitskräften und Einrichtungen, die Kosten der Aufsicht der Fremdleistungen und die Aufwendungen der vom Vermieter persönlich geleisteten Verwaltungsarbeit, alle Kosten für die gesetzlichen und freiwilligen Prüfungen des Jahresabschlusses und der Geschäftsführung.

Betriebskosten

Durch den bestimmungsgemäßen Gebrauch des Gebäudes oder der Wirtschaftseinheit, der Nebengebäude, Anlagen, Einrichtungen und des Grundstücks laufend entstehende Kosten für Fremd- und Eigenleistungen, Personal und Sachkosten.

Instandsetzungskosten

Bauunterhaltungskosten, Maßnahmen zur Wiederherstellung des Soll-Zustandes.

2.4.3   Bedeutung der Nutzungskosten für den Lebenszyklus

Die dargestellte Vielfalt der Nutzungskosten, die mit einem Gebäude eng verbunden sind, macht deutlich, dass den genannten Kosten eine mindestens ebenso große Beachtung, wenn nicht noch eine größere geschenkt werden muss. Die für die Entstehung der Gebäude sonst relevanten Kosten gemäß DIN 276 werden nämlich bei unterschiedlichen Gebäudetypen sehr schnell von den Nutzungskosten überschritten.

Im Idealfall ist die Analyse und Darstellung der später anfallenden Nutzungskosten in der Planungsphase der Gebäudeumnutzung, Gebäudesanierung, Gebäudemodernisierung, Abbruch und Neubau der Kostenermittlung gemäß DIN 276 gleichgestellt und fließt in die Erarbeitung der vorgesehenen Planung direkt mit ein. Es ist nicht sinnvoll, Gebäudearten, bei denen schon nach 3 - 4 Jahren die Erstellungskosten von den Baufolgekosten überschritten werden, ohne Beachtung von Folgekosten zu planen und zu errichten. So wird der weitaus höhere Anteil der Kosten, die Nutzungskosten, im Verlauf eines Lebenszyklus direkt beeinflusst und führt zu vorausschaubaren Nutzungskosten.

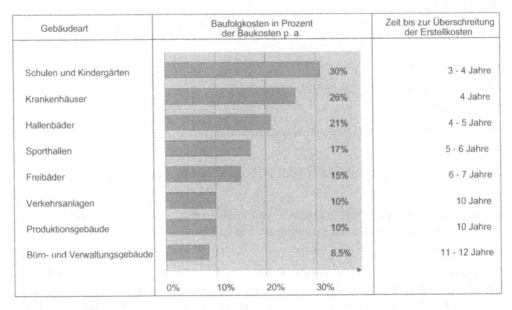

Gebäudeart	Baufolgkosten in Prozent der Baukosten p. a.	Zeit bis zur Überschreitung der Erstellkosten
Schulen und Kindergärten	30%	3 - 4 Jahre
Krankenhäuser	26%	4 Jahre
Hallenbäder	21%	4 - 5 Jahre
Sporthallen	17%	5 - 6 Jahre
Freibäder	15%	6 - 7 Jahre
Verkehrsanlagen	10%	10 Jahre
Produktionsgebäude	10%	10 Jahre
Büro- und Verwaltungsgebäude	8,5%	11 - 12 Jahre

Bild 2-10: Übersicht der Baufolgekosten in Prozent der Baukosten pro Jahr, gegliedert nach Gebäudeart, nach Gondring [14]

Angesichts der wesentlich höheren Kostenanteile, entstehend aus den Nutzungskosten, muss diesem Aspekt der Kostenermittlung und Kostensteuerung ein größeres Augenmerk geschenkt werden. Diese Tatsache wird heute immer noch nicht als notwendig angesehen. Die Notwendigkeit der Zusammenarbeit von Fachleuten im frühen Stadium der Konzeptplanung und die Beachtung von Nutzerwünschen im Hinblick auf Nutzungskostensenkung werden weiterhin ignoriert.

2.4.4 Wichtige Kostenarten der Nutzungskosten

Neben den genannten Instandhaltungskosten stellen die Kosten der Ver- und Entsorgung, die Kosten der Reinigung und Pflege und der Bedienung der technischen Anlagen einen weiteren großen Kostenblock dar, dessen Management ein gezieltes und gerichtetes Handeln voraussetzt.

Gerade bei den Alt- und Bestandsimmobilien spielen verbrauchsgebundene Kosten wie Entsorgungskosten für Schmutz-, Regenwasser, Feuerlöschanlagen etc. sowie der Verbrauch von Strom, Wärme, Kälte, Wasser eine bedeutende Rolle. Aufgrund der meist vorherrschenden, veralteten Anlagentechnik ist es nicht einmal möglich, differenzierte Verbräuche zu erfassen, geschweige denn Einfluss auf deren Entstehung zu nehmen. Hier lassen sich in der Regel mit wenigen Handgriffen und geringen Investitionskostenanteilen Datenerfassungen realisieren. Durch eingebaute messtechnische Anlagen ist es in relativ kurzer Zeit möglich, Verbräuche genau zu analysieren, Störungen und Betriebszustände zu erfassen und aus deren Analyse wiederum Schlussfolgerungen für den Gebäudebetrieb und die Wartung und Instandhaltung zu ziehen.

Durch die Auswertung der gewonnenen Ergebnisse lassen sich so schnell kostenverursachende Umstände aufspüren und analysieren. Das zielorientierte Vorgehen und die Planung von Verbesserungen, die zur Einsparung von Verbräuchen führen sind kurzfristig möglich und führen zu einer Kostensenkung.

Der Einbau von einfachen Reglern und Steuermechanismen ermöglicht ein gezieltes Eingreifen in die bestehenden Prozesse, die nutzerorientiert gesteuert werden können.

Beim Kostenpunkt der Reinigung und Pflege des Gebäudes, ist eine Analyse der vorliegenden konkreten Reinigungs- und Pflegekosten sowie der dazugehörigen Verträge und deren inhaltliche Prüfung ein weiterer Ansatzpunkt, Maßnahmen zur Kostensenkung aufspüren.

2.4.5 Das Management der Nutzungskosten

Idealerweise werden sämtliche Nutzungskosten in einem CAFM-System gesammelt und verwaltet und in Bezug auf die Flächen, Räume, Nutzungseinheiten verursachergerecht zugeordnet. Somit lassen sich für das konkrete Objekt Renditen vergleichen. Durch die vorliegende gegebene Transparenz der entstehenden Nutzungskosten lassen sich auch strategische Entscheidungen zu den verschiedenen Objekten treffen und für weitere Investitionen und Projektentwicklungen Schlüsse ziehen. Die Analyse und Transparenz von Nebenkosten ist besonders für die Objektnutzer und Mieter von größter Bedeutung. Oft sind heute die Mieten nicht mehr die entscheidende Kostengröße für Nutzer von größeren Objekten und Produktionsstätten. Vielfach ist für kleinere und mittelständische Unternehmen der Kostenanteil der Nebenkosten wesentlich höher als die Mietkosten selbst. Somit haben diese Mieter ein begründetes Interesse in der Steuerung der Nebenkosten. Je effizienter diese ausfallen – was letztlich vom Management der Vermietung mit abhängt – umso lukrativer sind die Beweggründe für die Entscheidung zur Miete.

Es ergeben sich so Anreize für Mieter und Nutzer und damit bessere Verwertungsmöglichkeiten für Immobilien über den gesamten Lebenszyklus.

2.4.6 Instandhaltungsstrategien

Mit der Übergabe eines neu gebauten Gebäudes und auch bei der Prüfung der weiteren Nutzung einer Bestandsimmobilie, ist es notwendig, sich einen Überblick über die vorhandene Anlagentechnik zu verschaffen, um Strategien für die Wartung, Inspektion und Instandhaltung der Anlagen und damit des gesamten Betriebes festzulegen.

Im Instandhaltungsmanagement kann man folgende Strategien unterscheiden:

1. Präventivstrategie

2. Inspektionsstrategie

3. Korrektivstrategie

Es gibt für alle drei genannten Instandhaltungsstrategien Vor- und Nachteile, die jeweils zum Objekt passend spezifisch analysiert werden müssen.

2.4.6.1 Präventivstrategie

Bei der Präventivstrategie geht man von einer Instandhaltung/Wartung/Instandsetzung vor dem Ausfall oder der Schadensnahme von Bauteilen und Anlagen aus.

Vorteile

- Die Maßnahmen sind planbar und abstimmbar, Kostenvorhersage möglich.
- Die Entscheidung für ein Outsourcing von konkreten Leistungen und Bereichen kann getroffen werden.
- Die Flächen bleiben garantiert verfügbar.
- Das Risiko an Ausfallkosten senkt sich.

Nachteile

- Es ist ein hoher Planungsaufwand für das Instandhaltungsmanagement erforderlich.
- Das Verschleißverhalten der verwendeten und eingebauten Anlagen und Bauteile kann nicht ausgewertet werden und somit können keine Rückschlüsse über die eingebauten Materialien und Anlagen gezogen werden.
- Die technische Lebensdauer wird u. U. nicht voll ausgenutzt.
- Durch die höhere Anzahl an Maßnahmen, die durchgeführt werden, erhöht sich auch die Wahrscheinlichkeit, dass Fehler auftreten.

2.4.6.2 Inspektionsstrategie

Bei der Inspektionsstrategie wird anhand der durchgeführten Inspektionen und den sich daraus ergebenden Ergebnissen eine Planung der Instandsetzung vorgenommen und diese dann nach dieser Planung durchgeführt.

Vorteile

- Die Maßnahmen sind gut planbar entsprechend den Ergebnissen der Inspektion.
- Die Flächenverfügbarkeit wird in hohem Maß gewährleistet.
- Es erfolgt eine optimale Ausnutzung der technisch möglichen Lebensdauer von Geräten und Anlagen.
- Es ist ein geringer Genauigkeitsgrad für das Abnutzungsverhalten erforderlich.

Nachteile

- Es kann durch zusätzliche Inspektionen, die durchgeführt werden müssen, zu Kostennachteilen, d. h. Kostenerhöhungen kommen.

2.4.6.3 Korrektivstrategie

Bei der Korrektivstrategie wird eine Instandsetzung erst beim Eintreten des Schadensfalles durchgeführt.

Vorteile

- Optimale Ausnutzung der technischen Lebensdauer wird somit erreicht.

- Es ist ein geringer Planungsaufwand für die Instandhaltung erforderlich.

- Durch nicht durchgeführte Instandhaltungen und Wartungen kommt es scheinbar zu einer Kostenminimierung.

Nachteile

- Es sind sehr hohe Schadensfolgekosten möglich.

- Es können weitreichendere Gebäudeelemente oder Anlagenteile mit betroffen sein und damit die Gesamtlebensdauer dieser Anlagen verkürzt werden.

- Die Schadensbehebung muss unter hohem zeitlichem Druck erfolgen.

- Bei der Ersatzbeschaffung können Engpässe auftreten und aufgrund der benötigten Kürze der Reparaturzeit höhere Preise anfallen.

- Die Instandhaltungskapazitäten werden ungleich ausgelastet. Ein Outsourcing ist nur eingeschränkt möglich. Die Flächenverfügbarkeit kann nicht garantiert werden.

Vergleicht man die Vor- und Nachteile der einzelnen Strategien, kann man sehen, dass jede einzelne seine Berechtigung hat. Das Management steht hier vor der Aufgabe, die Instandhaltungsstrategien für alle Bauelemente, die es in einem Gebäude gibt, zu koordinieren. Es ist zunächst einmal eine Gewichtung der Gebäudeelemente, die gewartet und instand gesetzt werden sollen, vorzunehmen. In jedem zu managenden Gebäude oder Gebäudekomplex wird es sehr wichtige und weniger wichtige Bauelemente geben.

Ist man z. B. in einem Hochhaus auf die ununterbrochene Betriebsfähigkeit der Fahrstühle angewiesen, so ist es selbstredend, dass es für dieses Kernelement des Gebäudes ein möglichst geringes Risiko für den Ausfall oder Schaden geben muss. Produktionsprozesse und Dienstleister, die von elektrischen Leitungsnetzen abhängig sind, werden Maßnahmen, um die störungsfreie Bereitstellung des elektrischen Leitungsnetzes zu sichern, als wichtig ansehen.

Hat man sich für Instandhaltungsstrategien entschieden, ist es wichtig, ein Instandhaltungscontrolling durchzuführen. Nur so lässt sich analysieren, ob die gewählte Strategie Erfolg hat und es kann eine Kostenkontrolle erfolgen.

Prinzipiell muss für die Gebäudeinstandhaltung und Gebäudemodernisierung ein Budget geplant werden, um möglichst schnell reagieren zu können und die Abnutzung des Gebäudes zu verhindern. [15]

Ganz eindeutig soll an dieser Stelle hervorgehoben werden, dass mit zunehmender Technisierung eines Gebäudes der Aufwand und Umfang an Maßnahmen für die Instandhaltung ansteigt. Der Kostenstelle Instandhaltung und ggf. Modernisierung muss gerade in diesen speziellen Fällen große Aufmerksamkeit geschenkt werden. Die intensive Analyse von Aufwand und Nutzen der Technisierung von Prozessen unter Berücksichtigung der Nutzerwünsche muss umfassend und vorausschauend erfolgen.

Die vorschnelle Formulierung und Realisierung von technisch machbaren Wünschen kann in der Realität zu einem Kostenaufwand führen, der in keinem Verhältnis zum Nutzen steht.

Wichtig ist eine Optimierung zwischen Instandhaltung, Modernisierung und den Kosten des Einsatzes von Maßnahmen die dem Kostensenkungserfolg gegenüberstehen. Wird kein zuverlässiges Controlling der Instandhaltung und Modernisierung betrieben, kann erst nach dem Eintritt des Ausfalls oder des Nutzungsverlusts instand gesetzt werden. In der nachfolgenden Abbildung ist das optimale Planungs- und Informationsniveau der Instandhaltung dargestellt.

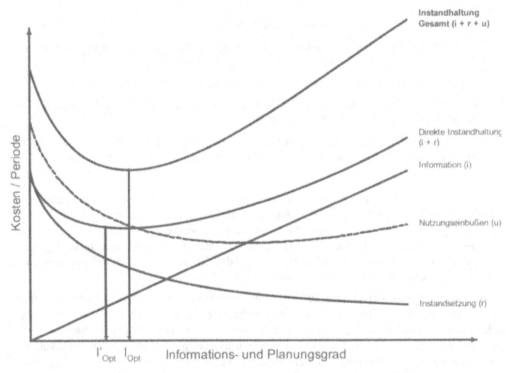

Bild 2-11 nach Pfnür [15]

Die Kurven sind dabei wie folgt zu erläutern:

Kurve i: Kosten für Information und Planung

Kurve r: Kosten für Instandsetzung

Kurve u: Verdeutlichung der Nutzungseinbußen

Die Addition der Kurven i und r verdeutlichen die Kosten der Instandhaltung, die ihr Minimum beim Informations- und Planungsgrad I'_{opt} erreicht. Die Addition der Kurven i und r und u ergibt die Kurve der Instandhaltung Gesamtkosten. Diese findet ihr Minimum am Punkt I_{opt} [15].

Zur Bestimmung, wann man welche Maßnahmen durchzuführen hat, stellt sich die Frage nach der Länge der Zyklen, in der Instandhaltungs- und Modernisierungsmaßnahmen durchgeführt werden.

Zunächst liegt es auf der Hand, dass man die Kosten für die Instandhaltung damit senken kann, dass die Maßnahmen der Instandhaltung über einen längeren Zyklus, d. h. seltener durchführt werden. Zu beachten ist dabei, dass man mit dem Hinauszögern und der Verlängerung der Zyklen das Risiko des Ausfalls vergrößert und damit Nutzungseinbußen in Kauf nehmen muss.

Neben den o. g. Kriterien sind weiterhin die Nutzungsdauern und Empfehlungen der jeweiligen Hersteller zu beachten. Die Maßgaben der Versicherer sind einzuhalten, die auf langjährige Erfahrungswerte und Schadensfälle zurückgreifen können und relevante Anhaltsdaten für Wartungsintervalle vorgeben können und vorgeben werden.

Das oberste Ziel der Instandhaltung muss dazu führen, dass der Empfänger und Nutzer der Leistungen, der Mieter und Kunde, zufrieden gestellt wird. Da die gebäudetechnischen Anlagen Mittel zum Zweck sind und in der Regel mit dem eigenen Kerngeschäft nichts zu tun haben, kommt es aus der Nutzersicht darauf an, dass die Anforderungen, die an die Gebäudetechnik gestellt werden, jederzeit erfüllt werden. Um die Anforderungen eines ungestörten Betriebsablaufs und die zugesicherten Eigenschaften der Gebäudetechnik gewährleisten zu können, versteht es sich von selbst, im Sinne aller, Wartungs- und Instandhaltungsintervalle möglichst kurz und kostengünstig für alle Beteiligten zu halten. Immer mit dem Ziel, den größtmöglichen Komfort für alle Nutzer zu schaffen.

Neben der wissenschaftlichen Analyse, wann ein Optimum zwischen Kosten für die Maßnahmen der Instandhaltung und Modernisierung gegenüber einer Kostensenkung erreicht wird, muss man die Inhalte und Ausstattungen der abzuschließenden Wartungs- und Instandhaltungsverträge näher beleuchten. Oft werden Verträge nach dem individuellen Muster des jeweiligen Anbieters/Herstellers angeboten, so dass diese aufgrund ihres unterschiedlichen Aufbaus und unterschiedlicher Berechnungsweisen fast nie miteinander vergleichbar sind.

So kann es sein, dass bestimmte Leistungen zu Stundensätzen, zuzüglich sonstiger Kosten, angeboten werden, andere Unternehmen bieten einen kompletten Stundensatz, einschließlich eventueller Nebenkosten, an. So ließe sich die Liste der Möglichkeiten hier beliebig fortsetzen.

Am besten stellt sich eine Vergleichbarkeit der Angebote dann her, wenn der Auftraggeber den Anbietern einen genauen Angebotsaufbau vorschreibt und somit eine Vergleichbarkeit von Anfang an gegeben ist. So ist die Abfrage von Stundensätzen, gestaffelt nach Qualifikation des eingesetzten Personals, sinnvoll. Die Klassifizierung der Normalarbeitszeiten nach Tagen der Woche, Regelungen für die Abrechnungsweise an Sonn- und Feiertagen bzw. nach der Normalarbeitszeit, die Handhabung von Fahrzeiten, Fahrtkosten, Materialgerätekosten muss vorgenommen und abgefragt werden.

Weiterhin ist es erforderlich, die vereinbarten Wartungs- und Instandhaltungsarbeiten zu kontrollieren und abzunehmen, um sicherzustellen, dass diese auch ausgeführt wurden und der Aufwand an geleisteter Arbeitszeit mit der in Rechnung gestellten überprüft werden kann.

All diese genannten Punkte führen zu einer Transparenz der Wartungs- und Instandhaltungskosten und tragen maßgeblich zu einer Kostensenkung bei.

Ein weiterer Ansatzpunkt zur Kosten- und Aufwandsminimierung ist der Einsatz von gleichen Typen, Herstellern und Lieferanten, der dazu führt, dass man sich auf wenige Anbieter konzentrieren kann. Der Effekt aus dieser Standardisierung ist die Verringerung von Wartungskosten, da gleiche Bauteile von gleichen Unternehmungen zu einem gleichen Zeitpunkt gewartet werden können und somit zusätzliche Fahrt- und Wegekosten entfallen können. Der Aufwand der Einzelvorgänge von der Störungsmeldung und Weiterleitung an einen bzw. den speziellen Anbieter/Lieferanten wird konzentriert. Das Anlegen von Ersatzteillagern kann sich somit rentieren, da bei einer größeren Stückzahl von gleichen Bauelementen die Vorhaltung und damit der mögliche problemlose und schnelle Ersatz die Nutzungsausfallkosten senken kann.

An diesem aufgezeigten Zusammenhang zeigt sich die Notwendigkeit der frühen Einbeziehung der Lebenszykluskosten und damit der Instandhaltungskosten in den Planungsprozess und die Notwendigkeit der deutlichen Vorgaben im Planungsprozess, um die Instandhaltungskosten definiert beeinflussbar gestalten zu können; hier in Form der Vorgabe von zu wartenden Bauteilen, in Form von Herstellern, Lieferanten etc. Dadurch wird es möglich, die oben aufgezeigten Einsparungspotenziale zu nutzen.

2.5   Anwendung eines Facility Managements

In Bild 2-12 ist dargestellt, wie der Stand der Informationen aussieht, z. B. für ein Gebäude mit und ohne Facility Management.

Es werden drei Zustände von Informationen über ein Gebäude gezeigt.

Die oberste Kurve zeigt den Idealzustand, nach der Fertigstellung eines Gebäudes bleibt der Wissensstand erhalten. Die unterste Kurve stellt den heute noch meist vorherrschenden Zustand in den Unternehmen dar. Ebenso rasch wie die Informationen im Zuge der Errichtung wachsen, nehmen sie nach der Übergabe an den Nutzer wieder ab.

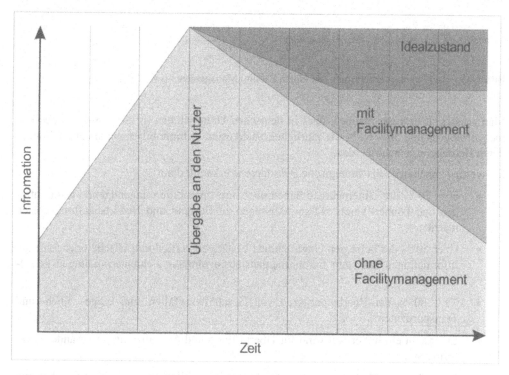

Bild 2-12 Informationsstand mit und ohne FM, Idealzustand

2.5.1 Analyse der Vorteile

Durch das Facility Management werden konkrete Vorgaben und Ziele für den gesamten Immobilien- und Liegenschaftsbereich in einem Unternehmen formuliert. Diese Vorgaben und Ziele zu erreichen und durchzusetzen ist eine konkrete Arbeitsaufgabe für eine Vielzahl von Mitarbeiten in einem Unternehmen und lässt sich messen, bewerten und analysieren.

Durch das Zusammenführen aller dabei mitwirkenden Bereiche in einen Prozess der Kontrolle, Analyse und Einflussnahme kann eine Reduzierung von Betriebs-, Selbst-, und Folgekosten erreicht werden. Mit dem Einsatz von Facility Management ist es möglich, den Informationsverlust zu stoppen. Es können aktuelle und konkrete Daten zur Verfügung gestellt werden, die für eine strategische Langzeitplanung unverzichtbar sind.

Abhängig von der Tiefe der Prozesse, die durch Facility Management begleitet werden, gibt es eine Vielzahl von möglichen Daten, die für verschiedenste Zwecke zur Verfügung gestellt werden können. Als wichtigste und weitgehend unkomplizierte Komponente seien hier die Daten des Gebäudemanagements genannt. Durch die bereitstehenden Daten können zu jeder Zeit über die aktuellen Verbrauchsdaten Informationen abgerufen werden. Es können Eingriffe vorgenommen bzw. ursächliche Probleme aufgespürt werden.

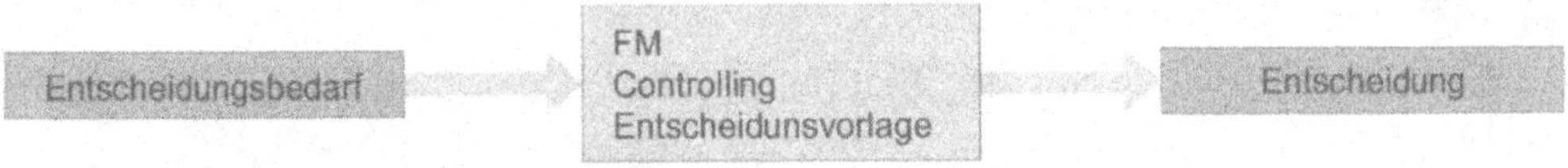

| Entscheidungsbedarf | FM Controlling Entscheidunsvorlage | Entscheidung |

Bild 2-13 Entscheidungsvorbereitung mit einem Facility Management

Man muss sich bewusst machen, dass in deutschen Unternehmen im Schnitt 40 % des Firmenvermögens und 50 – 60 % der jährlichen Sachkosten in Immobilien gebunden und durch deren Betrieb verursacht werden.

Sie werden zunehmend als strategische Ressource anerkannt, denn

- 60 – 70 % der Unternehmen haben über ihre Immobilien ungenügende Informationen und können keine exakten Aussagen zu Bestand und Bewirtschaftungskosten machen.

- Über 50 % der befragten Unternehmen bestätigen, dass durch falsche oder fehlende Informationen über den Immobilienbetrieb regelmäßig Fehlentscheidungen getroffen werden.

- 75 – 80 % der Bearbeitungszeit von Geschäftsvorfällen sind Liege-, Such- und Transportzeiten.

- Es besteht ein hoher Aufwand für Überprüfung und Aktualisierung vorhandener Informationen.

- 30 – 40 % der Planungszeiten in der Industrie entfallen auf Suche und Beschaffung von Informationen.[16]

Angesichts dieser vorhandenen Verhältnisse und den wirtschaftlichen Rahmenbedingungen, die von Wettbewerbsdruck, steigenden Kosten und Preisdruck geprägt sind, liegt der Vorteil der Einführung eines Facility Management Systems auf der Hand.

Steht man vor der Entscheidung zu geplanten Umbauten oder Sanierungen, so ist eine lückenlose Dokumentation über den zurückliegenden Lebenszyklus ein sehr großer Nutzen, den man auch als geldwerten Vorteil bezeichnen kann. So sind die Informationen aus dem Facility Management bei den Entscheidungen zu Sanierungsumfang und Sanierungsart entscheidend und geben Ansatzpunkte zu notwendigen Eingriffen in die Substanz im Sinne einer ökonomischeren Gebäudebewirtschaftung.

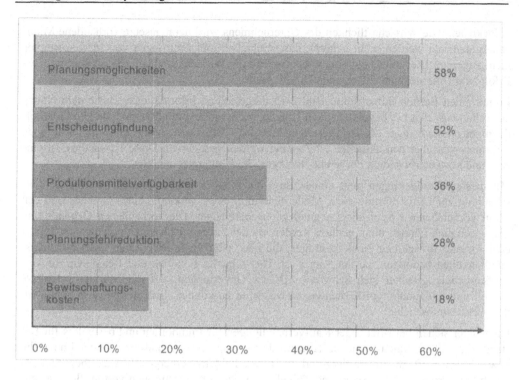

Bild 2-14 Einsparpotenziale durch die Einführung eines Facility Management nach Gondring [14]

Dies sind insbesondere die Daten über

- die vorhandene Materialqualität,
- Daten über Flächen aller Art,
- über einen möglichen Instandhaltungsrückstau,
- Daten über die Leistungsfähigkeit eingebauter technischer Anlagen,
- Verbrauchsdaten,
- Kostendaten.

All diese Daten sind erforderlich, um die ggf. notwendige neue Anpassung an den jeweiligen Stand der Technik prüfen zu können und auch, um den Nutzen von Umbau- und Sanierungsmaßnahmen in ein Verhältnis zu setzen.

Nur Unternehmen, die diesem Druck noch nicht ausgesetzt sind, werden diese Ansätze schwer nachvollziehen können und eine Akzeptanz zur Einführung und Durchsetzung eines Facility Management Systems nicht erreichen können.

2.5.2   Analyse der Nachteile

Brachliegender Informationsfluss und fehlende übergreifende, ordnende Zuständigkeitsstrukturen lassen die Möglichkeiten der Einsparung, Einflussnahme und Reaktion für große Teile von Geschäftsbereichen nicht zu und führen zu Verteuerungen von Betriebs-, Selbst-, und

Folgekosten. Die Wirtschaftlichkeit des Unternehmens wird herabgesetzt, vorhandene Mitarbeiterpotenziale werden nicht genutzt, das Mitdenken und Einbringen von Ideenkonzepten nicht angeregt. Dies alles sind Komponenten, die die Wirtschaftlichkeit, Flexibilität und den Erfolg von Unternehmen entscheidend bestimmen.

Im normalen Betrieb fallen die in Bild 2-15 dargestellten Informationsverluste dem Nutzer nur selten auf. Erst bei bevorstehenden Nutzungsänderungen durch veränderte Umfeldanforderungen, notwendige Modernisierungen werden Planungen nötig und die benötigten Informationen über den aktuellen Ist-Zustand werden gesammelt. Diese Ist-Analyse ist eine zeit- und kostenaufwendige Phase und verzögert die Planungen unnötig.

Mit diesen Verzögerungen geht einher, dass die möglicherweise schnell notwendige Entscheidung zur Durchführung einer Modernisierung, eines Verkaufs, eines Umbaus und den damit verbundenen Kosten nicht schnell genug bereitsteht. Die vorhandenen Gebäude und Liegenschaften können nicht genutzt werden, da der Zeitraum für einen potenziellen Mieter oder für die Abwicklung eines Auftrages, die neue oder veränderte Raum- oder Nutzungsmöglichkeiten benötigen, zu langwierig ist. Das schnelle Erstellen und Reagieren auf Verkaufsangebote gestaltet sich schwierig. Dieses Unvermögen, auf die Markterfordernisse schnell und mit fundiertem Kostenwissen reagieren zu können, bedeutet einen entscheidenden Wettbewerbsnachteil.

Für Nutzer stehen bei Miet- oder Kaufverhandlungen für Immobilien und besonders für Bestandsimmobilien immer mehr die Nutzungskosten und die Zustandsanalyse der Immobilie bzw. Liegenschaft mit im Vordergrund. In diesen Feldern verbergen sich aus betriebswirtschaftlicher Sicht große Risiken und Folgekosten, die für Investitionen von größter Bedeutung sind. Die Analyse der Wirtschaftlichkeit muss sich immer mit dem gesamten Lebenszyklus beschäftigen und Investitionskosten aus dieser Betrachtungsweise heraus begründen können.

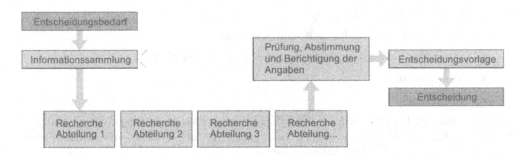

Bild 2-15 Informationsfluss und Entscheidungsvorbereitung ohne Facility Management

2.5.3   Notwendiger Umfang von Facility Management

Ausgehend von der zunehmenden Bedeutung eines Facility Managements für den heutigen erfolgreichen Immobilienbetrieb stellt sich im konkreten Fall die Frage nach dem erforderlichen Umfang.

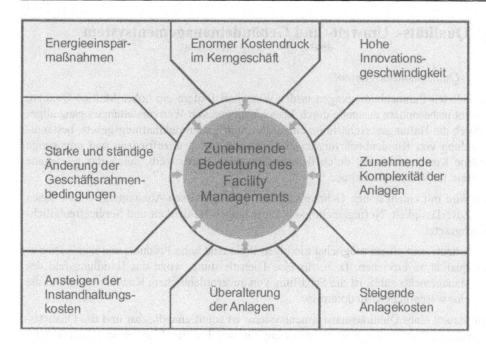

Bild 2-16 Zunehmende Bedeutung von Facility Management

Bild 2-17 Aspekte zur Einführung eines Facility Managements

2.5.4   Qualitäts-, Umwelt- und Gebäudemanagementsystem

2.5.4.1   Qualitätsmanagement

Die veränderten Rahmenbedingungen in der Wirtschaft fordern ein hohes Maß an Qualität. Das kommt insbesondere zustande durch Verschiebungen von Wertvorstellungen ganz allgemein, durch die Haftungsverschärfung, eingeführt mit dem Produkthaftungsgesetz, beständige Ermittlung von Kundenbedürfnissen in Umfragen, durch unzufriedene und ungünstige vorhandene Kostenstrukturen, durch den zunehmenden Wettbewerb, durch das gestiegene Bewusstsein für Verbraucherschutz.

Qualität wird mit einem hohen Gebrauchsnutzen, einer gewissen Ausstattung, einem hohen Maß an Zuverlässigkeit, Normgerechtigkeit, einer langen Haltbarkeit und Servicefreundlichkeit gleichgesetzt.

Ziel ist es heute, mit einem möglichst niedrigen Preis eine hohe Produkt- und damit Dienstleistungsqualität zu erreichen. D. h. für eine Dienstleistung, wozu das Handlungsfeld des Facility Managements zählt, ist die Schaffung von außerordentlichem Kundennutzen und die Qualität eine wesentliche Grundprämisse.

Die Einführung eines Qualitätsmanagementsystems ist somit unabdingbar und das Qualitätsmanagementhandbuch muss eine Orientierung für den Facility Management Dienstleister bilden. Das Qualitätshandbuch legt Grundsätze des Qualitätsmanagements wie Ziele, Politik und Organisation fest. Konkrete Verfahrensanweisungen beschreiben durchzuführende Tätigkeiten und Abläufe. Arbeitsanweisungen regeln die Festlegung verbindlicher Praktiken, die Ausführung und Überwachung bis hin zu Normen, Gesetzen und Verordnungen.

Die ausführenden Mitarbeiter müssen sich zu einer qualitativ hochwertigen Arbeit bekennen, müssen sich bedarfsgerechten Aus- und Weiterbildungen unterziehen, ständig mit den Kunden in Kontakt treten und deren Bedürfnisse ermitteln, eigenständig Entwicklungen möglichst frühzeitig erkennen.

Alle Partnerunternehmen wie Lieferanten, Entsorgungsunternehmen, Wachdienste etc. müssen in die Realisierung der Qualitätsprinzipien mit einbezogen werden. Innerhalb des Qualitätsmanagements muss das Personal und deren Qualifikation gelenkt, sämtliche Informationen und vorhandene Prüfmittel überwacht werden, fehlerhafte Leistungen aufgedeckt und Vorbeugemaßnahmen getroffen werden. Diesen Ablauf begleitend haben Korrekturen zu erfolgen.

Zur Durchsetzung einer hohen Qualität sind die Verantwortlichkeiten zu organisieren und festzulegen. Die Organisation soll dabei kundenorientiert ausgerichtet sein. Das Leistungsangebot muss transparent gestaltet und die Darstellung von Organisation, Aufgaben und Verantwortlichkeit ersichtlich werden. Sämtliche Prozesse müssen im Vorfeld erarbeitet, beschrieben und ständig aktualisiert werden. Die Umsetzung muss einer Kontrolle unterzogen werden; Grundsatz ist, dass sich jeder Mitarbeiter für die Qualität seiner Arbeit konkret verantwortlich zeichnet.

Die Einhaltung einer angestrebten Qualität erfordert eine konsequente Überwachung und muss geplant werden, d. h.

- eindeutige Leistungsbeschreibungen und vertragliche Regelungen,

- Vorgaben von Normenwerken, Richtlinien,

- Überprüfung des Personals und deren Qualifikationen,

- Einholung und Nachweis von Referenzen beteiligter Firmen,

- Nachweis von möglichen geforderten Konzessionen,

- regelmäßige Gespräche zwischen Auftraggeber/Unternehmensleitung und Dienstleister (Facility Management Abteilung), Überprüfung der erfolgten Leistungen.

Die Dienstleistungsunternehmen haben damit begonnen, sich der Zertifizierung nach DIN ISO 9000 ff. zu unterziehen, um so ihre Arbeit zu qualifizieren und von anderen Anbietern abheben zu können. Dies geschieht mit dem Ziel, Vorteile im Wettbewerb zu erlangen. Den Auftraggebern soll vermittelt werden, dass die Erwartungen an die Produkte mit großer Sicherheit erfüllt werden und eine gleich bleibende, möglichst sich verbessernde, Qualität vorhanden ist.

2.5.4.2   Umweltmanagement

Das Umweltmanagement reiht sich in die bestehenden Managementsysteme ein. Es soll sicherstellen, dass umweltverträgliches Handeln in den jeweiligen Unternehmen umgesetzt, organisiert und eingehalten wird und die aktuellen Vorgaben des Umweltrechtes, die einen Mindeststandard darstellen, möglichst kontinuierlich verbessert werden.

Bedingt durch die äußeren Einflüsse und das gestiegene Bewusstsein der Bevölkerung für Umwelt und Naturschutz werden die Unternehmen gezwungen, ihre jeweiligen Schadstoffe zu minimieren bzw. deren Entstehung gänzlich zu vermeiden, um keine teuren Entsorgungskosten entstehen zu lassen.

Die Schaffung eines Kreislaufprinzips, der größtmöglichen Weiterverwertung sämtlicher eingesetzter Stoffe ist heute oberstes Ziel und erstreckt sich auf alle Bereiche.

Die allgemein anerkannte und häufig verwendete Definition für Umweltmanagement heißt: Umweltmanagementsystem ist der Teil des übergreifenden Managementsystems, der die Organisationsstruktur, Planungstätigkeiten, Verantwortlichkeiten, Methoden, Verfahren, Prozesse und Ressourcen zu entwickeln, Implementierung, Erfüllung, Bewertung und Aufrechterhaltung der Umweltpolitik umfasst [17].

Alle Elemente des Umweltmanagementsystems dienen dazu, den Verpflichtungen der Umweltpolitik nachzukommen und diese umzusetzen. Die stetige Überprüfung der gesetzten Ziele und der Grad der Umsetzung wird in regelmäßigen Abständen geprüft, ggf. korrigiert, d. h. angepasst oder ergänzt. Die Ziele und Instrumente zur Zielerreichung werden dabei ggf. erweitert, verbessert, so dass die Umweltpolitik eine kontinuierliche Verbesserung des betrieblichen Umweltschutzes erzielt.

Auch zum Aufbau eines Umweltmanagementsystems ist eine Bestandsdatenerhebung notwendig. Diese werden als Öko- oder Umweltbilanz bezeichnet und können in verschiedenen Stufen der Bilanzierung erstellt werden:

- Betriebsökobilanz (Input, Output und Umweltauswirkungen des gesamten Betriebes werden analysiert)

- Produktökobilanz (Lebenszyklus und die Umweltauswirkungen eines Produktes und seiner Herstellung werden analysiert)

- Prozessökobilanz (Im Mittelpunkt steht ein ausgewählter Produktionsprozess, z. B. die Lackierung, Verbrennung etc.)

Durch die Umweltbilanzierung werden Kennzahlen gebildet, durch die eine Vergleichbarkeit und Übersichtlichkeit ermöglicht wird.

Zu den betrieblichen Umweltkennzahlen gehören Stoff- und Energiekennzahlen, Infrastruktur- und Verkehrskennzahlen. Die Stoff- und Energiekennzahlen werden unterteilt in Eingangsgrößen wie Materialien, Energie, Wasser und die Ausgangskennzahlen wie entstehende Abfälle, entstehende Abluft, Abwasserprodukte.

Diese Kennzahlen können für verschiedene Branchen noch detaillierter untersetzt werden und mit den jeweiligen Kennwerten belegt sein.

Diese Kennzahlenerhebung und Kennzahlenfortschreibung deckt sich mit den Zielen und Aufgaben des Facility Managements. Unter dem Gesichtspunkt eines Umweltprogramms lassen sich zu einzelnen Kennzahlen Ziele formulieren, die gleichbedeutend mit den Zielen sind, die aus dem Bereich des Facility Managements kommen und gerichtete Prozesse erfordern.

Dazu zählen u. a. folgende Bereiche und Zielvorstellungen:

Bereiche	**Ziele**
Grundstücke und Bauten	Einsatz langlebiger und wieder verwertbarer Baustoffe, Reduzierung der Abfälle bei Baumaßnahmen, Recycling
	Prüfung der Wiederverwendbarkeit von vorhandenen Gebäudeteilen, Bauelementen
	Bessere Ausnutzung vorhandener Flächen bzw. Grundstücke
Energie/Wasser	Reduzierung des Energie- und Wasserverbrauchs, Verringerung der Klimatechnik
	Erhöhung der Datensicherheit und damit Verbesserung der Verbrauchskontrolle
EDV-Geräte	Anleitung der Benutzer zu sinnvollem Energie- und Papier sparendem Einsatz der Geräte
	Anschaffung von EDV-Geräten unter ökologischen Gesichtspunkten, Verringerung des Elektronikabfalls
Verbrauchsmittel	Weitgehende Verwendung von Recyclingprodukten, Reduzierung des Verbrauchs, Austausch von Produkten gegen umweltfreundlichere Produkte und gänzlicher Verzicht z. B. auf Reinigungsmittel durch neue Verfahren
	Verbessertes Controlling

Werbemittel	Weitere Reduzierung der Produktvielfalt, Auswahl nach ökologischen Gesichtspunkten
Abfälle	Reduzierung der Abfallmengen, Trennung der Abfälle, umweltverträgliche Entsorgung
Inventar	Prüfung der Wiederverwendbarkeit, Reparatur vorhandenen Inventars, Nutzung von Aufarbeitungsmöglichkeiten

2.5.4.3   Gebäude-Management-System

Bei größeren Gebäuden bzw. Gebäudekomplexen empfiehlt sich die Zusammenführung aller Management Systeme in ein untereinander abgestimmtes Gebäude-Management-System. Die Struktur eines derartigen Systems kann sich dabei an die o. g. Systeme angleichen oder selbst den Gebäudebetrieb prägen. Es sollte aber als offenes System schnell auf aktuelle Kundenwünsche reagieren können. Das System muss sich dabei dem sich ändernden Gebäude bzw. Nutzer anpassen und nicht umgekehrt. Besonders die zusammenfassende Bewertung und Analyse der Kundenzufriedenheit steht im Vordergrund, denn nicht selten kann es auftreten, dass der Nutzer z. B. in vereinbarten wesentlichen Einzelpunkten zufrieden ist, in zunächst scheinbar unwichtigen aber nicht. Derartige Wissenslücken werden zumeist nur bei übergeordneten Prüfungs- und Steuerungsabläufen offensichtlich. Das Gebäude-Management-System hilft daher frühzeitig, Störungen in der Beziehung zwischen dem Facility Management und dem Nutzer zu vermeiden und Konflikten vorzubeugen. Mit einem derart übergreifenden System schaukeln sich Unstimmigkeiten nicht auf und Unzufriedenheit oder – im schlimmsten Fall –Auszugsbereitschaft entstehen erst gar nicht.

Ein permanentes, der Konfiguration, Nutzerstruktur und Gebäudegröße angepasstes Monitoring überprüft die Kundenzufriedenheit und gibt dem Facility Manager sofort verfügbare Informationen über den letzten Stand der Dinge.

Für viele Nutzer und deren Kunden ist hierbei eine weitmögliche Transparenz der ablaufenden Vorgänge von entscheidender Bedeutung; mehr als oftmals in der Praxis angenommen. Somit dient das übergeordnete Gebäude-Management-System auch dem Vertrieb des Kunden des Facility Managers; eine Grundvoraussetzung für den effizienten Betrieb eines Gebäudes.

2.6   Bedeutung des Facility Managements bei der Sanierung

2.6.1 Allgemein

Die unterschiedlichen Funktionen und Inhalte, die ein Facility Management ausmachen können, wurden in den vorangegangenen Kapiteln erläutert. Sehr deutlich wurde dabei die überragende Bedeutung von Facility Management in der frühen Grundlagenentscheidung von Prozessen dargestellt. Bereits in der ersten Phase eines Entscheidungsprozesses werden die Weichen für den Kostenaufwand über den gesamten Lebenszyklus gestellt. Die Planungsphasen von Sanierungsvorhaben können unterstützt durch das Facility Management wesentlich effektiver und kostengünstiger im Hinblick auf den gesamten Lebenszyklus erbracht werden.

2.6.2 Die Hauptfragen vor Beginn eines Sanierungsprozesses

Die beiden Hauptfragen, die es sich beim Beginn eines anstehenden Sanierungsprozesses zu stellen gilt, sind folgende:

- Habe ich bereits ein funktionierendes und brauchbares Facility Management, auf das ich im Zuge des anstehenden Sanierungsprozesses zurückgreifen kann?

und

- Ist eine notwendige anstehende Sanierung Anlass für die Einführung eines sinnvollen Facility Managements?

Genau durch diese beiden Fragen lassen sich die Herangehensweisen an die Lösung der Sanierungsaufgabe unterscheiden.

Hat man zu Beginn der Sanierung bereits ein Facility Management, ist man in der Lage, auf sämtliche Daten, die dadurch gesammelt wurden, in seinen Entscheidungsprozessen zurückzugreifen. Dadurch werden die Entscheidungsprozesse sehr verkürzt und die Aufwendungen für die Grundlagenentscheidungen und Planung gesenkt. Die Akzeptanz der Entscheidungen ist für alle Beteiligten nachvollziehbar, weil konkrete Kennzahlen die Grundlage bilden. Die Transparenz der Entscheidungsprozesse ist für alle gegeben. Es wird offensichtlich, welche bisher vorhandenen Inhalte des Facility Managements brauchbar sind und wo Lücken vorhanden sind. Es wird deutlich, ob die Datenhaltung und Datenbereitstellung umfassend genug ist. Erkennbare Lücken können aufgedeckt und im Zuge der Sanierung durch eine Erweiterung der Daten geschlossen werden. Das Facility Management wird so um die offensichtlich fehlenden Inhalte erweitert und befindet sich in einem dynamischen Prozess. Durch diese mögliche rechtzeitige Beteiligung und Einbeziehung werden die Kosten für den Sanierungsaufwand optimiert. Die Betreibungskosten nach der Sanierung stehen rechtzeitig im Blickfeld der zu treffenden Entscheidungen und können gezielt gesteuert werden.

Kann man kein bereits eingeführtes Facility Management für die Sanierung eines Gebäudes nutzen, beginnt für die Entscheidungsfindung ein langwieriger Prozess. Es sind für die Grundlagenentscheidungen wenigstens die Voraussetzungen zu schaffen, die ein sinnvolles agieren ermöglichen. Der Prozess der Entscheidungsfindung hin zu der Sanierung von Bestandsobjekten ist sehr vielschichtig und nur durch die Einbeziehung vieler Faktoren für Skeptiker nachvollziehbar. Das Festmachen von Entscheidungen, losgelöst von Aspekten wie Wirtschaftlichkeit, Unternehmensstrategie, Unternehmensimage, rechtlichen Gegebenheiten, Umweltschutz, Ressourcenschonung, Standortvorteil, betrieblichen Ressourcen, ist heute nicht mehr vertretbar und führt zu unnötigen Kosten im Unternehmen. Für jede Entscheidungsfindung sind jedoch bestimmte Informationen unerlässlich, so dass man gezwungen ist, Daten bereitzustellen und aufzubereiten. Wie breit gegliedert und vielfältig diese sind, und welche Aspekte einbezogen werden, ist unternehmensabhängig. Sie sollten jedoch alle in Betracht gezogen und nach kritischer Analyse ausgewählt werden. Dabei muss der Blick in die Zukunft immer offen bleiben und Möglichkeiten der Gestaltung und Anpassung müssen gegeben sein. Dadurch ist der Ausgangspunkt für die Einführung eines Facility Managements gegeben.

2.6.3 Entscheidungsfindung

2.6.3.1 Neues Denken im Entscheidungsprozess

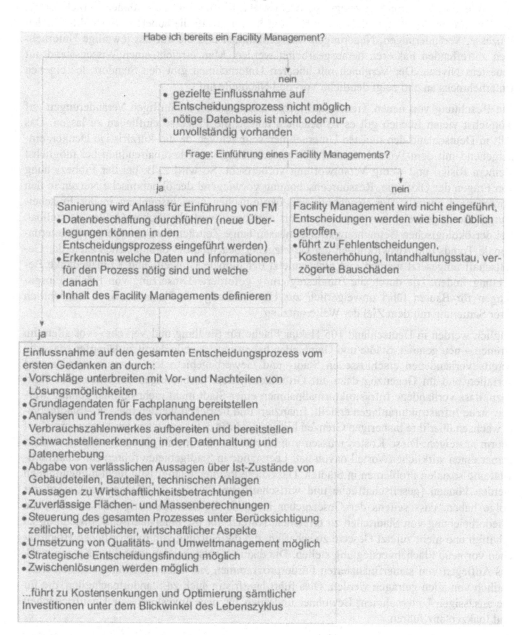

Bild 2-18 Entscheidungsbaum

Die Beachtung der vielschichtigen Einflüsse aus sehr unterschiedlichen Bereichen scheint zunächst eine so komplexe Aufgabe zu sein, dass man sich nicht in der Lage sieht, diese zu lösen. Das Facility Management bringt die notwendige Ordnung in die ablaufenden Prozesse und ermöglicht gleichzeitig eine Steuerung der Prozesse. Je breiter die Prozesserfassung, Kontrolle und Steuerung angelegt ist, desto mehr Einflussfaktoren können berücksichtigt werden. Das hat zur Folge, dass losgelöst vom Kerngeschäft die äußeren global ablaufenden Prozesse, Veränderungen, Neuerungen wahrgenommen und die auf das jeweilige Unternehmen zutreffenden Faktoren herausgearbeitet werden. Man erreicht einen Wissensstand auf neuestem Niveau. Der Vergleich mit anderen Unternehmen gibt den Standort des eigenen Unternehmens an und zeigt deutliche Vor- und Nachteile auf.

Die Beachtung von neuen Trends und sich abzeichnenden zukünftigen Veränderungen auf möglichst vielen Ebenen gilt es zu beachten und in die Prozesse einfließen zu lassen. Das fällt in Deutschland den meisten Unternehmen sehr schwer, da das kurzfristige Denken einhergehend mit dem Wunsch nach der Erwirtschaftung von Maximalrenditen bei möglichst kleinem Risiko und wenig Verantwortung vorherrscht. So wird z. B. bei der Einbeziehung von Fragen der Ökologie, Ressourcenschonung vorwiegend der ökonomische Nutzen in den Vordergrund gestellt. Die Beachtung von ökologischen Gesichtspunkten in der Entscheidungskette ist jedoch nicht immer in sofort messbaren wirtschaftlichen Größen darstellbar. Bei der ökologischen Betrachtungsweise müssen lange Zeiträume zu Grunde gelegt, internationale Trends und Auswirkungen der Gesetzgeber beachtet, die ökologischen Ziele der Gesellschaft umgesetzt werden und nicht zuletzt der globale Umwelt- und Klimagedanke Beachtung finden. Die durch die Bundesregierung geforderte Umsetzung von Flächeneinsparungen für Bauten führt unweigerlich zur Untersuchung von Bestandsbauten hinsichtlich ihrer Sanierung mit dem Ziel der Weiternutzung.

Täglich werden in Deutschland 105 Hektar Fläche für Siedlung und Verkehr – vor allem im Grünen – neu genutzt. Städte und Gemeinden haben mittlerweile damit zu kämpfen, dass die bereits vorhandenen erschlossenen Stadt- und Gewerbegebiete leer gezogen werden und verfallen und im Gegenzug dazu auf Grünflächen neue Bebauungen entstehen. Das führt dazu, dass vorhandene Infrastrukturmaßnahmen einer Stadt nicht mehr optimal genutzt werden, neue Infrastrukturanlagen erstellt, finanziert und betrieben werden müssen – Stadtgebiete wachsen über ihre bisherigen Grenzen hinaus- und die dafür entstehenden Kosten pro Kopf enorm ansteigen. Diese Kosten müssen von allen Einwohnern mit getragen werden, so dass keiner einen wirklichen Vorteil davon hat. Leerstände in Stadtgebieten führen zur Unattraktivität und sozialen Problemen in Städten. Dass diese Probleme langfristig nicht hingenommen werden können (gesellschaftliche und wirtschaftliche Zwänge der Kommunen), wird zur Folge haben, dass seitens der Gesetzgeber intensive Bemühungen angestellt werden, die Wiederbelebung von Stadtteilen zu erreichen, Anreize für die innerstädtische Ansiedlung zu schaffen und nicht zuletzt Gesetze zu schaffen, die die Nutzung von innerörtlichen Brachflächen vor neue Flächenversiegelung stellen. Die dadurch entstehenden indirekten Kosten, z. B. das Auflegen von steuerfinanzierten Förderprogrammen zur Wiederbelebung, müssen letztendlich von allen getragen werden. Dies führt langfristig auch zu Standortnachteilen, die für die ansässigen Unternehmen, Bewohner und auch für neue Investoren zur Unzufriedenheit und Inakzeptanz führen.

Als positives Beispiel soll ein in Halberstadt (Harz) durchgeführtes Projekt genannt werden. Die „Fachhochschule Harz" wurde an den Standort Domplatz in Halberstadt verlegt. Der geschichtsträchtige Ort – das Zentrum des Bistums Halberstadt im Mittelalter, mit imposanten Zeugnissen kirchlicher Macht – mit seinen mittelalterlichen Gebäuden, der Dompropstei und dem Domgymnasium, konnte durch die neue Nutzung wieder belebt werden. Das den Gebäuden zuvor anhaftende Image – nur den Haushalt zu belasten – konnte umgekehrt werden. Durch die Sanierung der Gebäude konnten die historische Fachwerkfassade und die steinernen Arkadengänge sowie die Wappenreliefs der Domherren wieder in neuem Glanz erstrahlen. Die Innenräume konnten fast unverändert übernommen werden, ein Treppenhaus mit Steingeländer und Sterngewölbe blieb erhalten und kann heute weiter genutzt werden. Ein Hörsaal mit einem Tonnengewölbe entstand im ehemaligen Festsaal – wo hat man das schon? Für Funktionen, die keinen Platz mehr fanden, wurde ein Neubau in einer Baulücke zwischen den beiden Gebäuden errichtet, der gleichzeitig als Verbindungstrakt fungiert.

Insgesamt bringt die Umnutzung positive Stimmung in das Stadtzentrum, da auch in Halberstadt die Altstadt von einer zunehmenden Entvölkerung bedroht ist. Wichtig scheint auch der Gedanke zu sein, dass die Nutzung von alten Gebäuden und Denkmälern und der Umgang mit ihnen, den Respekt und das Interesse an Tradition und Baukultur aufwerten. Baudenkmäler sollen zudem inspirierender auf wissensbasierte Unternehmen wirken als gesichtslose Neubauten im Niemandsland. Die Wiederbelebung der Altstadt mit Beschäftigten und Studenten kann für die anliegenden Gebäude neue oder lohnenswertere Investitionen zur Folge haben. Nicht zuletzt kann ein solcher Impuls für andere Investoren von Bedeutung sein und eine Aufwertung insgesamt zur Folge haben [18].

3 Nachhaltigkeit von Gebäuden und Liegenschaften

3.1 Nachhaltigkeit und Ressourcen

Das Konzept der Nachhaltigkeit ist keine „Erfindung" der Neuzeit; Nachhaltigkeit ist ein uraltes Prinzip menschlicher Kulturen. Sogar Tiere mussten es schon vor dem Auftreten der ersten Menschen auf der Erde beachten. Pflanzenfresser durften ihre Reviere nicht überweiden, Parasiten und Räuber nicht die Populationen ausrotten, von denen sie leben. Diese Regeln der Nachhaltigkeit – das Verständnis vom Zusammenleben mit der Natur, das von dem Gedanken getragen ist, diese nicht auszubeuten – verinnerlichte die Menschheit solange zivilisatorisch, solange Bevölkerungswachstum und die technische Fähigkeit zum Ressourcenverbrauch begrenzt waren.

Erschöpfung von Ressourcen hat es in der europäischen Geschichte immer wieder gegeben. Die bedeutendsten sind die Waldzerstörung rund ums Mittelmeer und die Zerstörung der Getreidelandwirtschaft in Nordafrika durch die Römer. Auch der wachsende Holzeinschlag in Mitteleuropa und die in der Folge des Dreißigjährigen Krieges resultierende Zerstörung der hiesigen Wälder hätte ähnliche Effekte haben können, doch zwei andersartige Verhaltensweisen haben den Niedergang abgewendet: Einerseits setzte sich allmählich die Klugheit durch, nicht mehr Holz zu schlagen, als nachwächst, um die Ressource Holz auch für nachfolgende Generationen zu erhalten. Andererseits gelang die innovative Nutzung der „unterirdischen Wälder" in Form der Steinkohle, mit der dann allerdings auch so umgegangen wurde, als wenn sie unerschöpflich wäre.

Doch erst in den letzten 25 Jahren des 20. Jahrhunderts hat der Begriff Nachhaltigkeit (im Englischen „sustainability") richtig Karriere gemacht. In der Wachstumstheorie der Fünfziger und Sechziger Jahre war der Begriff „sustainable growth" noch der Idee eines grenzenlosen Wachstums des Sozialprodukts verpflichtet, der zufolge jede wirtschaftliche Begrenzung oder Stagnation nur als Störung registriert wurde. Erst zu Beginn der Siebziger Jahre, vor allem gestützt auf den ersten Bericht des Club of Rome 1973, kamen Überlegungen zu Wachstumsgrenzen und zu nachhaltiger Entwicklung immer deutlicher zum Vorschein. Erst mit der 1983 von den Vereinten Nationen eingesetzten Weltkommission „für Umwelt und Entwicklung" startete der Karrieren-Höhenflug des Begriffs Nachhaltigkeit. Mit ihrem Report von 1987 „Our common future", kurz Brundtland-Bericht, beeinflusste und stimulierte die Kommission die nachfolgende Diskussion über nachhaltige Entwicklung entscheidend.

Der Deutsche Bundestag hat sich seit 1969 mit der Einrichtung so genannter Enquete-Kommissionen eine Möglichkeit geschaffen, Zukunftsfragen von übergeordneter Bedeutung abseits von der Tagespolitik mit Hilfe externer Sachverständiger zu erörtern und politische Entscheidungen vorzubereiten. In der 12. Legislaturperiode wurde daher die Enquete-Kommission „Schutz des Menschen und der Umwelt" eingesetzt, die Bewertungskriterien und Perspektiven für umweltverträgliche Stoffkreisläufe in der Industriegesellschaft erarbeitete und ihre Ergebnisse im Jahre 1994 präsentierte. Der 13. Deutsche Bundestag beschloss am 1. Juni 1995, diese Arbeit fortzuführen und setzte eine neue Enquete-Kommission „Schutz des Menschen und der Umwelt – Ziele und Rahmenbedingungen einer nachhaltig zukunftsverträglichen Entwicklung" ein, die folgende Schwerpunkte bearbeiten sollte:

1) Erarbeitung von Umweltzielen für eine nachhaltig zukunftsverträgliche Entwicklung

2) Erarbeitung ökonomischer und sozialer Rahmenbedingungen für eine nachhaltig zukunftsverträgliche Entwicklung

3) Notwendigkeit gesellschaftlicher, wirtschaftlicher und sozialer Innovationen

4) Maßnahmen zur Umsetzung einer nachhaltig zukunftsverträglichen Entwicklung

Die Arbeit dieser Enquete-Kommission wurde im Jahre 1998 abgeschlossen und die Ergebnisse in einem Abschlussbericht dokumentiert [19].

3.2 Definition nachhaltig bzw. nachhaltige Entwicklung

Was die grundlegenden Herausforderungen des Leitbildes einer nachhaltig zukunftsverträglichen Entwicklung betrifft, besteht mittlerweile breites Einvernehmen in der Diskussion. Ausgehend von dem im Brundtland-Bericht 1987 hervorgehobenem Handlungsprinzip – „sustainable development meets the needs of the present without compromising the ability of future generations to meet their own needs" – lässt sich der Anspruch ableiten, die Bedürfnisse einer wachsenden Zahl von Menschen heute und in Zukunft befriedigen zu können und gleichzeitig eine auf Dauer für alle unter menschenwürdigen, sicheren Verhältnissen bewohnbare Erde zu erhalten. Darin sind vielfältige ökonomische, ökologische, demografische, soziale und kulturelle Problemdimensionen enthalten, die ein globales, regionales, lokales und zugleich in die Zukunft gewichtetes Handeln erfordern.

Die Forderung einer nachhaltigen zukunftsverträglichen Entwicklung geht einher mit der zunehmenden Komplexität menschlichen Denkens. Einzelne, für sich allein zunächst uncharakteristische Symptome, treffen aufeinander und ergeben plötzlich ein kennzeichnendes Krankheitsbild des Patienten „Erde". Eine mögliche Strategie, diesen Anzeichen einer nicht nachhaltigen Entwicklung aktiv zu begegnen, ist – wie in der Medizin – das Erkennen der Syndrome und darauf aufbauendes Bekämpfen.

3.3 Das Syndrom-Konzept

3.3.1 Definition

Beim Syndrom-Ansatz handelt es sich in Anlehnung an den medizinischen Sprachgebrauch um das komplexe Zusammenwirken von wichtigen Trends des globalen Wandels, zum Beispiel wachsender Verbrauch von Rohstoffen und Energien, Globalisierung der Märkte, Verlust von Artenvielfalt, verstärkter Treibhauseffekt usw. aus allen Teilsphären des Erdsystems (zum Beispiel Wirtschaft, Gesellschaft, Boden, Atmosphäre).

Ein Beispiel ist das „Suburbia-Syndrom": Das Zusammenwirken von Trends wie der zunehmenden Anspruchsteigerung, wachsendem Verkehrsaufkommen, wachsender Flächeninanspruchnahme für Siedlungs- und Verkehrszwecke sowie dem damit verknüpften typischen Muster der Boden-, Wasser- und Luftbelastungen ist für viele hoch entwickelte Industrieländer charakteristisch. Insgesamt wurden 16 solcher Syndrome des globalen Wandels identifiziert, deren Dynamik in ihrer Gesamtheit den Bereich der nicht-nachhaltigen Entwicklung umschreibt.

Im Sinne des Syndromkonzepts kann Nachhaltigkeit daher umgekehrt als ein globaler gesellschaftlicher Entwicklungskorridor verstanden werden, der sich dann eröffnet, wenn die Syndromdynamik gebremst bzw. dem möglichen (regionalen oder globalen) Ausbrechen von Syndromen vorgebeugt wird.

3.3.2   Syndrom „Ressourcenverbrauch"

Wenn Nachhaltigkeit zur Leitlinie unseres Handelns werden soll, stellt die Nutzung der natürlichen – und damit begrenzten – Ressourcen offensichtlich ein Problem dar, denn deren Nutzung führt dazu, dass Ressourcen verringert werden, andere so fein verteilt werden, dass eine Wiedernutzung praktisch ausgeschlossen ist und wieder andere endgültig verloren gehen.

Die Frage, wie sich Ressourcennutzung und die Forderung nach Nachhaltigkeit in Einklang bringen lassen, kann nicht abschließend beantwortet werden. Sicher ist, dass die heutige Weltbevölkerung nicht existieren kann, ohne natürliche Ressourcen zu ge- und verbrauchen. Eine unveränderte Weitergabe von Ressourcen an künftige Generationen ist also schlichtweg unmöglich. Außerdem wissen wir nicht, was die Bedürfnisse künftiger Generationen sind. Wollen wir das Nachhaltigkeitskonzept anwenden, müssen diese unbekannten Bedürfnisse irgendwie definiert werden.

Bedürfnisse gliedern sich in materielle Komponenten (Ernährung, Produktion, Konsum) und immaterielle Komponenten wie Sicherheit, Gesundheit oder Komfort. Um also eine nachhaltige Entwicklung sicherzustellen, wäre es notwendig, die heutigen Ansprüche an materielle und immaterielle Güter so zu verändern, dass in Zukunft eine dauerhaft mögliche Ressourcennutzung erreicht wird.

Ein Weg dieses Ziel zu erreichen ist der normative. Seine Vertreter gehen davon aus, dass eine zukunftsfähige Entwicklung vor allem durch Verringerung der materiellen Bedürfnisse zu erreichen ist: weniger Konsum, weniger Autoverkehr, weniger Verbrauch von Energie. Dies führt zu einem veränderten Lebensstil und damit zu veränderten Ansprüchen. Bei diesem Vorgehen wird das Konzept der Nachhaltigkeit mit älteren normativen Konzepten wie Sparsamkeit oder Bescheidenheit verbunden und vorausgesetzt, dass eine sparsame und bescheidene Lebensweise heute wie in Zukunft erstrebenswert ist. Nachhaltigkeit und Gerechtigkeit gegenüber künftigen Generationen erfordern danach eine weitgehende Schonung der natürlichen Ressourcen und dazu müssen Industriegesellschaft und unser Konsumverhalten verändert werden. Dieses Prinzip wird auch als „starke Nachhaltigkeit" bezeichnet.

Bei dem zweiten Weg wird eine normative Bestimmung der „richtigen" künftigen Bedürfnisse vermieden: Materielle und immaterielle Bedürfnisse sollen zusammen genommen ein bestimmtes Wohlfahrtsniveau beschreiben und austauschbar sein. Natürliches Kapital – also etwa die verfügbaren Ressourcen – kann in bestimmten Grenzen durch künstliches Kapital – Infrastruktur, Technologien, Wissen – ersetzt werden. Um eine nachhaltige Entwicklung zu erreichen, könnte es tatsächlich manchmal notwendig sein, sparsamer und bescheidener zu wirtschaften als heute. Grundsätzlich ist es jedoch nach dieser Betrachtungsweise nicht erforderlich, dass den nachfolgenden Generationen das gleiche Potential an natürlichen Ressourcen hinterlassen wird, über das wir verfügen. Denn das Wohlfahrtsniveau künftiger Generationen basiert sowohl auf natürlichen Ressourcen als auch auf den Techniken bzw. dem Wissen zu deren Nutzung sowie den nutzbaren Gütern, die wir hinterlassen. Diesen Ansatz kennzeichnet der Begriff „schwache Nachhaltigkeit".

Diese unterschiedlichen Ansätze hängen eng mit einer weiteren Frage an das Konzept der Nachhaltigkeit zusammen: Was sind natürliche begrenzte Ressourcen?

Im ersten Ansatz scheint die Antwort klar zu sein. Die Erdoberfläche ist begrenzt, die landwirtschaftlich nutzbaren Flächen sind also ebenfalls begrenzt und in ihrer Größe prinzipiell auch bestimmbar. Das Gleiche gilt für mineralische Rohstoffe oder fossile Energieträger. Eine derartige Betrachtung ist jedoch unvollständig, denn sie geht davon aus, dass die Ressourcen die wir heute nutzen, auch künftig wichtig sind. Sie lässt außer Betracht, ob die zukünftigen Generationen diese Ressourcen auch tatsächlich nutzen wollen und können.

„Nutzen wollen" ist eine Wertentscheidung und hängt mit der Abwägung zwischen materiellen und immateriellen Ansprüchen zusammen. Beispiel: Schweine sind in islamisch geprägten Ländern keine Nutztiere und daher stellt die Schweinezucht auch keine Ressource zur Sicherstellung der Ernährung dar. Weiteres Beispiel: Mit der Ablehnung der Atomenergie wird Uranerz nicht mehr als eine Ressource betrachtet, die zur Deckung des Energiebedarfs zur Verfügung steht. Sicherheitserwägungen werden bei der Ablehnung der Atomenergienutzung höher bewertet als die Verfügbarkeit materieller Güter wie Energie.

„Nutzen wollen" bestimmter Rohstoffe oder Prozesse beeinflusst daher die verfügbaren Ressourcen und damit die Gestaltungsmöglichkeiten des erwünschten Wohlfahrtsniveaus. Ressourcen sind damit keine statische Größe, sondern sie werden auch von Werthaltungen bestimmt. Wenn wir unsere Präferenzen für künftige Generationen zugrunde legen, zwingen wir Ihnen auch unsere Wertschätzungen auf.

Ressourcen definieren sich auch über das „Nutzen können". Metallerze gab es auch in der Steinzeit. Sie waren aber keine Ressource, da die technischen Voraussetzungen zu ihrer Nutzung fehlten. Ressourcen werden also auch von den verfügbaren Techniken zur Nutzung von Rohstoffen und vom Bedarf des existierenden Techniksystems bestimmt.

Verschiebungen in der Bedeutung von Ressourcen finden ständig statt. Kohle zum Beispiel war über Jahrtausende hinweg keine Ressource für die Menschheit. Durch die Einführung von Funktelefonen und Glasfaserkabeln verliert zum Beispiel die Ressource Kupfer weiter an Bedeutung.

Ein Nachhaltigkeitskonzept, das sich nur auf die heute wichtigen Ressourcen bezieht, greift daher zu kurz. Für eine nachhaltige Entwicklung sind neben dem Erhalt des natürlichen Kapitals auch Weiterentwicklung und Weitergabe von Technik und Wissen zwingend. Nur so besteht eine Chance, dass künftige Generationen über ausreichende Ressourcen verfügen, um ein angemessenes Wohlfahrtsniveau zu erreichen.[20]

3.3.3 Syndrom „Wachstum"

Unter den Bedingungen des exponentiellen Wachstums – Bevölkerung, Bruttosozialprodukt, Wirtschaftskraft usw. – vervielfachen sich die Wirkungen auf die Umwelt in kurzer Zeit und stoßen an ökologische Grenzen.

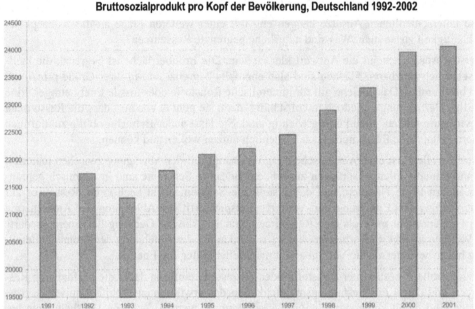

Bild 3-1 Zum Beispiel Zunahme des Bruttosozialproduktes nach ww.arbeitsalltag.de/zahlen/eink.htm

Da in den ökologischen Systemen keine linearen und proportionalen Zusammenhänge vorherrschen, können bei bestimmten Grenz- oder Schwellenwerten ganze Systeme umkippen. Während des Wirtschaftwachstum quasi vom Verschleiß und mangelnder Haltbarkeit der produzierten Güter lebt, akkumulieren sich diese nach ihrem Verfall (unter Berücksichtigung des bereits genannten Erhaltungsgesetzes von Energie- und Masse) mit den schon bei der Produktion und Konsum entstehenden Emissionen zu einer immensen Belastungsmenge. Diesen positiven Auswirkungen des Wirtschaftswachstums auf die Umwelt wird eine so genannte „Leerlaufgrenze" des Wirtschaftswachstums entgegen gehalten. Ist diese erreicht, müssen die zusätzlich erwirtschafteten Mittel dazu verwendet werden, die durch die wachsende Wirtschaft entstandenen Schäden zu reparieren. Weiteres Wachstum erscheint dann nicht mehr sinnvoll. Wird dieser Leerlauf überschritten, dann findet eine Überkompensation der Umwelt durch die negativen Auswirkungen des Wachstums auf diese statt, das heißt die Aufwendungen für den Umweltschutz führen dazu, dass ein immer geringerer Teil des Sozialproduktes für andere Zwecke übrig bleibt.

Der unendlichen Steigerung der Nahrungsmittelproduktion, des Rohstoffverbrauchs und der Umweltverschmutzung sind angesichts der Gesetze vom Erhalt der Masse und Energie sowie deren Entwertung (Entropie) in seinen abiotischen Systemen als auch durch die Regenerationsfähigkeit des ökologischen Systems in seinen biotischen Bereichen Grenzen gesetzt.

3.3.4 Syndrombekämpfung: Ressourcenschonung durch Effizienzsteigerung

Die oben dargelegte Betrachtung zur Nutzung von Ressourcen orientiert sich an der Vorstellung von sustainability als einem bewussten Planungs- und Bewirtschaftungskonzept, das die anstehenden globalen Probleme auch tatsächlich wird lösen können. Nachhaltige Entwicklung und nachhaltiges Wachstum werden hier weitestgehend gleichgesetzt. Das Konzept eines dauerhaften Wachstums schließt Grenzen ein, jedoch keine absoluten Grenzen. Es handelt sich vielmehr um technologische und gesellschaftliche Grenzen, die uns durch die Endlichkeit der Ressourcen und die begrenzte Fähigkeit der Biosphäre zum Verkraften menschlicher Einflussnahme gezogen sind. Technologische und gesellschaftliche Entwicklungen aber sind beherrschbar und können auf einen Stand gebracht werden, der eine neue Ära wirtschaftlichen Wachstums ermöglicht.

Dabei drängen sich zwei Fragen auf. Zum einen die Frage nach der Endlichkeit des Wirtschaftswachstums und seiner Wirkungen hinsichtlich des Wohlstandes, zum anderen die Frage, ob ein im herkömmlichen Sinn verstandenes Wachstum bei Erhalt der natürlichen Grundlagen des Wirtschaftens möglich ist. Dabei wird oft der mögliche Beitrag der Technologien zur Öko-Effizienz für eine nachhaltige Entwicklung überschätzt und die sozioökonomischen und politischen Parameter zur Minderung des Umweltverbrauchs (Öko-Suffizienz) weniger beachtet. In der Praxis zeigt sich nämlich, dass die ingenieurwissenschaftliche Entwicklung innovativer Techniken, zum Beispiel zur Umweltentlastung oder zur Ressourcenschonung, alleine nicht ausreicht. Vielmehr müssen innovative soziale Strukturen und geeignet kreative ökonomische Rahmenbedingungen hinzukommen.

Der Glaube oder die Hoffnung an die Möglichkeit des Neben- oder Miteinander von nachhaltigem Wachstum und nachhaltiger Entwicklung resultiert möglicherweise auch daraus, dass die Wissenschaft von der Ökonomie sich bisher noch nicht bewusst geworden ist, dass auch für die Ökonomie die physikalischen Gesetze der Thermodynamik gelten. Diese beschreiben die Grenzen der Effizienz von Wärmekraftmaschinen und stellen damit fundamentale Gesetzmäßigkeiten dar.

3.3.5 Grenzen der Effizienzsteigerung

Diese Gesetze gelten auch für „ökonomische Maschinen" wie Volkswirtschaften es darstellen. Eine Volkswirtschaft kann nicht wie ein Perpetuum mobile zweiter Art ständig von der Nutzung der Natur und der natürlichen Ressourcen angetrieben werden. Der Abbau der Ressourcen und die Anhäufung der Folgeprodukte machen dies auf Dauer ebenso unmöglich wie in der Thermodynamik, die auf zwei naturwissenschaftlichen Erfahrungstatsachen aufbaut, die auch im Folgenden auf die Nachhaltigkeitsbetrachtungen angewandt werden sollen: Die beiden Hauptsätze der Thermodynamik. Der erste Hauptsatz ist auch als Energieerhaltungssatz bekannt, der zweite Hauptsatz gestattet eine Bewertung der Energie.

Der erste Hauptsatz der Thermodynamik fordert: In einem geschlossenen System bleibt die Energie konstant (Hinweis: Ein Perpetuum mobile erster Art wäre eine Maschine, die entgegen dieser Gesetzmäßigkeit ohne Zufuhr von Energie von außen Arbeit leisten könnte). In einem geschlossenen System geht also keine Energie verloren; die Zunahme der inneren Energie entspricht der Summe der als Wärme und als Arbeit zugeführten Energie. Der zweite

Hauptsatz der Thermodynamik macht eine Aussage über die nichtumkehrbaren Prozesse in der Thermodynamik, zum Beispiel „Wärme kann nie von selbst von einem System niederer Temperatur auf ein System höherer Temperatur übergehen" oder gemäß der Formulierung von Planck „Alle Prozesse, bei denen Reibung auftritt, sind nicht umkehrbar" oder einfach: „Alle natürlichen Prozesse sind nicht umkehrbar". Als physikalische Größe wurde hierzu die Entropie eingeführt (griechisch entrepein „umkehren, umwenden").

In einem abgeschlossenen System strebt diese Entropie einem Maximum zu; die Zunahme der Entropie ist das Kennzeichen für einen nicht umkehrbaren Prozess. Damit wird festgestellt, dass Materie und Energie nur in einer Richtung verändert werden können, nämlich von einer nutzbaren Form in eine nicht nutzbare, von einer verfügbaren in eine nicht verfügbare, von einer geordneten in eine ungeordnete. Immer wenn eine geordnete Struktur geschaffen wird, geschieht dies nach dem Entropiegesetz auf Kosten der Ordnung der jeweiligen Umgebung bzw. in Verbindung mit der neuen Struktur. Dementsprechend muss bei jeder Umwandlung von Energie oder Materie in einen anderen Zustand ein bestimmter Preis bezahlt werden. Dieser Preis besteht in einem Verlust an verfügbarer Energie oder Materie die künftig nicht mehr genutzt werden kann (zum Beispiel Abwärme, Abfälle usw.) und wird physikalisch als Entropie gemessen. Ein Perpetuum mobile zweiter Art wäre dann praktisch eine technische oder ökonomische Maschine, die fortwährend verfügbare Energie verlustlos, also ohne Entropieerhöhung, nutzbar machen könnte.

Dieses scheinbar nur für Wissenschaft und Technik geltende Entropiegesetz finden wir im täglichen Leben in zahlreichen Situationen. Zustände hoher Ordnung – vom aufgeräumten Schreibtisch über das ordentliche Arbeitszimmer bis hin zum voll gepackten Werkzeugkoffer – werden in der Zeit der Benutzung scheinbar mühelos und ohne nennenswerte Anstrengung in den Zustand der Unordnung, des Chaos übergeführt. Zurück bleiben die Aktenberge, die offenen Schränke, ein unübersichtlicher Haufen von Arbeitsmitteln. Um die Ordnung wieder herzustellen zahlt man einen hohen Preis: die zusätzliche Zeit, um alles wieder aufzuräumen!

Der Entropiesatz setzt auch dem Wirtschaften zusätzliche Grenzen: Nicht nur die begrenzten Ressourcen und Senken für Schadstoffe und Abfälle sind zu beachten, sondern auch die Tatsache, dass mit dem Verbrauch von Ressourcen auch eine zwangsläufige Verschwendung einhergeht. Selbst ein verstärktes Bemühen um Steigerung der Wirkungsgrade bei der Nutzung von Ressourcen, also Verbesserung der Effizienz endet bei der zwangsläufigen Mitproduktion von nicht mehr nutzbaren Abfällen und Abwärme und bei Verlusten von Rohstoffen vom Moment ihrer Gewinnung an.

Im Gegensatz zur zivilisatorischen Nutzung der Ressourcen mit ihrer Entropievermehrung sind die Systeme der belebten Natur auf geringen Energiefluss eingestellt und umso lebenstüchtiger, je weniger Energie sie in Entropie umwandeln, die sie abführen müssen. Der ökonomische Prozess der Industriegesellschaft mit seinem Massenumsatz von nutzbarer Energie und konzentrierten Rohstoffen und der daraus folgenden Produktion von Entropie in Form von Abwärme, Abfall, Umweltverschmutzung und Naturzerstörung ist somit das genaue Gegenteil des überlebensfähigen Systems der Natur. Als gigantische Durchflusswirtschaft ist die Industriegesellschaft das genaue Gegenteil der strikt ökonomisch in Kreisprozessen arbeitenden belebten Natur.

Für eine an Nachhaltigkeit orientierte Zivilisation kommt es also nicht nur darauf an, durch Ökoeffizienz die Ressourcennutzung zu optimieren und durch Verknappung eine Anpassung der Bedürfnisse an die Knappheit der Ressourcen zu erreichen, sondern es ist eine vermehrte

Orientierung an der Natur, ihren Kreisprozessen erforderlich und muss in eine Öko-Konsistenz mit ihr münden. Effizienz, Suffizienz und Konsistenz sind also die drei Elemente der Nachhaltigkeit, die es zu steigern gilt.

Umso mehr ist ein angepasstes Facility Management für Objekte im Bestand das geeignete Arbeitsmittel, um diese Elemente der Nachhaltigkeit zu erfüllen. Sie kann zur Verbesserung der Wirksamkeit von Sanierungs-, Instandhaltungs- und Wartungsmaßnahmen führen, Ressourcen ausreichend und sinnvoll bemessen und das Denken und Handeln in Zyklen steuern.

3.4   Leitbild der Nachhaltigkeit

Das Leitbild der Nachhaltigkeit verlangt in kürzester Form, nicht auf Kosten der Enkel und Urenkel zu leben. In dieser Forderung kommt der Zusammenhang der ökonomischen, sozialen und ökologischen Dimension unmittelbar zum Ausdruck. Im Sinne des Leitbildes der nachhaltig zukunftsverträglichen Entwicklung gilt es deshalb, zukünftigen Generationen zumindest die gleichen Lebenschancen zu bewahren. Dies umfasst neben dem Erhalt des natürlichen Kapitals die Weitergabe von Sach- und Humankapital. Das institutionelle Kapital, d. h. die Ausgestaltung der Rahmenbedingungen für das Leben des Einzelnen und der Gesellschaft als Ganzes, muss in einer sich dynamisch verändernden Gesellschaft, in einem sich verändernden globalen Umfeld weiter entwickelt werden.

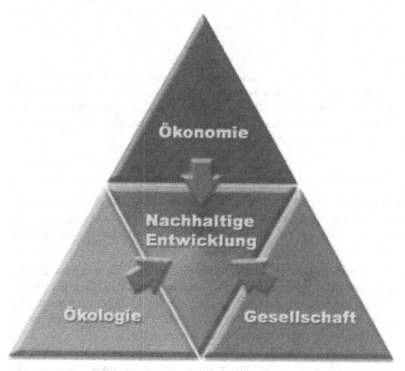

Bild 3-2: Das „magische" Dreieck der Nachhaltigkeit [21]

Die Veränderung der Natur, die gesellschaftliche, technische und wirtschaftliche Entwicklung, tritt als treibende Kraft in den drei betrachteten Dimensionen in den Vordergrund.

In der zivilisierten Welt reift allmählich die Erkenntnis, dass mit dem Leitbild der nachhaltig-zukunftsverträglichen Entwicklung wichtige Entwicklungslinien auch „jenseits der ökologischen Dimension" angesprochen werden. Aufgrund der komplexen Zusammenhänge zwischen den drei Dimensionen bzw. Sichtweisen von Ökologie, Ökonomie und Sozialem müssen sie integrativ behandelt werden. Dabei geht es bildlich gesprochen nicht um die Zusammenführung dreier nebeneinander stehender Säulen, sondern eher um die Entwicklung einer dreidimensionalen Perspektive, vergleichbar mit dem Finden des geometrischen Schwerpunkts eines Dreiecks.

3.5   Nachhaltigkeitsziele

3.5.1 Ökonomische Ziele

Die Erhaltung und nachhaltige Sicherung der Wettbewerbs- und Marktfunktionen ist ein unverzichtbares Zwischenziel zur Erreichung gesellschaftlicher Ziele, denen die Wirtschaft zu dienen hat. Unter dieser Prämisse gilt es, ökonomische Qualitätsziele zu beschreiben. Ökonomische Qualitätsziele sind langfristig angestrebte, am Leitbild der nachhaltig zukunftsverträglichen Entwicklung und damit am Ziel der Erhaltung der Funktionsfähigkeit der ökonomischen Systeme orientierte Eigenschaften. Im Hinblick auf die fundamentalen Funktionen der Märkte sind diese Qualitätsziele mit Blick auf die Wettbewerbsregeln, die die Wettbewerbsintensität bestimmen, und im Hinblick auf die Marktfunktionen zu definieren. Um die in ökonomischen Qualitätszielen beschriebenen Zustände und Eigenschaften der ökonomischen Dimension der Nachhaltigkeit zu erreichen, werden auch hier wiederum ökonomische Handlungsziele definiert, die die Schritte angeben, die dazu notwendig sind. Auch hierbei bedarf es überprüfbarer und messbarer Ziele sowie einer Übereinkunft über die Kriterien, die Aussagen über den Grad der Zielerreichung erlauben.

3.5.2 Ökologische Ziele

Offensichtlich nicht zukunftsfähig und langfristig nicht durchhaltbar sind aus ökologischen Gründen diejenigen Formen des Wirtschaftens bzw. gesellschaftlicher Entwicklungsprozesse, die auch mit Begriffen wie lineares Wirtschaften oder Durchflusswachstum umschrieben werden.

Um dieses Wirtschaften transparent zu machen, wurden Grundregeln für das Management von Stoffströmen, zum Beispiel in Form von Ökobilanzen erarbeitet, mit denen die Beachtung der Belastungsgrenzen der Umwelt, die Berücksichtigung des zeitlichen Anpassungsbedarfs natürlicher Systeme bei der Entscheidung über den Einsatz von Stoffen und den immer effizienteren Umgang mit endlichen Ressourcen beurteilt werden können.

Ökologische Ziele sind somit Umweltziele; diese sollen sich am Leitbild einer nachhaltig zukunftsverträglichen Entwicklung orientieren. Ein Umweltziel kann durch eines oder mehrere Umweltqualitätsziele konkretisiert werden. Diese beschreiben, ausgehend von einem identifizierten ökologischen Problembereich, (langfristig) angestrebte Zustände oder Eigenschaften (= Sollwerte) der Umwelt, bezogen auf Systeme, Medien oder Objekte und streben eine Erhaltung oder Veränderung konkreter Eigenschaften oder Zustände auf globaler, regionaler oder lokaler Ebene an.

Umwelthandlungsziele geben die Schritte an, die notwendig sind, um die in Umweltqualitätszielen beschriebenen Zustände oder Eigenschaften der Umwelt zu erreichen. Dazu bedarf es der Formulierung quantifizierter und messbarer oder anderweitig überprüfbarer Ziele, die sich an verschiedenen Belastungsfaktoren orientieren und Vorgaben für notwendige Entlastungen enthalten. Bei der Formulierung der dazugehörigen Zeitvorgaben sind die sozialen und ökonomischen Rahmenbedingungen und -wirkungen zu beachten.

3.5.3 Soziale Ziele

In einer Gesellschaft sind soziale Stabilität und individuelle Freiheit unverzichtbare Pfeiler für eine nachhaltig zukunftsverträgliche Entwicklung. Solidarität ist die Voraussetzung dafür; sie hat unsere Gesellschaft sozial, wirtschaftlich und kulturell gestaltet und gewährleistet gleiche, gerechte Entwicklungschancen für alle Menschen.

Eine nachhaltig zukunftsverträgliche Entwicklung gestaltet sich als ein gesellschaftlicher Such-, Lern- und Entwicklungsprozess, der von permanenten dynamischen wirtschaftlichen und strukturellen Veränderungen begleitet ist. Gerade die soziale Dimension der Nachhaltigkeit steht damit in ihrer Entwicklung unter besonderem Druck.

Daher muss im Spannungsfeld zwischen den Bedürfnissen der Menschen nach Individualität und Solidarität das soziale Rahmengefüge im Hinblick auf seine ureigenen Ziele neu überdacht und als soziale Ziele formuliert werden. Analog zur Vorgehensweise bei ökologischen und ökonomischen Zielen werden daraus soziale Qualitätsziele konkretisiert und in sozialen Handlungszielen die schrittweise Umsetzung beschrieben.

Lebenslange Lernbereitschaft und eine hohes Maß an Lernfähigkeit sind notwendig, um sich an verändernde Strukturen anzupassen und Grundbedingungen für eine zukunftsfähige Gesellschaft zu schaffen. Erziehung, Bildung und Forschung sind daher wesentliche Stützen einer Zukunftssicherung.

3.6   Leitsätze zur Realisierung

3.6.1 Ökologische Dimension der nachhaltig zukunftsverträglichen Entwicklung

Ökosysteme sind durch das Wirken des Menschen heute praktisch alle anthropogen beeinflusst oder geformt. Mit Stoffeinträgen, der Nutzung für landwirtschaftliche Produktion, der Gestaltung der Siedlungs- und Verkehrsflächen, mit touristischen Nutzungen usw. hat der Mensch die Erde seinen Bedürfnissen entsprechend angepasst. Jeder Eingriff hat dabei zu einer mehr oder weniger drastischen Veränderung von Ökosystemen geführt. Es gilt, die Belastbarkeit der Ökosysteme nicht zu überschreiten, die natürlichen Lebensgrundlagen zu erhalten und die Gesundheit des Menschen zu schützen. Damit ist der schonende Umgang mit Ressourcen ebenso erfasst wie der verantwortliche Umgang mit globalen und lokalen

Senken, die räumliche Verteilung von Stoffen in der Umwelt und die möglichen humantoxischen und ökotoxischen Folgen, die auf anthropogene Risiken zurückgehen. Vor diesem Hintergrund hat die Enquete-Kommission vier Grundregeln formuliert, die durch eine fünfte Regel vom Sachverständigenrat für Umweltfragen ergänzt wurden:

1) Die Abbaurate erneuerbarer Ressourcen soll deren Regenerationsrate nicht überschreiten. Dies entspricht der Forderung nach Aufrechterhaltung der ökologischen Leistungsfähigkeit, d. h. (mindestens) nach Erhaltung des von den Funktionen her definierten ökologischen Realkapitals.

2) Nicht-erneuerbare Ressourcen sollen nur in dem Umfang genutzt werden, in dem ein physisch und funktionell gleichwertiger Ersatz in Form erneuerbarer Ressourcen oder höherer Produktivität der erneuerbaren sowie der nichterneuerbaren Ressourcen geschaffen wird.

3) Stoffeinträge in die Umwelt sollen sich an der Belastbarkeit der Umweltmedien orientieren, wobei alle Funktionen zu berücksichtigen sind, nicht zuletzt auch die „stille" und empfindlichere Regelungsfunktion.

4) Das Zeitmaß anthropogener Einträge bzw. Eingriffe in die Umwelt muss in ausgewogenem Verhältnis zum Zeitmaß der für das Reaktionsvermögen der Umwelt relevanten natürlichen Prozesse stehen.

5) Gefahren und unvertretbare Risiken für die menschliche Gesundheit durch anthropogene Einwirkungen sind zu vermeiden.

3.6.2 Ökonomische Dimension der nachhaltig zukunftsverträglichen Entwicklung

Wirtschaften hat die übergeordnete Funktion, knappe Güter mit möglichst geringen Kosten der Verwendung mit der höchsten Wertschätzung zukommen zu lassen. So sollen die verfügbaren Ressourcen an Arbeitskraft und natürlicher Produktivität so eingesetzt werden, dass eine bestmögliche Versorgung der Bevölkerung mit Gütern und Dienstleistungen erreicht wird. Alle vorhandenen Produktionsfaktoren sollen ihrer Produktivität entsprechend eingesetzt werden.

Die Beschreibung dieser ökonomischen Dimension hängt im Wesentlichen von der Größe des betrachteten Systems ab. Die Enquete-Kommission hat hierzu Regeln für die Systeme Staat und Gesellschaft erarbeitet, die aus ökonomischer Sicht der Nachhaltigkeit beachtet werden sollten. Diese müssen regional und lokal auf die jeweiligen Untersysteme angewendet werden. Hauptsächlich geht es dabei um folgende Ansätze:

1) Das ökonomische System soll individuelle und gesellschaftliche Bedürfnisse effizient befriedigen.

2) Preise müssen dauerhaft die wesentliche Lenkungsfunktion auf Märkten wahrnehmen. Sie sollen dazu weitestgehend die Knappheit der Ressourcen senken, Produktionsfaktoren, Güter und Dienstleistungen wiedergeben.

3) Die Rahmenbedingungen des Wettbewerbs sind so zu gestalten, dass funktionsfähige Märkte entstehen und aufrechterhalten bleiben und Innovationen angeregt werden.

4) Die ökonomische Leistungsfähigkeit muss im Zeitablauf zumindest erhalten werden, nicht nur bloß quantitativ vermehrt, sondern vor allem auch qualitativ ständig verbessert werden.

3.6.3 Soziale Dimension der nachhaltig zukunftsverträglichen Entwicklung

Hierbei beschreibt die Enquete-Kommission im Wesentlichen die Sicherungssysteme des Sozialstaates und die Ansprüche an einen sozialen Rechtsstaat, die allgemein gültig sind und für die jeweiligen Aufgabenstellungen neu definiert werden müssen. Im Vordergrund stehen der Erhalt der gesellschaftlichen Solidarität und Handlungsmaßnahmen, die sich an der Maxime „Die Starken helfen den Schwachen" orientieren. Voraussetzung ist ein entsprechendes Leistungspotenzial; dieser Begriff gilt sowohl für die emotionale Bereitschaft als auch für die geistige, rechtliche und materielle Absicherung des solidarischen Zusammenlebens.

Das heißt im Bereich der „personalen Solidarität" die Bereitschaft, sich in kleine Gemeinschaften (Netzwerken) zu helfen; im Bereich der „Gruppensolidarität" die Bereitschaft und Fähigkeit zur Organisation von Selbsthilfe, sozialen Diensten usw.; im Bereich der „kollektiven Solidarität" die Erhaltung der Leistungsfähigkeit sozialer Sicherungssysteme.

3.6.4 Realisierungspotenzial durch Facility Management

Ein geeignetes Facility Management System bietet die Chance, die o. g. Forderungen der drei Zieldimensionen eines nachhaltig zukunftsverträglichen Betriebes von Gebäuden und Nutzung von Liegenschaften praktisch umzusetzen.

Ressourcenschonung durch Einsatz regenerativer Energien, aber auch durch die Steuerung des Rohstoffverbrauchs, Kontrolle der Stoffeinträge in die Natur – auch der Immissionen – als gesundheitliches Ziel in Verbindung mit Gefahrenabwehr und -vermeidung z.B. durch Berücksichtigung eines geeigneten Brandschutzkonzeptes usw. stellen Beispiele für die ökologische Komponente dar. Profitables, effizienten, kostenorientiertes Bewirtschaften von Gebäuden und Liegenschaften kennzeichnen das ökonomische Potenzial von Facility Management in Bezug auf die Realisierung einer nachhaltig zukunftsverträglichen Entwicklung. Und schließlich wird die soziale Dimension z. B. durch die Bildung von Netzwerken im Sinne eines integrativen Planungskonzeptes, aber auch durch die Realisierung von Behaglichkeitsansprüchen der Nutzer, Verbesserung der Kommunikation Nutzer/Betreiber usw. beschrieben.

Daher bedeutet die Einführung eines Facility Management Systems zu Beginn des Bauprozesses, aber erst recht im Lebenszyklus eines Gebäudes im Rahmen von Maßnahmen der Sanierung, den ersten Schritt zur Schaffung einer nachhaltig zukunftsorientierten Entwicklung zu gehen.

3.7   Nachhaltigkeit im Bereich Bauen und Wohnen

3.7.1 Anforderungen

Bauen und Wohnen ist ein unerlässlicher Bestandteil unserer Kultur, seit die Menschen begannen, sesshaft zu werden. In der Art des Wohnens spiegeln sich unterschiedlichste Lebens-
formen wider. Teilweise lösten sich diese im Laufe der Zeit gegenseitig ab, teilweise existieren sie zeitgleich nebeneinander.

Städte, Gebäude, Freiräume und kultivierten Landschaft bilden die räumliche Hülle für das
Alltagsleben, für die Gesellschaft und die Kultur der Menschen, die in ihnen leben. Verändert
wird diese Hülle durch Bautätigkeit. Sie ist das Mittel zur Anpassung der Umgebung von
Menschen an ihre individuellen Bedürfnisse, die sie im Rahmen der Befriedigung der Grundbedürfnisse nach Wohnen entwickeln und entwickelt haben.

Natürliche Wirkungsgefüge nicht zu gefährden, sondern das Ökosystem unseres Lebensraumes lebenswert zu stabilisieren, sind insbesondere auch die Anforderungen an nachhaltiges
Bauen. Es ist gleichbedeutend mit der o. g. ganzheitlichen, d. h. ökologischen, ökonomischen
und sozialen Betrachtung unserer Bau- und Siedlungsweisen sowie unserer Wohngepflogen-
heiten. Nachhaltiges Bauen darf sich jedoch nicht nur auf die verwendeten Baustoffe konzentrieren, sondern muss die Betrachtung von Gebäuden über den gesamten Lebenszyklus
unter Berücksichtigung der Nutzungsqualität, d. h. des „Lebenswertes" beinhalten.

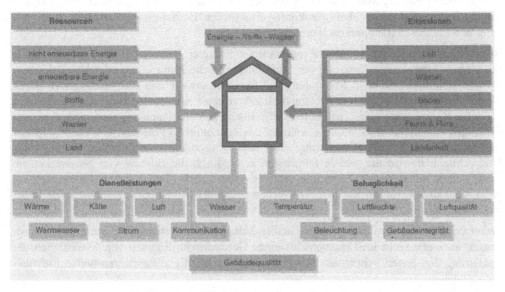

Bild 3-3: Energie- und Stoffflüsse sowie Gebäudequalität kennzeichnen nachhaltiges Bauen und Bauinstandsetzen [22]

Bauen braucht einerseits die Umwelt und ihren Stoffbestand (Entnahme von Rohstoffen aus
der Natur, daraus Herstellung von Gütern), belastet aber wiederum die Umwelt durch schädliche Einwirkungen, die von den neuen Stoffen in ihrer Verbindung an einem Gebäude unter

Einfluss der Atmosphäre, des Niederschlags, des Bodens und Grundwassers ausgehen (Reststoffe, Abfälle, Stoffumwandlungen, Entstehung neuer chemischer Verbindungen). Die Prüfung der Verträglichkeit der Baustoffe in ihrem Zusammenwirken für die Umwelt und den Menschen muss gründlich beachtet werden. In das Bauwesen fließen ca. 6000 chemische Stoffe ein. Jeder Stoff für sich kann aufgestellte Kriterien und Grenzwerte einhalten, jedoch durch Zusammenfügung mit anderen Stoffen Wechselwirkungen auslösen und somit schädliche Wirkungen für Mensch und Umwelt herbeiführen. Niemand vermag diese Vielzahl von möglichen Stoffkombinationen und ihre Auswirkungen wirklich zu erfassen und ständig zu berücksichtigen.

Bauen gestaltet die Umwelt des Menschen ganz wesentlich mit und schafft den Großteil menschennaher Umwelt. Alle Bauten stehen im Kontakt mit der Umwelt und ihrem Stoffbestand. Bauen muss die Umwelt schützen, Schutzziele müssen definiert werden. Dazu zählen:

- Schutz der menschlichen Gesundheit und Lebensqualität

- Schutz der Biosphäre (Fauna, Flora, Artenschutz)

- Schutz der natürlichen Ressourcen (Rohstoffe, Atmosphäre, Hydrosphäre, Boden) und Kreislaufwirtschaft

- Schutz der natürlichen Gleichgewichte

- Schutz des Menschen vor unüberlegten Taten und folgenreichen Unterlassungen.

Die Innenräume der Gebäude, in denen wir Menschen heute leben und arbeiten werden durch den Stoffeinsatz beeinflusst. Die Innenraumluftqualität ist wie eingangs gezeigt von den stattfindenden Reaktionen der verbauten Stoffe abhängig. Heute halten sich die Menschen in Deutschland 80 - 90 % der Tageszeit in Innenräumen auf. Diese Tatsache unterstreicht die Notwendigkeit, der Qualität der Innenraumluft erhöhte Aufmerksamkeit zu schenken.

Die durch die Vielzahl von verwendeten Baustoffen und durch Bauvorschriften (Vorgabe von zu verwendenden Baustoffen, Erzielung von Kennwerten) hervorgerufenen Innenraumluftqualitäten werden noch zusätzlich durch weitere belastende Faktoren beeinflusst. Dazu zählen insbesondere: Haushalts- und Reinigungschemie, menschliche Aktivitäten, z. B. Rauchen, Stoffwechselprodukte von Menschen und Tieren, elektrische/elektromagnetische Felder, Radioaktive Strahlung, verunreinigte Außenluft, Inneneinrichtungsgegenstände. Die Wechselwirkungen oder auch die Stoffe selbst bilden in Innenräumen Schadstoffe. Dies sind z. B. Stoffwechselprodukte von Schimmelpilzen, die besonders in feuchtegeschädigten Neubauten und in klimatisierten Räumen auftreten und neben ihrer allergenen Wirkung zahlreiche andere Stoffe (Aldehyde, Alkanole, Oktanderivate, Dimethyldisulfid) produzieren. Weiter sind dies Chloranisole, Polychlorierte Biphenyle und Terphenyle seit den 30er Jahren im Einsatz (z. B. in Fugenmassen, in Kondensatoren z. B. bei Leuchtstofflampen), schwerflüchtige organische Verbindungen wie Weichmacherverbindungen, Formaldehyd (Leime, Kleber, Spanplatten, Farben, Lacke, PVC-Bodenbeläge, Kunststoffoberflächen von Möbeln, Dekorplatten). Die Folge ist z. B. das Phänomen „Schwarze Wohnungen", in der Fachwelt als „Fogging-Effekt" (Fog = englisch Nebel) bezeichnet, bei dem sich unter bestimmten Bedingungen schmierige Beläge aus den schwerflüchtigen organischen Verbindungen in Verbindung mit den vorhandenen Schwebstaubpartikeln bilden.

Aus diesen Ausführungen ergibt sich, dass die Verringerung der Anzahl von Stoffen im Gebäude und die Belassung von möglichst natürlichen Zuständen der verwendeten Materialien

die möglichen Wechselwirkungen der Stoffe senken und somit die Schadstoffe in der Innenraumluft minimiert. Das folgende Zitat zum Thema „Bewährte Baustoffe" zeigt, wie klein der
Kreis der Stoffe gehalten wird von denen man keine oder nur unbedeutende Emissionen erwarten kann. Zitat: „Aus traditionell gebräuchlichen und bewährten Bauprodukten wie Mau-
ersteinen, Mörtel und Putz, Beton, Stahl und Glas sind nach dem Einbau in der Regel keine
oder nur unbedeutende Emissionen zu erwarten. Nur ein sehr geringer Teil dieser Baustoffe
enthält überhaupt Substanzen, die als Gase oder Partikel in die Innenraumluft abgegeben
werden können. Gesundheitsbelastungen aus diesem Bereich können praktisch ausgeschlossen werden." [23]

Diese Betrachtungsweise soll Anstoß geben, die Bestandsgebäude auch unter diesen Aspekten gründlicher zu betrachten. Oft finden sich in den Substanzgebäuden nur wenige (Bau-)
Stoffe und diese meist noch in natürlich belassener Form. Vorzüge der Bestandsgebäude
hinsichtlich ihres „Stoffmixes" sind näher in die Betrachtung mit einzubeziehen und lassen
sich oftmals nicht mit Geld-Werten beziffern, da die Auswirkungen des „Stoffmixes" nicht
ohne weiteres erfassbar sind. Trotzdem soll neben diesen positiven Effekten nicht vergessen
werden, dass es auch in Teilbereichen Altlasten durch den Bestand gibt. Als Beispiel muss
das Holzschutzmittel Pentachlorphenol genannt werden, dessen Einsatz seit 1989 in Deutschland untersagt ist. Dieses Mittel kann z. B. in Altholz verbreitet sein.

Im Zusammenhang mit Fragen zur gesundheitlichen Unbedenklichkeit von Baustoffen wird
oftmals der Begriff des „ökologischen Bauens" verwendet.

3.7.2 Ökologisches Bauen - was ist das?

Ökologie ist keine „Erfindung" des 20. Jahrhunderts. Die wissenschaftliche Ökologie wurde
bereits 1856 mit dem Begriff der Wechselwirkungen und „des sich selbst erhaltenden Gleich-
gewichts" begründet. Ihre Anerkennung stieg erst im Zeichen der aktuellen Umweltkrisen ab
1969, als sich das ökologische Bewusstsein verstärkte [24].

Ökologie - dieser Begriff ist am Ende des 2. Jahrtausends in die Schusslinie geraten, weil die
Industrien das Beiwort „Öko" mehr zu Werbe- oder Marketingzwecken benutzen als zur
Beschreibung der Produkteigenschaften. Ökologie ist mehr denn je die partielle Konzentrati-
on auf Einzelaspekte – je nach Lobbyismus – und beinhaltet oft viele Widersprüche.

Dem Bau eines wohngesunden Hauses auf dem Land stehen ökologisch z. B. die langen An-
fahrtswege zum Arbeitsplatz in der Stadt und die nur bedingt schadstoffärmer werdenden
Fahrzeuge entgegen. Oder: Die ökologische Forderung nach Verwertung von Baurestmassen
wird gleichzeitig durch die mangelnde Akzeptanz in der Bevölkerung („Wir wollen keine
Müll-Baustoffe") kompensiert.

Natürliche Rohstoffe, neue Werkstoffe aus Recycling-Materialien oder nach „Vorbild Natur",
gute Umweltverträglichkeit, geringe Toxizität, Wiederverwendung geeigneter Altmaterialien,
hohe Lebensdauer, Wärme-, Feuchte- und Schallschutz – viele Einzelaspekte, die in ihrer
Summe den Begriff „Ökologie" beschreiben, oft jedoch herausgelöst aus dem Kontext und
dann meistens zum Hervorheben eines eigenen Vorteiles oder eines anderen Nachteiles verwendet werden [25]. Die unterschiedliche Auffassung ökologischer Aspekte zeigt u. A. auch
das in Abb.3 - 4 dargestellte Ergebnis einer Umfrage.

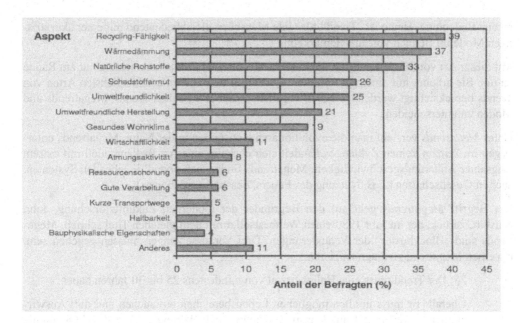

Bild 3-4: Ergebnis einer Umfrage bei 920 Architekten und Bauingenieuren: „Was zeichnet ihrer Ansicht nach einen ökologischen Baustoff aus?" [26]

3.7.3 Verträglich mit der Zukunft – mögliche Veränderung

Heute zeichnet sich der Übergang in eine Dienstleistungsgesellschaft ab, begleitet von einem technologischen, sozialen und politischen Wandel. Diese wird durch Rahmenbedingungen bestimmt, die sich gegenwärtig ständig verändern. Für die Zukunft sind zum Beispiel Fragestellungen bezüglich Wohlstand, Demografie, Mobilität, Technologie oder Umwelt bedeutend. Ändern sich die Rahmenbedingungen, so ändert sich auch die räumliche Entwicklung der Städte und Gemeinden.

Veränderungen und Wandel unterliegen Trends; diese zu kennen bedeutet, auf die Zukunft vorbereitet zu sein.

3.7.3.1 Definition „Trend"

Unter einem Trend versteht man eine Veränderungsbewegung oder einen Wandlungsprozess. Man findet Trends in den unterschiedlichsten Bereichen des Lebens, von der Politik über Gesellschaft und Ökonomie bis hin zur Welt des Konsums. Ein Trend kann unterschiedliche Durchdringungstiefen besitzen: es kann sich um reine Oberflächenphänomene oder um tiefe, nachhaltige Strömungen handeln [27].

Der Begriff „Trend" tauchte zum ersten Mal Ende des 19. Jahrhunderts im Zusammenhang mit Aktien und Börsenkursen auf, wurde dann von Mathematikern aufgegriffen und führte bis etwa in die 90er Jahre des 20. Jahrhunderts eigentlich ein Schattendasein. Als die Konsumgesellschaft begann, sich immer schneller zu entwickeln, bekam der Begriff „Trend" eine eigene Bedeutung. Heute ist „Trend" für viele Menschen gleichbedeutend mit einer eigene Bedeutung. Heute ist „Trend" für viele Menschen gleichbedeutend mit einer „kurzfristigen Mode im Bereich von Jugendmarketing".

Mit dieser Art von Modetrends hat die moderne Trend- und Zukunftsforschung nur am Rande zu tun. Sie arbeitet mit einem gestaffelten System, in dem die unterschiedlichsten Arten von Trends berücksichtigt werden. Dabei ist begrifflich sauber zwischen Trends, Megatrends und Moden zu unterscheiden.

Unter *Metatrends* versteht man die evolutionären Konstanten in der Natur. Megatrends unterliegen im Prinzip keinen Zyklen, es handelt sich eher um eine Art Wellenmodell mit extrem langsamer Änderungsgeschwindigkeit. Megatrends finden sich überall in lebenden Systemen, auch in Gesellschaften (z. B. Nutzung des Feuers, Sesshaftwerden usw.).

Der Begriff *Megatrends* geht auf den Begründer der modernen Zukunftsforschung, John Naisbitt, zurück, der im Jahr 1980 einen Weltbestseller mit dem gleichen Titel schrieb. Megatrends sind „Blockbuster" der Veränderungen. Drei Voraussetzungen müssen gegeben sein, um einen Megatrend zu diagnostizieren:

- 25: Der Trend muss eine Halbwertzeit von mindestens 25 bis 30 Jahren haben.

- Überall: Er muss in allen möglichen Lebensbereichen auftauchen und dort Auswirkungen zeigen (nicht nur Konsum, sondern auch Wertewandel, Politik, Ökonomie etc.).

- Global: Megatrends haben prinzipiell einen globalen Charakter, auch wenn sie nicht überall gleichzeitig stark ausgeprägt sind.

Beispiele für Megatrends sind die zivilisatorischen und technologischen Änderungen in den vergangenen Jahrhunderten. Die Zivilisation entwickelte sich von der Agrargesellschaft zur Industriegesellschaft; diese verändert sich immer mehr zur Wissensgesellschaft.

Zeitpunkt	Anteil Wissensarbeit (%)	Anteil körperliche Arbeit (%)
1930	30	70
1970	49	51
2000	62	38
2020	75	25

Tabelle 3-1: Anteil an Wissensarbeit und körperlicher Arbeit zu verschiedenen Zeitpunkten [28]

Technologische Veränderungen folgen den so genannten Kontradieff-Wellen, bei denen in einem Rhythmus von etwa 50 Jahren tief greifende Veränderungen stattfinden wie z. B.

Baumwolle, Dampfmaschine → Stahl, Eisenbahn, Schifffahrt → Kohle, Chemie, Elektro → Öl, Petrochemie, Auto → Information, Kommunikation, Computer → Gen- und Biotechnologie, Nanoengineering → ?

Konsumtrends und *soziokulturelle Trends* sind eher mittelfristige Veränderungen, die von den Lebensgefühlen der Menschen im sozialen Wandel geprägt werden, sich aber auch stark in den Konsum- und Produktwelten bemerkbar machen. Sie sind relativ unbeeinflussbar; die größeren von ihnen haben eine Halbwertzeit von 6 - 10 Jahren, z. B. der „Geiz ist Geil – Trend", die Wellness-Welle u. A. Richtige soziokulturelle und Megatrends kann man nicht herstellen, sie entstehen in den Tiefen der sozialen Wandlungsprozesse und haben ökonomische oder andere fundamentale Wurzeln und Ursachen.

Produkttrends sind flüchtige, oberflächliche und marketing-gesteuerte Phänomene, die eher im Bereich einer Saison bzw. eines halben Jahres stattfinden. Die Zyklen sind unberechenbar; Produkttrends sind Modeerscheinungen, z. B. Mobiltelefone, Lebensmittel usw. Man kann Produkte in den Markt „drücken", indem man den Werbedruck erhöht und das Produkt als „in" oder „angesagt" darstellt. Dies ist nicht sonderlich zielführend, denn wenn man den Werbedruck wieder wegnimmt, bricht dieser Markt sofort in sich zusammen. ein untrügliches Zeichen für Produkt- und Marketingtrends.

Produkte / Moden	**Produkt- und Marketingtrends**	0,5 – 2 Jahre
Zeitgeist / Märkte	**Konsumtrends und soziokulturelle Trends**	6 – 10 Jahre
Konjunktur / Ökonomie		
Technologie	**Megatrends**	25 - 50 Jahre
Zivilisation		
Natur	**Metatrends**	

Tabelle 3-2: Zusammenstellung der Arten von Trends und ihren „Halbwertszeiten" [28]

3.7.3.2 Methoden und Techniken der Trend- und Zukunftsforschung

Trendanalyse

Hier geht es um das Benennen, Analysieren, Deuten, Dokumentieren von Veränderungsphänomenen. Diese werden durch Statistiken, Studien oder kulturelle Ausdrucksphänomene belegt und ausdokumentiert. Trends können komplexen oder einfachen Charakter besitzen, langfristig oder kurzfristig sein und auf bestimmten Ebenen verlaufen.

Scanning und Monitoring

Beim Scanning werden bestimmte Trends in ihrem Verlauf verfolgt. Beispiel: Wie schnell verändert sich die Rolle der Frauen im „Megatrend Frauen"? Hier kann man dokumentieren, wie z. B. die Anzahl der Frauen in den Unternehmen und der Politik anwächst, wie sich Einkommen und Bildungspotenzial der Frauen entwickeln usw. Ein anderer Ansatz, das Monitoring, dient der Dauer-Beobachtung von bestimmten Szenen, Gruppen oder Märkten, um auch kurzfristige Veränderungen erfassen zu können.

Szenarien

Szenarien wurden in den 60er Jahren vor allem in den so genannten Think Tanks rund um das US-Pentagon entwickelt und dienten vor allem der Vorhersage von Kriegsverläufen. Heute sind sie in ihrer zivilen Variante ein klassisches Handwerkszeug der langfristigen Zukunftsforschung. In dieser Technik werden aus einem bestimmten Set von Trends End-Ergebnisse einer bestimmten Entwicklung „gebaut", mit der man die Situation eines Marktes, einer Gesellschaft, einer Firma usw. in 10, 20 oder 50 Jahren schildert. Vielfach werden diese Szenarien literarisch benannt („Die Große Armutskrise", „Multipler Wohlstand" usw.) und mit optischen Collagen oder kleinen Szenen/Geschichten bebildert. Oft entwickelt man alternative Szenarien, um mögliche Varianten aufzuzeigen; mit diesem so genannten „Road Mapping" lassen sich mögliche Zukunftssituationen darstellen. Szenarien haben dann eine wichtige Spiegelungsfunktion und können zur besseren Entscheidungsfindung genutzt werden.

Wild Cards

Während klassische Szenarien aus dem Trend-Wissen entwickelt werden, arbeitet man bei den so genannten Wild Cards mit bewussten Trend-Brüchen. Dazu werden statistisch eher unwahrscheinliche Ereignisse angenommen, die den bisherigen kontinuierlichen Verlauf durcheinander bringen können. Das Spektrum reicht von Naturkatastrophen über Wirtschaftskrisen bis zu weltweiten Seuchen oder sensationellen Erfindungen. Der Sinn von Wild Cards ist die Verbesserung der Krisenresistenz und die bessere Vorbereitung auf das Unwahrscheinliche.

Delphi-Methode

Die Delphi-Methode („Orakel von Delphi") spielte bereits in der Zukunftsforschung der 60er Jahre eine wichtige Rolle. Bei diesem Verfahren schaltet man ein Kollektiv von bis zu 1.000 Fachleuten zusammen, um ihnen prognostische Fragen zu stellen und dies in mehreren Fragewellen, bis ein weitgehender kollektiver Konsens erzeugt ist. Man kann damit z. B. der Frage nachgehen, wann eine bestimmte technische Erfindung ihren Durchbruch erlebt oder wie sich bestimmte politische Phänomene auf die Zukunft der Gesellschaft auswirken. Die Fraunhofer-Institute IAO, INT und ISI arbeiteten wiederholt mit dieser Methode (z. B. Forschungsprojekt Zukunft Bauen) und das Deutsche Bundesforschungsministerium hat einen großen Delphi-Prozess eingeleitet. Durch die Möglichkeiten des Internets lässt sich diese Methode weiter verfeinern.

Strategisches Forecasting

Die „Königskunst" der Trend- und Zukunftsforschung besteht in der Implementierung von Trend- und Zukunftswissen in komplexe wirtschaftliche Prozesse. Dies findet zumeist in Think Tanks auf höchster Ebene statt, die ein oder zweimal pro Jahr tagen und die strategische Grundausrichtung eines Unternehmens mittels Szenarien oder Trendwissen überprüfen. Unternehmen der Petrochemie begannen bereits in den frühen 70er Jahren – veranlasst durch die Ölkrise – mit dieser Technik. Die Turbulenzen der letzten Jahre und der weltweite Terrorismus führen nun auch bei Politik und Behörden zu einer Nachfrage nach Zukunfts-Think-Tanks. So werden z. B. in der weltweiten Terrorbekämpfung derzeit so genannte „Precog"-

Methoden entwickelt, mit denen man Terroranschläge besser vorhersehen und verhindern will.

3.7.3.3   Sinn und Zweck der Trend- und Zukunftsforschung

Die Zukunftsforschung vermittelt zwischen den Bildern und den Wahrscheinlichkeiten. Sie versucht, den Zukunfts-Tunnel zu einem Trichter zu öffnen, in dem die verschiedenen Optionen sichtbar werden. Sie vermittelt zwischen dem Möglichen, dem Wahrscheinlichen und dem, was vorzuziehen ist. Wer die inneren Gesetze komplexer Trends kennt, kann zumindest gute Szenarien bauen. Mit diesen „Was-Wäre-Wenn-Annahmen" kann man ein bestimmtes Zukunfts-Thema unter verschiedenen Bedingungen „durchspielen". Dabei geht es darum, die Wechselwirkungen zwischen den einzelnen Faktoren besser verstehen zu lernen.

Wichtig für korrekte Zukunftsprognosen ist zunächst die Unterscheidung zwischen akkumulativen und stochastischen Prozessen. Viele Entwicklungen lassen sich relativ genau prognostizieren; so verändert sich etwa das Reproduktionsverhalten einer Bevölkerung nicht so schnell. Andere Entwicklungen sind sehr komplex in ihren Wechselwirkungen oder sehr durch Zufälle und äußere Einflüsse „störbar".

Zukunft ist nicht deterministisch, jedenfalls nicht, wenn es um komplexe Systeme wie Ökonomien, Märkte und Gesellschaftssysteme geht. Märkte können zusammenbrechen oder blühen, Gesellschaften scheitern oder sich weiterentwickeln, Ökonomien ins Schlingern geraten oder neue Wertschöpfungsketten generieren. Diese Veränderungen besitzen jedoch gewisse Wahrscheinlichkeiten und Bedingungen, in denen eben nicht nur Zufall regiert. Und Wahrscheinlichkeiten wiederum kann man messen und bewerten!

In der seriösen Zukunftsforschung geht es damit weniger um die exakte Vorhersage, sondern um evolutionäre Wahrscheinlichkeiten. Grundsätzlich basiert jede wissenschaftliche Methodik auf der Wiederholbarkeit von Experimenten. In diesem Sinn ist Zukunftsforschung durchaus verifizierbar, weil die Realität ja zeigt, ob die Annahme, also die Prognose, richtig war. Auch die praktische Anwendung von bestimmten Trend-Thesen in Marketing- und Innovationsprozessen zeigt, ob diese Thesen richtig oder falsch waren.

Die neuere Trend- und Zukunftsforschung ist darüber hinaus der Versuch der ständigen Weiterentwicklung einer neuen Universalwissenschaft. Dabei beziehen sich die Zukunftsforscher auf neuere, symbiotische Wissenschafts-Disziplinen wie Evolutionsbiologie, Kultur-Anthropologie, Systemische Anthropologie, Neurowissenschaften, Evolutionäre Kognitionswissenschaften, Konsum-Anthropologie, ja sogar „Ethno-Philosophie" und „Neuro-Ökonomie". Diese Disziplinen, die in den Schnittstellen der alten Wissenschaften entstehen, sollen bei der wissenschaftlichen Zukunftsforschung in eine ganzheitliche Betrachtungsweise hochkomplexer dynamischer Prozesse integriert werden.

3.7.3.4   Beispiele für aktuelle Veränderungsprozesse

Sozialer Wandel – Stichwort „Ich-AG" [29]

Der Begriff Ich-AG beschreibt den sozialen Wandel. Im Zentrum steht Selbst- statt Fremdverantwortung. Nicht mehr der Staat, sondern der Einzelne ist für sich selber verantwortlich.

Die jüngsten Reformen im Gesundheitswesen machen dies deutlich. Wer mehr als die Grundversorgung haben möchte, muss sich eine individuelle Zusatzversicherung zulegen. Was früher staatlich garantiert wurde, muss man heute am Markt erwerben. Aus Bürgerrechten werden Konsumentenrechte, geregelt über die persönliche Finanzkraft.

Kultureller Wandel – Stichwort „Redesign der Geschlechter"

Auf ästhetischer Ebene wird Männlichkeit wie Weiblichkeit wieder stärker inszeniert. Man betont verstärkt die Unterschiede der Geschlechter, da Mann und Frau in ihren sozialen Rollen immer ähnlicher geworden sind. Das ist zwar gesellschaftlich gewollt, aber nicht unbedingt einfacher. Klare Rollenverteilungen haben früher das Miteinander erleichtert. So soll wenigstens auf ästhetischer Ebene wieder Klarheit herrschen. Beispiel: das typische männliche Produkt „Auto" erfährt seit etwa 20 Jahren eine zunehmende EVA-Lution, eine Hinorientierung zum Kundenkreis der weiblichen Käufer, was sich z. B. in einer Explosion der verschiedensten Nutzungsformen des Automobils ausdrückt.

Ökonomischer Wandel – Stichwort „Optionismus"

Im Handel tobt ein brutaler Preiskrieg. Die Konsumenten ziehen dorthin, wo es das bessere Angebot gibt. In Deutschland fällt bei 94 Prozent der Haushalte mit Internetanschluss die Kaufentscheidung nach der Recherche im Web. Die Discounter profitieren davon. Sie nehmen einen immer größeren Marktanteil ein. Die Konsequenz dieser Entwicklung lautet: Entweder man ist deutlich billiger oder deutlich besser. Letzteres erfordert emotionale wie technologische Nähe. Die Aufmerksamkeit gilt daher nicht mehr dem Produkt, sondern dem Konsumenten. Ihn gilt es, in Kommunikation zu verwickeln. Feedbackschleifen garantieren in Zukunft über den ökonomischen Erfolg.

Technologischer Wandel – Stichwort „Fernanwesenheit"

Medien ermöglichen Fernanwesenheit. Man kann zu Hause sein, ohne tatsächlich zu Hause zu sein. Über die Webcam, die permanent Bilder ins Netz speist, kann man seine Freunde zu sich ins Wohnzimmer einladen. Die elektronische Anwesenheit überbrückt die Phasen, in denen man sich nicht von Angesicht zu Angesicht treffen kann. Je mehr wir uns vernetzen, desto mehr wird Fernanwesenheit zum Lifestyle der Zukunft. Neue Angebote wie „Track your kid" erlauben die Ortung der Kinder über das Handy mittels moderner Technik auf wenige Meter genau. Das lindert die Ängste besorgter Mütter und erlaubt eine „sanfte Kontrollmöglichkeit" von unterwegs. Wo wir selber oder unsere Kinder in Zukunft auch sein werden: Mit einem Ohr bleiben wir immer zu Hause.

Weitere Beispiele für aktuelle Megatrends [27]

- Makroökonomisch: Globalisierung der Märkte
                      Globalisierung (Globale Ausrichtung, lokales Handeln)
                      Krieg der Kulturen (z. B. Islamismus)
                      Asien (z. B. Feng Shui)

- Sozio-demografisch: Alternde Gesellschaft
                      Frauen/Feminisierung
                      Individualisierung
                      Gesundheit

- Ökonomisch-kulturell: Neue Bildung
  Mobilität
  Spiritualisierung

3.7.3.5   Folgen für die Zukunft des Nutzens und Betriebs von Gebäuden

Aufgrund der festgestellten Megatrends wird in Zukunft eine Vermischung von Raumfunktionen erwartet, die sich auch im Wandel der Grundrisse darstellen wird. Das zukünftige Leben in Gebäuden wird voraussichtlich dem Eklektizismus-Prinzip folgen: Verschiedene Stilelemente werden zu etwas scheinbar Neuem zusammen gefügt, z. B. Raumfunktion Arbeit/Wohnen oder Küche/Wohnen usw.

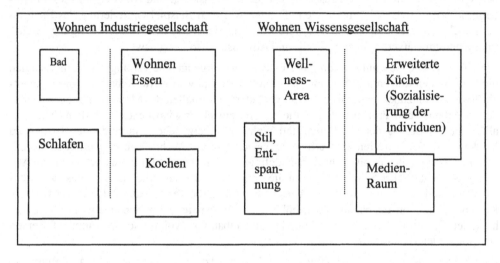

Bild 3-5 Trendbeispiel: Veränderung der Raumfunktionen Arbeiten

Nachfolgend sollen für den Bereich Bauen, Arbeiten, Nutzen und Wohnen zunächst die drei Dimensionen der Nachhaltigkeit präzisiert sowie die Schnittstellen herausgearbeitet werden.

3.7.4   Die Dimensionen nachhaltigen Bauens

3.7.4.1   Zieldreieck Nachhaltigkeit

Überträgt man das Leitbild der nachhaltig zukunftsverträglichen Entwicklung auf diesen Bereich, ergibt sich folgende Situation:

- Ausgangspunkt der ökologischen Dimension ist die Flächeninanspruchnahme und Zersiedelung.

- Im Hinblick auf die ökonomische Situation stehen die Ziele der Stärkung der Marktfunktionen und der Lenkungswirkungen von Preisen im Vordergrund.

- Im Hinblick auf die soziale Dimension existieren vielfältige individuelle und gesell-schaftliche Ziele im Zusammenhang mit der Wohnraumversorgung, der Gestaltung des Wohnumfeldes usw., die in ihrer Gesamtheit und in ihren Bezügen zueinander zu bewerten sind.

Zur Optimierung der ökologischen, ökonomischen und sozialen Dimension des Leitbildes wurde ein übergeordnetes Zieldreieck entworfen. Jeder Winkel des Dreiecks ist durch jeweils eine der Dimensionen besetzt, die dann wiederum aus Themen eines Bereiches besteht.

Für die Schaffung von Wohn- und Nutzraum werden Flächen durch die Besiedelung, durch den Rohstoffabbau und die Deponierung von Bauabfällen beansprucht. Energie wird für die Herstellung und Verarbeitung von Baustoffen und Bauwerken sowie für den Betrieb der Ge-bäude eingesetzt. In dieser Prozesskette entstehen Emissionen und Abfälle. Vor diesem Hin-tergrund lassen sich vielfältige Ziele definieren wie zum Beispiel Optimierung des Energie-verbrauchs, Vermeidung von induziertem Verkehr, Sicherung der Wasserversorgung, Siche-rung einer umweltverträglichen Abfall- und Abwasserentsorgung usw.

Eine ökologische Gesamtbewertung der Flächeninanspruchnahme verlangt, zusätzlich zu den direkten Auswirkungen auf den Naturhaushalt, durch die veränderte Bebauung, die Umwelt-einflüsse mit einzubeziehen, die aus dem veränderten Verhalten der Menschen in einer verän-derten Arbeits- und Freizeitwelt resultieren. Als einzelwirtschaftliches Ziel steht dabei vor allem die Minderung der mit Bauen und Wohnen einhergehenden individuellen Kosten im Vordergrund. Sie betreffen eine effiziente Versorgung mit Wohn- und Nutzraum sowie mit den im Zusammenhang mit Wohnen nachgefragten Diensten und Infrastrukturleistungen. Aus gesamtwirtschaftlicher Sicht geht es um die optimale Gestaltung und Nutzung des Bestandes an Wohn- und Nutzraum in der Zeit. Dies umfasst u. a. die Vermeidung volkswirtschaftlicher Kosten infolge von Leerstand, die Erhöhung der Transparenz am Gebäudemarkt, die Erhö-hung der Flexibilität bei der Nutzung und beim Umbau von Wohn- und Nutzräumen für einen sich ändernden Bedarf usw.

Eine Verwirklichung des Nachhaltigkeitsleitbildes setzt allerdings auch die Änderung von Lebensstilen und Werthaltungen voraus. Dies lässt sich nun wiederum nicht über die Quanti-fizierung eines Umwelthandlungszieles erreichen. Gerade der Bereich Bauen und Wohnen steht unmittelbar in einem gesellschaftlichen und gesellschaftspolitischen Kontext. Es spielen sich hier komplexe Wirkungszusammenhänge ab, die vielfältige Beziehungen zu unterschied-lichen Politikbereichen (Soziales, Finanzen, Wirtschaft, Umwelt, Verkehr u. a.) auf unter-schiedlichen Ebenen aufweisen, an denen die verschiedensten Gruppen (Eigentümer, Mieter, Planer, Handwerker, Investoren u. a.) in unterschiedlichem Ausmaß beteiligt sind und die sich in unterschiedlichen städtebaulichen Leitbildern niederschlagen

Ausgewählte Zieldimensionen für den Bereich "Bauen und Wohnen"

Soziale Dimension

- Sicherung bedarfgerechten Wohn-
raums nach Alter und Haushaltsgröße;
erträgliche Ausgaben für "Wohnen"
auch für Gruppen geringeren Einkom-
mens im Sinne eines angemessenen
Anteils des Haushaltseinkommens

- Schaffung eines geeigneten Wohnumfeldes, soziale Integration, Vermeidung von Ghettos

Ökonomische Dimension

- Minimierung der Lebenszykluskosten
von Gebäuden (Erstellung, Betrieb, Instandhaltung, Rückbau, Recycling etc.)

- relative Verbilligung von Umbau- und
Erhaltungsinvestitionen im Vergleich zum
Neubau

- Optimierung der Aufwendungen für technische und soziale Infrastruktur

- Verringerung des Sub-
ventionsaufwandes

- Vernetzung von Arbeiten, Wohnen und
Freizeit in der Siedlungsstruktur

- "Gesundes Wohnen" innerhalb wie
außerhalb der Wohnung

- Erhöhung der Wohneigentumsquote
unter Entkopplung von Eigentumsbil-
dung und Flächenverbrauch

- Schaffung bzw. Siche-
rung von Arbeitsplätzen
im Bau- und Woh-
nungsbereich

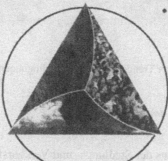

Ökologische Dimension

- Reduzierung des
Flächenverbrauchs

- Beendigung der Zer-
siedelung der Landschaft

- Geringhaltung zusätzlicher Bodenversiegelung und Ausschöpfung von Entsiege-
lungspotentialen

- Orientierung der Stoffströme im Baubereich an den Zielen der Ressourcenschonung

- Vermeidung der Verwendung und des Eintrages von Schadstoffen in Gebäude bei
Neubau, Umbau und Nutzung; Beachtung dieser Prinzipien bei der Schließung des
Stoffkreislaufs bei Baumaterialien

- Verringerung der Kohlendioxid-Emissionen der Gebäude im Sinne des Beschlusses
der Bundesregierung zur 25%-igen Reduktion insgesamt bis zum Jahr 2005

Bild 3-6: Zieldreieck Nachhaltigkeit [19]

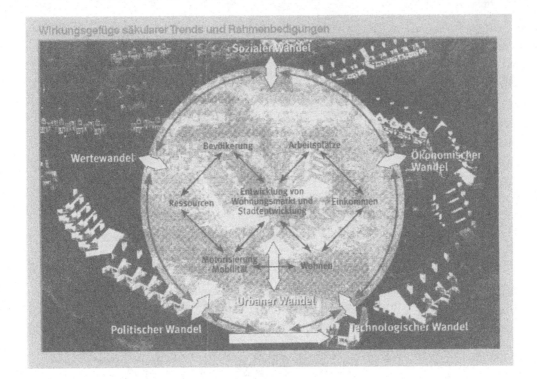

Bild 3-7: Wirkungsgefüge säkularer Trends und Rahmenbedingungen [19]

3.7.4.2   Die ökologische Dimension

<u>Landschaftsinanspruchnahme</u>

Angesichts des rapiden Anstiegs der Siedlungs- und Verkehrsfläche in Deutschland seit Ende des Zweiten Weltkriegs wurde bereits eine Reihe von Umwelthandlungszielen formuliert, um die Umwandlung von Freiflächen in bebaute Flächen deutlich zu verlangsamen. Fläche kann zwar nicht im eigentlichen Sinn wie etwa Rohstoffe verbraucht werden, aber je nach Art, Umfang und Nutzungsintensität vor allem der siedlungswirtschaftlichen und verkehrlichen Nutzungen werden Böden häufig so stark verändert, dass sie in der Leistungsfähigkeit ihrer natürlichen Bodenfunktion entscheidend beeinträchtigt oder gar ganz zerstört werden. Bodenzerstörung dieser Art aber auch die Versiegelung von Böden vernichten nicht nur unzählige Bodenorganismen, sondern auch viele Biotope von höheren Pflanzen und Tieren. Auch der Wasserhaushalt wird negativ beeinflusst.

Es wird davon ausgegangen, dass die tägliche Flächeninanspruchnahme für Siedlungszwecke auch weiterhin circa 100 - 120 Hektar betragen wird, von dem fast die Hälfte versiegelt wird [30]. Eine weitere Flächeninanspruchnahme kann nur dadurch vermieden bzw. reduziert werden, indem man vorhandene Flächen weiter- oder umnutzt.

Bodennutzung in der Bundesrepublik Deutschland 1997

	in 1 000 ha	in % der Gesamt-fläche
Siedlungs- und Verkehrsfläche	4 205,2	11,8
darunter:		
Gebäude- und Freifläche	2 193,7	6,1
Betriebsflächen (ohne Abbauland)	62,0	0,2
Erholungsfläche	237,4	0,7
Verkehrsfläche	1 678,5	4,7
Friedhofsflächen	33,5	0,1
Abbauland	189,4	0,5
Landwirtschaftsfläche	19 313,6	54,1
Waldfläche	10 491,5	29,4
Wasserfläche	794,0	2,2
Flächen anderer Nutzung	709,1	2,0
Gesamtfläche der Bundesrepublik Deutschland	**35 702,8**	**100**

Quelle: Statistisches Bundesamt (1998)

Tabelle 3-3: Bodennutzung in der Bundesrepublik Deutschland nach Statistischem Bundesamt [19]

Stoffströme

Die Produktion primärer mineralischer Baurohstoffe in Westdeutschland wuchs nach dem Zweiten Weltkrieg stetig an und erreichte 1972 ihren Höhepunkt. Seitdem ist ein tendenzieller Rückgang auf ca. 500 Millionen Tonnen pro Jahr festzustellen, der von konjunkturell bedingten Schwankungen überprägt wurde. Hochrechnungen zufolge werden zusätzlich circa 50 Millionen Tonnen pro Jahr sekundäre mineralische Baurohstoffe eingesetzt.

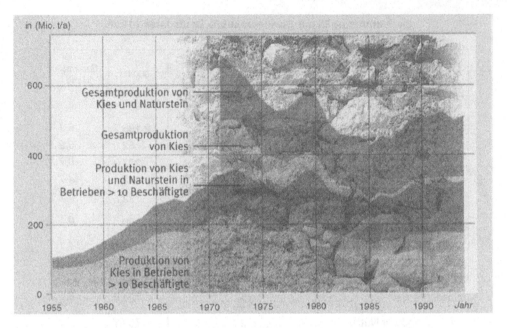

Bild 3-8 Produktion von Baurohstoffen nach BBR [30]

Demgegenüber steht die Behandlung und Entsorgung von Baurestmassen (Bauschutt, Stra-
ßenaufbruch, Bodenaushub und Baustellenabfälle), die sich in etwa wie folgt zusammenset-
zen:

**Bauabfallaufkommen der Bundesrepublik Deutschland
nach Angaben der offiziellen Statistiken und sonstiger
statistischer Erhebungen**

	Statistisches Bundesamt 1990 (alte Länder)	Statistisches Bundesamt 1990 (BRD)	Kohler/BMU 1991 (alte Länder)	Schätzungen des Stat. Bundesamtes 1989 (alte Länder)	Kohler 1992 (BRD)
	-in Mio. t-				
Bodenaushub ...	99,2	103,4	167,9	167,9	215,0
Straßenauf- bruch	10,2	11,1	21,4	20,4	26,0
Bauschutt	19,4	26,1	34,1	22,6	30,0
Baustellen- abfälle	1,1	1,3	k.A.	10,0	14,0
Summe	129,9	141,9	k.A.	220,9	285,0

Quelle: Deutscher Bundestag (1997 b)

Tabelle 3-4 Bauabfallaufkommen der Bundesrepublik Deutschland nach Statistischem Bundesamt [19]

Durch eine Analyse der Stoffströme (Top-down-Ansatz) unter gleichzeitiger Betrachtung des Lebenszyklus von Gebäuden (Bottom-up-Ansatz) können die durch die Bautätigkeit hervorgerufenen Stoff- und Energieströme bestimmt und die in den Gebäuden insgesamt gespeicherten Stoffströme ermittelt werden [31]. Danach ist erkennbar, dass der Materialinput den Materialoutput der Bauwirtschaft deutlich übersteigt. Durch diese Differenz wächst die Materialmenge, die in der Bundesrepublik Deutschland in Gebäuden gespeichert wird, Jahr um Jahr, weiter an. Dieses „Stofflager" wird auf eine Größenordnung von 10 bis 18 Milliarden Tonnen geschätzt. Bauen im Bestand bedeutet daher nichts anderes, als auf dieses vorhandene Stofflager zurückzugreifen.

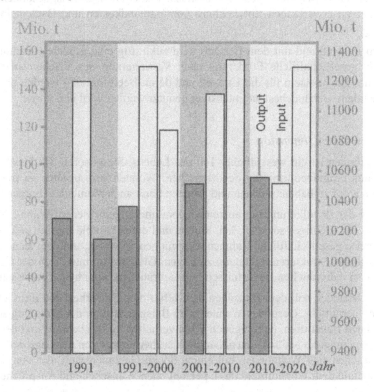

Bild 3-9 Entwicklung der mittleren jährlichen Massenflüsse und des Stofflagers in Deutschland nach dem Bottom-up-Ansatz gemäß Kohler und Paschen [19]

3.7.4.3 Die ökonomische Dimension

Man kann davon ausgehen, dass alle ökonomischen und außerökonomischen Faktoren, die die längerfristige Entwicklung der Gesamtwirtschaft in Deutschland bestimmen, im Prinzip auch für den Bau- und Wohnungsmarkt von Bedeutung sind. Gleichwohl lassen sich hierfür eine Reihe von Einflussfaktoren, identifizieren die die Nachfrage nach und das Angebot an Bau- und Wohnungsleistungen bestimmen. Dazu zählen nachfrageseitig demografische Einflüsse, Einkommensentwicklung, Ersparnisbildung, Finanzierungskosten, Vermögensbildung und Vermögensübertragungen, Mieten und sonstige Nutzungskosten, staatliche Bau- und

Wohnungsmarktförderung usw. Angebotsseitig sind vor allem Baulandkosten, Bauleistungs-preise, Renditen alternativer Kapitalanlagen, Mietpreiserwartungen und staatliche Förderun-gen anzuführen.

In welche Richtung sich die ökonomischen Aspekte des nachhaltigen Bauens entwickeln werden, kann niemand voraussagen. Schon der Grieche Perikles hatte dazu festgestellt: „Man kann die Zukunft nicht vorhersagen. Man kann nur gut auf sie vorbereitet sein." Facility Management bietet damit die Möglichkeit, auf die verschiedenen Trends, Entwicklungen und Veränderungen flexibel reagieren und somit die ökonomische Dimension einer nachhaltigen zukunftsorientierten Entwicklung positiv beeinflussen zu können. Dies ist besonders vor dem Hintergrund der zu erwartenden Entwicklung von Baulandkosten und Bauleistungspreisen von Bedeutung.

Das Bauen im Bestand und mit dem Bestand wird zukünftig eine größere Bedeutung haben als heute. Die gesellschaftliche Forderung nach Verringerung des Flächenverbrauchs für Bauland und das Bewusstsein für die Umwelt und deren Beeinflussung werden dazu führen, dass der vorhandene Gebäudebestand intensiver genutzt werden wird und muss.

3.7.4.4   Die soziale Dimension

Wohnen und arbeiten ist ein wesentlicher Teil des Lebens. Sie gehören wie Ernährung oder Kleidung zu den Grundbedürfnissen der Menschen. Wohnen und arbeiten ist mehr als ein Dach über dem Kopf zu haben: wohnen und arbeiten heißt auch räumlich geborgen zu sein.

Die Versorgung der Bevölkerung mit ausreichendem und angemessenem Wohn-, Nutz- und Arbeitsraum ist ein wichtiges soziales Ziel. Räume und deren Umfeld müssen sich im Zeitab-lauf an veränderte gesellschaftliche Rahmenbedingungen anpassen, um dem ständigen Wan-del gesellschaftlicher Strukturen Rechnung zu tragen. Gleichzeitig muss sich der Gebäudebe-stand veränderten individuellen Bedürfnissen und Gebrauchsgewohnheiten anpassen.

Das Leben in Gebäuden soll dem Einzelnen das Gefühl von Sicherheit und das Gefühl, „ge-sund zu leben" vermitteln. Gesundes Wohnen zum Beispiel ist von der Wohnung selbst, den darin verwendeten Baustoffen, dem eigenen Wohnverhalten und Lebensstil und dem von der Bauweise stark geprägtem Mikroklima abhängig, darüber hinaus von der Lage der Wohnung. Menschen wünschen sich Wohnungen mit einem hohen Gebrauchswert, der von der Größe, der Ausstattung und dem Wohnumfeld ihren persönlichen Wünschen und Ansprüchen genügt.

Der Wohnungsbau wird von vielen Faktoren beeinflusst, zu denen neben dem wirtschaftli-chen Wohlstand die Einkommensverteilung, demografische und gesellschaftliche Verände-rungen sowie der rechtliche und ökonomische Rahmen zählen. Die soziale Entwicklung in Deutschland ist derzeit durch eine zunehmende Arbeitslosigkeit und eine stärkere Ungleich-heit der Einkommen und Vermögen der privaten Haushalte gekennzeichnet. Die Wohnorte einkommensschwächerer Personengruppen konzentrieren sich häufig auf preisgünstige, oft sanierungsbedürftige Altbauten in Innenstädten, auf Wohnsiedlungen des sozialen Woh-nungsbaus und ehemalige Arbeiterquartiere. Bestehende Tendenzen zur Bildung von Ghettos ärmerer Bevölkerungsgruppen führen zu sozialen Problemen, die sich mit der Zuwanderung von Bevölkerungsgruppen anderer Kulturen noch verschärfen [32].

Nachhaltiges Bauen im Bestand muss daher in der Lage sein, die o. g. Aspekte der sozialen Dimension einer nachhaltigen zukunftsfähigen Entwicklung hinreichend zu berücksichtigen.

Auch hier kann Facility Management das Mittel zum Zweck sein. Es wäre von Vorteil, wenn zum Beispiel ein Investor folgende Schritte im Sinne einer Nachhaltigkeitsbetrachtung unternimmt:

Ökonomisch	Ökologisch	Sozial
1. Einholung von Preisangeboten der verschiedenen Planungsvarianten bei Unternehmen 2. Kapitalkosten, Fördermittel 3. Kosten-Nutzen-Analyse der verschiedenen Optimierungen 4. Technische Eignung und Qualitätssicherung (insbesondere Dauerhaftigkeit, Brandverhalten, Verfügbarkeit der Stoffe)	1. Lebenszyklusanalyse 2. Recycling 3. Prüfung der Baustoffe auf deren ökologische Verträglichkeit (Dokumentation in einem Gebäudepass)	1. Berücksichtigung der Bedürfnisse der Bewohner (zum Beispiel Schallschutz, Versorgung mit Dienstleistungen usw.) 2. Erhalt und Förderung der Gesundheit der Nutzer 3. Sicherung des friedvollen Zusammenlebens 4. Entscheidung über durchzuführende Maßnahmen nach dem Kriterium größtmöglicher Einsparpotenziale bei geringsten Kosten

3.7.5 Nachhaltig zukunftsverträgliches Bauen im Bestand - was ist das?

Die grundsätzlichen Forderungen an nachhaltig zukunftsverträgliches Bauen und Wohnen können prinzipiell auf die Nachhaltigkeitsforderungen bei Instandhaltung und Instandsetzung von Gebäudebestand übertragen werden. Nachhaltig zukunftsverträgliche Bauinstandsetzung bedeutet entsprechend den folgenden sechs Thesen:

1) Vermeidung von schädigenden Emissionen in Luft, Wasser und Boden während des gesamten Gebäudelebenszyklus

2) Ressourcenschonung, d. h. Minimierung von Rohstoffverbrauch und Abfallentstehung

3) Maximierung der Lebensdauer und Nutzungsfähigkeit eines Bauwerks

4) Minimierung der Materialvielfalt in einem Bauwerk

5) Recyclinggerechtes, demontagefreundliches Konstruieren

6) Differenziertes Sortieren unvermeidlicher Abfälle [26]

Mit Sanieren statt Abreißen kann häufig – ohne wirtschaftlichen Schaden – mindestens ein Faktor 4 sowohl bei Energie- wie auch Stoffeffizienz gewonnen werden. Zugleich bleibt ein Stück Geschichte – historische Original-Bausubstanz – erhalten und die kulturellen und sozialen Werte des gewohnten Stadtbildes und des dazugehörigen Lebensraumes werden bewahrt [33].

Dieser Faktor 4 resultiert hauptsächlich aus der *Bewahrung* „grauer Energie", die in der tragenden Struktur eines Gebäudes, d. h. in Mauern, Steinen und Mörtel enthalten ist. Selbst wenn alle technischen Installationen durch neue ersetzt werden, bleiben immer noch 75 % der ursprünglichen Energie und (Bau-)Stoffe erhalten, die zum Zeitpunkt ihrer Investition deutlich geringer war als die für einen heutigen Neubau aufgewendete, denn die Baumaterialien wurden aus geringen Entfernungen herbeigeschafft und Baumaschinen gab es fast keine.

Bauinstandsetzen statt Abreißen – das bedeutet auch *Reduzierung* von Rohstoffbedarf, Stoffströmen, Energieflüssen, Flächenverbrauch, Abfall- und Reststoffen u. v. m. Gleichzeitig lässt sich im Rahmen von Sanierungsarbeiten dieses Einsparpotenzial durch Modernisierungsmaßnahmen weiter verbessern. Zum Beispiel kann durch konsequenten Einsatz von Wärmedämmmaßnahmen, Anlagen zur Wärmerückgewinnung und passiver Solarenergienutzung die zur Gebäudeheizung eines Eigenheimes älterer Bauart notwendige Heizenergie und die damit verbundenen CO_2-Emissionen drastisch reduziert werden.

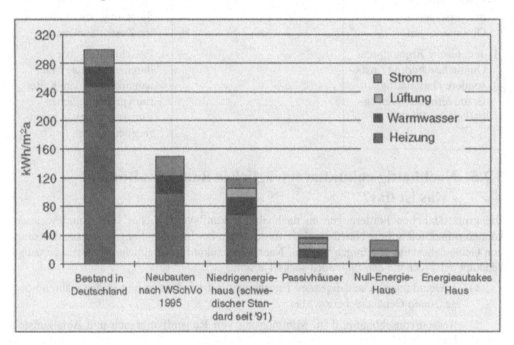

Bild 3-10 Energiebedarf von Gebäuden [34]

Die Maßnahmen der Bauinstandsetzung, die Teil des Lebenslaufes eines Bauwerks ist, sind praktisch „Lebensverlängerungsmaßnahmen" und zögern den „Produkttod" hinaus.

Wie in der Medizin muss immer abgewägt werden, welche Therapie für den Patienten „Gebäude" die beste ist. Hierzu ist es wichtig, nicht nur einzelne Aspekte, sondern den gesamten Gebäudelebenszyklus zu betrachten.

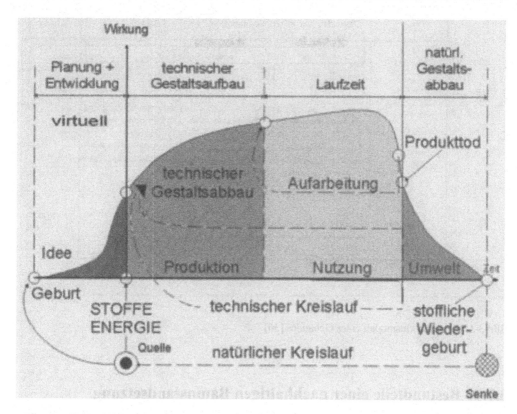

Bild 3-11 Lebenslauf eines Produktes [35]

3.7.6 Lebenszyklus von Gebäuden

Die Energie- und Stoffflüsse eines Gebäudes können verschiedenen zeitlichen Phasen und funktionalen Prozessen zugeordnet werden. Daher ist das Lebenszyklusmodell eines Gebäudes weitaus komplexer als der einfache Produktlebenslauf und die Flüsse sind stark redundant und vernetzt. Es zeigt wie schwierig es ist, Beurteilungsmethoden und -kriterien für Einzelmaßnahmen wie z. B. die Bauinstandsetzung auf verschiedenen Ebenen und über mehrere Stufen abzubilden.

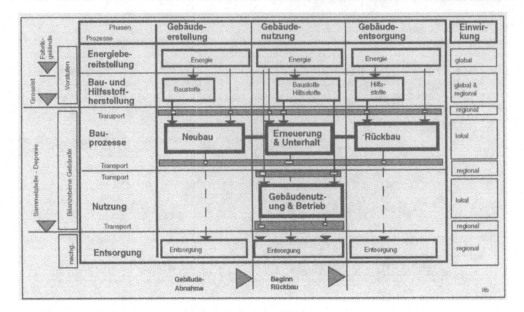

Bild 3-12 Lebenszyklusmodell eines Gebäudes [36]

3.7.7 Bestandteile einer nachhaltigen Bauinstandsetzung

Nachhaltige Bauinstandsetzung setzt auf jeden Fall eine umfassende Bestandsaufnahme und sachgerechte Bewertung voraus, um dauerhafte und zeitgemäße Problemlösungen ausschreiben und anwenden und eine Abschätzung der Nachhaltigkeitskriterien vornehmen zu können. Daneben ist die Anwendung geeigneter und anerkannter Regeln der Technik (a. R. d. T.) von Bedeutung.

Es gibt für das Bauen im Bestand keine allgemein gültigen Regeln und Anweisungen, insbesondere keine DIN-Normen (die i. d. R. für neu zu errichtende Gebäude Anwendung finden); auch Instandsetzung oder Renovierung sind nicht durch Normen geregelt. D. h. man darf nicht den Fehler machen, a. R. d. T. automatisch mit DIN-Normen o. ä. gleichzusetzen!

A. R. d .T. ist, was nach der Mehrheitsmeinung der Fachleute in Wissenschaft und Forschung bewährt ist. Wenn es keine geschriebenen Regeln gibt, hat der Unternehmer so zu bauen, wie es „theoretisch richtig und in der Praxis erprobt" ist. Bei der nachhaltigen Instandsetzung und Renovierung kann man dazu auf die Merkblätter der WTA [37] zurückgreifen, in denen der seit über 25 Jahren praktizierte Erfahrungsaustausch zwischen Wissenschaft und Praxis als theoretisch richtige und praktisch erprobte Erfahrungen in Bauwerkserhaltung und Denkmalpflege für die Bereiche Holzschutz, Oberflächentechnologien, Naturstein, Mauerwerk, Beton, physikalisch-chemische Grundlagen und Fachwerk veröffentlicht sind.

Gleichzeitig gilt es, zeitgemäße Anforderungen zu berücksichtigen wie z. B. die zum 1.1.02 eingeführte Energieeinsparverordnung (EnEV), bei der das Ziel der Reduzierung energetischer Verluste der Gebäudehülle wirksam nur erreicht werden kann, wenn neben den Neubauten auch der Gebäudebestand mit einbezogen wird. Dabei werden z. T. Anforderungen an bestehende Außenwände formuliert, die für den Planer, Ausführenden und Bauherren einer Instandsetzungsmaßnahme viele praktische Fragen hinsichtlich der Realisierbarkeit und der Nachhaltigkeit aufwerfen können.

Außerdem ist eine ausreichende Kenntnis über die Möglichkeiten der Instandsetzung erforderlich. Aufgrund der in den letzten Jahren zugenommenen Komplexität der Baustoffsysteme werden daher immer häufiger bereits bei Bestandsaufnahme erfahrene und sachkundige Fachleute eingeschaltet, die auf der Basis ihrer Untersuchungsergebnisse ein geeignetes Instandsetzungskonzept unter Berücksichtigung der Kosten (Ökonomie), der soziokulturellen Gesichtspunkte (Erhalt historischer Bausubstanz) und Gesichtspunkten der Umweltverträglichkeit und gesundheitlichen Unbedenklichkeit (Ökologie) erstellen können – Nachhaltigkeit durch zeitgemäße und dauerhafte Renovierungslösungen.

Lösungen z. B. zur Fassadenrenovierung umfassen i. d. R. die Kombination von geeigneten Verfahren zur Nachbesserung von Rissen, Putzsystemen zur Fassadenüberarbeitung, Sanierputzsystemen im Sockelbereich und wärmedämmtechnischen Maßnahmen (Dämmputz, WDVS). Um neue, durch diese Instandsetzungsmaßnahmen induzierte Schäden zu vermeiden, sollten die Instandsetzungsgrenzen der gewählten Maßnahmen berücksichtigt werden. Dazu sind folgende fünf Schritte erforderlich:

- Instandsetzungsziel prüfen (Eindeutigkeit und Realisierbarkeit)

- Ergebnisse der Voruntersuchungen zu Bauzustand und Schadensursachen beachten

- Leistungsgrenzen der gewählten Verfahren beachten (Wird die Ursache beseitigt oder werden lediglich die Symptome kaschiert?), Kritische Würdigung von Produktinformationen und Angabe der Leistungsgrenzen ist unbedingt erforderlich

- Auswirkungen des Instandsetzungskonzepts auf das Gesamtgebäude prüfen (ursprüngliche Funktion und mögliche Folgen einer Funktionsänderung klären)

- Instandsetzungsergebnis kontrollieren (Kontrollierbarkeit schaffen, Prüfmethoden definieren, Dokumentation)

Das Einhalten dieser Vorgehensweise ist eine Art Qualitätssicherung für die Dauerhaftigkeit der eingesetzten Renovierungslösungen und damit der Nachhaltigkeit.

3.8   Bewertung von Nachhaltigkeit

3.8.1 Bewertungskriterien

Als Grundlage für die Anwendung von Bewertungsmethoden sind zunächst die bei der Bewertung zu berücksichtigenden Ziele und grundlegenden Regeln in Bewertungskriterien zu konkretisieren. Sie sollten die Eingriffstiefe von Maßnahmen in die einzelnen Dimensionen abbilden und geeignet sein, auch kumulative Effekte durch quantitative Häufung von jeweils für sich vergleichsweise unscheinbaren Innovationen auszuweisen, wobei es wesentlich einfacher und praktikabler sein kann, in einem ersten Schritt die Kriterien für die Verletzung der Nachhaltigkeit (Nichteinhaltung) auszulegen.

Die Entscheidung für die Verwendung bestimmter Kriterien spiegelt die Ziele und Werte wider, die im Bewertungsverfahren letztlich berücksichtigt werden sollen. In vielen Fällen ist es einfacher, unerwünschte Zustände bzw. Entwicklungen zu definieren also eine Negativ-auswahl zu treffen, als Ziele positiv zu benennen. Aber auch die Überwindung von Zuständen und Tendenzen der Nicht-Nachhaltigkeit ist auf die Formulierung positiver Lösungsansätze angewiesen. Eine weitere Schwierigkeit besteht darin, dass viele Ziele heute nur qualitativ beschrieben werden können und damit für entsprechende Wertungsverfahren nur schwer zu operationalisieren sind.

Zu den Kriterien der ökonomischen Dimension aus einzelwirtschaftlicher Sicht gehört neben den Kosten und Nutzen und dem ökonomischen Risiko auch der Beitrag von Innovationen zur langfristigen Sicherung der Wettbewerbsfähigkeit (Unternehmenskompetenzen, Quali-tätssicherung, Service, Kundenorientierung usw.). Aus volkswirtschaftlicher Sicht gehört dazu Preisstabilität, Auswirkungen auf die Beschäftigung und Außenhandel.

Zu den Kriterien der ökologischen Dimension gehören neben den externen Kosten, dem technischen Risiko, der Ökotoxizität, den kritischen Belastungen, die Einpassbarkeit von Stoffen in den Naturkreislauf (Konsistenz), der Irreversibilität von Eingriffen und der Ein-griffstiefe in Naturzusammenhänge, insbesondere die Verfügbarkeit und Regenerierbarkeit von Stoff- und Energiequellen, Aspekte der Ressourcenproduktivität wie Material- und Energieeffizienz, Flächenverbrauch und nicht zuletzt Kriterien zum Umgang mit Stoffen und Produkten wie zum Beispiel Recycling und Aspekte der Langlebigkeit von Produkten (Mehr-fachnutzung, Reparierbarkeit usw.).

Zu den Kriterien der sozialen Dimension gehören neben der Verminderung von sozialen und technischen Risikopotenzialen zum Beispiel Zahlenqualität der mit den Innovationen verbun-denen Arbeitsplätze, Kriterien zur Abschätzung der Berührung wesentlicher individueller und gesellschaftlicher Werte wie Identität, Integrität der Person, Gesundheitsschutz, Kriminali-tätsentwicklung, kulturelle und ästhetische Fragen, Fragen der sozialen Gerechtigkeit usw.

3.8.2   Bewertungsmethoden

Zur Bewertung ökonomischer, ökologischer und sozialer Aspekte existieren eine Vielzahl von Hilfsmitteln und Methoden. Das Erkenntnisinteresse des Bewertenden bestimmt die Frage-stellung, die dem Bewertungsverfahren zugrunde liegt und übt damit einen maßgeblichen Einfluss auf die Art der verwendeten Bewertungsmethode sowie die Auswahl der Kriterien aus.

Eine wesentliche Rolle bei Bewertungen spielen die Erwartungen hinsichtlich der weiteren, zukünftigen Entwicklung. Aus der Vielzahl von Verfahren und Methoden können zumindest drei herausgehoben werden, die von ihrer Anlage her eine Bewertung von Nachhaltigkeit im Prinzip anstreben. Es handelt sich dabei um

- Kosten-Nutzen-Analyse
- Risiko-Analyse
- Szenario-Methode

3.8.2.1 Szenario-Methode

Diese Methode dient nicht dazu, die wahrscheinlichste Entwicklung zu prognostizieren, sondern soll vielmehr ein Spektrum möglicher zukünftiger Entwicklungen in Form von plausiblen Entwicklungspfaden aufbereiten. Sie soll damit die Grundlage für eine Diskussion über Optionen der Weiterentwicklung sein und rechtzeitige Weichenstellungen ermöglichen. Es handelt sich allerdings dabei um eine sehr aufwendige Methode, die nur für die Bewertung prinzipieller Weichenstellungen in Frage kommt.

3.8.2.2 Risiko-Analyse

Damit versucht man, die mit Produkten, Verfahren und Technologien verbundenen Risiken qualitativ abzuschätzen. Dabei wird der versicherungsmathematische Risikobegriff zugrunde gelegt bei dem die Höhe des Risikos nur durch Multiplikation der Eintrittswahrscheinlichkeit mit der potenziellen Schadenshöhe bestimmt wird.

Problematisch am stark eingeschränkten, da allein am technischen Versagen bzw. Unfall orientierten Risikobegriff der Risiko-Analyse ist allerdings die Vernachlässigung menschlichen Versagens, schleichender Nebenwirkungen, langfristiger Folgewirkungen sowie insbesondere die Nichtberücksichtigung noch unbekannter Risiken. Dies kann dazu führen, dass mit dem Grad der Unsicherheit, mit steigendem Nichtwissen über potenzielle Schadensverläufe und deren Eintrittswahrscheinlichkeiten das quantifizierbare Risiko eher sinkt anstatt steigt. Daher versucht man, diesem Manko durch eine qualitative Risiko-, Technik- und Fehlerbaumanalyse (Systemaufbau, Komplexitätsgrad, Eingriffstiefe usw.) und durch Plausibilitätsbetrachtungen über bisher noch unbekannte Schadensmöglichkeiten beizukommen. Bei der Bewertung von Risiken spielt neben den verfolgten Zielen vor allem die Risikofreude bzw. das Sicherheitsbedürfnis des Bewertenden eine wichtige Rolle.

Die Risikoanalyse sollte auch dann zur Anwendung kommen, wenn es um die Bewertung von Risiken unterlassener Handlungen geht. Auch Nicht-Handeln kann mit einem ökologischen, ökonomischen und/oder sozialen Risiko verbunden sein.

3.8.2.3 Kosten-Nutzen-Analyse

In ähnlichem Sinne ist vom Prinzip her die Kosten-Nutzen-Analyse zu nennen. Ein großes Problem liegt hierin in der Erfassung und Bewertung nicht quantifizierbarer Kosten und Nutzen wie zum Beispiel Gewinn an Lebensqualität, Lebenszeit usw., die im derzeitigen Marktgefüge nicht mit wirtschaftlichen Kennzahlen darstellbar sind. Ein weiteres Problem dieser Analyse ist die Zeit: Wie soll der potenzielle Nutzen heute noch nicht lebender Menschen im Verhältnis zum Nutzen der heute lebenden Menschen bewertet werden?

Die Kosten-Nutzen-Analyse ist daher aufgrund der mit ihr verbundenen Informationsprobleme nicht ohne weiteres einsetzbar. Die Anwendungsmöglichkeiten sind bereits aufgrund ihrer methodischen Schwächen stark eingeschränkt.

Neben diesen drei Methoden gibt es eine Fülle von Bewertungsmethoden für einzelne Dimensionen, so zum Beispiel die Bar-Wert- bzw. Portfolio-Methode im ökonomischen, die toxikologische Prüfung im gesundheitlichen sowie die Umweltverträglichkeitsprüfung und die Öko-Bilanz im ökologischen Bereich.

3.8.3   Ansätze zur Bewertung von Nachhaltigkeit beim Bauen im Bestand

Ökologische Betrachtungsweisen über die Beziehung des Lebewesens zu seiner Umwelt wurden in den letzten Jahrzehnten vom natürlichen Lebensraum auch auf den vom Menschen geschaffenen Raum, die gebaute Umwelt ausgedehnt. Heute gibt es eine Vielzahl von Instrumenten zur Abschätzung von Umwelteinflüssen, die die Wirtschaft und Gesellschaft, aber auch Produkte und Dienstleistungen betreffen [38]. Unter dem Sammelbegriff Ökobilanz gibt es eine stattliche Anzahl ökologischer Beurteilungsmethoden: zumindest 15 beschäftigen sich näher mit dem Bauen bzw. mit Baustoffen.

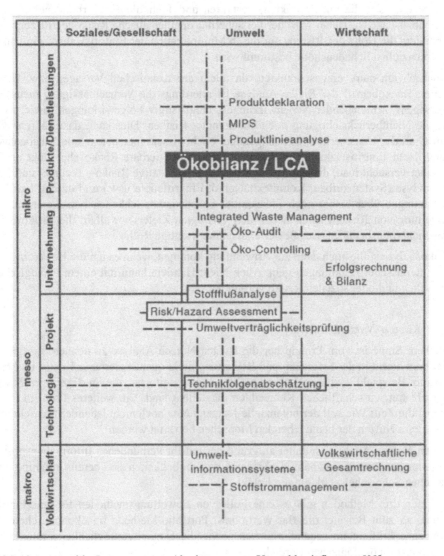

Bild 3-13 Ausgewählte Instrumente zur Abschätzung von Umweltbeeinflussung [38]

Für die Bauinstandsetzung sind im Wesentlichen die qualitativen und quantitativen Beurteilungsmöglichkeiten für angewandte Produkte und Dienstleistungen interessant.

3.8.3.1 Ökologische Dimension

<u>Das „Öko-Sieb"</u>

Zur Bewertung lokaler Aspekte wurde für die HOAI-Leistungsphase der baubiologischen und -ökologischen Beratung und Planung ein Bewertungsschema erarbeitet, bei dem ein Verwendungsvorschlag für ein bestimmtes Produkt unterschiedliche Kriterien erfüllen muss. [39] Bei diesem „Öko-Sieb" können Materialien durch die jeweiligen Bewertungsstufen fallen und damit von der weiteren Verwendung ausgeschlossen werden.

Das Raster dient der qualitativen Bewertung und enthält – angegeben in abnehmender Priorität – die Kriterien Toxikologie (Emissionsverhalten), Brandfall, Naturstoff, Entsorgung und Energie; es orientiert sich sehr stark an der EU-Bauproduktenrichtlinie, die in den jeweiligen LBO's verankert ist.

Auch grundsätzlich im Bauwesen zu begrüßende Naturbaustoffe wie z. B. Holz können durch das „Öko-Sieb" fallen, weil vielleicht der verwendete Holzschutz oder Anstrich nicht umweltverträglich ist (traurige Beispiele aus der Vergangenheit gibt es genügend), vielleicht aber auch, weil lange Transportwege durch den damit verbundenen hohen Energieaufwand zu einer ungünstigen Bewertung führen.

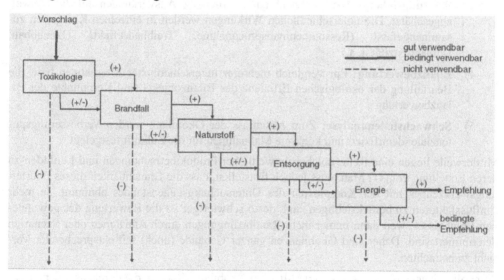

Bild 3-14 Das „Öko-Sieb" – was nicht gut ist, fällt durch [39]

<u>Ökobilanz</u>

Die ökologische Leistungsfähigkeit von Produkten und Produktsystemen kann mit sog. Ökobilanzen beurteilt werden. Die methodischen Grundlagen dieser Beurteilungswerkzeuge, deren Vorläufer in den 70er Jahren im Zusammenhang mit den Energiekrisen entstanden, sind in der internationalen Normenreihe ISO 14040 ff „Umweltmanagement – Ökobilanz" festgelegt, da die Umweltprobleme durch Globalität gekennzeichnet sind [40].

Dort wird unter einer Produkt-Ökobilanz die Zusammenstellung und Beurteilung der Stoffströme (Input- und Outputflüsse) und der potenziellen Umweltwirkungen eines Produktsystems im Verlauf seines Lebensweges von der Rohstoffgewinnung und Aufbereitung, der Herstellung und Nutzung bis hin zum Recycling und zur Entsorgung verstanden.

Durch die Erfassung aller damit verbundenen Umweltbeeinflussungen wie Emissionen in Wasser, Luft und Boden, Abfälle, Rohstoffverbrauch usw. und durch die Zusammenfassung der Umweltbelastungen hinsichtlich möglicher Wirkungen ergibt sich die Möglichkeit, umweltliche Gesichtspunkte in Entscheidungsfindungsprozesse einfließen zu lassen. Voraussetzung dazu ist, dass die Randbedingungen – Untersuchungsrahmen, Annahmen, Datenqualität, Methodik und Ergebnisse – von Ökobilanzen transparent sind! Dazu besteht eine Ökobilanz aus 5 Schritten:

1) **Zieldefinition:** Rahmen, Ziele und Vorgehensweisen sind zu nennen, die Systemgrenzen der Untersuchung sind festzulegen, die verwendeten Verfahren sind zu benennen und ihre Verwendung zu begründen.

2) **Sachbilanz:** Alle relevanten Energie- und Stoffflüsse sind zu erfassen und in die Bilanz aufzunehmen. Dabei wird das gesamte System in einzelne Module unterteilt, für die jeweils die Ströme an deren Grenzen bestimmt werden.

3) **Wirkungsbilanz:** Aus der Sachbilanz werden die Auswirkungen auf die Umwelt abgeschätzt. Die unterschiedlichen Wirkungen werden in einzelnen Kategorien zusammengefasst (Ressourceninanspruchnahme, Treibhauseffekt, Ozonabbau, Humantoxizität u. a.).

4) **Bilanzbewertung:** Ein Vergleich mehrerer unterschiedlicher Alternativen bzw. die Beurteilung der ökologischen Effizienz des Bilanzobjekts sind Kernpunkte der Bilanzbewertung.

5) **Schwachstellenanalyse:** Zum Abschluss der Ökobilanz werden Verbesserungspotenziale identifiziert und konkrete Maßnahmen für die Zukunft festgelegt.

Mittlerweile liegen eine Reihe solcher umweltlicher Produktbetrachtungen und Leitfäden zu deren Erstellung vor.[41] Man muss jedoch feststellen, dass die Brauchbarkeit dieses Beurteilungswerkzeuges mit der Komplexität des Untersuchungsgegenstandes abnimmt. Je mehr Einflussfaktoren zu berücksichtigen sind, desto schwieriger ist die Bewertung des gewonnenen Ergebnisses, weil dann immer mehr Randbedingungen durch Annahmen oder Szenarien determiniert sind. Daher sind Ökobilanzen ganzer Gebäude (noch) mit entsprechender Vorsicht zu betrachten.

Sinnvoller dagegen kann es sein, mit Hilfe von Ökobilanz-Studien, die durchaus einen orientierenden Charakter besitzen dürfen, Baustoff- oder Konstruktionsvergleiche durchzuführen und daraus die jeweiligen Entscheidungen abzuleiten. [42] Die dafür notwendigen Werkzeuge stehen in Form von Datenblättern oder als Software zur Verfügung (siehe z. B. www.legoe.de). Man beschränkt sich dabei auf wenige wesentliche Wirkungskategorien, muss allerdings dabei berücksichtigen, dass damit immer nur überwiegend globale Aspekte, weniger lokale Kriterien bewertet werden können.

Überwiegend werden die Leitparameter Primärenergieverbrauch PEV (Ressourceninanspruchnahme) und CO_2-Emission (Treibhauseffekt) zur quantitativen Betrachtung gewählt. Bei den anderen Wirkungskategorien ist die Datengüte und -qualität oft noch mangelhaft; daher wird in diesen Fällen überwiegend eine qualitative Bewertung vorgenommen.

Die derzeitige Praxis der Ökobilanzierung von Baustoffen zeigt weiterhin, dass die Nutzungsphase oft nicht, nicht einheitlich oder nicht detailliert genug abgebildet wird, weil z. B. Alterungsprozesse oder Randbedingungen nicht ausreichend berücksichtigt werden. [43], [46]

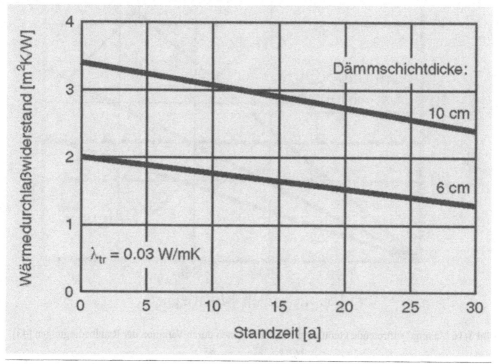

Bild 3-15 Beispiel für zeitliche Änderung eines Funktionskennwertes – hier: Änderung des Wärmedurchlasswiderstandes von XPS-Dämmplatten in begrünten Umkehrdächern [46]

Bei der ökologischen Baustoffbewertung mittels Ökobilanzbetrachtung werden die Leitparameter PEV und CO2-Emission von Produkten oft gerne als absolute Zahlen angegeben; Vergleiche sind schlecht möglich. Je höher der Wert, umso schlechter, d. h. weniger ökologisch wird ein Produkt bewertet. Doch man sollte genau betrachten, welche Dienstleistung man mit einem Baustoff erzielen kann.

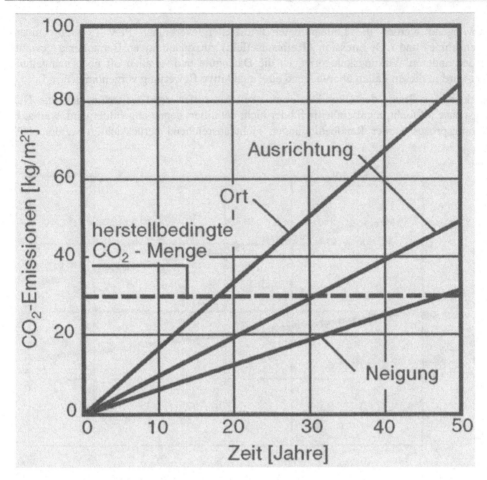

Bild 3-16 Maximal auftretende kumulierte CO_2-Emissionen durch Variation der Randbedingungen [43]

So bieten die sog. Ökoinventare, die vor einigen Jahren in der Schweiz erarbeitet wurden, die Möglichkeit, Umweltaspekte von Unterhalts- und Instandsetzungsmaßnahmen miteinander zu vergleichen. [44] Die Angaben zu den o. g. Leitparametern liegen zwar – aufgrund des verwendeten Strommix im geografischen Bilanzraum – tendenziell höher wie für die BRD geltenden Werte, ermöglichen jedoch Beurteilung und Vergleich verschiedener Produkte und Systeme/Konstruktionen anhand weniger Kenngrößen (s. o.).

Mit Hilfe dieser Beurteilungsmatrizen lassen sich verschiedene Produkte und/oder Systeme des Bauinstandsetzens in unterschiedlichen Szenarien (Nutzungszeit, Lebenserwartung, Instandhaltungsintervalle usw.) miteinander vergleichen. Einerseits werden dadurch Entscheidungshilfen zur Verfügung gestellt, andererseits können Optimierungspotenziale für verschiedene Funktionskennwerte aufgezeigt werden.

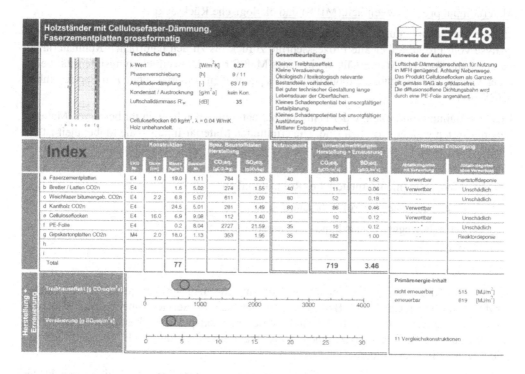

Bild 3-17 Ökologische Beurteilung von Baukonstruktionen [45]

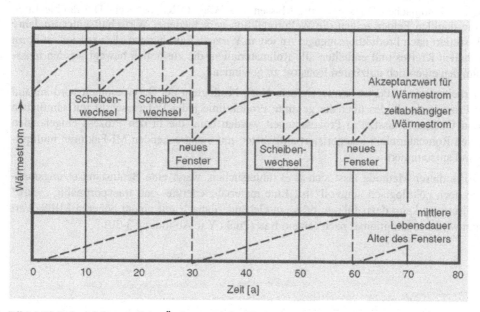

Bild 3-18 Beispiel für mögliche Änderungen des Wärmestroms durch ein Fenster in Abhängigkeit von Alter und vorgenommenen Instandsetzungen [46]

Materialinput pro Serviceeinheit (MIPS) und ökologische Rücksäcke

Um die Menge an Natur zu erfassen, die in jedem Sachgut steckt, kann auch eine Stofffluss-analyse vom Produkt über alle Prozessschritte zurück bis zu den natürlichen Rohmaterialien durchgeführt werden. Man erhält so ein neues Maß für die Umweltbelastungsintensität belie-biger Güter, den das ganze Produktleben umspannenden *Material-Input Pro Serviceeinheit MIPS*. [47]

Der Materialinput umfasst alle der Natur primär entnommenen bzw. in ihr bewegten Materia-lien, die systemweit erforderlich sind. Die ermittelten Material-Inputs – die Maßeinheit ist die Masse in kg oder t – werden in 5 Input-Kategorien eingeteilt, die miteinander nicht verre-chenbar sind:

- Abiotische (nicht-erneuerbare) Rohmaterialien

- Biotische (erneuerbare) Rohmaterialien

- Bodenbewegungen aus Land- und Forstwirtschaft

- Wasser

- Luft

Service im MIPS-Konzept bezeichnet die Nutzung, die man von den jeweiligen Produkten abrufen kann, um menschliche Bedürfnisse zu befriedigen. Serviceeinheiten sind also Nut-zungs- bzw. Dienstleistungseinheiten und werden produktspezifisch bestimmt entweder als eine Nutzung (z. B. 1 Personenkilometer), als Dauer einer Nutzung (z. B. 10 Jahre) oder als eine Kombination von beidem.

Der ökologische Rücksack ist die Differenz zwischen Materialinput und Eigengewicht des Produktes oder des Werkstoffes. Die nachfolgende Abbildung gibt einen Eindruck davon, wie stark die ökologischen Rücksäcke die Massen von Werkstoffen belasten. Die dunkle Linie und die dunklen Felder zeigen die Weltproduktion verschiedener Wirtschaftsgüter im Jahre 1983, sortiert nach Produktionsmenge. An jedem Wirtschaftgut hängen „Rücksäcke" in Form eines hellen Kreises und enthalten alle Rohmaterialien, die zusätzlich bewegt werden muss-ten, um den eigentlich nutzbaren Rohstoff zu gewinnen.

Das Arbeiten mit MIPS ist relativ einfach. Nach Festlegung der Serviceeinheit wird anhand eines Prozessschaubildes über die gesamte Produktlinie jeder Prozessschritt mit sämtlichen In- und Outputs erfasst. Pro Prozesseinheit werden dann die in den Prozess eingehenden primären Rohmaterialien kategorisiert aufgelistet, mit entsprechenden MI-Faktoren multipli-ziert und aufsummiert.

Mit Hilfe dieser Methode lässt sich z. B. untersuchen, wann eine Bauinstandsetzungsmaß-nahme noch „ökologisch sinnvoll" ist. Eine material-, energie- und transportmäßig „teure" Instandsetzung kann dazu führen, dass ein Gebäude danach mit einem höheren MIPS-Wert genutzt wird wie unmittelbar nach seinem Bau (Punkt Y in Abbildung 3-30).

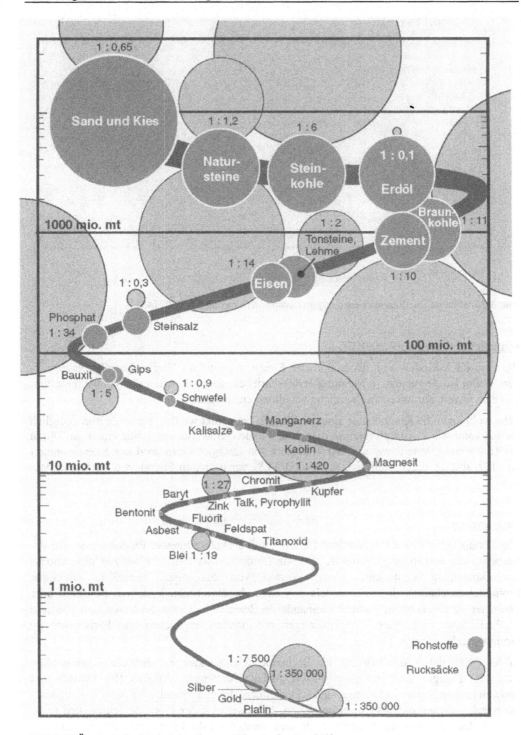

Bild 3-19 Ökologische Rucksäcke diverser Wirtschaftsgüter [48]

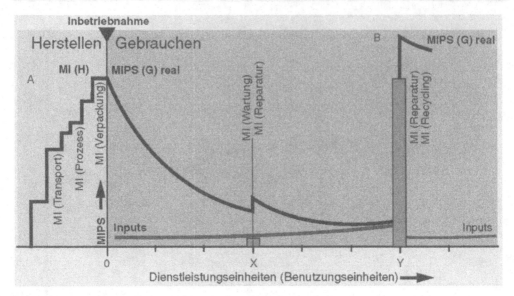

Bild 3-20 Wann ist eine Bauinstandsetzungsmaßnahme ökologisch sinnvoll? [48]

Kumulierter Energieaufwand KEA

Bei dem KEA-Modell wird der kumulierte Energieaufwand als Vergleichsgröße herangezogen. Dabei ist die subjektive Meinung festgeschrieben, dass alle Arten von Umweltbelastungen dem jeweiligen Anteil an Energieumwandlung entsprechen.

Sehr wohl kann die Komponente Energie für sich betrachtet werden, sie sollte aber lediglich als Indikator, als Zusatzinformation dienen und andere Bewertungssysteme ergänzen. Durch die Gewinnung, Veredlung und den Transport von Energieträgern wird nur Energie umgewandelt, so dass durchschnittlich noch rund 44 % der primären Energie zur Verfügung stehen.

Parameternetz

Das Parameternetz ist ein Hilfsmittel für das Design ökointelligenter Produkte oder für die Verbesserung vorhandener Produkte, z. B. zur Bauinstandsetzung. In einer zweidimensionalen Darstellung wird eine kleine Anzahl von ökologisch besonders wichtigen Produkteigenschaften, die u. a. mittels den zuvor beschriebenen Verfahren bestimmt oder geschätzt werden können, grafisch zueinander in Beziehung gesetzt. So lassen sich Vor- und Nachteile alter und neuer Produktlösungen miteinander vergleichen und Fortschritte im Design sichtbar machen [49].

In der Praxis hat es sich bewährt, ein Sechseck zu verwenden, bei dem die Eigenschaften Material-, Energie- und Transportaufwand, Abfallaufkommen, Giftigkeit (für Mensch und Umwelt) sowie Nutzen aufgetragen sind. Die Linien, die den Produkteigenschaften zugeordnet werden, dienen nun als Bewertungsskala. Je besser eine der Produkteigenschaften realisiert ist, desto höher ist die Wertung, desto weiter außen auf der Linie „liegt" das Produkt.

Der Material-, Energie- und Transportaufwand für ökointelligente Produkte sowie das Abfallaufkommen und die Giftigkeit sollen so klein wie möglich ausfallen. Der Gebrauchsnutzen hingegen soll, wo immer möglich, im Vergleich zum Referenzprodukt gesteigert werden.

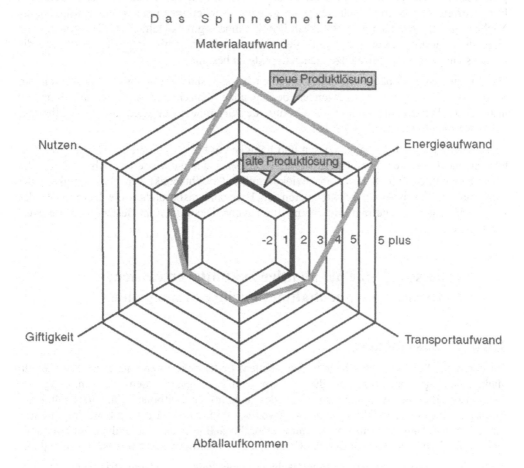

Bild 3-21 Beurteilung zweier Produktlösungen mittels Parameternetz [49]

3.8.3.2 Ökonomische Dimension

Bei der Bewertung von Investitionskosten und Betriebs-/Nutzungskosten muss man prinzipiell zwischen dynamischen und statischen Methoden unterscheiden. Bei statischen Rechenmodellen werden zeitliche Unterschiede im Auftreten von Einnahmen und Ausgaben nicht berücksichtigt, weshalb sie sich besonders zum Vergleich verschiedener Varianten untereinander eignen. Bei dynamischen Rechenmodellen werden Zeitunterschiede im Auftreten von Einnahmen und Ausgaben durch Abzinsen auf einen einheitlichen Betrachtungszeitraum berücksichtigt. In der Praxis ist es üblich, die so genannte Kapitalwertmethode für Investitionsentscheidungen heranzuziehen und damit z. B. Amortisationszeitpunkte abzuschätzen.

3.8.3.3   Soziokulturelle Dimension

Die soziokulturelle Bewertung ist bei der Nachhaltigkeitsbetrachtung der schwierigste Aspekt. Eigentlich ist die weitestgehende Erfüllung der Anforderungen der Nutzer/Betreiber, d. h. das Erreichen der im Pflichtenheft festgelegten Vorstellungen schon ein Erfolg für die Nachhaltigkeit, wenn auch nicht messbar. Darüber hinaus gilt es vielfach, die Beteiligung von bildenden Künstlern (Kunst am Bau), den Umgang mit kulturhistorischen Funden und die Berücksichtigung denkmalschützerischer Aspekte zu beachten.

Die Wirkung eines Gebäudes nach innen und nach außen stellt ein Spiegelbild der Kultur dar. Sowohl der Umgang mit dem nutzenden, besuchenden Menschen als auch die Schaffung von historischen Werten kann sich in der Wirkung der Gebäude ausdrücken und muss daher bei der Bewertung berücksichtigt werden.

Nicht zuletzt ist der Erhalt von Wissen und Fähigkeiten beim Bau und der Umgang mit Gebäuden und Liegenschaften ebenso wie z. B. Aspekte der qualifizierten Arbeitsplätze, der behaglichen Pflegestätten usw. ein soziokultureller Gesichtspunkt der Nachhaltigkeit, der momentan noch schwer zu konkretisieren ist. Hier sind insbesondere die Instrumente des Facility Managements gefragt, mit deren Hilfe nachhaltiges Bauen im Bestand bewertet werden könnte [50].

3.9   Prozess für eine nachhaltige zukunftsverträgliche Entwicklung – nachhaltiges Facility Management

3.9.1   Prozessebenen

Ein derartiger Prozess unterscheidet zwei Ebenen: Erstens die Ebene der Strategie, die alle Maßnahmen zur Gestaltung von Such-, Lern- und Lösungsprozessen zur Ermittlung von Zielen bzw. Richtungsvorgaben im Sinne des integrativen Leitbildes einer nachhaltig zukunftsverträglichen Entwicklung umfasst. Zweitens die Ebene von Plänen bzw. Programmen zur Konkretisierung und Umsetzung von Zielen, die sich je nach Problemlage auf ökonomische, ökologische oder soziale Bereiche beziehen und quantitative Handlungsziele enthalten.

Wesentliche Voraussetzungen für eine Nachhaltigkeitsstrategie sind Langfristigkeit, Integration der drei Dimensionen und lokale, regionale und globale Orientierungen.

Zu den wesentlichen Bestandteilen der Nachhaltigkeitsstrategie gehören

- die Identifizierung besonders wichtiger Handlungsfelder sowie relevanter Akteure und Sektoren,

- Berichterstattung, Monitoring und Revision,

- eine ressort- und abteilungsübergreifende Vorgehensweise sowie

- die institutionelle Absicherung des Prozesses.

3.9.2 Beispiel „Agenda 21" und „Lokale Agenda 21"

Die ganzheitliche Herangehensweise an die Herausforderungen des 21. Jahrhunderts stellt die örtlichen Entscheidungsträger vor besondere Schwierigkeiten. Herkömmliches Verwaltungs- und Politikhandeln ist vor allem ressortorientiert und Einzelthemen bezogen. Der Auftrag der Agenda 21 – Einleitung einer nachhaltigen Kommunalentwicklung – richtet sich an das örtliche Gemeinwesen insgesamt, also an die Gemeinschaft der Bürger, ihrer kommunalen Vertreter, ihrer Verwaltung und an ihrer örtlichen Institutionen und Gruppierungen. Aus den geforderten neuen organisatorischen und inhaltlich-konzeptionellen Ansätzen für die Realisierung auf kommunaler Ebene können Anforderungen und Ideen zur Umsetzung zum Beispiel auf technischer oder organisatorischer Ebene abgeleitet werden.

Gerade weil die Spielräume enger werden, bekommen neue Steuerungs- und Handlungsstrategien zunehmend Gewicht. Geht der breite und umfassende Ansatz der Agenda 21 von Beginn an in die kommunalen Aktivitäten ein, so kann sich die Lokale Agenda 21 zu einem effizienten Instrument für die Bewältigung der Pflicht- und (Zukunfts-)Gestaltungsaufgaben entwickeln. Die Lokale Agenda 21 ist im Wesentlichen durch folgende Merkmale gekennzeichnet:

- Sie ist erstens ein Handlungsprogramm mit festgelegten Zielen und Maßnahmen, um diese Ziele zu erreichen.

- Zweitens soll eine Agenda zur Konsensbildung zwischen den verschiedenen gesellschaftlichen Akteuren beitragen.

- Drittens stellt sie einen systematischen, schrittweisen Planungsprozess dar einschließlich der Umsetzung konkreter Projekte.

So wie die Lokale Agenda 21 es ermöglicht, die verschiedenartigen Ansätze kommunaler Umwelt- und Entwicklungspolitik systematischer, gebündelter und unter dem speziellen Vorsorge- und Nachhaltigkeitsgesichtspunkt zusammenzufassen, eröffnet Facility Management die Möglichkeit, sämtliche Aspekte aufzugreifen, die in stärkerem Maße mit der Umweltentwicklung und damit auch mit den an ein Gebäude gestellten Anforderungen verknüpft werden müssen. Für Facility Management bei Gebäuden im Bestand kann es daher hilfreich sein, auf die Erfahrungen bei der Umsetzung der Lokalen Agenda 21 zurückzugreifen. Denn die deutschen Städte und Gemeinden, die auf ihrem Weg zu einer nachhaltigen Entwicklung zur Lokalen Agenda 21 greifen, sind ja ebenfalls bestehende Strukturen, die sich im Sinne der Nachhaltigkeit weiter entwickeln möchten.

Einige Faktoren die zum Erfolg eines „Lokale Agenda 21-Prozesses" beitragen, sind im Folgenden zusammengestellt:

- Die Anpassung der verwaltungsinternen und -externen Organisationsstrukturen

- Die stärkere Verknüpfung der inhaltlichen Schlüsselbereiche (zum Beispiel Umweltvorsorge, Stadtentwicklung) unter dem neuen Leitbild der Nachhaltigkeit

- Die Unterstützung des Prozesses durch die Verwaltungs- und damit Unternehmensspitze

- Die Bereitstellung von Geldern zumindest für die Anschubphase (Stellen für Personal, Modellprojekte, Begleitforschungsvorhaben usw.)

- Die Gliederung des Prozesses in inhaltliche Schwerpunkte und zeitliche Phasen sowie die Festschreibung von Aktivitäten und Zuständigkeiten

- Die Erarbeitung von Indikatoren und Maßstäben zur Bewertung der Maßnahmen und zur Kontrolle, ob und inwieweit Ziele erreicht worden sind

- Eine professionelle Moderation der spezifischen Interessen

- Die Mobilisierung der Bürger (im Unternehmen die Mitarbeiter), sich aktiv zu beteiligen

- Die Einbindung kommunaler (unternehmerischer) Aktivitäten in den regionalen Kontext sowie in Kampagnen und Wettbewerbe.

Diese für einen Prozess der Lokalen Agenda 21 wichtigen Aspekte spielen bei der erfolgreichen Einführung und Realisierung eines Facility Management-Systems eine wesentliche Rolle. Sie sind die wichtigsten Erfolgsfaktoren.

Immer wieder wird auf die notwendige Einbindung eines Langfristdenkens in diesem Zusammenhang hingewiesen. Der Markt besitzt diese Langfristigkeit nicht. Große Firmen haben es in den vergangenen Jahren zum Betriebsdogma gemacht, über nicht mehr als fünf oder zehn Jahre zu reden und zu planen; bevorzugt redet man noch über das nächste Vierteljahr. Dies ist deshalb realistisch, weil sich die Marktsignale plötzlich verändern und langfristige Unternehmenspolitik permanent bestraft wird. Daher muss ein Unternehmen, das Facility Management bei Gebäuden im Bestand einführt, gerade diese Langfristigkeit beachten. Denn je später gehandelt wird, desto rigider werden die Maßnahmen sein müssen, wenn man zum Beispiel ökologische Umweltwirkungen bremsen will.

Grundlage einer jeden Strukturreform – ob Lokale Agenda 21 oder Facility Management – ist vorab eine Bestandsaufnahme und Evaluierung der bestehenden Strukturen.

3.9.3 Umgang mit Nachhaltigkeit

Nachhaltige zukunftsfähige Entwicklung bedeutet eine tief greifende Korrektur bisheriger Fortschritts- und Wachstumsvorstellungen, die sich so nicht länger als tragfähig erweisen. Das Schicksal der Menschheit wird davon abhängen, ob es ihr gelingt, sich zu einer Entwicklungsstrategie durchzuringen, die der wechselseitigen Abhängigkeit der drei Dimensionen der Nachhaltigkeit Ökonomie, Ökologie und Soziales gerecht wird. Die schwierigste Frage dabei ist, wie Nachhaltigkeit aus einer prinzipiell nicht nachhaltigen Ausgangssituation heraus so angesteuert werden kann, dass der angestrebte Kompromiss der nachhaltigen Entwicklung in Gang kommt.

Für den Übergang zu einer nachhaltigen Wirtschaftsweise ist nämlich nicht nur die Frage der Ersetzbarkeit von nichterneuerbaren durch regenerierbare Ressourcen von zentraler Bedeutung, sondern auch die Frage nach der Ersetzbarkeit von menschengemachtem Kapital und Naturkapital. Wer Naturkapital für beliebig ersetzbar durch menschengemachtes Kapital hält, vertritt das Konzept der „schwachen Nachhaltigkeit" nach dem es unerheblich ist, in welcher Form wir unseren Kapitalbestand an die nächste Generation weitergeben. Schwache Nachhaltigkeit bedeutet somit die vollständige Austauschbarkeit verschiedener Formen von Kapital. Bei dieser Auffassung bleibt unbeachtet, dass die Natur nicht nur die Lieferantin für den ökonomischen Prozess ist, sondern sie ist darüber hinaus ein Lebenserhaltungssystem und damit die Grundvoraussetzung jedes Wirtschaftens überhaupt.

Dabei wird oft leicht übersehen, dass technisch mögliche Ersetzbarkeit oftmals nur begrenzt und keineswegs beliebig ausdehnbar ist. Dies ergibt sich aus der Gefahr irreversibler Vernichtung von Naturkapital wie zum Beispiel beim Aussterben von Tier- und Pflanzenarten. Daraus kann man ableiten, dass die schwache Nachhaltigkeit im Hinblick auf die Interessen künftiger Generationen ein unzureichendes Ziel ist. Unabhängig davon muss der Natur ein Eigenwert jenseits der menschlichen Nutzung zugestanden werden, der eine Austauschbarkeit durch menschengemachtes Kapital entgegensteht.

Das Hauptproblem einer Operationalisierung von Nachhaltigkeit ist, dass die Wirtschaft aller Industrienationen zentral auf den Einsatz nicht erneuerbarer Ressourcen ausgerichtet ist, deren Nutzung im strengen Sinne überhaupt nicht nachhaltig sein kann. Unter diesem Aspekt einer „starken Nachhaltigkeit" dürfte es keine Form von Ersetzbarkeit von menschengemachtem und natürlichem Kapital geben. Um nicht jede menschliche Inanspruchnahme von Natur nicht nachhaltig werden zu lassen, bedarf es daher eines Maßstabes oder Regeln zur nachhaltigen Nutzung der Natur.

Es liegt auf der Hand, dass die Zivilisationssysteme sich in das tragende Netzwerk der Natur einbinden müssen, dass also eine Gesamtvernetzung stattfinden muss. Die hier maßgebliche ethische Kategorie heißt also Retinität (lateinisch rete „das Netz"). Diese geforderte Vernetzung kann am Bauwerk am Gebäude im Bestand, das Facility Management leisten. Sie ist das Instrument, mit dem die heutige Generation der am Bauen beteiligten die soziale Verantwortung für die nächste Generation übernehmen kann. Die Einführung und Anwendung von Facility Management-Maßnahmen bei Objekten im Bestand ist bereits ein großer Schritt zur nachhaltigen zukunftsfähigen Entwicklung.

Dem Retinitätsprinzip folgend wurden die bereits genannten fünf Leitlinien einer dauerhaft umweltgerechten Entwicklung entworfen. Gerade die fünfte Regel erscheint besonders wichtig, denn in diesem Sinne müssen besondere Risiken wie zum Beispiel bei der Nutzung der Atomenergie und Gentechnik als nicht-nachhaltig gekennzeichnet werden. Dies gebietet allein das Vorsorgeprinzip. Selbst wenn wir nicht in der Lage sind, die möglichen Folgen genau vorherzusagen, so zeigt die Erfahrung doch, dass mit zunehmender Eingrifftiefe in die Systeme und mit zunehmender Wirkmächtigkeit der Maßnahmen auch die unbeabsichtigten Neben- und Folgewirkungen zunehmen. Die Systeme folgen damit dem chaotischen Prinzip „Kleine Ursache kann große Wirkung auslösen". Man könnte daraus auch den Umkehrschluss bilden und postulieren: Je weniger chaotisch ein System ist, umso nachhaltiger entwickelt es sich. Facility Management könnte damit einen erheblichen Beitrag zur nachhaltigen Bewirtschaftung von Objekten im Bestand leisten, weil es durch die Transparenz, die die einzelnen Instrumente schaffen, die Eingriffstiefe in das System „Gebäude" reduziert und die Auswirkungen von Maßnahmen sichtbar machen kann. Je mehr Risiken und Nebenwirkungen abgeschätzt werden können, umso größer ist die Chance für eine nachhaltige Entwicklung.

Die o. g. Regeln beschreiben analog zu naturwissenschaftlichen Erhaltungssätzen die Grenzen für menschliche Eingriffe in den Naturhaushalt, d. h. in das ökologische Realkapital. Damit werden gleichzeitig auch die Grenzen des Wirtschaftens aufgezeigt. Begrenztheit der nicht erneuerbaren Ressourcen ist noch leicht erfahrbar zu machen, ebenso wie die Begrenztheit der Aufnahmefähigkeit für Abfallprodukte der technischen Zivilisation. Schwieriger zu akzeptieren ist allerdings die Begrenztheit für die Geschwindigkeit von Eingriffen, womit das nachhaltige Zeitmaß gefordert wird. Diese Forderung nach „Langsamkeit" geht praktisch parallel mit der Forderung nach einer Kreislaufwirtschaft anstatt einer Durchflusswirtschaft. Verglichen mit biotischen Prozessen ist die technische Zivilisation und damit das menschliche Wirtschaften ein linearer dynamischer und irreversibler Prozess. Auf dem Weg zur nachhaltigen Entwicklung muss stattdessen zirkulare Dynamik und Reversibilität angestrebt werden. Dazu sollen die fünf Regeln der Nachhaltigkeit dienen.

Neben der notwendigen Veränderung der Produktionsmuster werden auch die Veränderungen der Konsumgewohnheiten als wesentliche Voraussetzung für das Erreichen einer nachhaltigen Entwicklung angesehen. Diese lassen sich jedoch nicht per Verordnung, noch weniger per Bekehrung erreichen. Sie werden sich zusammen mit erforderlichen, zum Beispiel, preislichen Rahmenbedingungen nur als soziokultureller Prozess mit den nötigen Bildungs- und Kulturinhalten organisieren lassen, zum Beispiel durch Förderung der Schulbildung, des öffentlichen Bewusstseins und der beruflichen Aus- und Fortbildung. Kultur und Bildung werden zukünftig bestimmen, wie behutsamer Umgang mit der Natur, sparsamer Umgang mit den Ressourcen, aber auch die Rücksicht auf Mitmenschen und Vorsorge für die Zukunft verstanden werden. Bei der Nachhaltigkeit bzw. bei einer wie immer gearteten Nachhaltigkeitsstrategie wird also aus dem eingangs aufgezeichneten magischen Dreieck geometrisch gesehen ein magisches Viereck.

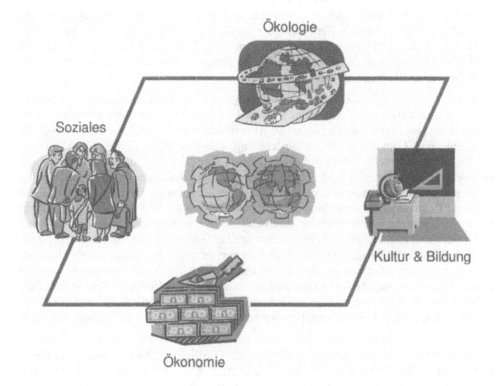

Bild 3-22 Magisches Viereck der Nachhaltigkeit

3.9.4 Praktische Umsetzung der Nachhaltigkeitsregeln

3.9.4.1 Informationssysteme

Die scheinbar einfachen Regeln für zukunftsfähiges Handeln werfen enorme Informationsprobleme auf, bevor sie umgesetzt werden können. Aus den auf das Leitbild (dauerhaft-umweltverträgliche Entwicklung) bezogenen Leitlinien (die fünf Regeln) sind Umweltqualitätsziele abzuleiten (kritischer Ressourcenverbrauch, kritische Belastungswerte usw.), die in Umweltqualitätsstandards umgesetzt werden müssen und so im Vergleich mit dem gegebenen Zustand der Umwelt die gegebenen Differenzen in einer Art Umweltindikatoren offen legen. Dazu bedarf es eines Informationssystems über die Qualität und Quantität der ökologischen Systeme.

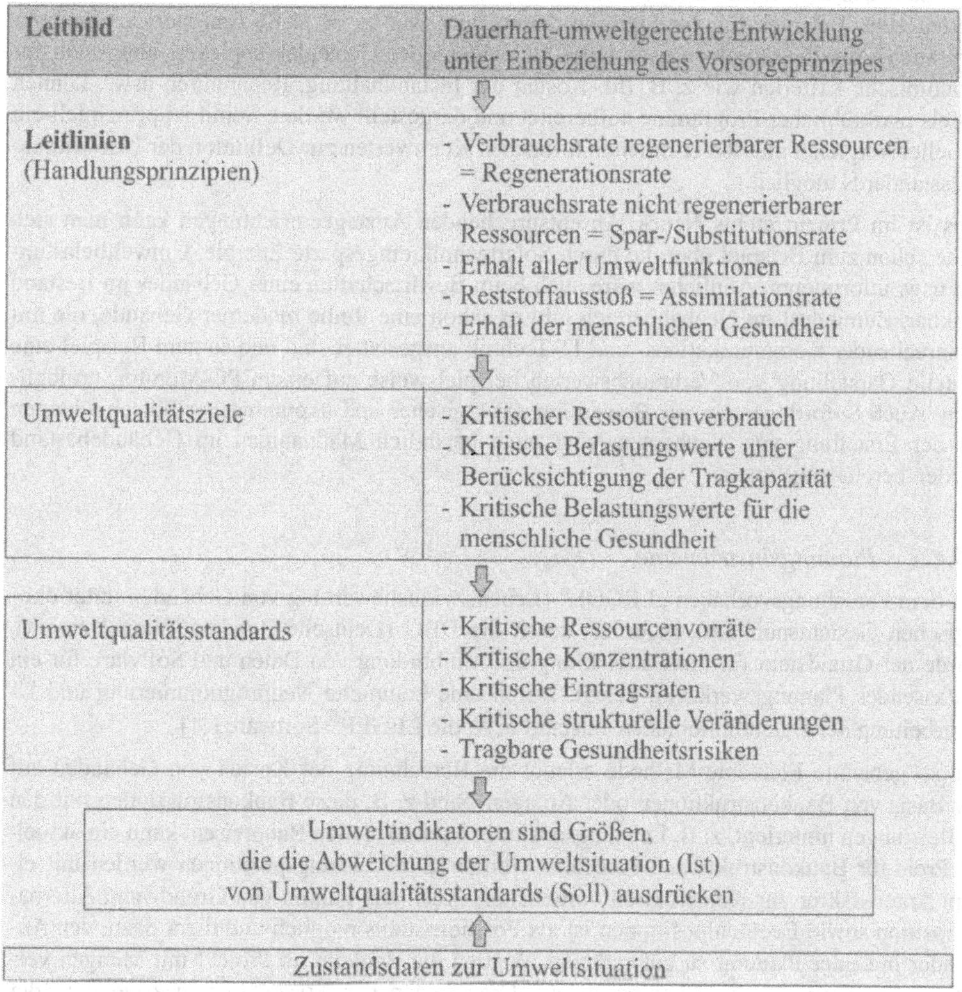

Leitbild	Dauerhaft-umweltgerechte Entwicklung unter Einbeziehung des Vorsorgeprinzipes
Leitlinien (Handlungsprinzipien)	- Verbrauchsrate regenerierbarer Ressourcen = Regenerationsrate - Verbrauchsrate nicht regenerierbarer Ressourcen = Spar-/Substitutionsrate - Erhalt aller Umweltfunktionen - Reststoffausstoß = Assimilationsrate - Erhalt der menschlichen Gesundheit
Umweltqualitätsziele	- Kritischer Ressourcenverbrauch - Kritische Belastungswerte unter Berücksichtigung der Tragkapazität - Kritische Belastungswerte für die menschliche Gesundheit
Umweltqualitätsstandards	- Kritische Ressourcenvorräte - Kritische Konzentrationen - Kritische Eintragsraten - Kritische strukturelle Veränderungen - Tragbare Gesundheitsrisiken

Umweltindikatoren sind Größen, die die Abweichung der Umweltsituation (Ist) von Umweltqualitätsstandards (Soll) ausdrücken

Zustandsdaten zur Umweltsituation

Bild 3-23 Leitbildorientierte Entwicklung von Umweltzielen, nach [40]

Die strenge Nachhaltigkeit, wie sie durch diese Managementregeln vorgegeben wird, benötigt zu ihrer Realisierung – erzwungen durch die ökologischen Grenzen selbst oder durch die Einsicht und Vorsicht der Menschen, Gesellschaften und Staaten – weitere Orientierungsregeln. Diese sind im Wesentlichen:

- Die Nutzung von Ressourcen, Energie und Fläche soll durch neues Wissen effizienter werden.

- Die Lebensstile der Konsumentinnen und Konsumenten werden so verändert, dass sie umweltverträglicher werden.

Dazu ist wie bereits gezeigt eine Transparenz zusammen mit einem Bewusstmachen für die Notwendigkeit der anstehenden Veränderungen erforderlich. Auch in diesem Zusammenhang kann Facility Management einen wichtigen Beitrag zum nachhaltigen Bauinstandhalten und Bauinstandsetzen leisten. Die im Rahmen einer Bestandserfassung aufgenommenen Ist-Werte, zum Beispiel für ökologische Parameter, wie z. B. CO_2-Emissionen, Energieverbrauch, Abfallaufkommen usw. eines Gebäudes oder Gebäudekomplexes, aber auch für ökonomische Kriterien wie z. B. lfd. Kosten der Instandhaltung, Reparaturen usw. können mittels marktüblicher Programme aufbereitet und dargestellt werden. Somit ist prinzipiell ein aktueller Vergleich mit den ermittelten kritischen Kennwerten zur Definition der Umweltqualitätsstandards möglich.

Dies ist im Prinzip nichts Neues. An entsprechenden Anzeigeeinrichtungen kann man sich heute schon zum Beispiel über die durch Solartechnik eingesparte Energie, Umweltbelastungen usw. informieren. Ähnliches wäre auch beim Bewirtschaften eines Gebäudes im Bestand denkbar. Zumindest im Neubaubereich gibt es schon eine Reihe moderner Gebäude, die mit entsprechender Kommunikations- und IT-Technik ausgestattet sind und so zum Beispiel eine aktuelle Darstellung von Verbrauchswerten beispielsweise auf einem PC-Monitor, ermöglichen. Auch Sofortlösungen zur Bewertung ökologischer und ökonomischer Entscheidungen bei der Erstellung von Neubauten, aber auch bezüglich Maßnahmen im Gebäudebestand werden bereits angeboten.

3.9.4.2   Planungsinstrumente

Mit dem Forschungsvorhaben „LEGOE" (Lebenszyklusbewertung von Gebäuden unter ökologischen Gesichtspunkten), gefördert durch die DBU (Deutsche Bundesstiftung Umwelt), wurde der Grundstein für die Entwicklung und Einbindung von Daten und Software für ein umfassendes Planungswerkzeug gelegt. Durch eine komplette Neuprogrammierung und Überarbeitung der Datenbibliotheken entstand u. A. die LEGEP®-Software [51].

Die so genannte Elemente-Methode erlaubt die Berechnung der Kosten von Gebäuden auf der Basis von Baukonstruktionen oder Anlagen. Sind z. B. diese Baukonstruktionen mit den Teilleistungen hinterlegt, z. B. Leistungspositionen mit aktuellen Baupreisen, kann ein aktueller Preis für Baukonstruktionen berechnet werden. Die Leistungspositionen werden mit einem Anteilsfaktor zur Konstruktion vorgehalten. Auch das Führen von Grund- und Alternativposition sowie Eventualpositionen ist als Positionsstatus möglich und dient dazu, den Anwender in seiner Planung zu unterstützen. Werden die Bauteile im Projekt mit Mengen verrechnet, ergeben sich die Planungskosten. Die Ebenen der Kostenplanung können in der Gliederungsstruktur der DIN 276 mit Makro-, Grob- und Feinelementen abgebildet werden.

Für die Berechnung der Lebenszykluskosten wurden die bestehenden Neubauelemente um zusätzliche Folgeelemente für die Nutzungsphasen „Reinigung", „Wartung" und „Instandsetzung" ergänzt und miteinander verknüpft. Zusätzlich müssen diese Elemente mit verschiedenen Reinigungsintervallen und -methoden sowie entsprechenden Wartungs- und Instandsetzungszyklen ausgerüstet werden. Über eine graphische Auswertung der Folgekosten im zeitlichen Verlauf der Bauwerksnutzung lassen sich die Kostenverursacher im Projekt identifizieren und ggf. kann dann nach Ausführungsalternativen gesucht werden. In der Stammbibliothek können auch die Folgekosten verschiedener Bauteile und Anlagen vor Übernahme miteinander verglichen werden. Die graphische Darstellung ist auch kumuliert und summiert einschl. Darstellung des Barwertes möglich.

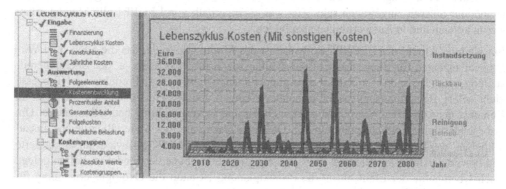

Bild 3-24 Lebenszykluskosten getrennt nach Instandsetzung, Betrieb und Wartung [51]

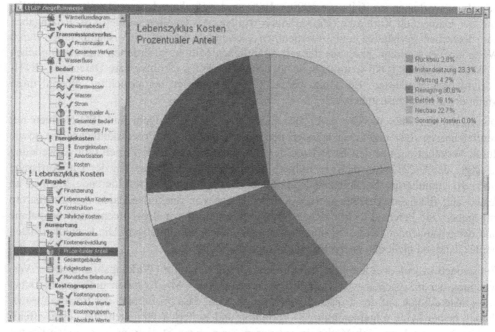

Bild 3-25 Lebenszykluskosten in Prozentanteilen für 80 Jahre Nutzung [51]

Da mit der Kostenplanung mit Elementen die konkrete Beschreibung des Gebäudes als Schichtenmodell vorliegt, kann auch der Energienachweis nach EnEV 2002 geführt werden. Dafür ist es lediglich notwendig, die Hüllflächen entsprechend der Gebäude- und Flächenorientierung festzulegen, um den Transmissionswärmeverlust zu berechnen. Grundvoraussetzung für die weitere Berechnung ist die Ausrüstung der Bauteile mit bauphysikalischen Daten. Des Weiteren sind im Bereich der Gebäudetechnik ergänzende Angaben zur Berechnung der EnEV erforderlich.

Notwendige Zusatzangaben zu Lüftung, Solarnutzung, Wärmeerzeugung, Regenwassernutzung, Betriebskosten, Wirkungsgrad des Heizkessels und Zyklus sind vorbelegt oder einzugeben. Auch die Angaben wie Bruttorauminhalt, Anzahl der Bewohner, Gegend und Innentemperatur müssen eingetragen sein. Ziel war es, innerhalb von LEGEP® alle Medien erfassen zu können und in Auswertungen abzubilden.

Ein weiteres Modul der LEGEP®-Software ist das Modul Ökologie, das die Sach- und Wirkungsbilanzdaten für Bauprozesse, Bauprodukte sowie für Prozesse u. a. der Energiebereitstellung, des Transports und der Entsorgung enthält. Hierbei sind Produkte und Prozesse nicht selbst Bewertungsgegenstände, sondern Träger von Informationen, die sich erst in Kenntnis der konkreten Verwendung, Umgebung und Beanspruchung beurteilen lassen. Um insbesondere eine Fehlinterpretation von Daten im Rahmen reiner Materialvergleiche auszuschließen, werden bei der unmittelbaren Anwendung der LEGEP®-Software nur aggregierte und bewertete Daten auf Element- bzw. Leistungspositionsebene verwendet und offen gelegt. Nach Übernahme der Elemente in die Projektplanung ist dann die Ökologieberechnung für das Projekt möglich.

Grundlage für die LEGEP®-Datenbasis waren aktuelle Sachbilanzdaten, die im Rahmen von Forschungsvorhaben im Zeitraum 1990 – 1999 an der Bauhaus-Universität Weimar (BUW) und der Universität Karlsruhe (ifib) erhoben wurden. Als Quellen wurden i. d. R. Angaben von deutschen Verbänden und Unternehmen verwendet, die nur in Ausnahmefällen durch Werte aus der Literatur bzw. aus der mit öffentlichen Mitteln geförderten und zugänglichen GEMIS-Datenbank (Öko-Institut) bzw. der schweizerischen Ökoinventare-Datenbank (ETH-Zürich) ergänzt wurden. Bei Holz werden CO_2-Gutschriften berücksichtigt, obwohl diese Methode nicht unumstritten ist.

Die Sachbilanzdaten wurden unter Beachtung von SETAC-Regeln und ISO-Normen mit vergleichbaren Systemgrenzen erhoben und mit Methoden der Prozesskettenanalyse sowie durch Verknüpfung mit den Basisdaten der Ökoinventare der ETH Zürich (zur Anwendung gelangte der UCPTE-Strommix = mittlere europäische Verhältnisse) an der Uni Karlsruhe (ifib) zu kumulierten Sachbilanzen verarbeitet. Stoffeinsatz und resultierende Mengen an festen und flüssigen Abfällen werden auf der Ebene von Sachbilanzdaten zum Stoffstrom angegeben. Sie liefern die Grundlagen für eine Beurteilung der Ressourceninanspruchnahme und der entstehenden, nach Deponieklassen geordneten Abfallmengen. Die Sachbilanzdaten berücksichtigen nicht den energetischen Betrieb des Gebäudes.

Emissionen in Luft werden einer effektorientierten Bewertung (Wirkungsbilanz) unter Verwendung der inzwischen weit verbreiteten so genannten CML-Kriterien unterzogen. Dabei muss ausdrücklich auf den Umstand verwiesen werden, dass im Bereich der Bewertungsmethoden bisher keine allgemeingültigen Verfahren und Kriterien vorliegen und neben effektorientierten Verfahren auch Methoden existieren, die sich am Stoffstrom, an externen Kosten bzw. an deren Knappheit orientieren. Innerhalb der CML-Kriterien sind inzwischen die aggregierten Größen Primärenergieaufwand aus erneuerbaren Quellen, Primärenergieaufwand aus nichterneuerbaren Quellen, Treibhauspotenzial (CO_2-Äquivalent) und Versauerung (SO_2-Äquivalent) weitgehend anerkannt und konsensfähig.

Die Wirkungsbilanzen berücksichtigen auch die Ergebnisse des energetischen Betriebs des Gebäudes, aber nicht die Abbruchphase.

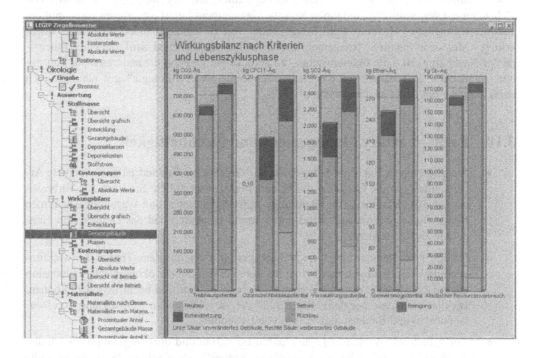

Bild 3-26 Wirkungsbilanz nach Kriterien und Lebenszyklusphase [51]

Eine nachhaltige Gebäudeplanung und ein Facility Management ist mit der Unterstützung entsprechender Daten und Software auch für Einzelanwender grundsätzlich möglich, da die Berechnungen automatisiert durchgeführt werden. Notwendig ist jedoch ein Grundwissen über die verschiedenen Bereiche, um Plausibilitätsprüfungen durchführen zu können. Die Planung mit Bauelementen ist für Kostenplaner neben der Kostenkennwertmethode eine bekannte Planungsvariante, welche entsprechend HOAI als besondere Leistung zu honorieren ist.

Wie im Bereich der Kostenplanung ist auch in anderen Betrachtungsbereichen nur eine begrenzte Anzahl von Einzelleistungen für gravierende Abweichungen verantwortlich. Durch die integrale Berechnung aller vier Untersuchungsbereiche - Herstellungskosten, Folgekosten, Energiebedarf und -kosten, Ökologie – kann ein Gebäude gezielt verbessert bzw. die Einhaltung der vorgegebenen Orientierungswerte nachgewiesen werden. Sämtliche Berechnungsergebnisse können in Gebäudepässen dokumentiert werden und stehen zur Auswertung in anderen Programmen und Dokumenten zur Verfügung.

Dennoch kann die bloße Machbarkeit nicht darüber hinwegtäuschen, dass die reale Umsetzbarkeit durch den Faktor Mensch beeinflusst wird. Facility Management kann lediglich die Basis für eine nachhaltige Entwicklung im Gebäudebestand liefern, die tatsächliche Umsetzung erfolgt durch den Nutzer, Betreiber, Investor usw. An dieser Schnittstelle ist das eigentliche Hauptproblem von Facility Management und nachhaltigem Bauen im Bestand zu sehen. So wie jeder Raucher die auf den Tabakwaren aufgebrachten Warnhinweise übersieht und sein Verhalten meist nicht ändert, ist auch zu befürchten, dass die Nutzer und Betreiber von Gebäuden die Warnhinweise, die ihnen Facility Management liefert, ignorieren und damit ein zukunftsverträgliches Handeln beim Management von Bestandsgebäuden nicht konsequent erfolgt. Oder wenn Facility Management ausschließlich dazu benutzt wird, die eine Dimension der Nachhaltigkeit – die ökonomische – zu berücksichtigen und die anderen nicht transparent zu machen. Der bekannte Leitspruch „Ökonomie treibt Ökologie" gilt nämlich auch beim Umgang mit dem Gebäudebestand.

3.10   Fazit – Facility Management und Nachhaltigkeit

- Ein angepasstes Facility Management für Objekte im Bestand ist das geeignete Arbeitsmittel, um die Elemente der Nachhaltigkeit zu erfüllen. Sie kann zur Verbesserung der Wirksamkeit von Sanierungs-, Instandhaltungs- und Wartungsmaßnahmen führen, Ressourcen ausreichend und sinnvoll bemessen und das Denken und Handeln in Zyklen steuern.

- Facility Management bietet die Möglichkeit, auf verschiedene Trends, Entwicklungen und Veränderungen flexibel zu reagieren und somit die ökonomische Dimension einer nachhaltigen zukunftsorientierten Entwicklung positiv beeinflussen zu können. Dies ist besonders vor dem Hintergrund der zu erwartenden Entwicklung von Baulandkosten und Bauleistungspreisen von Bedeutung.

- Der Erhalt von Wissen und Fähigkeiten beim Bau und der Umgang mit Gebäuden und Liegenschaften, aber auch Aspekte der qualifizierten Arbeitsplätze, der behaglichen Pflegestätten usw. sind soziokulturelle Gesichtspunkte der Nachhaltigkeit, die momentan noch schwer zu konkretisieren ist. Hier sind die Instrumente des Facility Managements gefragt, mit deren Hilfe nachhaltiges Bauen im Bestand bewertet werden könnte.

- Facility Management eröffnet die Möglichkeit, sämtliche Aspekte aufzugreifen, die in stärkerem Maße mit der Umweltentwicklung und damit auch mit den an ein Gebäude gestellten Anforderungen verknüpft werden müssen.

- Für Facility Management bei Gebäuden im Bestand kann es hilfreich sein, auf die Erfahrungen bei der Umsetzung kommunaler Nachhaltigkeitsprozesse wie der Lokalen Agenda 21 für die deutschen Städte und Gemeinden zurückzugreifen, wie beim Gebäudebestand vorhandene Strukturen, die sich im Sinne der Nachhaltigkeit weiter entwickeln möchten.

- Ein Unternehmen, das Facility Management bei Gebäuden im Bestand einführt, muss die Langfristigkeit beachten. Denn je später gehandelt wird, desto rigider werden die Maßnahmen sein müssen, wenn man zum Beispiel ökologische Umweltwirkungen bremsen will. Facility Management bietet die Möglichkeit, frühzeitig nachhaltig zukunftsverträglich einzugreifen.

- Grundlage eines nachhaltig zukunftsverträglichen Facility Managements ist vorab eine umfassende Bestandsaufnahme und Evaluierung der bestehenden Strukturen.

- Facility Management kann die geforderte Vernetzung (Retinität) am Bauwerk, am Gebäude im Bestand leisten, denn es ist das Instrument, mit dem die heutige Generation der am Bauen Beteiligten die soziale Verantwortung für die nächste Generation übernehmen kann.

- Die Einführung und Anwendung von Facility-Management-Maßnahmen bei Objekten im Bestand ist bereits ein großer Schritt zur nachhaltigen zukunftsfähigen Entwicklung.

- Facility Management kann einen erheblichen Beitrag zur nachhaltigen Bewirtschaftung von Objekten im Bestand leisten, weil es durch die Transparenz, die die einzelnen Instrumente schaffen, die Eingriffstiefe in das System „Gebäude" reduziert und die Auswirkungen von Maßnahmen sichtbar machen kann. Je mehr Risiken und Nebenwirkungen abgeschätzt werden können, umso größer ist die Chance für eine nachhaltige Entwicklung.

- Zusammen mit der Transparenz ist ein Bewusstmachen für die Notwendigkeit anstehender Veränderungen erforderlich. Auch in diesem Zusammenhang kann Facility Management einen wichtigen Beitrag zum nachhaltigen Bauinstandhalten und Bauinstandsetzen leisten. Die im Rahmen einer Bestandserfassung aufgenommenen Ist-Werte für ökologische und ökonomische Parameter können mittels marktüblicher Programme aufbereitet und dargestellt werden. Somit ist prinzipiell ein aktueller Vergleich mit den ermittelten kritischen Kennwerten möglich.

- Facility Management kann lediglich die Basis für eine nachhaltige Entwicklung im Gebäudebestand liefern, die tatsächliche Umsetzung erfolgt durch den Nutzer, Betreiber, Investor u. a.

4 Die Sanierungsplanung von Bestandsimmobilien

4.1 Bauordnungsrecht

Bei einer geplanten Umnutzung oder einer gegenüber der bisherigen erweiterten Nutzung eines Bestandsgebäudes ist sehr frühzeitig mit den genehmigenden Behörden abzustimmen, welche bauordnungsrechtlichen Belange dem gegenüberstehen, in welcher Hinsicht geänderte Rechtspositionen zu berücksichtigen sind bzw. welche Interpretation des Bestandsschutzes bauordnungsrechtlich akzeptiert wird. Gleichzeitig wird durch die folgend benannten Aspekte zum Bestandsschutz ersichtlich, dass der Begriff des Bauens im Bestand die Auffassungen zum Bestandsschutz erheblich erweitert. Generell gilt es jedoch, neben den bauordnungsrechtlichen Belangen die zivilrechtlichen Problemstellungen für das konkrete Vorhaben stets parallel zu würdigen [52].

4.2 Bestandsschutz

Eine Sanierung oder Umnutzung eines Bestandsgebäudes bringt durchaus erhebliche rechtliche Probleme mit sich. Der Bestandsschutz ist zunächst der Schutz einer Rechtsposition, die zu einem bestimmten Zeitpunkt rechtmäßig erworben wurde, gegenüber späteren Rechtsänderungen [53]. Bestandsschutz bedeutet somit, dass ein vorhandenes Gebäude, das nach früher gültigem Recht rechtmäßig errichtet wurde, aber dem heute gültigen Baurecht nicht mehr entspricht, erhalten und weiter genutzt werden darf. Der Grundrechtsschutz umfasst in diesem Zusammenhang den Schutz einer Bebauung, die nach aktueller Gesetzeslage scheinbar illegal ist. Nach Beschluss vom 24.07.2000 des Bundesverfassungsgerichtes (1 BvR 151/99) liegt ein durch Art. 14 Abs. 1 Grundgesetz bewirkter Bestandsschutz aber nur dann vor, wenn das Bauvorhaben zu irgendeinem Zeitpunkt genehmigt wurde oder jedenfalls genehmigungsfähig gewesen wäre.

Beim Bestandsschutz sind so zwei Faktoren grundlegend zu betrachten, die gleich gewichtig und nebeneinander stehen: Der Baukörper (Kubus) und die Funktion (Nutzung). Voraussetzung für den Bestandsschutz ist, dass überhaupt eine funktionsfähige bauliche Anlage vorhanden ist. Ein „Trümmerhaufen" oder eine Ruine genießen keinen Bestandsschutz; unbeschadet denkmalrechtlicher Belage. Der Bestandsschutz deckt auch nicht den Abriss eines Bauwerkes und die Errichtung eines Ersatzneubaus. Somit kann der Bestandsschutz nur dazu dienen, das Gebäude in seinem bisherigen Umfang zu erhalten. Eine Erweiterung oder Funktionsänderung fällt daher nicht vordergründig unter den Bestandsschutz und bedarf regelmäßig der Erteilung einer Baugenehmigung.

Man unterscheidet den passiven und den aktiven Bestandsschutz:

- Passiver Bestandsschutz: In der Vergangenheit legal begründete Nutzung von Grundstücken und Gebäuden bleibt schutzwürdig, auch wenn sich die Rechtslage derart ändern sollte, dass eine bestehende Nutzung nicht mehr genehmigungsfähig sein sollte.

- Aktiver Bestandsschutz: Werden Änderungen an Gebäuden im Zusammenhang mit Sanierung, Modernisierung oder denkmalpflegerischer Behandlung vorgenommen, so kann sich der Bauherr auf den so genannten aktiven Bestandsschutz berufen, wenn die Änderung und Erweiterung nur begrenzter und geringfügiger Art sind und zu keiner wesentlichen Veränderung des ursprünglichen Bestandes führen und/oder die Identität des wiederhergestellten oder verbesserten mit dem ursprünglichen Bauwerk gewahrt bleibt.

Weiterhin gilt der Bestandsschutz für den Bauzustand eines Gebäudes, mit dem es als Kulturdenkmal in die Denkmalschutzliste eingetragen wurde.

Neben den bereits genannten Begriffen existiert auch der Begriff des „erweiterten" Bestandsschutzes. Dieser wurde jedoch vom Bundesverwaltungsgericht wieder mit der Begründung aufgegeben [54], dass der Artikel 14 Abs. 1 des Grundgesetzes, aus dem der Bestandsschutz hergeleitet werde, ausschließlich ein verfassungsrechtlicher Prüfungsmaßstab sei, an dem das einfache Recht zu messen sei, nicht aber eine „eigenständige Anspruchsgrundlage, die sich als Mittel dafür nutzen lässt, die Inhalts- und Schrankenbestimmungen des Gesetzgebers fachgerichtlich anzureichern" [53]. Damit ist der Bestandsschutz als Instrument zur Durchsetzung erweiternder Nutzungsänderungen weggefallen und Erweiterungen sind jetzt nur noch dann zulässig, wenn dies die aktuelle Rechtslage z. B. in Form eines Bebauungsplanes hergibt.

4.2.1 Möglichkeiten

Die Nutzung bestehender Gebäude zu neuen Zwecken bedeutet einerseits eine Einsparung des Baumaterialverbrauchs und damit eine Schonung der weltweiten, nicht reproduzierbaren Rohstoffvorkommen, andererseits eine Vermeidung von Bauabfällen. Zur Verdeutlichung in dieser Hinsicht sei an dieser Stelle benannt, dass mehr als die Hälfte des gesamten Müllaufkommens der Bundesrepublik Deutschland aus dem Bauwesen stammen und für jede Tonne Bauabfälle derzeit ca. sieben Tonnen Baumassen in Form neuer Gebäude entstehen, die dann in nicht allzu langer Zukunft wieder entsorgt werden müssen [55]; ein „Domino-Effekt", den es durch bevorzugte Bestandsnutzung gegenüber einer Neuerrichtung abzubremsen gilt. Eine derartige Handlungsweise fördert die notwendige Entwicklung unserer momentanen Wegwerf- zur Reparaturgesellschaft, die unter besonderer Beachtung der ökologischen Sichtweise – natürlich in Wechselbeziehung zu den Energieverbräuchen während der Nutzungsphase eines jeweiligen Gebäudes – eine allgemeine und soziale Verpflichtung unserer Zeit widerspiegelt.

Neben der bereits benannten städtebaulichen Komponente und der Tatsache, dass Bestandsgebäude in der Lage sind, räumliche Geborgenheit mit der damit verbundenen Lebensqualität zu vermitteln, ist es beachtenswert, dass Unternehmen, die ein historisches Gebäude als Firmenniederlassung wählten, überwiegend von positiven Standort- und Gebäudeeinschätzungen ihrer Kunden berichten, wie u. a. eine „Studie zu gewerblich genutzten und gesetzlich geschützten Denkmalen in Hamburg" belegt. Historische Bausubstanz wird daher auch gerade für gewerbliche Nutzungen als sehr attraktiv eingeschätzt; ein überzeugend hoher Anteil von Mitarbeitern in Unternehmen, die sich in denkmalgeschützten Gebäuden niedergelassen haben, fühlt sich in derartigen Bestandsgebäuden außerordentlich wohl, nicht zuletzt in der Sommerperiode.

Bild 4-1 Nutzung eines Bestandsgebäudes durch die öffentliche Hand: Der Bestandsnutzung wurde vor einem „bequemeren" Neubau der Vorrang eingeräumt

Die zunehmende Bedeutung des regionalen Kulturtourismus birgt eine weitere, bisher zuweilen unterschätzte, Chance für die Nutzung von Bestandsgebäuden, das betrifft auch Zeugen der Produktionsgeschichte, die, bis hin zu einmaligen Kulturstätten ertüchtigt (wie z. B. die „Jahrhunderthalle" in Bochum) ein Ambiente für Begeisterung schafft. Da sich der Kulturtourismus gemäß [56] zudem als arbeitsintensiver Sektor mit Beschäftigungsmöglichkeiten, der Touristen mit hoher Kaufkraft in die jeweilige Region zieht, herausstellt, einen positiven Beitrag zur Imagebildung liefert und zur räumlichen Diversifizierung der Nachfrage und damit zur Vermeidung von Überlagerungserscheinungen führt, handelt es sich bei diesem Segment in Europa um einen stabilen Markt mit Wachstumsperspektiven.

Bild 4-2 Sanierter INTERSHOP-Tower – Identifikation mit der Region

4.2.2 Grenzen

Da i. d. R. jede vorgesehene Nutzungsänderung an den Grundprämissen eines zunächst gegebenen Bestandsschutzes rührt, liegt es auf der Hand, dass jede derartige Änderung eine umfangreiche Diskussion mit dem Bauherren und den am Genehmigungsprozess Beteiligten erfordert. Das Arbeiten mit Befreiungen und Ausnahmen ist geradezu unumgänglich und erfordert von allen Beteiligten ein „Hineindenken" in die jeweilige konkrete Situation und führt des Öfteren auch zu Einschränkungen.

Bei der Instandsetzung von Bestandsgebäuden sind neben den bauordnungsrechtlichen Vorgaben zugleich die Anforderungen der Nutzer, zivilrechtliche Anforderungen, anerkannte Regeln der Technik und oftmals auch denkmalpflegerische Aspekte gleichzeitig zu betrachten. Die Umsetzung der vielfältigen Anforderungen an historische Gebäude ist nach den anerkannten Regeln der Technik zu bewältigen.

Bild 4-3 Spannungsfeld von Bauordnungs- und Zivilrecht

Bild 4-4 Umnutzung eines ehemaligen Wehrmachtsgebäudes in ein Pflegeheim erforderte Einbau eines Fluchttreppenhauses (mittig)

4.3   Denkmalschutz

4.3.1   Gesetzliche Grundlagen

Nicht wenige Bestandsgebäude stehen unter Denkmalschutz; oftmals muss daher nach den Forderungen der Denkmalpflege die bauzeitliche oder die für die Entwicklung des Gebäudes in späterer Zeit hinzugefügte Substanz erhalten werden. Dieses Ziel liegt dabei grundsätzlich in der Bewahrung des vollständigen Gefüges. Aber auch eine überwiegend einer Denkmalensemblebeeinflussung geschuldeten Erhaltung einer Fassadengliederung oder die Bewahrung einer Ansichtsüberlieferung können das jeweilige Ziel sein, sind aber nicht vordergründiger Anlass der Denkmalpflege. In der Bundesrepublik Deutschland gehören die Bereiche Denkmalschutz und Denkmalpflege aufgrund der Kompetenzverteilung des Grundgesetzes zur Kulturhoheit eines jeden Bundeslandes. Entsprechende Denkmalschutzgesetze (DSchG) bilden die jeweilige gesetzliche Grundlage für Denkmalschutz und Denkmalpflege. Die oberen/obersten Denkmalschutzbehörden sind im Regelfall dem zuständigen Wirtschafts-, Wissenschafts- oder Kultusministerium eines Bundeslandes zugeordnet.

4.3.2   Länderregelungen

Die Landesdenkmalämter sind als Denkmalfachbehörden entweder einer oberen Denkmalschutzbehörde (z. B. Landesverwaltungsamt) oder der obersten Denkmalschutzbehörde nachgeordnet die zentralen Fachbehörden, die bei einem denkmalrechtlichen Verfahren zu hören sind. Die Entscheidung in denkmalrechtlichen Verfahren obliegt den unteren Denkmalschutzbehörden bei den Landrats- und Bürgermeisterämtern (im Einvernehmen mit den Denkmalfachbehörden) bzw. den Regierungspräsidien oder Landesverwaltungsämtern als oberen Denkmalschutzbehörden.

Bild 4-5 Ein unter Denkmalschutz stehendes Treppenhaus war gemäß der denkmalpflegerischen Zielstellung für das Gebäude in die Sanierung einzubeziehen

4.3.3   Denkmalpflegerische Konzepte

Bauen im Bestand unter gleichzeitiger Berücksichtigung des Denkmalschutzes lässt sich in der Praxis mit unterschiedlichen Vorgehensweisen realisieren. Meinungsverschiedenheiten zwischen Behörde und Eigentümer des Denkmals gibt es häufig über die Intensität des praktizierten Denkmalschutzes. Aus diesem Grund ist es stets wichtig, vorher das in Frage kommende Konzept festzulegen.

Im Umgang mit Bestandsbauten in besonderem Bezug zu den Anforderungen der Denkmalpflege werden nach [57] z. B. folgende Konzepte vorgeschlagen:

Konzept	Definition
Altern lassen	Die ursprünglichen Funktionen gehen langsam verloren, gleichzeitig verfällt das Erscheinungsbild. Material wird abgebaut und damit geht der bautechnische Zusammenhalt verloren.
Pflegen	Akzeptiert das Altern, versucht es aber zu verlangsamen: die Funktion wird ständig der nachlassenden Leistungsfähigkeit angepasst. Im Erscheinungsbild werden Alters- und Gebrauchsspuren hingenommen. Material wird in seinem geschädigten Zustand erhalten und geschützt. Bautechnische Schwachstellen werden akzeptiert oder kompensiert.
Renovieren	Wiederherstellung verloren gegangener, verdeckter oder auch nur unscheinbar gewordener Eigenschaften eines (Bau-)Werkes. Betrifft auch die Wiederherstellung ästhetischer (optischer) Eigenschaften. Teilaspekt der Instandhaltung
Instandhalten	Alle Maßnahmen, mit denen der Soll-Zustandes eines Objektes („zum bestimmungsgemäßen Gebrauch geeigneter Zustand") erhalten werden kann, z. B. Maler- und Lackierarbeiten an Fenstern, Anstricharbeiten an Fassaden usw.). Wird Instandhaltung organisatorisch, betrieblich und technologisch nicht adäquat behandelt und unterlassen, kommt es meist zu einem Instandhaltungsrückstau, der Instandsetzungen auslösen kann.
Konservieren	Rein materielle Sicherung von (Bau-)Werken der Vergangenheit in einem bestimmten Zustand ihrer Existenz. Erkennt den bisherigen historischen Prozess an, hat aber das Ziel, Altern und Verfall zumindest theoretisch zum Stillstand zu bringen. Durch den Schutz verändert sich die ursächliche Funktion des Bauwerks; in seinem Erscheinungsbild verliert es seine historisch gewachsene Umgebung. Das Material selbst lässt sich meist nicht bewahren, sondern bildet mit dem Konservierungsmittel zusammen einen neuen Verbundbaustoff.
Restaurieren	Wiederherstellung von durch natürliche Alterungsprozesse und Gebrauchsspuren geschädigter (Bau-)Werke, wobei die Wiederherstellung eines ursprünglichen oder auch späteren gewachsenen Zustandes beabsichtigt ist.

Reparieren	Behebung und Beseitigung von Alters- und Gebrauchsspuren, die durch Nutzung oder durch außergewöhnliche Ereignisse entstanden sind. Partielle Funktionsverluste werden ersetzt; das Erscheinungsbild wird komplettiert und aufgewertet. Das Material wird in seinen geschädigten und zerstörten Partien mit artgleichem Reparaturmaterial ausgebessert; die Reparaturtechnik fügt sich in den vorgegebenen Bestand ein. Im deutschen Sprachgebrauch begrifflich mit *Instandsetzung* gleichzusetzen.
Erneuern	Dem Bauwerk wächst in seinem historischen Werdegang eine neue Schicht zu, die im Gegensatz zur Reparatur die Bausubstanz fortschreibt. Die bestehende Leistungsfähigkeit wird erweitert; im Erscheinungsbild werden Fragmente abgelehnt und eine neue geschlossene Form angestrebt. Auch Materialschäden werden nicht mehr akzeptiert; bautechnische Schwachstellen werden durch ein neues Baugefüge ersetzt.
Modernisieren	Instandsetzung und Erneuerung ganzer (Bau-)Werke oder Gebäudeteile usw. durch geeignete bauliche Maßnahmen zur nachhaltigen Erhöhung des Gebrauchswertes eines Objektes.
Ersetzen	Rettung bauzeitlicher Substanz vor dem Totalverlust durch Austausch.
Rekonstruieren	Der Werdegang des Bauwerks wird nicht berücksichtigt und ein früherer, verlorener Zustand angestrebt. Bestehende Funktion wird zu Gunsten einer vergangenen Nutzung aufgegeben; ein früheres Erscheinungsbild wird wieder hergestellt. Der Einsatz von altem (bauzeitlichen) Material wird angestrebt und auf eine vergangene Bautechnik zurückgegriffen. Eine Rekonstruktion ist damit einem Neubau gleichzusetzen, der nach historischem Vorbild errichtet wird.

Tabelle 4-1 Konzepte der Denkmalpflege nach [57]

Der beim Bauen im Bestand immer wieder verwendete Begriff der Sanierung – abgeleitet vom lateinischen sanare = „gesund machen" – ist also nicht auf ein bestimmtes Konzept fokussiert.

Denkmalschutzkonzepte wie Restaurieren oder Konservieren können bei musealen Bauten oder denkmalpflegerischen Behandlungen öffentlicher Nutzungen zumeist eingehalten werden. Eine Wohnnutzung von Bestandsbauten bei zunehmendem Wohnstandard führt aber i. d. R. zu Widersprüchen zwischen den Forderungen der Denkmalpflege und der bauphysikalischen Notwendigkeiten für das (schutzbedürftige) Gebäude, die im Einzelfall nur durch eine so genannte Befreiung aufgelöst werden können. Abweichungen von den Vorschriften sind entweder möglich, wenn Gründe des allgemeinen Wohles es erfordern oder wenn die Einhaltung der Vorschrift zu einer offenbar nicht beabsichtigten Härte führen würde (LBO).

Nach DSchG ist es Aufgabe von Denkmalschutz und Denkmalpflege, die Kulturdenkmale zu schützen und zu pflegen, insbesondere den Zustand der Kulturdenkmale zu überwachen sowie auf die Abwendung von Gefährdungen hinzuwirken. Deshalb wurde im DSchG die Erhaltungspflicht der Eigentümer und Besitzer von Kulturdenkmälern vorgeschrieben. Erhalten

– nach DSchG „im Rahmen des Zumutbaren" – bedeutet die Summe aller Tätigkeiten wie Erforschen, Untersuchen, Planen, Ausführen, Nutzen und Pflegen. Das im Einzelfall gewählte Konzept darf nicht kontraproduktiv zum eigentlichen Schutz und Erhalt des Denkmals sein.

4.3.4 Problemstellungen

Da die zunehmenden Komfortansprüche hinsichtlich heutiger Nutzungen eine Anpassung des wärmetechnischen Standards bei vielen Bestandsgebäuden, die unter Denkmalschutz stehen, nach sich zieht, ist ein Konflikt zwischen aktuellen nutzungstechnischen oder bauphysikalischen Anforderungen und denkmalpflegerischen Zielen zunächst „vorprogrammiert". Auf Antrag können zwar für Baudenkmale oder besonders erhaltenswerte Bausubstanz Ausnahmen zu den Anforderungen, z. B. der Energieeinsparverordnung (EnEV) [58] von den zuständigen Behörden genehmigt werden; doch ein derartig einseitiger Dispensruf löst das Problem des Schutzes der Konstruktion und der Schaffung hygienischer Erfordernisse für eine zeitgemäße Nutzung nicht. Somit sollte auch bei vordergründigen Zielen des Denkmalschutzes wenigstens der Mindestwärmeschutz nach DIN 4108-2 [59] in vielen Bereichen – unter Begrenzung der durch die Regelgebung der WTA vorgegebenen Grenzwerte – weitgehend eingehalten werden.

Neben überhöhten Anforderungen durch aktuelle Vorschriften oder durch Nutzungsanforderungen an ein Bestandsgebäude kann auch falsch verstandener Denkmalschutz die Ursache für die Gefährdung historischer Gebäudesubstanz sein. Als Beispiel dient hier das vielfach in Orts- und Gestaltungssatzungen festgelegte Erhalten von Sichtfachwerk, das bei erhöhter Schlagregenbelastung zur dauerhaften Schädigung und damit zum Verlust des Denkmals führen kann.

Bild 4-6 Außenbekleidung eines historischen Fachwerkgebäudes, heute Pension und Gaststätte

4.4   Standortanalyse

Im Rahmen eines Facility Managements für Bestandsimmobilien ist eine Gesamtanalyse des Gebäudestandortes und seiner Rahmenbedingungen besonders unter dem Gesichtspunkt der Novellierung der Deutschen Baugesetzgebung von außerordentlicher Bedeutung. Die europäische Harmonisierung machte im Juli 2004 eine umfassende Anpassung der deutschen bau- und bauplanungsrechtlichen Gesetzgebung an die europäische erforderlich. Ob städtebauliche oder immissionsschutztechnische Belange, Prüfungen der Umweltverträglichkeit oder Untersuchungen zur Aufklärung zur Altlastensituation können den Bestandsschutz bei einhergehender Nutzungsausweitung, -erweiterung oder -änderung hinfällig werden lassen. Daher sind diese Vorgänge einer jeden weiteren Untersuchung vorzuziehen und müssen den Rahmen für folgende Planungsprozesse bilden.

4.4.1   Städtebau und Integrierte Stadtentwicklungskonzepte (ISEK)

Der Nachbarschaftsschutz hat sich durch die aktuelle Rechtssprechung in den letzten Jahren entscheidend verschärft. Das kann die Nutzung von Bestandsimmobilien erschweren und bis hin zum Verbot eines vormals selbstverständlichen Biergartens oder einer gewerblichen Nutzung führen. Gleichzeitig gilt es, eine Beeinträchtigung aller Nachbarn durch eine Nutzung der Bestandsimmobilie gerade hinsichtlich ihrer weiteren Entwicklung weitgehend auszuschließen bzw. derartigem vorzubeugen.

Dabei gilt es, städtebauliche Aspekte, die heutzutage unterstützt und begleitet werden von der Ausweisung innerstädtischer Sanierungsgebiete oder Integrierten Stadtentwicklungskonzepten (ISEK), zu betrachten. Diese entsprechen dem aktuellen Umstand nunmehr nicht nur das Wachstum, sondern auch die Schrumpfung von ganzen Städten steuern zu müssen. ISEK sind eine neue Generation von Plänen. Wesentliche Merkmale sind ein übergeordnetes Leitbild für eine Stadt oder ein Stadtgebiet, überschaubare Planungszeiträume, strategische Entwicklunskonzepte und handlungsorientierte Zielvorgaben. Sie verknüpfen auch verfügbare Förderprogramme mit dem Ziel, alle an der Entwicklung beteiligten gesellschaftlichen Gruppen und Ressourcen zu aktivieren. Übergeordnetes Ziel ist dabei die städtische Konsolidierung bei gleichzeitiger nachhaltiger Entwicklung zu erreichen.

Als informelles, selbstverpflichtendes kommunales Planwerk zwischen Flächennutzungsplan, Bauleitplanungen, Rahmenplänen und privaten Entwicklungsstrategien entfaltet ein ISEK ohne unmittelbare Rechtsbindung nach außen eine bindende Wirkung für die Verwaltung. Als Grundlage für gesteuerten Stadtumbau dient ein integriertes Stadtentwicklungskonzept als Fundament einer Entwicklung, die auch Umbau neben Wachstum als Chance akzeptiert. Kontinuierliches Monitoring und umsetzungsbegleitende Erfolgskontrolle überprüfen als fester Bestandteil des integrierten Entwicklungsprozesses die Handlungskonzepte und liefern die nötigen Informationen, damit diese den laufenden Entwicklungen angepasst werden können.

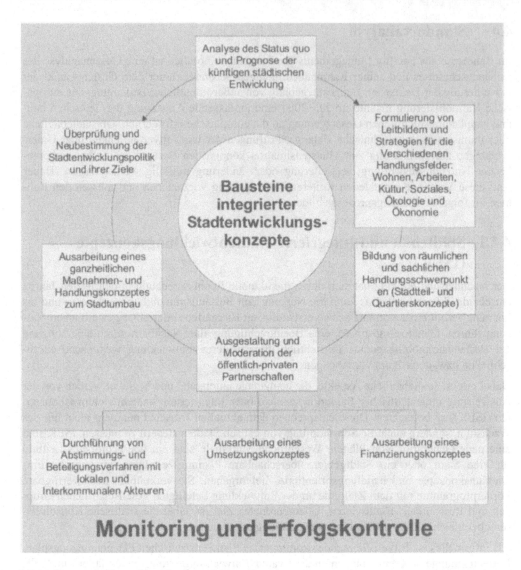

Bild 4-7 Bausteine Integrierter Stadtentwicklungskonzepte

4.4.2 Erschließung

Eine vollständige und ordnungsgemäße Erschließung mit den notwendigen Medien bildet die Voraussetzung für die Möglichkeit der ordnungsgemäßen Bestandsnutzung – auch wenn in früherer Zeit mit Sonderlösungen agiert werden konnte. In diesem Punkt greift insbesondere die mittlerweile fortgeschriebene Umweltgesetzgebung, so dass bereits geringfügige Änderungen bestehender Nutzungen oder Produktionsprozesse notwendige Veränderungen provozieren. Hinsichtlich dieser Aspekte bilden die §§ 33 und 34 BauGB den erforderlichen Rahmen. Bisherige Erschließungen, Ver- oder Entsorgungen können sich u. U. als nicht mehr ausreichend herausstellen und sind daher ebenfalls genauestens zu überprüfen. Moderne Produktionsprozesse erfordern meistens die Anpassung entsprechender Medienversorgungen. Weiterhin besteht mittlerweile in vielen Städten der Anschlusszwang an eine Fernwärmeversorgung. Diese wird durch die Energieeinsparverordnung (EnEV) präferiert, insbesondere hinsichtlich der Primärenergieversorgung von Gebäuden durch Fernwärme, erzeugt durch Kraft-Wärme-Kopplung. Dieser Aspekt ist insbesondere bei der energetischen Gesamtbetrachtung von Bestandsgebäuden zu würdigen. Die Gesamtenergieeffizienz eines Gebäudes kann erst nach Feststehen des entsprechenden Heizmediums abschließend betrachtet werden. Neben der medientechnischen Erschließung spielen auch die Prozesse der stadttechnischen Erschließung eine herausragende Rolle. So ist die stadttechnische Erschließung heutzutage ein wesentlicher Standortvor- oder -nachteil. Da sich Bestandsobjekte überwiegend im Zusammenhang bebauter Ortsteile befinden, sind somit auch diese Aspekte umfassend und mit Voraussicht über einen längeren Zeitraum gegeneinander abzuwägen. Ehemals günstige verkehrstechnische Erschließungen können sich später als kritisch oder gefährdet erweisen, da z. B. die Deutsche Bahn zunehmend viele derzeit noch bestehende Linien zukünftig aus wirtschaftlichen Gründen nicht mehr betreibt.

Bild 4-8 Einflussfaktoren der Infrastruktur

4.4.3 Infrastruktur

Neben Medien und stadttechnischen Erschließungsprozessen spielt die Gesamteinbettung einer Bestandsimmobilie in eine vorhandene Infrastruktur eine wesentliche Rolle. Hierin zeichnen sich viele Bestandsimmobilien besonders aus. Ein historisches Gebäude wird oftmals als geeignetes Arbeitsumfeld – und in den Arbeitsprozess integrierte Menschen verbringen nun einmal die meiste Zeit ihres Lebens „auf der Arbeit" – angesehen, ein Aspekt, der hinsichtlich einer Bestandsnutzung besonders hervorzuheben ist. Vielfältige Vernetzungen eines Bestandsgebäudes mit der Infrastruktur eines konkreten Standortes bis hin zu Einkaufs- und Freizeitmöglichkeiten können den Ausschlag für die weitere Nutzung eines derartigen Objektes und gegenüber einer Ansiedlung an der Peripherie einer Stadtstruktur den Vorzug geben. Insbesondere betrifft diese Auswahlqualität Büro- und Wohnstandorte.

4.5 Gebäudeanalyse

4.5.1 Ziel

Die Gebäudeanalyse umfasst sämtliche Maßnahmen, die an einem Gebäude zur Erfassung des Ist-Zustandes, zur Klärung der Ursachen vorhandener Bauschäden und der daraus abzuleitenden Planung der Sanierungsmaßnahmen erforderlich sind. Die Ergebnisse aus den Zustandsuntersuchungen liefern dabei die Grundlagen für die Aussagen zur Gebrauchstauglichkeit und zur Tragfähigkeit. Ziel ist es, die vorhandenen Bauschäden zu erfassen sowie den baulichen Zustand zu beschreiben und zu bewerten, um daraus die erforderlichen Maßnahmen zur Schadensbeseitigung abzuleiten. Ebenso ist die Analyse der vorhandenen Baustoffe und Konstruktionsmerkmale zu berücksichtigen.

Bei der Gebäudeanalyse hat sich folgender prinzipieller Ablauf bewährt:

- Feststellung, Erfassung und Beschreibung der vorhandenen Bauschäden und Materialien
- Ursachenermittlung; Kennwertebestimmung
- Bewertung des baulichen Ist-Zustandes
- Festlegung der Maßnahmen zur Schadensbehebung

Eine strenge Abgrenzung dieser einzelnen Arbeitsphasen ist meist kaum möglich, da vielfältige Beziehungen untereinander bestehen.

4.5.2 Phasen der Gebäudeanalyse

4.5.2.1 Orientierende Bauwerksbesichtigung

Bei einer Gebäudeanalyse wird zunächst eine orientierende Bauwerksbesichtigung durchgeführt, bei der man sich einen Überblick über den voraussichtlich erforderlichen Untersuchungsaufwand verschafft, aus dem dann die geschätzten Untersuchungskosten abgeleitet werden können.

4.5.2.2   Bestands- und Schadensaufnahme

Mit der ausführlichen Bauwerksbegehung beginnt die visuelle Bestands- und Schadensaufnahme am Gebäude. Dazu zählen u. a. die fotografische, zeichnerische und schriftliche Erfassung des Bestandes und der Schäden und einfache Untersuchungsmethoden. Die Ortsbesichtigung liefert somit wichtige allgemeine Gebäudedaten wie z. B. Konstruktionsart, Baujahr, Lage des Bauwerks und seine Abmessungen, Besonderheiten usw. Sinnvoll ist die Dokumentation der Ergebnisse mit Hilfe von Kartierungen (Verteilung der Schäden, Baustoffe usw.). In den meisten Fällen genügen skizzenhafte oder fotografische Erfassungen der Schadenszonen und typischer Schäden. Neben der visuellen Beurteilung sollten auch einfache Untersuchungen zur Anwendung kommen.

Für die Einführung eines Facility Management Systems im Zuge der Sanierungsmaßnahme ist es besonders wichtig, alle möglichen Informationen zur Vorgeschichte des Gebäudes aus Archiven, Bauunterlagen, altem Bildmaterial, Sekundärliteratur oder Nutzungsgeschichte zusammenzutragen. Diese so genannte Anamnese – die Kenntnis der Vorgeschichte eines Gebäudes – ist bei der Erklärung der Bedingungen seiner Errichtung, Art, Umfang und Zeitpunkt der Änderungen sowie damit verbundener Eingriffe in die Konstruktion sehr hilfreich.

Darüber hinaus kann es sinnvoll sein, bei den zuständigen Behörden Einsicht in die Bauakten zu nehmen. Frühere Gutachten, Baupläne usw. können mithelfen, neben dem Aufdecken des Originalbestandes und der zur Bauzeit eingesetzten Materialien sowohl den Zeitpunkt der baulichen Veränderungen als auch die verwendeten Baustoffe zu bestimmen. Auf diese Weise kann die Anamnese wichtige Hinweise auf Schwachstellen im Bauwerk und zu Schadensursachen geben. Weiterhin sollte man mit den Bauvorschriften aus der Erbauerzeit vertraut sein. Ein Vorteil ist es auch, wenn man Bewohner oder Nutzer des Gebäudes befragen kann.

Durch die Feststellung des Erscheinungsbildes muss die Zuordnung zur Schadensart ermöglicht werden. Wichtig ist, Schadensart, -ort und -umfang nach erfolgter Lokalisierung genau zu beschreiben und zu dokumentieren und eine Einteilung nach Primär- und Sekundärschaden (Folgeschaden) vorzunehmen.

4.5.2.3   Untersuchungsplanung

Mit Hilfe eines Untersuchungsplanes sollen auf der Basis der gesammelten Erkenntnisse der Bestands- und Schadensaufnahme sowie der Anamnese die notwendigen Untersuchungen zur Ermittlung der Bauschadenursachen festgelegt werden. Dabei sind möglichst substanzschonende Methoden auszuwählen, die Untersuchungsverfahren, ihr Umfang und die dafür zu erwartenden Kosten sowie Art, Ort und Umfang von Probeentnahmen sind festzulegen.

Die Eingriffsmöglichkeiten zur Probeentnahme müssen bei denkmalgeschützten Gebäuden möglichst mit der Denkmalschutzbehörde abgestimmt werden. Besonders bei jahreszeitlich oder klimatisch bedingten Untersuchungen sollte der zeitliche Ablauf definiert werden. Grundsätzlich sollen die geplanten Untersuchungen in repräsentativen Bereichen Aussagen zur Konstruktion, zu den vorhandenen Materialien, zum Zustand und zu Art und Umfang der Schäden liefern.

4.5.2.4   Untersuchungen

Grundsätzlich muss die Primärursache eines Schadens ermittelt werden. Dazu werden verschiedene Methoden und Verfahren angewandt. *Beobachtungen* beruhen auf einer einmaligen oder in bestimmten Intervallen wiederholten visuellen Feststellung über das Erscheinungsbild von Schäden (z. B. mikrobieller Befall). *Messungen* sind erforderlich, um Werte über mechanische, physikalische, chemische Einwirkungen usw. zu erfassen (z. B. Rissbreitenmessung). *Prüfungen* sind meist aufwendige Verfahren z. B. zur Ermittlung von Baustoffeigenschaften, Festigkeiten, Rohdichten usw. Zerstörungsfreie oder –arme Prüfverfahren sind bei vertretbaren Kosten und vergleichbarer Aussagekraft vorzuziehen. *Berechnungen* werden z. B. zur Beurteilung der Standsicherheit und der Tragfähigkeit, aber auch zur Bewertung bauphysikalischer Funktionen durchgeführt. Die meisten Berechnungsverfahren arbeiten mit stationären Randbedingungen (konstante Lasten, Klimabedingungen usw.); in der Praxis trifft man jedoch instationäre, d. h. schwankende oder variable Randbedingungen an. Daher werden *Simulationen* mit geeigneten Computerprogrammen auf der Basis vorhandener Kenndaten bzw. der gewonnen Prüf- und Messergebnisse eingesetzt. In besonderen Fällen (z. B. zur Untersuchung des Schall- oder Brandschutzes u. Ä.) können auch *experimentelle Verfahren* angewandt werden, mit denen das Baustoff- oder Bauteilverhalten für den konkreten Fall nachgestellt wird.

4.5.3   Arten von Gebäudeschädigungen

Meistens wird man über das Erscheinungsbild auf einen möglichen Gebäudeschaden aufmerksam. Die unterschiedlichen Erscheinungsbilder lassen sich zu Gruppen von Schadensarten zusammenfassen.

4.5.3.1   Veränderungen der Oberflächen

Oberflächenveränderungen sind z. B. Fäulnis, mikrobieller Befall durch Algen, Schimmelpilz usw., Fleckenbildung, Durchfeuchtungen, Ausblühungen usw. Eine Oberflächenveränderung führt nicht zwangsläufig zu einem Strukturzerfall oder zur Zerstörung des Bauteils, sondern besitzt meist eine sekundäre Wirkung, d. h. erhöht die Energieverluste infolge erhöhter Wärmeleitfähigkeit, bewirkt ein ungesundes Raumklima, verringert die Festigkeit von Baustoffen usw.

Bild 4-9 Beispiel – Veränderung einer Wandoberfläche durch Algenbefall

4.5.3.2 *Korrosion*

Unter Korrosion versteht man eine von der Oberfläche ausgehende Zerstörung von Werkstoffen durch (elektro-)chemische Reaktionen mit den umgebenden Medien. Sie greift alle Baumaterialien an, also nicht nur Stahl (Rostbildung), sondern auch Naturstein, Beton usw.

Bild 4-10 Beispiel – Korrosion durch Versalzung

4.5.3.3   Verschleiß/Abnutzung

Unter dieser Schadensart wird im weitesten Sinne der Abtrag der Oberfläche verstanden. Dabei unterscheidet man zwischen der natürlichen (witterungsbedingten) Abnutzung wie z. B. Sprengwirkungen bei Eisbildung, Versprödungen durch UV-Strahlung u. Ä. und der funktions- oder nutzungsbedingten Abnutzung, z. B. ausgetretene Stufen, unebene Böden, ausgeblichene Farben usw.

Bild 4-11 Beispiel – Witterungsbedingte Abnutzung durch Frosteinwirkung

4.5.3.4   Risse

Ein Riss in einem Bauteil entsteht durch die Wirkung innerer und äußere Kräfte, wenn die Zug-, Scher-, Torsionsfestigkeit usw. bzw. die Verformbarkeit überschritten wird und der Zusammenhalt des Baustoffes partiell verloren geht. Hinsichtlich der Häufigkeit der vorkommenden Schäden an Gebäuden haben Risse einen besonders hohen Anteil. Sie werden vielfach als störend empfunden, weil sie bereits für den Beginn eines Gebäude zerstörenden Schadens gehalten werden. Man unterscheidet Risse nach Ursachen in konstruktions-, untergrund- und materialbedingt, nach Spannungszuständen in Zug-, Biegezug-, Schub- und Scherrissen, nach Verformungen in Schwind-, Dehnungs-, Schrumpf- oder Setzungsrisse.

Bild 4-12 Beispiel – Schwindrisse in einem verputzten Bauteil

4.5.3.5   Verformungen

Ungeplante Verformungen in einer Konstruktion können in ihrer Erscheinung und Wirkung sehr unterschiedlich beurteilt werden. Sie werden dann als Bauschaden angesehen, wenn die Gebrauchstauglichkeit/Funktionstüchtigkeit/Standsicherheit reduziert oder nicht mehr gewährleistet ist. Beispiele für Verformungen sind Deckendurchbiegungen, Ausknickung von Stützen, Verdrehungen und Verschiebungen, Dehnung eines Bauteils durch Temperaturerhöhung, Volumenänderung von Baustoffen durch Feuchtigkeit usw.

Bild 4-13 Beispiel – Verformung durch Deckendurchbiegung

4.5.3.6   Bauteilschwächung

Unter dieser Schadensart sind ursächlich sehr verschiedene, aber in ihrer Wirkung der Schwächung, im Sinne einer Tragkraftreduzierung ähnliche Schäden einzuordnen. Eine Querschnittsminderung kann bereits beim Bauen, durch nachträgliche (meist nutzungsbedingte) Veränderungen oder durch Umwelteinflüsse (aggressive Medien, Insektenfraß usw.) entstehen. Sehr oft haben Risse, Verformungen, Abnutzung usw. ihren Ausgangspunkt an Orten einer Bauteilschwächung.

Bild 4-14 Beispiel – Querschnittsminderung einer Kalksteinstütze

4.5.3.7   Bauteilversagen

Ein vollständiges Versagen einer Baukonstruktion, d. h. der Bruch eines oder mehrerer Trag-teile oder ein Einsturz, sind zwar spektakuläre, aber zahlenmäßig nur sehr geringe auftretende Schadensfälle. Der Schaden dabei ist jedoch besonders groß. Oft lösen nicht nur statische, sondern einmalig auftretende Belastungen den Schaden auf.

Bild 4-15 Beispiel – Bauteilversagen durch Versagen der Gründung

4.5.4   Typische Schadenspunkte an Gebäuden

Ein Gebäude wird nach Konstruktionsbereichen gegliedert. Diese sind im Wesentlichen: Außenwände, Innenwände, Wandbekleidungen, Fenster und Türen, Dächer, Geschosstreppen, Fußböden, Sanitär- und Elektroinstallation und Heizung. Dementsprechend können auch die typischen Schadenspunkte an Gebäuden eingeteilt werden [60].

4.5.4.1   Außenwände

Typische Schadenspunkte:

- Risse in tragenden Teilen
- Undichte Fugen
- Korrodierte Stahlträger
- Große Wärmeverluste durch reduzierte Wanddicke und/oder gute Wärmeleitung
- Wärmebrücken
- Mangelhafte, defekte oder nicht vorhandene Abdichtungen
- Kondensatprobleme

4.5.4.2   Innenwände

Typische Schadenspunkte:

- Reduzierte Wanddicke
- Mangelhafter Schallschutz bei Wohnungstrennwänden
- Mangelhafter Brandschutz durch Verwendung von brennbaren Materialien
- Schadhafter Wandputz mit großflächigen Putzablösungen
- Risse durch Deckendurchbiegungen

4.5.4.3   Wandbekleidungen

Typische Schadenspunkte:

- Gerissener oder hohl liegender Wandputz bzw. Abplatzungen
- Beschädigte Stilelemente
- Ausgewaschene oder aussandende Fugen von Sichtmauerwerk
- Risse im Putz, Abplatzungen im Sockel
- Risse und Ablösungen bei WDVS
- Schad- oder fehlerhafte Abdeckungen von hervorstehenden Bauteilen

4.5.4.4   Fenster und Türen

Typische Schadenspunkte:

- Undichte, verzogene Fensterrahmen und Wandanschlüsse
- Schadhafte Beschläge, verfaulte Holzteile
- Schadhafte Fensterbankabdeckungen und Sonnenschutzeinrichtungen
- Undichte, verzogene Außentüren
- Kondensatprobleme
- Mangelhafte, defekte oder nicht vorhandene Abdichtungen

4.5.4.5   Dächer

Typische Schadenspunkte:

- Gelöste Holzverbindungen der tragenden Konstruktion
- Schädlings- und Pilzbefall
- Schadhafte Dachdeckungen
- Schäden an Dachaufbauten und am Hauptgesims
- Unzureichende Wärmedämmung

- Alterungen und Undichtigkeiten von Dichtungsbahnen und Dachanschlüssen

4.5.4.6   4.5.4.6 Geschossdecken

Typische Schadenspunkte:

- Durchgebogen (unterdimensionierte) Holzbalkendecken
- Am Auflager abgefaulte Balkenköpfe
- Befall durch holzzerstörende Pilze und/oder Insekten
- Schadhafter Deckenputz
- Ungenügender Wärme- und Schallschutz
- Wärmebrücken an auskramenden Bauteilen

4.5.4.7   4.5.4.7 Geschosstreppen

Typische Schadenspunkte:

- Durchgetretene und abgenutzte Holztreppenstufen
- Schadhafte Beläge auf Massivtreppenstufen
- Gerissene und abgelöste Platten- und Kunststeinbeläge auf Massivtreppen
- Schadhafte oder fehlende Teile an Treppengeländern

4.5.4.8   Fußböden

Typische Schadenspunkte:

- Abgenutzte Holzdielung mit großen Fugen
- Gerissene und abgelöste Fliesen- und Plattenbeläge
- Schadhafte Fußleisten
- Angefaulte Lagerhölzer für Dielen auf Massivfußböden
- Schadhafte oder durchfeuchtete Estriche
- Schadhafte bzw. abgenutzte Bodenbeläge

4.5.4.9   Sanitärinstallation

Typische Schadenspunkte:

- Verstopfte Wasser- und Abwasserleitungen
- Unterdimensionierte Abwassergrundleitungen
- Überholte Einrichtungsgegenstände in Bad, WC und Küche
- Fehlende oder unmoderne Warmwasserbereitung

4.5.4.10 Heizung

Typische Schadenspunkte:

- Einzelofenheizung

- Unterdimensionierte Hausanschlüsse und Kaminzüge

- Erneuerungsbedürftige Wärmeerzeuger und Heizflächen

- Fehlende Regeleinrichtungen

4.5.4.11 Elektroinstallation

Typische Schadenspunkte:

- Unbrauchbare Elektroinstallation (Dosen, Schalter, Brennstellen usw.)

- Unbrauchbare und veraltete Absicherungen, Verteilungen und Unterverteilungen

- Unterdimensionierter elektrischer Gebäudeanschluss

4.5.5 Ursachen für Gebäudeschäden

Um Gebäudeschäden nachhaltig zu beseitigen, ist eine Ursachenanalyse erforderlich. Die Ursachen für Gebäudeschäden lassen sich systematisch in folgende Ursachengruppen eintei-len:

- Mechanische Einwirkungen (statische und dynamische Überlastungen, nutzungsbedingter Verschleiß

- Bauphysikalische Einflüsse (Temperatur- und Feuchtigkeitsschwankungen, Tauwas-serbildung, Wasserdampfdiffusion, mangelhafte oder unzureichende Wärmedäm-mung, ungeeignete Dämmmaterialien)

- Chemische Einwirkungen (Einflüsse aus der Atmosphäre, aggressive Medien in fes-ter oder flüssiger Form)

- Einwirkung von Feuchtigkeit (Niederschläge, Entwässerung, Sickerwasser, aufstei-gende Feuchtigkeit, Druckwasser, Eisbildung, fehlende Abdichtungen)

- Baustoffspezifische Ursachen (Schwindvorgänge, Gefügefehler, Volumenänderun-gen, zeitabhängige Veränderung von Materialeigenschaften/Alterung, Baustoffmän-gel)

- Einflüsse aus dem Baugrund (Bewegungen durch natürliche oder künstliche Einwir-kungen, Bodeneigenschaften, Bodenpressung)

- Unvorhergesehene Ereignisse (Feuer, Explosionen, Naturereignisse wie Erdbeben, Hochwasser, Stürme)

4.5.6 Bestandsaufnahme

Die Bestandsaufnahme ist erforderlich, um falsche Raumprogramme und Fehlplanungen zu verhindern, konstruktive und bauphysikalische Fehler auszuschalten und Kostensicherheit für die Sanierungs- und die anschließend einzuführende Facility Management Maßnahme zu gewinnen. Gleichzeitig kann man sich mit den konstruktiven, materialtechnischen, statischen und gestalterischen Gegebenheiten des Gebäudes vertraut machen. Denn ohne diese Vertrautheit in Verbindung mit der Kenntnis der Schäden und deren Ursachen, ist es kaum möglich, Sanierung und Facility Management im Sinne einer nachhaltigen Entwicklung miteinander zu kombinieren.

Je genauer eine Bestandsaufnahme ausgeführt wird, umso geringer ist das finanzielle Risiko. Eine detaillierte Bestandsaufnahme setzt sich aus folgenden Schritten zusammen.

4.5.6.1 Baubeschreibung

Bevor ein Bauherr oder Investor vertragliche Verpflichtungen eingeht, will er wissen, welche Kosten für die Baumaßnahme auf ihn zukommen. Als Grundlage für die Beurteilung der Gesamtmaßnahme und des zu erwartenden technischen und finanziellen Aufwandes dient eine allgemeine Baubeschreibung, die folgende Punkte beinhalten sollte:

- Angaben zum Bestand (Größe des Baugrundstückes, Grund- und Geschossflächenzahl (GRZ und GFZ), Baumassenzahl, vorhandene Freiflächen, sonstige Einrichtungen auf dem Grundstück und ihre Zustand, alle Außenanlagen und ihr Zustand, vorhandene Be- und Entsorgungsleitungen usw.)

- Kommunale, gesetzliche und gestalterische Forderungen (Art und Maß baulicher Nutzung, vorgegebene GRZ und GFZ, vorgegebene Fluchtlinien und Gestaltungssatzung, erforderliche Gemeinschaftsanlagen, sonstige Anlagen usw.)

- Ermittlung baugeschichtlicher Daten (Baualter, Baustil, Bauabschnitte, Denkmalschutz, Angaben über die Erhaltungswürdigkeit des Bauwerks usw.)

- Baulicher Zustand (Überschlägige Ermittlung der vorhandenen Wohn-, Nutz- und Gewerbefläche, Gebäudenutzung nach Nutzungseinheiten und Geschossen, Anzahl der Mieter/Nutzer/Beschäftigten usw., Angaben zu Art der Betriebe, Nutzungsarten usw., allgemeine bautechnische Beschreibung der einzelnen Räume sowie Bauteile usw.)

- Kostengrobschätzung

4.5.6.2 Detaillierte Bestandsaufnahme

Die detaillierte Bestandsaufnahme erfolgt am besten über ein Bestandsraum- oder Bestandsbaubuch. In ihm müssen alle Bauteile angegeben und ihre Mängel aufgezeigt werden. Für diese Aufgabe sind besonders Checklisten gut geeignet; ein in der Praxis geeignetes Formblatt ist in Kapitel 7 (Arbeitsblätter) abgedruckt. Befund und Schäden brauchen nur angekreuzt zu werden.

4.5.6.3 Bauaufmaß

Da erst bei Bauwerken etwa um die Jahrhundertwende 19./20. Jhd. Bauakten vorliegen und diese oft auch durch Kriegseinwirkungen verloren gegangen sind, ist für viele Gebäude ein Aufmaß erforderlich. Ein präzises Aufmaß ist die Grundlage aller Bestandspläne, also Werkpläne, die bewusst alle technischen Daten beinhalten müssen, die man benötigt, um die Planung für eine Gebäudesanierung durchzuführen.

Grundsätzlich muss das Bauaufmaß den Baubestand so wiedergeben, wie er auf der Baustelle bzw. am Objekt vorgefunden wird. In keinem Fall darf er „idealisiert" werden. Jede bauliche Abweichung muss eingemessen und aufgezeichnet werden.

Für ein Bauaufmaß gibt es kein „Rezept" für das richtige Vorgehen und auch kein Verfahren, das Fehler von vorne herein ausschließt. Ein vollständiges Bauaufmaß wird i. d. R. alle Grundrisse, mindestens einen Längs- und Querschnitt sowie die Ansichten umfassen.

4.5.6.4 Untersuchungen vor Ort

Typische Untersuchungen am Bauwerk vor Ort sind Sondierungsbohrungen und Endoskopie zur Erfassung des Gefüges und der Abmessungen, IR-Thermografie zur Bestimmung der Wandaufbauten, Erfassung von charakteristischen Risskennwerten wie Rissverlauf, Rissbreiten und -tiefen, Beobachtung von Bauteilbewegungen, Tragfähigkeit vorhandener Altputze, qualitative Feuchtemessungen, Klimamessungen und Untersuchungen zu Baugrund und hydrogeologischen Verhältnissen.

4.5.6.5 Sondierungsbohrungen und Endoskopie

Sondierungsbohrungen werden mit einfachem Bohrgerät unter Verwendung von Spiral- oder Kernbohrern durchgeführt. Diese zerstörende Standardmethode dient zum Erkennen des Wand- und Schichtenaufbaus und zur Ermittlung schadhafter und schadfreier, d. h. tragfähiger Holzbauteile bei Befall mit holzzerstörenden Pilzen.

Endoskope und Videoskope erlauben eine visuelle Inspektion von vorhandenen und zu schaffenden Hohlräumen. Darüber hinaus werden die Geräte zur visuellen Zustandserfassung des untersuchten Bauteils eingesetzt. Der Sondiervorgang kann mit einem Videorekorder aufgezeichnet werden. Einsatzgebiete sind u. a. Erkundung von Bauwerksfugen, Ermittlung des Schalenaufbaus von Bauwerkskonstruktionen (nach erfolgter Sondierungsbohrung), Hohlraumerkundung unterspülter Fundamente und Qualitätskontrolle nach Verpress- oder Konsolidierungsmaßnahmen (nach erfolgter Sondierungsbohrung).

Infrarot-Wärmebildaufnahmen (IR-Thermografie)

Die Untersuchungsergebnisse mittels IR-Wärmebildkameras geben Auskunft über die prinzipielle Funktionsfähigkeit von Außenwandkonstruktionen. Es ist somit auch möglich, den Wandaufbau in der Fläche den Anforderungen des Mindestwärmeschutzes bzw. den vereinbarten Anforderungen gegenüberzustellen. Weiterhin können sehr detailliert Problemstellen wie Wärmebrücken, Undichtheiten, feuchte Stellen usw. aufgespürt werden. Auf Grundlage dieser Untersuchungsergebnisse können dann exakte bauphysikalische Beurteilungen von Bestandsaußenwänden durch geeignete Berechnungsmethoden vorgenommen werden.

Mit Infrarotmesssystemen wird die Wärmestrahlung von Objekten berührungslos erfasst. Es kann die Temperaturverteilung der betrachteten Fläche angegeben werden. Entsprechend werden in den Wärmebildaufnahmen die Temperaturverhältnisse mittels Farbfeldern aufgezeigt. Jedem Farbwert wird eine spezifische Temperatur zugeordnet, wie sie am Bildrand einer jeden IR-Wärmbildaufnahme aus der Temperaturskala abgelesen werden kann. Voraussetzung für die Gültigkeit des Temperaturwertes ist die Kenntnis der Strahlungseigenschaften in den betrachteten Bildpunkten.

Die Untersuchung der Außenfassaden mit einer IR-Wärmebildkamera erfolgen meist in den späten Abend- oder frühen Morgenstunden oder nachts. Zu diesem Zeitpunkt kann die im Mauerwerk gespeicherte Wärme z. T. in die klare Nacht abstrahlen und die Temperaturunterschiede können besser dargestellt werden. Im folgenden Beispiel sind Normalbild und IR-Wärmebild gegenüber gestellt. Bei der Betrachtung der Aufnahmen von Außenfassaden bedeuten zunehmend rote Flächen Bereiche mit erhöhter Temperatur, d. h. mit erhöhter Wärmeleitung. Hier handelt es sich dann um Wärmebrücken (= Wärmeverluste). Blaue Flächen kennzeichnen Bereiche mit niedriger Oberflächentemperatur.

Hohlstellen und Risse

Wandflächen im Innen- und Außenbereich werden dabei mit einem speziellen Drahtbügel oder einem „Klangstab" überprüft und vorsichtig abgeklopft; aus dem Klangunterschied hell/dunkel erkennt man eindeutig die Lage und Größe von Hohlstellen. Für die Bewertung von Rissen sind besonders folgende Informationen wichtig:

- Verteilung und Verlauf der Risse
- Rissbreite
- Risstiefe
- Rissversatz parallel und senkrecht zur Bauteiloberfläche
- Rissalter
- Zukünftige zu erwartende Bewegungen an den Rissflanken

Um diese Informationen zu ermitteln und zu dokumentieren, lassen sich meist einfache Verfahren anwenden. Die Verteilung und der Verlauf von Rissen können z. B. in Ansichtsplänen eingetragen und festgehalten werden; dies gilt auch für die Dokumentation von Hohlstellen. In Ermangelung von Ansichtszeichnungen, Plänen usw. kann die betreffende Fassade auch mit einer Sofortbildkamera abfotografiert werden. Vorteilhaft bei der sofortigen Dokumentation ist, dass man auf einen Blick die Zusammenhänge erkennen und Rissursachen ableiten kann.

Die Rissbreite lässt sich vor Ort mit einer geeigneten Messlupe untersuchen. Die Bestimmung der Rissbreite erfolgt am besten mit einem Rissbreiten-Vergleichsmaßstab. Zur Kennzeichnung feinster Risse auf der Fotografie hat sich ein Hinweispfeil bewährt.

Zur Überprüfung der Risstiefe können die Putzschichten vorsichtig Schritt für Schritt freigelegt werden. Eine bewährte Methode ist die Entnahme von Putzproben mittels Trennscheibe bzw. Kernbohrgerät und anschließende Überprüfung der Bauteilrückseite.

Bild 4-16 Beispiel der Kartierung von Hohlstellen

Das Rissalter kann durch Vergleich des Zustandes der Rissflanken mit einer frischen Bruch-fläche abgeschätzt werden. In vielen Fällen ist aus dem schadenverursachenden Vorgang und der Standzeit des Gebäudes bzw. dem Rissalter die noch zu erwartende Rissflankenbewegung überschlägig ableitbar.

Bauteilbewegungen

Bauteilbewegungen, d. h. die zeitliche Veränderung vorhandener Rissweiten, können mittels Gipsmarken oder mit speziellen Rissmonitoren (zwei übereinander liegende durchsichtige Vergleichsmaßstäbe) überwacht werden. Gipsmarken können an Ort und Stelle angesetzt werden; auch eine Vorfertigung ist möglich. Das Ansetzen erfolgt dann mit Sekunden- oder Zweikomponentenkleber.

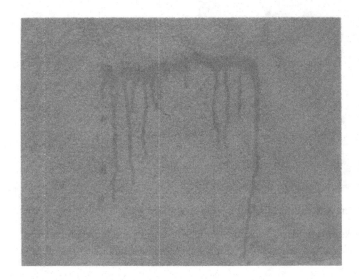

Bild 4-17 Überprüfung der Bauteilbewegung mit Gipsmarke

Wichtig bei Gipsmarken ist eine möglichst große Haftfläche, um eine hohe Aussagegenauig-keit zu erzielen. Mit Gipsmarken sind Verminderungen der Rissweiten und Rissversätze senk-recht zur Bauteiloberfläche nicht messbar. Gipsmarken müssen unbedingt beim Ansetzen mit dem Datum versehen werden; Strichmarkierungen quer zum Riss erleichtern das Ablesen. Unabdingbar für eine möglichst hohe Aussagegenauigkeit zur zeitlichen Veränderung der Rissweite ist die kontinuierliche Messung und Überwachung. Durch hohe Schlagregenbelas-tung, insbesondere auf der Wetterseite, kann es zur Beeinträchtigung der Gipsmarken kom-men. Daher sind entsprechende Schutzmaßnahmen zu treffen.

Kapillare Wasseraufnahme

Nach dem Entfernen einer eventuell vorhandenen Beschichtung wird das *Saugverhalten,* d. h. die kapillare Wasseraufnahme der vorhandenen Baustoffe überprüft, indem mit der Spritzfla-sche einige Tropfen Wasser auf die Oberfläche des Altputzes gespritzt werden. Bei sehr saug-fähigen Oberflächen dringt das Wasser schnell ein, bei weniger saugfähigen Putzen langsa-mer. Bei hydrophobierten oder nur gering saugfähigen Oberflächen laufen Wassertropfen ab. Gegebenenfalls kann die Saugfähigkeit auch mit Hilfe von Wassereindring-Prüfröhrchen (nach Karsten) bestimmt werden.

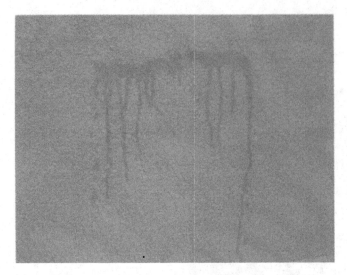

Bild 4-18 Überprüfung der kapillaren Wasseraufnahme mit Benetzungsprobe

Mit entsprechender Erfahrung kann aus der Eindringzeit für die vorgegebene Wassermenge ein Äquivalentwert für den Wasseraufnahmekoeffizient des Oberflächenbaustoffes abgeschätzt werden.

Tragfähigkeit vorhandener Altputze

Bild 4-19 Abreißtest an Bestandsputz „negativ"

Um z. B. die Möglichkeit des Auftragens eines neuen Ober- oder Wärmedämmputzsystems auf einem vorhandenen Innen- oder Außenputz ermitteln zu können, ist dessen ausreichende Tragfähigkeit von Bedeutung. Daher sind an charakteristischen Stellen so genannte Abreißversuche durchzuführen, bei denen ein Armierungsgewebe mit einem sichtbar freien Ende in einen handelsüblichen Klebe- und Armierungsputz (Dicke ca. 3-5 mm) auf den Altputz aufgetragen wird. Einige Tage später ist das Gewebe an dem freien Ende ruckartig abzureißen. Wird beim Abreißen auch Altputz mit entfernt, ist keine ausreichende Tragfähigkeit gegeben; reißt das Armierungsgewebe ohne Materialreste durch die Armierungsputzschicht, ist der vorhandene Altputz i. d. R. tragfähig. Weiterhin kann sich herausstellen, dass unter Umständen die Haftung auf der vorhandenen Altputzoberfläche, insbesondere auf Anstrich, ungenügend sein kann.

Feuchtigkeitsbeurteilung

Ein halbdirektes Verfahren ist die Calciumcarbid-Methode (CM-Bestimmung). Dabei wird in einem verschließbaren Stahlzylinder mit aufgeschraubtem Manometer eine bestimmte Menge feuchter Baustoffprobe mit pulverisiertem Calciumcarbid durch Schütteln in Verbindung gebracht. Die Feuchtigkeit im Baustoff reagiert mit dem Calciumcarbid zu Acetylengas, wobei sich ein Druck entwickelt, der proportional zum Feuchtigkeitsgehalt ist und am Manometer abgelesen werden kann. Besonders im Estrichlegerhandwerk wird dieses Messverfahren angewandt.

Elektrische Messgeräte (Widerstands- bzw. Kapazitätsmessgeräte) wurden ursprünglich zur Messung von Holzfeuchtigkeit entwickelt und liefern dabei relativ genaue Messwerte. Bei mineralischen Baustoffen erlauben sie meist nur einen Rückschluss auf Feuchtigkeit bzw. auf die Feuchtigkeitsverteilung im Baustoff. Um eine quantitative Aussage zu machen, müsste für jeden Baustoff eine eigene Kalibrierung erfolgen, da das Messverfahren von der Rohdichte des Baustoffes, den Bindemitteln und Zuschlägen abhängt und vorhandene Salze die Leitfähigkeit stark beeinflussen können.

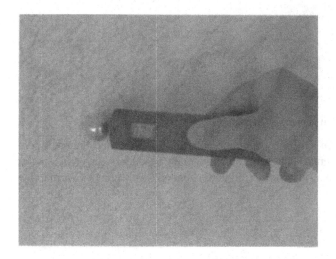

Bild 4-20 Beurteilung der Feuchtigkeitsverhältnisse in einer Fassade mit einem elektrischen Messgerät

Raumklima

Zur Kontrolle des Raumklimas sind Messgeräte ideal, die gleichzeitig die relative Luftfeuchtigkeit und die Raumtemperatur anzeigen. Für Stichprobenmessungen werden von verschiedenen Herstellern preisgünstige, robuste und einfach zu bedienende Hand-Messgeräte angeboten. Eine kontinuierliche Überwachung des Raumklimas ist mit mechanischen Thermohygrografen möglich; diese relativ großen Messgeräte konnten sich jedoch nicht überall durchsetzen. Eleganter ist die professionelle Messdatenspeicherung mit so genannten Messdatenloggern. Diese elektronischen Mini-Thermohygrografen zeichnen mit internen Sensoren Raumtemperatur, relative Luftfeuchtigkeit, Tautemperatur und absoluten Wassergehalt der Luft sicher und unauffällig auf. Die Messdaten werden nach Beendigung der Messung von einem PC eingelesen und ausgewertet. Auf diese Weise lässt sich über einen längeren Zeitraum das Raumklima in einem Gebäude überwachen und daraus ggf. Rückschlüsse auf mögliche Ursachen für erhöhte Baustofffeuchten ziehen.

Bild 4-21 Kontrolle des Raumklimas mit geeigneten Sensoren

Zur berührungslosen Messung von Oberflächentemperaturen, z. B. auf der raumseitigen Oberfläche von Außenwänden, eignen sich Infrarot-Messgeräte besonders gut. Mit einem einfachen und preiswerten Universal-Infrarotthermometer können sehr schnell Wärmebrücken lokalisiert werden.

Baugrund- und hydrogeologische Verhältnisse

Mit Hilfe geeigneter Grabgeräte werden Öffnungen im Baugrund erstellt, um den Baugrund sowie die Art und Dimensionierung des Gründungsmauerwerks und ggf. vorhandene Abdichtungen im erdberührten Bereich erkennen zu können. In Einzelfällen kann auch eine Laboruntersuchung von Baugrund, Abdichtung usw. erforderlich werden. In allen Fällen muss eine Schachtgenehmigung eingeholt und die DIN 18300 beachtet werden. Durch Sondierung, Pegel- oder Bodenradarmessungen können Aussagen zu Grund- und Schichtenwasser sowie zu einzelnen Schichten des Baugrunds oder Störungen gewonnen werden.

Probeentnahmen

Die Probeentnahme dient zur Gewinnung von Material aus der Konstruktion bzw. aus den Bauteilen für weitere Untersuchungen im Labor. Menge und Art der Proben hängen von dem Untersuchungsziel und den vorgesehenen Untersuchungsmethoden ab. Die Anzahl der Proben muss die verschiedenen Schadensformen, Baustoffe und Bauteile berücksichtigen. Die Proben müssen eine ausreichende Größe besitzen, denn bei geringer Probenanzahl und kleinen Proben wird ggf. die Inhomogenität der Konstruktion nicht ausreichend erfasst. Kennwerte aus zu kleinen Proben bzw. zu kleinen Probemengen weichen oft wesentlich von repräsentativen Kenndaten ab.

Typische Probengrößen sind Bohrkerne $\varnothing$ 10 cm, Länge $\geq$ 12 cm zur Ermittlung von Festigkeitskennwerten, Bohrkerne $\varnothing$ > 3 cm (meist 5-6 cm), Länge $\geq$ 5 cm zur Beurteilung des Gefüges sowie zur Bestimmung des Feuchtigkeits- und Salzgehaltes (hier auch Bohrmehl mit 50-100 g pro Probe). Auch das Abschlagen oder Herausschneiden von Probestücken von Hand rechnet man zu den Standardverfahren. Art und Zeitpunkt der Probeentnahme sowie die dabei herrschenden klimatischen Bedingungen müssen dokumentiert werden. Die Probeentnahmestellen sind hinsichtlich ihrer Lage, Richtung und der Entnahmekoordinaten zu dokumentieren (Höhen- und Tiefenprofile).

Durch Verpackung, Transport und Lagerung der Proben dürfen sich die Stoffkennwerte, wie sie sich in der Fachwerkkonstruktion eingestellt hatten, nicht verändern (z. B. die Materialfeuchte).

4.5.6.6   Laboruntersuchungen

Im Vordergrund bei Untersuchungen im Labor stehen im Regelfall die Ermittlung der Rohdichten vorhandener Wandbaustoffe, Analyse des Feuchteverhaltens und werkstoffzerstörender Salze, Untersuchung der Eigenschaften vorhandener, oft bauzeitlicher Baustoffe (Zusammensetzung, Festigkeit, Schadstoffe usw.) und Bestimmung der Art des Befalls mit holzzerstörenden Pilzen oder Insekten.

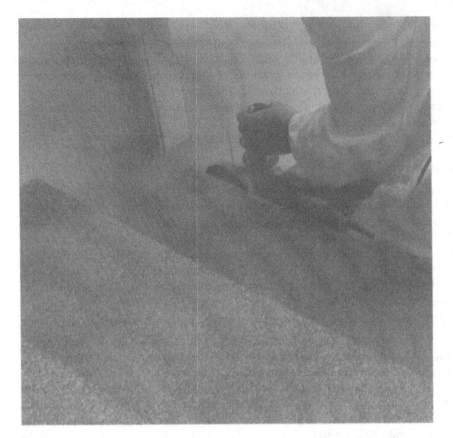

Bild 4-22 Beispiel einer Probeentnahme an einer Außentreppe durch Herausschneiden

Analyse des Feuchteverhaltens

Nach Entnahme der Probestücke (hierbei lässt sich jede einzelne Baustoffschicht ziemlich genau voneinander trennen) wird zunächst das Ausgangsgewicht und nach Trocknung bei +105 °C bis auf Gewichtskonstanz das Trockengewicht bestimmt (gravimetrische Bestimmung oder Darr-Methode). Der Gewichtsverlust bezogen auf das Trockengewicht wird in [M.-%] als vorhandene gesamte Materialfeuchtigkeit angegeben.

Der Arbeitsaufwand ist zwar relativ groß, aber der Vorteil dieses Verfahrens liegt darin, dass man mit den nunmehr getrockneten Proben das Feuchteverhalten der vorhandenen Baustoffe weiter untersuchen, d. h. z. B. die Messung der Sorptionsfeuchtigkeit bei einer bestimmten relativen Luftfeuchtigkeit, z. B. 20 °C und 90 % r. FG (Sorptionsisotherme) und die Bestimmung der Sättigungsfeuchte (maximale Wasseraufnahme bei Wasserlagerung) durchführen kann. Außerdem ist es nicht nur möglich die Verteilung der vorhandenen Materialfeuchtigkeit in der Fläche zu bestimmen, sondern mittels Höhen- oder Tiefenprofilen zu untersuchen, ob und wo Durchfeuchtungen vorhanden sind. Aus dem Verlauf der Messwerte lässt sich in vielen Fällen der Feuchteeintrag in die Fachwerkkonstruktion eingrenzen.

Laboruntersuchung　　　　　　　　Durchfeuchtungsgrad

Objekt:　　　　　　　　BV P., H.
Datum Probenahme:　　08.07.04　　　　　durch Auftraggeber
Auftraggeber:　　　　　Fa. Mustermann
Probeentnahme:　　　　EG Lagerraum, KG Gewölbekeller
Probenbezeichnung:

Probeachse 1	EG	Außenwand	Lagerraum	ca. 20 cm über GOK/Fußboden
Probeachse 2	EG	Außenwand	Lagerraum	ca. 70 cm über GOK/Fußboden
Probeachse 3	EG	Außenwand	Lagerraum	ca. 145 cm über GOK/Fußboden
Probeachse 4	EG	Innenwand	Lagerraum	ca. 20 cm über GOK/Fußboden
Probeachse 5	EG	Innenwand	Lagerraum	ca. 75 cm über GOK/Fußboden
Probeachse 6	EG	Innenwand	Lagerraum	ca. 150 cm über GOK/Fußboden
Probeachse 7	KG	Außenwand	Gewölbekeller	ca. 20 cm über GOK/Fußboden
Probeachse 8	KG	Außenwand	Gewölbekeller	ca. 60 cm über GOK/Fußboden
Probeachse 9	KG	Außenwand	Gewölbekeller	ca. 145 cm über GOK/Fußboden

Probe Nr.	Beschreibung	Durchfeuchtungsgrad (%)			u_{prakt} (M.-%)	u_{S90} (M.-%)	u_r (M.-%)	u_A (M.-)
		DF_{prakt}	DF_{S90}	DF_r				
1.0	Putz	46	35	100	8,7	6,7	16,8	0,5-1,0
1.1	Stein außen	72	33	100	2,3	1,1	3,2	0,3-0,8
1.1	Stein innen	57	24	100	2,0	0,8	3,5	0,3-0,8
2.0	Putz				1,9	6,4		0,5-1,0
2.1	Stein	43	96	100	1,1	2,6	2,7	0,3-0,8
2.2	Stein	27	47	100	1,5	2,7	5,6	0,3-0,8
3.0	Stein	73	140	100	1,5	2,9	2,1	0,3-0,8
4.0	Stein	159	30	100	3,9	0,7	2,5	0,3-0,8
5.0	Stein	62	77	100	1,9	2,4	3,0	0,3-0,8
5.1	Stein+Mörtel	127	125	100	3,3	3,2	2,6	
5.1	Mörtel		39	100		6,8	17,4	1,5-2,0
6.0	Ziegel	5	5	100	0,7	0,8	14,6	1,0-1,5
7.0	Stein	98	34	100	2,7	1,0	2,8	0,3-0,8
7.1	Stein	150	30	100	2,1	0,4	1,4	0,5-0,8
8.0	Stein	97	50	100	2,8	1,4	2,8	0,3-0,8
9.0	Stein	83	33	100	2,4	1,0	2,9	0,3-0,8

Durchfeuchtungsgrad bei freier Wassersättigung $(DF_r) = 100$ %

Durchfeuchtungsgrad $DF_c = u_v/u_r * 100$ %

u_{prakt} = vorhandene Materialfeuchte
u_{S90} = Sorptionsfeuchte bei 90 % rel. Luftfeuchtigkeit
u_r = Sättigungsfeuchte
u_A = praxisübliche Ausgleichsfeuchte $≈ u_{S90}$

Fazit:

Hohe hygroskopische Durchfeuchtung durch starke Versalzung.
Stein bis auf Ziegel wenig porös, daher Feuchtetransport nur
über Mörtel möglich; dieser stark hygroskopisch
Zum Teil braunfärbende Bestandteile.
Steine zum Teil "angefressen".
Ob aufsteigende Feuchte vorliegt, kann nicht ermittelt werden;
dazu liegen zu wenig Mörtelproben vor.

Zusammenhang zwischen praktischer Durchfeuchtung der entnommenen Proben und der an gleichen Proben gemessenen hygroskopischen Durchfeuchtung bei 20 °C/90 % r.F.

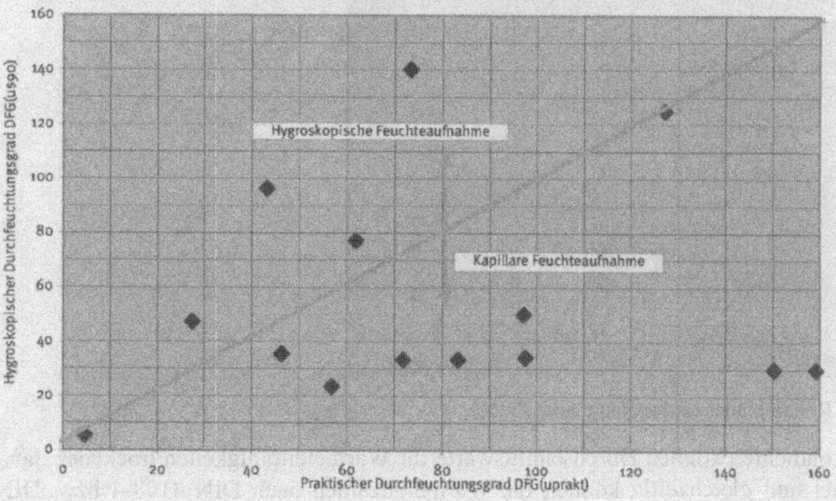

Bild 4-23 Beispiel einer Feuchtebilanz

Die Darr-Methode liefert so zusätzliche Informationen über das Feuchtespeicherverhalten der vorhandenen Baustoffe und ermöglicht das Aufstellen einer so genannten Feuchtigkeitsbilanz, die nicht nur für die Ursachenermittlung, sondern auch für die Festlegung der späteren Instandsetzungsverfahren und insbesondere für die bauphysikalische Berechnung und Klimasimulation von Bedeutung ist. Dabei werden u. a. die ermittelten Kenndaten für Materialfeuchte und Sorptionsfeuchte ins Verhältnis gesetzt zur Sättigungsfeuchte und als Durchfeuchtungsgrad bezeichnet. Dies ermöglicht eine Aussage zur Sättigung der Baustoffporen mit vorhandener Feuchtigkeit und zur Auswahl geeigneter Abdichtungsverfahren.

Rohdichten vorhandener (Wand-)Baustoffe

Von den entnommenen, getrockneten und bis auf Ausgleichsfeuchte bei 20 °C und 50 % r. F. vorgelagerten Proben werden stichprobenartig vorhandene Baustoffe sowie Putzproben zunächst gereinigt und überwiegend auf ein quaderförmiges Volumen zugeschnitten. Danach werden die Abmessungen ermittelt, anschließend die Probenkörper gewogen und daraus die Rohdichten bestimmt.

Bild 4-24 Rohdichtenermittlung an einem Ziegel

Diesen Rohdichten können Durchschnittswerte für Wärmeleitfähigkeiten trockener Baustoffe zugeordnet und gleichzeitig können die Wärmeleitzahlen nach DIN 4108-4 bzw. DIN EN 1745 ermittelt werden. Um den Einfluss der Materialfeuchtigkeit auf die Wärmeleitfähigkeit in Simulationen berücksichtigen zu können, ist die Angabe der Materialfeuchtigkeit und der praxisüblichen Ausgleichsfeuchtigkeit wichtig. Da es sich meist um historische Baustoffe handelt, ist es empfehlenswert, für Wärmeschutznachweise usw. die Werte nach Cammerer zu verwenden. Alternativ kann an ausgebauten Wandbaustoffen mit entsprechender Geometrie (Mindestabmessungen 10 x 5 x 2 cm) eine Messung der Wärmeleitfähigkeit mit geeigneten Messgeräten durchgeführt werden.

Schwankungen in der Rohdichte und damit auch in den Wärmedämmeigenschaften können z. B. durch die Verwendung unterschiedlicher Ausgangsmaterialien oder verschiedener Produktionschargen verursacht worden sein. Dafür sprechen meist auch Unterschiede bei der kapillaren Wasseraufnahme und in der Porosität der Baustoffe.

Analyse werkstoffzerstörender Salze

Labortechnisch ist an den entnommenen Proben das Vorhandensein bauschädlicher Salze in Bauteilen nachweisbar. Hier sind insbesondere Sockel-, Trauf- und Gesimsbereiche als überwiegende Schadensstellen mit erhöhten Versalzungsgraden festzustellen. Die Proben von Wandbaustoffen, Mauermörteln und Putzmörteln werden hinsichtlich Art und Menge an werkstoffzerstörenden Salzen untersucht. Die Bewertung der Versalzungsgrade erfolgt nach WTA [61].

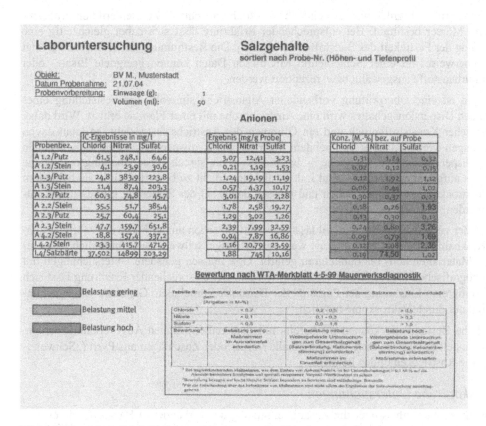

Bild 4-25 Praxisbeispiel Salzbilanz und Bewertung des Versalzungsgrades

Im Wesentlichen werden dazu die so genannten Anionen Chlorid, Nitrat und Sulfat gemessen; eine Überprüfung der Kationen (Bestandteile wie Kalium, Magnesium, Kalzium usw.)

können weiteren Aufschluss über die Art und Herkunft der Salze geben. Quantitative Bestimmungen können mit geeigneten Prüfverfahren wie z. B. Ionenchromatografie o. Ä. durchgeführt werden; dazu sind i. d. R. entsprechend ausgestattete Prüfinstitute zu beauftragen. In vielen Fällen genügt jedoch eine halbquantitative Bestimmung; dazu werden meist so genannte Teststäbchen verwendet, wie sie z. B. zur Qualitätskontrolle von (Trink-)Wasser benutzt werden. Die Bewertung der Versalzungsgrade erfolgt nach G. Geburtig, „Bauen im Bestand" [52]; es empfiehlt sich auch hier wieder eine nach Probeentnahme sortierte Darstellung der Messergebnisse als Salzbilanz.

Untersuchung der Baustoffeigenschaften

Da insbesondere bei historischen Gebäuden vielfach eine denkmalgerechte Instandsetzung bzw. eine dem bauzeitlichen Vorbild angepasste Sanierung erforderlich ist, müssen Informationen über die vorhandenen Baustoffe gewonnen werden. Die wichtigsten Fragestellungen konzentrieren sich dabei auf Art und Größe der verwendeten Zuschläge, Zusammensetzung der Bindemittel, Farbe und Porosität der Materialien, Zusammensetzung von Anstrichstoffen und schädliche Bestandteile.

Zuschlagsform und -größe wird am einfachsten durch vorsichtiges Zerkleinern von Probestücken im Mörser bestimmt. Bei entsprechender Erfahrung lässt sich dabei gleichzeitig eine Einstufung der Festigkeit des Baustoffes vornehmen. Die Bestimmung der Korngröße erfolgt praktischerweise mit einer Schieblehre. Mit diesen Daten können geeignete Ersatz- oder Reparaturbaustoffe ausgewählt bzw. rezeptiert werden.

Weiterhin ist eine Überprüfung vorhandener Altanstriche sinnvoll. Zur Feststellung eines möglichen Dispersionsgehaltes wird eine Anstrichprobe mit einer Flamme erhitzt. Wird dabei ein typischer Kunststoffgeruch und ein Glimmen des Anstrichs festgestellt, so kann davon ausgegangen werden, dass es sich bei dem Anstrich um eine dispersionshaltige Farbe handeln muss. Dispersionshaltige Anstriche – besonders wenn sie als Instandhaltungsmaßnahme mehrfach aufgetragen wurden – sind i. d. R. als dampfdicht zu bewerten, d. h. sie behindern eine Austrocknung der Oberflächen und müssen daher bei der Sanierung grundsätzlich entfernt werden.

Die Art der verwendeten Bindemittel lässt sich vielfach schon an der Farbe der Mörtel erkennen. Kalkhaltige Baustoffe sind meist weiß bis hellbeige, teilweise auch bräunlich, zementhaltige Materialien hell- bis dunkelgrau gefärbt. Ggf. müssen genauere Untersuchungen mit röntgenografischen Prüfverfahren veranlasst werden. Bei entsprechender Erfahrung lässt sich gleichzeitig eine Einstufung der Porosität der Baustoffe vornehmen. Genauere Untersuchungen sind nur durch Mikroskopie möglich.

Schädliche Bestandteile können oft bereits mit dem unbewaffneten Auge erkannt werden. Dabei handelt es sich vielfach um Branntkalk-Körner oder Zuschlägen aus Pyrit („Schwefelkies"), die Rostflecken bilden können.

Mikroskopische Untersuchungen

Um weiteren Aufschluss über die Zusammensetzung der vorhandenen Baustoffe, deren Bestandteile und mögliche Schädigungen sowie Schichtdicken zu erhalten, können mikroskopische Untersuchungen durchgeführt werden. Genaue Aussagen z. B. zu Porosität, Zusammensetzung usw. können mit der so genannten Raster-Elektronen-Mikroskopie (REM) gewonnen werden. In vielen Fällen reicht jedoch eine Untersuchung mit dem einfachen Lichtmikroskop aus.

Dazu werden repräsentative Proben zunächst zur Mikroskopie präpariert. Üblicherweise wird hierzu eine Verpressung der Materialien mit einem eingefärbten Epoxidharz vorgenommen, um diese zu stabilisieren. Durch den Druck dringt das Harz fast in alle Hohlräume ein; Färbung zeigt somit i. d. R. die Porosität des Baustoffs an. Anschließend werden so genannte Anschliffe und Dünnschliffe hergestellt.

Diese geschliffenen Probekörper werden unter dem Lichtmikroskop im Auflicht (Anschliffe) und im Durchlicht (Dünnschliffe) ohne Polarisatoren untersucht und fotografiert; fotografische Bilddokumente werden meist in 40-100facher Vergrößerung erstellt. Die Ablesegenauigkeit z. B. für Farbschichten usw. mit Hilfe des Mikrometermaßstabes am Mikroskop beträgt 0,01 mm; Messwerte werden auf die nächste Dezimalstelle gerundet.

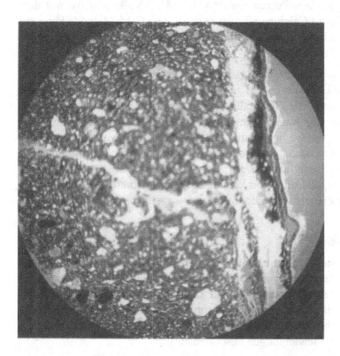

Bild 4-26 Mikroskopische Untersuchung von Anstrichdicken (40-fache Vergrößerung)

Bestimmung des Befalls mit holzzerstörenden Pilzen

Liegt augenscheinlich ein Befall durch holzzerstörende Pilze vor, ist zunächst festzustellen, ob Befall durch den Echten Hausschwamm oder eine andere Pilzart vorliegt, da sich hieraus unterschiedliche Bekämpfungsmaßnahmen ableiten können. I. d. R. wird dazu eine Laboruntersuchung durchgeführt. Pilzbestimmungen führen Holzforschungsinstitute, botanische Universitätsinstitute, staatliche Materialprüfanstalten oder erfahrene Holzschutz-Sachverständige durch. Für die Entnahme und Überprüfung der Pilzproben sind entsprechende Regelwerke, Richtlinien und Erfahrungsgrundsätze zu beachten [62], [63], [64].

Altersbestimmung

Zur Datierung von Holzbauteilen bzw. Baustoffen mit organischen Bestandteilen kann die Methode der Dendrochronologie, eine Datierungsmethode der Archäologie und Kunstwissenschaft, herangezogen werden. Hierbei werden die Jahresringe von Bäumen gezählt. Eine fehlerfreie Dendrochronologie erlaubt es, jedem Baumring das Jahr seiner Entstehung zuzuordnen. Korreliert man die Messungen der Radiokarbonmethode (auch bekannt als C-14-Methode) mit der Dendrochronologie, so entsteht aus dieser relativen eine absolute Altersbestimmung für das Holz.

Eine absolute quantitative Altersbestimmung an Steinen, Putzen oder Mörteln ist repräsentativ nur in wenigen Fällen möglich. Das in Fachkreisen übliche Verfahren der Altersabschätzung von karbonatisch und/oder hydraulisch gebundenen Baustoffen durch Bestimmung der Karbonatisierungstiefe kann meist nicht zur Anwendung kommen, weil die Baustoffe durchkarbonatisiert sind, d. h. der in solchen Putzen immer vorhandene Kalkanteil hat mit dem Kohlendioxid der Luft vollständig zu Calciumcarbonat reagiert. Die C-14-Methode kann nur angewandt werden, wenn ausreichend kohlenstoffhaltige Verbindungen im zu datierenden Baustoff vorliegen und der Baustoff nicht zu „jung" ist (älter als etwa 100 Jahre).

Denkbar zur Altersbestimmung wäre auch die Bestimmung der radioaktiven Belastung mit Cäsium (^{137}Cs) infolge des Atomkraftwerkunfalls in Tschernobyl oder die Überprüfung der mikrobiellen Besiedlung bzw. eines evtl. Pilzbefalls. Diese Verfahren wurden bisher jedoch noch nicht in der Praxis dauerhaft angewandt. Derzeit gibt es daher keine naturwissenschaftlichen Nachweismethoden, insbesondere bei relativ jungen Baustoffen. Vorhandene Datierungsverfahren werden meist in der Archäologie oder in der Geologie zur Bestimmung von Funden hohen Alters eingesetzt. Lediglich die so genannte Thermolumineszenzdatierung eignet sich für jüngere Materialien, allerdings nur keramischer (also gebrannter) Natur. Sie ist daher ggf. bei der Datierung von Ziegeln anwendbar.

4.5.6.7   Bewertung / Diagnose

Mit den Kenndaten aus sämtlichen Untersuchungen am Gebäude stehen dem Fachmann Grundlagen zur Verfügung, mit denen der bauliche Zustand des Bauwerks und die Schadensursachen beschrieben werden können. Daraus ableitend kann schließlich eine Diagnose erstellt werden. Dazu werden die einzelnen Ergebnisse geordnet dokumentiert, unter Berücksichtigung aller Zusammenhänge bewertet und die erkannten Ursachen für Primär- und Folgeschäden möglichst mit einzelnen Gewichtungen beschrieben.

Mit der Diagnose ist die Voraussetzung für eine fachgerechte Erstellung der Instandsetzungsplanung auf der Basis der Stand- und Funktionssicherheit des Gebäudes geschaffen. Die Maßnahmen und Materialien für eine nachhaltige Instandsetzung und optimale energetische Sanierung bei möglichst hoher Lebensdauer unter weitestgehender Schonung der Ressourcen können auf dieser Basis geplant werden.

Die Untersuchungsergebnisse der Bestandsaufnahme dienen auf verschiedenen Wegen der eigentlichen Diagnose. Zum einen muss ein Abgleich erfolgen mit wissenschaftlich oder empirisch ermittelten Vergleichswerten in Datenbanken, Wertetabellen usw.; durch die Abweichung der Ist-Werte von den praxisüblichen Sollwerten ist eine Einschätzung der wahrscheinlichen Schadensursachen möglich. Zum anderen werden die Untersuchungsergebnisse der Bestandsaufnahme als Übergabeparameter im Inputbereich spezieller Programme wie z. B. zur instationären hygrothermischen Bauteilsimulation benutzt. Beide Wege – Vergleich mit Sollwerten und Berechnung weiterer Kenndaten – führen schließlich zur Bewertung der Wahrscheinlichkeit von Schadensursachen und somit zur Entscheidung und Festlegung geeigneter Beseitigungs- bzw. Ertüchtigungsverfahren.

4.5.6.8   Vergleich mit Sollwerten

Unter Sollwerten versteht man materialspezifische Kenndaten der Praxis. Z. B. ist nach DIN 4108 Teil 4 die so genannte praxisübliche Ausgleichsfeuchte bekannt, also derjenige Feuchtigkeitsgrad in Baustoffen, der in bewohnten Räumen entweder am häufigsten oder am wahrscheinlichsten vorkommt. So lassen sich z. B. die Sollwerte für materialspezifische Ausgleichsfeuchtigkeiten und deren Abhängigkeit von der relativen Luftfeuchtigkeit (Feuchtespeicherfunktion bzw. Sorptionsisotherme) zusammenstellen.

Neben der Bewertung der Feuchtigkeitsgrade sind eine sachgerechte Einschätzung der vorhandenen Werkstoff zerstörenden Salze und insbesondere eine Bewertung des Versalzungsgrades erforderlich. Für diesen Zweck kann z. B. die Bewertungsmatrix aus WTA-Merkblatt 4-5-99/D verwendet werden.

4.5.6.9   Eingabeparameter für Simulationsprogramme

Für die in der Praxis zur Anwendung kommenden Programme zur instationären hygrothermischen Bauteilsimulation werden grundsätzlich Eingabeparameter benötigt, die in Anzahl und Datengüte weit über die Anforderungen bisheriger bauphysikalischer Berechnungen hinausgehen. Die Anforderungen wurden an Inputparameter in speziellen Richtlinien zusammengestellt.

Dabei ist zum einen die vorhandene Materialfeuchtigkeit von Bedeutung, da die Wärmeleitfähigkeit mit zunehmendem Feuchtigkeitsgrad materialspezifisch unterschiedlich zunimmt. Der Kennwert der Wärmeleitfähigkeit als baustoffcharakteristische Größe wird – wie bereits ausführlich dargestellt – idealerweise durch eine eigenständige Messung bestimmt und muss dann als Eingabeparameter mit berücksichtigt werden. Üblicherweise sind Wärmeleitfähigkeiten der verschiedenen Baustoffe in den Datenbanken der Simulationsprogramme bereits hinterlegt, auf die diese dann zugreifen.

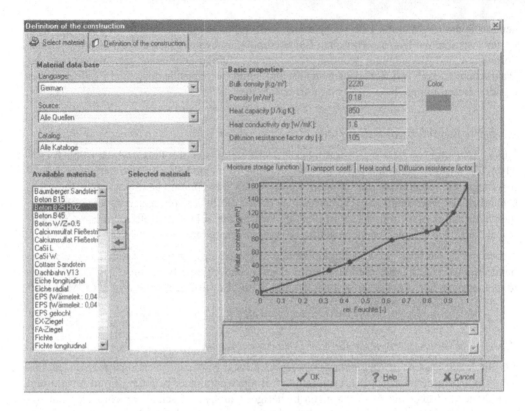

Bild 4-27 Beispiel eines Eingabeparameters für das Berechnungsprogramm WUFI

Da Feuchtespeichervorgänge von der Baustoffdichte und der Porosität abhängig sind, müssen auch diese Kennwerte/Messwerte vor der eigentlichen Simulationsberechnung eingegeben werden. Da auch der kapillare Flüssigkeitstransport berücksichtigt wird und dieser wiederum vom vorhandenen Durchfeuchtungsgrad abhängig ist, muss auch dieser Parameter ggf. angegeben werden.

4.5.6.10 Entscheidung für Sanierungslösungen

Soll-/Ist-Vergleiche und Simulationsberechnungen ermöglichen schließlich, geeignete nachhaltige Lösungen zur Verbesserung des Feuchte- und Wärmeschutzes bei gleichzeitiger Wiederherstellung bzw. Ertüchtigung des Tragverhaltens auszuwählen.

Neben der Entscheidung für Art und Ausführung von Maßnahmen zur Bauteil- und energetischen Sanierung ist es in vielen Fällen möglich, durch iterative Lösungen, d. h. Annahme bestimmter Baustoffarten mit anschließender rechnerischer Überprüfung und weiterer Anpassung, optimale Kombinationslösungen zu untersuchen. So entstand z. B. die Kombination aus WTA-Sanierputz auf feuchten und versalzten Bauteiloberflächen mit darauf aufgebrachtem Wärmedämmputz als Innendämmung.

4.6   Umnutzbarkeit

Mit dem gemeinsamen Abklopfen der Nutzungsverträglichkeit in funktioneller Hinsicht muss die direkte Auseinandersetzung mit den architektonischen Gegebenheiten, bauphysikalischen Erfordernissen, den Möglichkeiten und Grenzen des Tragwerks sowie den denkmalpflegerischen Aspekten einhergehen. Weiterhin sind die städtebaulich-gestalterischen Inhalte der Planungsaufgabe zu beachten. Die Nutzungsfindung hat mögliche Traglasten, notwendige Aussteifungen und den vorhandenen Materialeinsatz zu akzeptieren. Im zumeist mehrstufigen Entwurfsprozess ist der Rückgriff auf die Analyse des Gebäudebestandes zu praktizieren. Der Erhaltung bauzeitlicher Konstruktionen und Baustoffe sollte - soweit möglich auch im Sinne der gebotenen Nachhaltigkeit und der damit verbundenen Bauschuttvermeidung - der Vorzug gegeben werden.

4.6.1   Architektur

Vereinfacht gesagt, muss zunächst folgende Frage gestellt werden: Passt das Gebäude zu mir? Unter diesem Aspekt sind sowohl Imagebildung, Charakter, strukturelle Offen- oder Geschlossenheit und andere prägende Elemente der Architektur zu hinterfragen. So stellt es noch heute für Besucher verschiedener Nationen ein Problem dar, „unbeschwert" das Auswärtige Amt in Berlin, ein erweitertes Gebäude, dass ehemals auch durch das diktatorische Naziregime in Deutschland genutzt wurde, zu betreten. Das betrifft insbesondere den gastronomischen Bereich, der ehemaligen, nunmehr bis hin zur Bestuhlung denkmalgeschützten Kantine. Es leuchtet ein, dass sich hier nicht jeder ohne tiefere Gedanken in derartig belasteten Räumlichkeiten aufhalten kann. Eine Bestandsnutzung kann also in dieser Hinsicht ihre Grenzen auch bei hervorragender Eignung der Gebäudestruktur oder ihres Erhaltungszustandes aufgezeigt bekommen.

Bei der Entwicklung von Nutzungszielen ist neben normalen Sanierungsvorgängen in architektonischer Hinsicht auch eine eventuell anzustrebende Rückführung auf vormals historische Bauzustände zu überdenken. Eine in den Vordergrund rückende Fragestellung ergibt sich dahingehend, ob der gewollte baugeschichtliche Zustand ausreichend belegt werden kann. Reine Spekulationen führen meist zu missverständlichem Historismus und sind keine geeignete Grundlage für eine begründbare Planung. Ebenso sorgfältig ist die Weiterentwicklung eines historischen Bestandsgebäudes mittels moderner Gestaltungselemente und Materialien, einschließlich neuer Verbindungsmittel, die im Widerspruch zur traditionellen Handwerkskunst oder einem gewachsenen Industriedesign stehen, zu betrachten. Diese Entscheidungen über die Anwendung von historischen oder zeitgemäßen Techniken verlangt eine vorherige, eingehende Überlegung zum Einsatz von verbundgerechten Konstruktionen. Fehlendes handwerkliches Wissen bei Planern und Handwerkern ist keine Entschuldigung für die voreilige Entscheidung zur „Verunglimpfung" einer Bestandskonstruktion und lässt dem Missbrauch neuartiger, der Ästhetik des Bestandsgebäudes widersprechender Ergänzungen freien Raum. Dennoch kann nach einer konsequenten Abwägung der Alternativen eine den vorhandenen Kontext ergänzende Konstruktionsergänzung und -unterstützung gegenüber einer traditionellen Ausführungsart gewählt werden.

Bild 4-28 Erweitertes Auswärtiges Amt in Berlin – Blick in die renovierte „Kantine"

Entwurfsspezifische Überlegungen werden in Hinsicht auf die vorgefundene Gebäudekonstruktion, einzubeziehenden Raumhöhen, Durchgangsbreiten, Wege- und Treppenführungen, Steigungsmaßen von Treppen o. ä. und historischen Verglasungen benötigt. Vor einer schnellen Lösungsfindung in Anpassung an geltendes Bauordnungsrecht sollten umfangreiche Gedanken an die Nutzbarmachung der vorhandenen Gegebenheiten investiert werden, um auf diesem Wege wertvolle Baukonstruktionen zu erhalten und die Kosten zu senken. Wiederum ist natürlich ein enger Kontakt zu den genehmigenden Behörden zu empfehlen, um bereits vor der Genehmigungsphase Klarheit über die Ausführbarkeit der Planungsideen zu erzielen.

Leider stößt man bei den zuständigen Stellen immer noch auf Unverständnis und Hilflosigkeit gegenüber der überlieferten Bausubstanz, so dass bereits im Vorfeld ein Einbeziehen aller Beteiligter zur Aufklärung der Ausgangsposition für die Planungsprozesse hilfreich ist. Die Forderung des Planenden nach einer angemessenen Beurteilung seiner Planungsabsichten im Rahmen des Genehmigungsverfahrens setzen umfangreiche Aufklärung und Information der anderen Beteiligten voraus. Besonders auf einem gemeinsamen Weg zu Abweichungen, ohne die man beim Streben nach weitgehendem Erhalt der bauzeitlichen Substanz selten auskommen dürfte, ist eine gegenseitige Respektierung der jeweiligen Ziele notwendig.

Insgesamt kann bewertet werden, dass bei der Umnutzung von Gebäudebestand ein hohes Entwurfspotenzial besteht, das es lediglich auszuloten und zu entdecken gilt. Dabei sind folgende Prämissen abzuwägen:

- Ein Belassen von konstruktiven Gliedern behindert nicht die Entwurffreiheit, sondern fördert diese und spart Kosten,

- Der Einbau von haustechnischen Konstruktionen sollte dem Erhalt der schützenswerten Bauteile dienen und hinter diese zurücktreten,

- Reversible Einbauten sollten den Vorzug zu nicht umkehrbaren Entwicklungsschritten für das Gebäude erhalten,

- Raumqualitäten historischer Dimensionen können mit neuen Funktionen gefüllt werden,

- Als nicht nutzbar eingeschätzte Räume können mittels geschickter handwerklicher Lösungen neuen Funktionen zugeführt werden,

- Die Dialektik historischer, ablesbarer Konstruktionen gibt den Anlass, zugleich konstruktiv, dekorativ und raumbildend zu wirken,

- Für ein gepflegtes Bestandsgebäude lässt sich wieder eine aktuelle Nutzung finden, sei es nach Jahrhunderten.

4.6.2 Tragfähigkeit

Die vorhandenen Belastbarkeiten sind in tragwerksplanerischer Hinsicht sowohl unter statischen als auch bei Erfordernis unter dynamischen Belastungsmodellen zu überprüfen. Die Einsichtnahme in die archivarischen Bauakten eines Bestandsgebäudes und Nachvollziehen der historischen tragwerksplanerischen Berechnungen bzw. durch Überprüfungen am Bestand, bildet die solide Grundlage für die Einschätzung zur Tragfähigkeit der bestehenden Tragstrukturen. Die möglichen Einflüsse zukünftiger Nutzungen können an Hand dieser Ermittlungen bewertet werden. Es gilt, sowohl Flächen- als auch Einzellasten und insbesondere bei Produktionsprozessen die mögliche Eintragung dynamischer Lasten einer Überprüfung zu unterziehen, um genaue Aussagen für eine Wiederverwendungsfähigkeit der vorhandenen Tragstrukturen geben zu können. Fehler in dieser Hinsicht erweisen sich als besonders fatal und zugleich kostenintensiv im Nachhinein, da später erforderliche Ertüchtigungen, ggf. auch im bereits genutzten Zustand und bei notwendiger Prüfung im Einzelfall unter Hinzuziehung der oberen bzw. obersten Baubehörde eines Bundeslandes meistens teurer sind, als zuvor geplante. Weiterhin sind Erschütterungen in gefährdeten Bereichen mit nicht ausreichender Tragfähigkeit auszuschließen und Gewichtseintragungen von neuen geplanten Funktionen zu berücksichtigen.

Bild 4-29 Ertüchtigung der Decke über EG im INTERSHOP-Tower für die Nutzung als Rechenzentrum, dazu wurde ein gebäudespezifischer Versuchsaufbau für die notwendige Prüfung im Einzelfall vor Ort (während der Einbauphase) entwickelt

Geeignete, mit von der „Neubaukonfektion" abweichenden Gepflogenheiten bei der Sanierung erfahrene, Tragwerksplaner sind beim Umgang mit Bestandgebäuden bereits in der frühen Entwurfs-Entscheidungs-Phase zu befragen. Erfahrung zu nutzen beweist die Souveränität des Planenden im Umgang mit Bestehendem oder gar Historischem und ist kein Ausdruck von mangelndem Selbstbewusstsein. Die Eitelkeit des einen oder anderen Planers hat schon Verluste vollständiger Bestandskonstruktionen, bis hin zu scheinbar unkomplizierten Stahlbetonkonstruktionen, verursacht. Das Tragsystem einer historischen Konstruktion wirkt entgegen bauzeitlicher Berechnungen überwiegend räumlich und erlaubt daher einer solchen Betrachtung. Das Tragsystem muss daher selbstredend in die Entwurfskonzeption integriert werden. Entwurfsrelevant ist die Akzeptanz von Verformungen zweiseitig zu überprüfen: Führt sie gegebenenfalls zu Umlastungen, damit zu Beeinträchtigungen und muss saniert werden oder kann ein Einbeziehen in die Planung erfolgen.

Der Tragwerksplaner benötigt schon in den Entwurfsphasen regen Kontakt zum Prüfstatiker und sollte weitgehend mit räumlichen Betrachtungsweisen für den Gebäudebestand die oftmals vorhandenen Tragwerksreserven ergründen. Umsichtige Bauaufsichts-/ Bauordnungsämter erfragen die Anforderungen an die Prüfstatik und können den Rahmen für Zustimmungen im Einzelfall auch in tragwerksplanerischer Hinsicht geben.

Eine eventuell gegebene Denkmalverträglichkeit ist zu prüfen und mit den zuständigen Behörden gemäß Landesrecht abzustimmen. Auch in dieser Hinsicht ist in der Regel eine Einzelfallbetrachtung auf Basis einer fairen Bewertung der noch vorhandenen bauzeitlichen Substanz durchzuführen und zu nivellieren.

4.6.3 Bauphysik

Die Verträglichkeit der zukünftigen Nutzung hat primär Rücksicht auf folgende bauphysikalische Parameter zu nehmen:

- Erreichen des Mindestwärmeschutzes nach DIN 4108 oftmals ausreichend,

- Einschränken möglicher Feuchtebeanspruchungen,

- Organisieren von Diffusionsvorgängen,

- Auswahl des geeigneten Heizungssystems,

- nutzungsbedingte Lärmbelastungen,

- notwendige Brandschutzklassifikationen.

Dabei sind planerisch vorgesehene Feuchträume in bauphysikalisch geeigneten Zonen eines Bestandsgebäudes – besonders wichtig bei Gebäuden, die Holzkonstruktionen beinhalten – unterzubringen, um nur einen Aspekt zu benennen.

Besonders unter Beachtung der seit dem 01.02.2002 gültigen Energieeinsparverordnung gilt es, sorgfältige Überprüfungen der bauphysikalischen Prozesse im Bestandsobjekt vorzunehmen. Ausgehend von der Analyse des Gebäudes und der kritischen Bauteile und Baustoffe, können Ableitungen zur Nutzungsfähigkeit in dieser Hinsicht gegeben werden.

4.6.3.1 Wärmeschutz

Die Durchsetzung der durch die Energieeinsparverordnung (EnEV) gestellten Anforderungen an bestehende Gebäudekonstruktionen kann sich durch folgende Einflussfaktoren als schwer realisierbar herausstellen:

- Bestehende Dachüberstände, Gesimsvorsprünge, Ortgangausbildungen, Fenster- und Sohlbankanschlüsse o. ä. erschweren das Anbringen zusätzlicher Dämmschichten,

- Vorhandene Proportionen werden durch zusätzliche Wärmedämmmaßnahmen zu stark verändert, beeinträchtigt oder sogar „entstellt" bzw. verschandelt,

- Gliederungen sowohl in der äußeren tragenden Konstruktion, als auch in Außenputzen oder Stuckornamenten u. ä. werden zerstört oder beeinträchtigt,

- Bestehende Nachbargebäude innerhalb einer geschlossenen Straßenzugbebauung werden durch zusätzliche Dämmschichten im Rahmen einer energetischen Ertüchtigung beeinflusst.

Weiterhin gilt es zu beachten, dass durch eine energetische Sanierung ein auch in bauphysikalischer Hinsicht quasi „eingespieltes System" bei einseitiger bzw. unvollständiger Betrachtung aller Komponenten Schäden zur Folge haben kann, wie z. B. der Einsatz neuer, zu dichter Fenster ohne Betrachtung des in seinem Dämmstandard eher reduzierten ebenen Wandbereiches bzw. der vorhandenen Wärmebrücken. Gerade bei der Durchsetzung eines erhöhten Dämmstandards besitzt die Berücksichtung der komplexen bauphysikalischen Prozesse wie u. a. der direkte Zusammenhang zwischen Wärme- und Feuchteschutz vor Durchführung einer energetischen Sanierung des Gebäudebestandes Priorität.

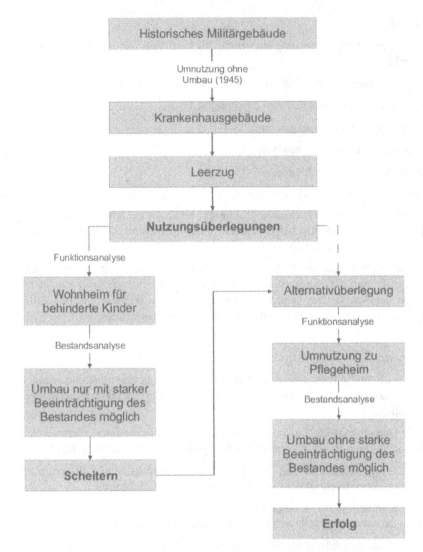

Bild 4-30 Scheitern und Erfolg innerhalb eines Entscheidungsprozesses

Städtebauliche Aspekte können Probleme insbesondere hinsichtlich der Ausstrahlung auf umgebende Gebäude, gestalterische Ziele im Rahmen von Ortsgestaltungskonzeptionen bzw. -plänen, Denkmalbereichssatzungen o. ä. mit sich bringen und sich die Anforderungen u. U. als schwer durchführbar erweisen. Vor Durchführung einer energetischen Sanierung ist außerdem zu überprüfen, ob die geplanten Nutzungen nicht die vorhandene Gebäudesubstanz überfordern. Nicht jede wirtschaftlich durchführbare Maßnahme ist zugleich ökologisch sinnvoll. Es kann sich im Rahmen einer genauen Analyse eines Bestandsgebäudes ebenso herausstellen, dass von bestimmten Funktionen auch hinsichtlich anderer bauphysikalischer Bedingungen, wie des Schall- oder Brandschutzes, Abstand genommen werden sollte, so dass in derartig gelagerten Fällen nicht die Anforderungen der EnEV das Problem sind, sondern die Leistungsfähigkeit der vorhandenen Gebäudekonstruktion im Vordergrund steht. Denn es gilt auch in solchen Fällen: ein unüberlegter Abriss ist nicht *die* Lösung, sondern das Herausarbeiten einer Eignung für einen bestimmten Zweck. Es hätte sich in manchem vergleichbaren Fall ähnlich gelagerter Ausgangssituationen im Rahmen der leider oft eingesparten oder nur halbherzig durchgeführten Grundlagenermittlung bzw. Vorplanung ergeben, dass eine andere als die vorgesehene Nutzung für das Bestandsgebäude wesentlich besser gewesen wäre.

Das o. g. Gebäude sollte zunächst 30 behinderten Kindern nach der Sanierung dienen. Als sich dieses Vorhaben als undurchführbar erwies, wurde eine Konzeption für ein Pflegeheim entwickelt.

Nach Durchführung einer präzisen Bestandsanalyse ist es möglich, die Weichen für eine dem Gebäudebestand adäquaten zukünftigen Nutzung zuzuweisen. Nicht selten ist es auch dabei möglich, zunächst nur eine Bestandssicherung vorzunehmen, um das Bestandsgebäude für eine zukünftig geeignete Funktion zu überliefern.

Bild 4-31 Wertvolles, ca. 300 Jahre altes historisches Gebäude im Bestand gesichert und für eine Sanierung (Museumsnutzung) erhalten

4.6.3.2   Schallschutz

Bei geringen baulichen Änderungen entstehen i. d. R. keine bauaufsichtlichen Anforderungen an die Schalldämmung von Gebäuden. Bei wesentlichen Änderungen von Gebäuden werden jedoch von bauaufsichtlicher Seite die Mindestanforderungen nach DIN 4109 gestellt, zumindest was die Bereiche betrifft, in denen Änderungen vorgenommen werden. Allerdings ist in den Landesbauordnungen die Möglichkeit vorgesehen, Ausnahmen im Einzelfall zu beantragen, wenn die Einhaltung der Mindestanforderungen nur mit besonders hohem Aufwand zu erreichen wäre und somit zu einer unbilligen Härte führen würde.

Eine Unterschreitung der Mindestanforderungen nach DIN 4109 sollte möglichst vermieden werden, da sonst im Allgemeinen eine nicht mehr zumutbare Lärmbelastung für die Nutzer zu erwarten ist. Für den Fall, dass die Mindestanforderungen an den Schallschutz deutlich unterschritten werden, sind daher bei einer Umnutzungsplanung ggf. Alternativen auch in Form einer anderen Nutzungswahl in Erwägung zu ziehen.

Neben bauaufsichtlichen Anforderungen bestehen solche zivilrechtlicher Art. Insbesondere ist die Forderung zu nennen, nach den a. R. d. T. zu planen und zu bauen. Bei der Instandsetzung von Gebäuden ist es verschiedentlich erforderlich, von den a. R. d. T. abzuweichen bzw. hinsichtlich des zu erzielenden Schallschutzes eine Vereinbarung zu treffen. Es wird daher dringend empfohlen, jegliche Abweichung von den a. R. d. T. ebenso wie Festlegungen zum Schallschutz schriftlich zu vereinbaren. Dabei sollte spezifiziert werden, welche Schalldämm-Maße, Schallpegel usw. im Einzelnen erzielt werden sollen.

Der Nachweis eines bauaufsichtlich geforderten Mindestschallschutzes ist grundsätzlich nach DIN 4109 durchzuführen. Ist kein Mindestschallschutz nachzuweisen, ist der Planer nicht grundsätzlich an DIN 4109 gebunden. Weiterhin ist mit dem Bauherrn abzustimmen, inwieweit die Nachweise gemäß Beiblatt 2 zu DIN 4109 erforderlich sind und dieser für eine Nutzung notwendige erhöhte Schallschutz durch die Bestandsarchitektur noch realisiert werden kann bzw. die nachträglich dann auszuführenden Arbeiten noch im Verhältnis zu einer Umnutzung des Gebäudes stehen. Besonders kritisch verhält sich dieses für Gebäude mit Holzkonstruktionen, da Angaben, wie die Luft- und Trittschalldämmung von Gebäuden aus Holz und Bauteilen in Holzfachwerkart in DIN 4109, mit Ausnahme von neuen Holzbalkendecken, fehlen.

Ein Berechnungsverfahren, das alle möglichen Schallübertragungswege individuell berücksichtigt und somit eine relativ hohe Genauigkeit verspricht, jedoch bauaufsichtlich nicht eingeführt ist, ist in DIN EN 12354 zu finden. Allerdings ist der verfügbare Datenkatalog derzeit noch sehr eingeschränkt. Vorrangig sind Daten über massive Bauteile vorhanden, leichte zweischalige Bauteile werden beschränkt aufgeführt, Holzfachwerkbauteile fehlen ganz. Mangels eines speziellen Nachweisverfahrens für Gebäude und Bauteile in Holzfachwerkart sind individuelle Lösungen und ggf. Messungen am Objekt erforderlich.

4.6.3.3   Brandschutz

Generell sollte eine zeitgemäße brandschutztechnische Begutachtung einer zu sanierenden oder denkmalpflegerisch zu behandelnden baulichen Anlage von einem exakt auf die vorhandenen Rahmenbedingungen und Schutzziele abgestimmten Brandschutzkonzept in Ergänzung der architektonischen Planung zur Ermittlung des notwendigen vorbeugenden und abwehrenden Brandschutzes ausgehen. Ein gebäudeorientierter Brandschutznachweis, der mit der zuständigen Brandschutzdienststelle schon während der Entwurfsplanung vorabgestimmt werden sollte, ist zu führen. Dieser kann die notwendigen Fragen aufwerfen und nachvollziehbare Antworten erzwingen. Das betrifft die Fragen zu erforderlichen Fluchtweglängen und Rettungswegen, Eigenschaften von Treppen, Materialanforderungen jeglicher Art, Entrauchungs- und Brandmeldeanlagen. Sofort gerät man beim positiven Herangehen an diese Fragestellungen in den Konflikt von durchaus schier unüberwindlichen bauordnungsrechtlichen Notwendigkeiten. Es lohnt sich, Abweichungen zu erfragen. Nicht alles, was nach Gesetzes- oder Richtlinienlage einen bestimmten Feuerwiderstand aufweisen muss, ist zu beplanken. Doch Pflicht des Planers ist es, Alternativen und Kompensationsmaßnahmen, gegebenenfalls unter Zuhilfenahme von Fachplanern für vorbeugenden Brandschutz oder Brandschutzsachverständigen, aufzuzeigen und den Verfahrensbeteiligten zu vermitteln. Hinzu kommt, dass vorbeugender und abwehrender Brandschutz im Kontext bei der Sanierungsplanung zu betrachten sind. Dafür stellt die Erarbeitung eines Brandschutzkonzeptes mit kompensierenden Maßnahmen die sinnvolle Grundlage für die gerechtfertigte Einschätzung des Bestandes und die Formulierung der notwendigen Schutzziele dar.

Zwar geht es natürlich auch beim Brandschutz eines Bestandsgebäudes erstrangig um den Personenschutz, doch auch der Sachwertschutz, z. B. für die Konstruktion eines historischen Gebäudes, ist zu gewichten. Da bei statistischen Ermittlungen der festgestellten Brandschäden aufgezeigt wurde, dass diese oft nicht nur durch eine direkte Brandbeanspruchung, sondern besonders auch oft durch die Löschwassereinwirkung hervorgerufen werden, steht folgerichtig die Suche nach geeigneten Alternativen für weitgehend wasserarme anlagentechnische Maßnahmen zur Verhinderung der Brand- und Brandgasausbreitung an erster Stelle.

Basis der Anwendung anlagentechnischer Maßnahmen bei der Sanierung bestehender Gebäudebestände oder bei der denkmalpflegerischen Behandlung von baulichen Anlagen, ist ebenfalls das gebäudeorientierte Brandschutzkonzept, in dem die örtlichen Gegebenheiten und geplanten oder vorhandenen Nutzungsabsichten vorbehaltlos aufzulisten sind. Mit einem derart präzise entwickelten Konzept können sowohl Befreiungen und Abweichungen von bauordnungsrechtlichen Vorgaben als auch mitunter aufwendige Prüfungen im Einzelfall – falls diese überhaupt durchgeführt werden können – vermieden und Zustimmungen durch Verankerung des Brandschutzkonzeptes als ergänzende Bauvorlage in der Baugenehmigung erzielt werden. Bei beabsichtigten Sanierungen sind vor allem folgende Problemkomplexe vordergründig zu lösen:

- Ungünstige zeitliche Erreichbarkeit eines möglichen Brandherdes
- Erschwerte Zufahrtsbedingungen und zu geringe Durchfahrtshöhen oder -breiten für die Feuerwehr
- Eingeschränkte Einsatzmöglichkeiten Freiwilliger Feuerwehren
- Große, bestehende Gebäudeausdehnungen besitzen keine Brandabschnittsteilung
- Löschwasserbevorratung und -versorgung oder eine Druckerhöhung für eventuelle Sprinkleranlagen können oftmals nicht gewährleistet werden
- Kulturgutschutz ermöglicht keinen Sprinklereinsatz
- Fluchttreppen aus brennbaren Materialien
- Holzbalkendeckenkonstruktion erhöht das Gefährdungspotenzial
- Verrauchung aufgrund der entflammbaren brennbaren Materialien zu erwarten
- Denkmalschutz ermöglicht keine Substanzeingriffe
- Rettungswege für behinderte Besucher und Bewohner erschwert, Aufzüge für Fluchtwege allgemein nicht zugelassen
- Veraltete technische (zumeist Elektro-) Anlagen sind meist vorhanden

Eine Vielzahl, zum großen Teil auch gemeinsam vorhandener, einschränkender Bestandsgegebenheiten gilt es demnach in die Entwurfsüberlegungen bei einer Instandsetzungsplanung mit einhergehender Nutzungsänderung zu berücksichtigen. Gerade bei der Bestandssanierung oder der Baudenkmalpflege sollte aber das brandschutztechnische Ziel nicht in der Umsetzung des Maximums an technischen Möglichkeiten münden, sondern nach Erstellung des Leitfadens anhand eines gebäudeorientierten Brandschutzkonzeptes das brandschutztechnisch notwendige Maß ergeben und zur Umsetzung des sicherheitstechnisch Unverzichtbaren führen.

Machbare Befreiungen und Abweichungen regeln als Grundlage für Genehmigungen unterschiedliche Anspruchsfolgen des allgemeinen Bauordnungsrechtes gegenüber den zuständigen Behörden, zwischen Eigentümern, Behörden und Haftpflichtversicherern gegenüber Planern sowie zwischen Nutzern, Nachbarn, Mitbewohnern, Versicherungen und den Eigentümern. Neben fachlichen und rechtlichen Streitfragen bekommen auch kostenseitige Faktoren eine Grundlage und können eine Klärung erfahren.

In die Überlegungen zum Brandschutz ist auch der organisatorische Brandschutz im Gebäudemanagement zu berücksichtigen. Praxisberichte schildern u. a. turnusmäßige Evakuierungsübungen in einer Hotelkette, die folgende Inhalte zum Ziel haben:

- Das Hotelpersonal macht sich mit den Aufgaben wie der Unterstützung der unverzüglichen Evakuierung der Gäste und dem Abstimmen von Prioritäten der verschiedenen Verantworungsbereiche für einen Brandfall vertraut.

- Den Kollegen der Feuerwehr wird Ortskenntnis in Kombination mit einem simulierten Schadensereignis vermittlt.

- Das Sicherheitsempfinden bei Gästen und Mitarbeitern wird erhöht. [65]

4.6.4 Nutzungskonzept

Nach Erfassen und Abwägen der o. g. Aspekte kann die Erstellung des Nutzungskonzeptes angegangen werden. Bereits in der Analyse der vorgenannten Aspekte scheiden bestimmte Nutzungen für ein Bestandsobjekt aus bzw. erweisen sich andere Gedanken als besonders tragfähig. Es wird bei der Erstellung von Nutzungskonzepten auch der Mut hinsichtlich einer kritischen Analyse unter Versagung bestimmter Nutzungen belohnt, damit nicht ein Aufwand im Vorfeld betrieben wird, der sich im Nachhinein als nicht durchführbar erweist.

4.6.4.1 Nutzungsspezifische Anforderungen

In möglichst früher Phase der Aufstellung eines Nutzungskonzeptes für das bestehende Gebäude sind alle nutzerspezifischen Anforderungen aufzulisten und der Überprüfung gegenüber den Bestandsbedingungen zu unterziehen. Es stellt sich aber auch immer wieder heraus, dass zunächst unbedingte Anforderungen an das Gebäude dem bestehenden Gebäude angepasst werden können und Restflächen sich nicht als derart dramatisch herausstellten, wie ursprünglich angenommen. So kommt es immer wieder durch das Überziehen bestehender Immobilien mit einem neuzeitlichen, modernen Anforderungsprofil, das zunächst für Neubauten zusammengestellt wurde, zu Konfliktsituationen, die ein bestehendes Objekt überfordern. Sie führen bis hin zu überstürztem Abrissen von Gebäuden. Dem fällt immer wieder wertvolle Gebäudesubstanz gerade unter dem Blickwinkel der Nachhaltigkeit und des Bewahrens stoffgebundener Energieinhalte zum Opfer. Ein bedachtes Herangehen und dialektisches Abwägen aller Für und Wider konnte bereits wiederholt und ökonomisch/ökologisch sinnvoll zur Bestandsnutzung und -erweiterung führen; ebenso wie bedachtes Abwägen und ggf. Entsagen gegenüber Nutzungen, die ein bestehendes Objekt überfordern.

4.7   Kostenanalyse

Die Bestandsimmobilie muss einer konkreten Kostenanalyse unterzogen werden. Alle Kosten, die mit der Immobilie und der Nutzung verbunden sind, müssen in einem Zahlenwerk erfasst und ein Ist-Zustand abgebildet werden. Das gewonnene Zahlenwerk allein hilft zunächst, die kostentreibenden Bereiche aufzudecken, ist jedoch für sich allein gestellt kaum von Nutzen. Deshalb ist ein Benchmarking – so genannter Vergleichsprozess – durchzuführen und andere im Bestand befindliche Objekte oder in Veröffentlichungen dargestellte Kostenanalysen von Bauwerken der gleichen Nutzung gegenüberzustellen. Nur so kann man die Einordnung der Immobilie in eine bestimmte Kategorie, z. B. Kosten pro Quadratmeter, aufgeschlüsselt nach einzelnen Kostenkennwerten, bewerten und einordnen.

4.7.1 Benchmarking

Die Durchführung des Benchmarkings verhilft Nutzern zu einer detaillierten und untersetzten Kostenanalyse, bei der Verhältniswerte (Kennwerte) für die Nutzungskosten von verschiedenartigen Gebäuden gebildet werden. Geeignete Bezugsgrößen sind Flächen nach DIN 277-1 und DIN 277-2, Mietfläche, Energiebezugsfläche, Volumen, Nutzerzahl und weitere nutzungsspezifische Bezugsgrößen. Durch diese Kennwerte ist man in der Lage, sich mit anderen Unternehmen, die Liegenschaften oder Bauten haben, zu vergleichen.

Nur so ist es möglich, seine eigene Position bei der Bewirtschaftung der Immobilie einzuordnen und zu analysieren, wo Schwachpunkte und Verbesserungsmöglichkeiten bestehen.

Doch nicht nur die negativen Ergebnisse sollen durch diesen Vergleichsprozess herausgearbeitet werden. Auch positive Ergebnisse und Effekte können dadurch besser erkannt werden.

Mit der Analyse des Ist-Zahlenwerkes können Entscheidungsprozesse leichter durchgeführt und mit konkretem Zahlenmaterial untersetzt werden. So kann sich z. B. ergeben, dass ein vermeintlich dringender Anbau oder eine Erweiterung der bisher genutzten Flächen gar nicht notwendig wird, da man am Kostenkennwert z. B. für Bruttogeschossfläche pro Arbeitsplatz ablesen kann, dass man bereits über dem Durchschnitt vergleichbarer Betreiber oder Objekte liegt. Man gelangt so zu der Erkenntnis, dass es nicht notwendig ist, anzubauen oder zu vergrößern, sondern nach anderen Lösungen gesucht werden sollte. Es ist sinnvoller, das vorhandene Flächenpotential zu optimieren, die vorhandenen Flächen besser auszunutzen, z. B. durch Umstellen von vorhandenem Mobiliar bzw. Neuerwerb von geeigneteren Büromöbeln oder durch Umzüge innerhalb von Gebäuden.

Ist man nicht in der glücklichen Position, mehrere gleichartige Liegenschaften in der Verwaltung oder im Bestand zu haben, über die man entsprechendes Zahlenmaterial sammeln und vergleichen kann, ist man auf Veröffentlichungen anderer Unternehmen angewiesen.

In Deutschland wurde durch die International Facility Management Assoziation (IFMA) der Benchmarkingreport 2003 erarbeitet und im Herbst des Jahres 2004 veröffentlicht. Im Benchmarkingreport der IFMA sind Vergleichszahlen über die Kostenstruktur in deutschen Unternehmen veröffentlicht. Durch einen klar vorgegebenen Kostenartenbaum konnten die

Teilnehmer zu den einzelnen Kostenarten ihr Zahlenmaterial zur Verfügung stellen, das dann durch die in dem Benchmarkingreport 2003 gewählten Hauptkostenarten, bestehend aus technischem Gebäudemanagement, kaufmännischem Gebäudemanagement, infrastrukturellem Gebäudemanagement, Ver- und Entsorgung, Errichtungskosten, Flächenmanagement sowie strategisches Facility Management und Datenverarbeitung ermittelt. Die detaillierte Beschreibung der Struktur der Kostenarten gibt einen Ansatzpunkt für die Sammlung und Erstellung des eigenen Benchmarkings im Unternehmen, und da die IFMA den Benchmarkingreport nun jährlich herausgeben will, steht es jedem Unternehmer und Gebäudemanager frei, sich an diesem Benchmarkingpool zu beteiligen und seine Daten zur Verfügung zu stellen und somit zu verlässlichem Zahlenmaterial und Vergleichszahlen zu gelangen [66].

Mit diesen Zahlen und Kostenkennwerten ausgerüstet, ist man in der Lage, auf die Anforderungen des Marktes zu reagieren, da der Bedeutung der Betreibungskosten ein immer höheres Augenmerk geschenkt wird.

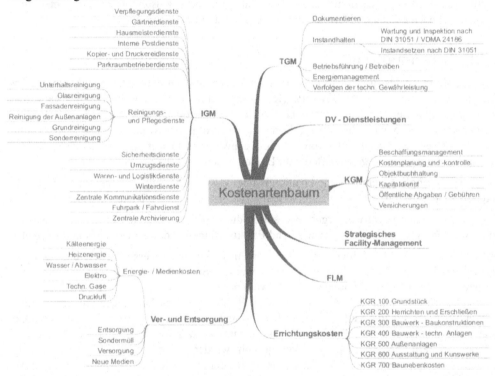

Bild 4-32 Kostenartenbaum [66]

Als Ergebnis des o. g. Benchmarkingreports seien hier beispielgebend genannt:

Technisch anspruchsvolle Gebäudenutzungen treiben Energiekosten in die Höhe. So sind Gebäude mit Forschungslaborbetrieb, zusammen mit produktionsorientierten Gebäudenutzungen in den Bereichen der Medienkosten und dem Energieverbrauch deutlich über den Werten von Büros und Gebäuden der Lehre. Weiterhin ist der Flächenbedarf pro Arbeitsplatz in Büros als sehr hoch einzustufen, durchschnittlich ergeben sich hier 46 m² Bruttogeschossfläche pro Arbeitsplatz, für ein Drittel der teilnehmenden Bürogebäude sogar mehr als 50 m² BGF pro Arbeitsplatz [66]. Weiterhin ist die Erkenntnis interessant, dass sich die Betreibungskosten für Neubauten auf das 3-fache der Kosten für Bestandsgebäude der 60er und 70er Jahre belaufen [67].

Der letztgenannte Punkt zu den Betreibungskosten widerlegt zum einen eindeutig die vorherrschende Meinung, dass ältere Gebäude hohe Betreibungskosten haben müssen und zeigt zum anderen, dass ein Neubau kein Garant für niedrige Betreibungskosten ist.

Es gibt weitere Unternehmen, die eine Sammlung von Daten und deren Auswertung betreiben und so für alle eine verlässliche Übersicht zu Nutzungskosten liefern. So ermittelt CREIS die Kosten von Bürogebäuden verschiedener Betreiber und wertet diese jährlich aus. Dazu erscheint jährlich ein Bericht, wie kürzlich der Office Service Charge Analysis Report-OSKAR 2004. Darin wird analysiert, dass die Gesamtkosten einer Büroimmobilie mit der Ausstattungsqualität ansteigen. Für die Ausstattungsqualität wurden verschiedene Faktoren definiert, die eine Qualitätsabstufung von einfach über mittel bis hoch ermöglichen. Etwas irreführend ist die Belegung des Parameters „hohe Qualität" mit Merkmalen wie gegliederter Baukörper, hochwertige Fassaden (z. B. Glas), Teil- und Vollklimatisierung. Zeichnen diese Parameter eine hohe Gebäudequalität aus? Man sieht, wie schwer mit Begriffen die in den Köpfen positiv belegt sind aber nicht immer positive Effekte erzielen, umzugehen ist. Denn in der Auswertung stellt sich heraus, dass die Gebäude mit hoher Ausstattungsqualität, die höchsten Vollkosten (sämtliche Kosten die mit der Immobilie verbunden sind) haben.

Bild 4-33: Altbaugebäude u. U. günstiger als   **Bild 4-34:** heutiger Neubau?

4.7.2 Wertermittlung des Bestandes

Die Wertermittlung des Bestandes setzt einen Bewertungsanlass voraus. Für jeden Bewertungsfall ist eine Analyse der Bewertungssituation notwendig. Die möglichen verschiedenen Bewertungsanlässe geben den Aufbau für eine Bewertung vor.

Die einzelnen möglichen Bewertungssituationen sind sehr vielfältig und können sich nur schwer nach eindeutigen Kriterien wie z. B. Verkauf, Kauf, Kreditaufnahme, Überschuldung, Abfindung, Enteignung usw. ordnen.

Aus Sicht einer Unternehmensleitung sind beim Immobilienwert auch kaufmännische Aspekte zu berücksichtigen, wie z. B. die Generierung von positiven Zukunftserfolgsgrößen durch Facility Management Leistungen oder die Auswirkungen niedrigerer Bewirtschaftungskosten.

Nach Feststellung und Konkretisierung des Bewertungsanlasses wird dann über die Funktion und Aufgabe des Gutachters im Rahmen der funktionalen Wertlehre eine Wertgröße und ein Wertermittlungsverfahren in begründlicher Form gewählt, damit die einzelnen Faktoren wie die Zukunftserfolgsgrößen und der Kapitalisierungszinssatz für den Auftraggeber und damit dem Zweck entsprechend, dargestellt werden können.

Die Höhe eines Wertes richtet sich prinzipiell nach dem Zweck der Bewertung.

Von einem „richtigen Wert" kann nur gesprochen werden, wenn er dem konkret verfolgten Zweck entspricht. Die konkret verfolgten Absichten, die man mit einer Immobilie vorhat, haben somit Einfluss auf den Immobilienwert.

In der unten dargestellten Tabelle werden die Wertebegriffe und Verfahren der Immobilienbewertung nach Paul aufgezeigt.

Die in Deutschland von Immobiliengutachtern angewandten Wertermittlungsverfahren basieren fast ausschließlich auf einem der kodifizierten Wertansätze, dem Sachwert und dem Ertragswert.

Der Sachwert spielt bei der Wertermittlung noch immer eine herausragende Rolle. Der Sachwert orientiert sich an der Vorstellung der Reproduktion der Immobilie. Der ermittelte Sachwert liefert die Information, was eine Immobilie in der Erstellung kosten würde. Die Ermittlung eines Sachwertes bei ertragsorientierten Immobilien erfüllt eine Hilfs-, Informations- und Kontrollfunktion. Ein weiterer Aspekt bei der Wertermittlung des Bestandes ist die wirtschaftliche Komponente, d. h. welche Erträge werden durch die Bestandsimmobilie erwirtschaftet.

Inzwischen hat sich nach übereinstimmender Auffassung in Theorie und Praxis eine überwiegend Ertragswert orientierte Bewertung der Immobilien durchgesetzt. Der Ertragswert ist als Barwert aller zukünftigen Erfolge der Immobilie aufzufassen, die bei Erhaltung der Ertrag bringenden Substanz der Immobilie auf Dauer entzogen werden können.

Beim Ertragswertverfahren wird der Wert der baulichen Anlagen getrennt vom Bodenwert auf der Grundlage des nachhaltig zu erzielenden Ertrages ermittelt.

Der Gebäudeertragswert setzt sich aus den nachhaltig erzielbaren Mieten, abzüglich der Bewirtschaftungskosten zusammen. Die Bewirtschaftungskosten, bestehen aus Verwaltungskosten, Betriebskosten, Mietausfallwagnis und Instandhaltungskosten. Diese Differenz führt zunächst zum Reinertrag.

Vom Reinertrag wird die Bodenverzinsung abgezogen; dann erhält man den zu kapitalisierenden Ertrag. Der entsprechende Vervielfältiger ergibt sich aus Liegenschaftszinssatz, Gesamtnutzungs- und Restnutzungsdauer. Die Multiplikation des zu kapitalisierenden Ertrages mit dem Vervielfältiger ergibt den anteiligen Gebäudeertragswert.

Stufe 1	Stufe 2	Stufe 3	Stufe 4	Stufe 5	Stufe 6
Mögliche Anlässe	Funktion	Aufgabe des Gutachters	Wertgröße	Mögliche kodifizierte oder nicht kodifizierte Wertdefinition	Mögliche immobilienwirtschaftliche Wertermittlungsverfahren
	Hauptfunktionen (abschließend)				
Kauf/Verkauf An-/Vermietung Um-/Wiedernutzung	Beratungsfunktion	Ermittlung der Grenze der Konzessionsbereitschaft bzw. der Preisober- und Untergrenze	Entscheidungswert	Verkehrwert Marktwert	Ertragswertverfahren Investment-Verfahren Profits-(account)-Verfahren Discountet-Cashflow-Verfahren Liquidationswertverfahren Residualwertverfahren
Scheidung/ Erbschaft/ Nachlassregelung	Vermittlungsfunktion	Vermittlung zwischen Parteien, Vorlage eines „fairen" Einigungspreises	Arbitrium- oder Schiedswertspruch	Verkehrswert	Ertragswertverfahren
Kreditnahme/ Beleihung	Argumentationsfunktion	Argumentative Unterstützung einer Verhandlungspartei	Argumentationswert	Verkehrswert Marktwert Beleihungswert	Ertragswertverfahren Sachwertverfahren
	Nebenfunktionen (exemplarisch)				
Überschuldung	Bilanzfunktion	Abbildung einer Immobilie anhand handels- und steuerrechtlicher Normen in der Bilanz	Bilanzwert	Buchwert Marktwert Beleihungswert	Ertragswertverfahren Verlustfreie Objektbewertung Sachwertverfahren
Erbschafts-/ Schenkungssteuer	Steuerbemessungs- bzw. Deklarationsfunktion	Ermittlung eines Immobilienwertes als Steuerbemessungsgrundlage	Steuerbemessungswert	Buchwert Einheitswert Verkehrswert	nach steuerlichen Vorschriften kodifiziertes Ertragswertverfahren
Abfindung/ Enteignung	Vertragsgestaltungsfunktion	Festlegung einer Wertgröße zur Sicherung von Gesellschafts- oder Gesellschafterinteressen			

Tabelle 4-2 Bewertungsmethoden im Kontext der funktionalen Werttheorie [68]

Der Ertragswert insgesamt setzt sich aus dem Bodenwert und dem anteiligen Gebäudeer-tragswert zusammen.

Bei dieser Wertermittlung wird deutlich, dass der Einfluss der Bewirtschaftungskosten den Gebäudeertragswert direkt beeinflusst. Ist der Spielraum für die nachhaltig erzielbaren Mie-ten ausgeschöpft, besteht die Möglichkeit über die Bewirtschaftungskostensenkung den Er-tragswert der Immobilie zu erhöhen bzw. Ausfälle aus den erzielbaren Mieten zu kompensie-ren.

Grundsätzlich sollte aber berücksichtigt werden, dass Investitionen, die zur Senkung der Bewirtschaftungskosten führen, die erzielten Einsparungen nicht überschreiten. Sonst wird der Ertragswert gemindert.

Andererseits ist jedoch der folgende Aspekt zu berücksichtigen. Ist eine mögliche Erhöhung der nachhaltigen Miete um die verminderten umlegbare Nebenkosten möglich, würde sich der Werterhöhungseffekt noch vergrößern.

Es ist aus Vermietersicht überlegenswert, die erzielten Einsparungen aus den Bewirtschaf-tungskosten und umlegbaren Nebenkosten von vorn herein zu Gunsten einer höheren Miete zu verschieben. Der mögliche monatliche Gesamtmietbetrag, bestehend aus umlegbaren Nebenkosten und Miete würde dann für den Mieter nicht höher sein, als bei einer nicht erfolgten Reduzierung der Bewirtschaftungskosten.

Durch diesen Effekt wird der Ertragswert für den Vermieter höher, für den Mieter ändert sich nichts.

Andererseits sind die Vermieter durch den verschärften Wettbewerb um Mieter zurzeit ge-zwungen, mit lukrativen Angeboten ihre Mieter zu halten. Auch unter diesem Umstand brin-gen betriebskostensparende Investitionen des Vermieters Einsparungen für die Mieter und helfen leerstehende Flächen wieder lukrativ zu gestalten. Beachtet man dabei das Gleichge-wicht von Investitions- und Einsparungskosten, muss sich am Ertragswert keine Minderung ergeben.

4.7.3 Wertermittlung der Gebäudesubstanz

Das Bestandsgebäude besitzt einen Wert an sich, der sich zunächst dadurch ableiten lässt, dass eine vorhandene Bauhülle mit den dazugehörigen inneren Gebäudestrukturen und Ausstattungen vorhanden ist. Diese einzelnen vorhandenen Bauteile und Bauteilschichten kann man in ihrer Lebenserwartung bewerten. Die tatsächliche Lebensdauer der einzelnen Bauteile und Bauteilschichten wird von den jeweiligen Bauteileigenschaften der Ausführungsqualität konkreter Beanspruchung und Erwartung bzw. Instandhaltung beeinflusst. Die Lebenserwartung wird in der Regel mit von-bis-Werten angegeben; man kann daraus eine mittlere Lebenserwartung als Orientierung ansetzen. Die tatsächliche Lebenserwartung kann ggf. von den angegebenen mittleren Lebenserwartungen abweichen.

Es ist möglich, die Bauteile in die folgenden Gruppen zu untergliedern:

- Tragkonstruktion
- Nicht tragende Konstruktionen außen (Außentüren, Außenfenster)
- Nicht tragende Konstruktionen innen

- Nicht tragende Konstruktionen (Dächer)

- Installationen und betriebstechnische Anlagen

- Außenanlagen.

Die einzelnen Gruppen lassen sich jetzt beliebig in Bauteile und Bauteilschichten aufsplitten und für die einzelnen Bauteile die mittleren Lebenserwartungen ansetzen. Vergleicht man diese mit dem Lebensalter des Gebäudes bzw. den durchgeführten Modernisierungen, Instandhaltungen oder Instandsetzungen, sind die einzelnen Daten anzupassen. Die Bauteile und Bauteilschichten der Gruppe „Tragkonstruktionen" sind die am langlebigsten und diejenigen mit der höchsten Lebenserwartung. Die Bauteile der Gruppe „Nicht tragende Konstruktionen außen" sind entscheidend von der Materialgüte abhängig bzw. ob sie der Witterung direkt ausgesetzt sind. Die Bauteile der Gruppe „Nicht tragende Konstruktionen (Dächer)" sind ebenfalls von den Qualitäten der gewählten und eingesetzten Baustoffe und der Witterungseinwirkung sehr unterschiedlich. Die Gruppe „Installationen und betriebstechnische Anlagen" hat ein weites Spektrum an Lebenserwartungen in Abhängigkeit der einzelnen Bauteile. Hier gibt es Spannen von 12 Jahren für Brenner mit Gebläsen bis zu 40 Jahren für Heizleitungen und Kaltwasserleitungen. Im Leitfaden für nachhaltiges Bauen, herausgegeben durch das Bundesministerium für Verkehr, Bau- und Wohnungswesen ist im Kapitel 7 eine ausführliche Tabelle zur Lebensdauer von Bauteilen und Bauteilschichten enthalten [69], die als geeignete Ansätze für die Bewertung der eigenen Bestandsimmobilien herangezogen werden können. Die Auswertung mit Hilfe dieser Tabelle ermöglicht es, sich einen umfassenden Überblick über den Zustand und die weitere Lebenserwartung des Gebäudes zu machen und gibt Ansätze für die Untersuchung von Widersprüchen, die durch die Erfassung auftreten. So wird es nicht verwunderlich sein, dass für bestimmte Bauteile z. B. ein Tondachziegel wesentlich längere Standzeiten erreicht werden können und vermeintlich anstehende Kosten nicht auftreten. Diese Auswertung mit in die Kostenanalyse einzubeziehen und konkrete Untersuchungen des Bestandes ausführen zu lassen, ermöglicht diese Vorgehensweise.

Die bauteilbezogene Vorgehensweise und die Betrachtung der einzelnen Bauteilschichten führen dazu, dass man sich vor dem Auslösen von konkreten Untersuchungen durch Baufachleute einen Überblick verschaffen kann. Für die relevanten Bauteile und Bauteilschichten ist eine Abgrenzung bzw. ein Vergleich zu den gewünschten funktionalen und optischen Eigenschaften möglich. Es wird weiterhin klar gestellt, welche Instandhaltungsmaßnahmen sofort bzw. in nahen Zeiträumen anfallen und in welchen Zeiträumen mit größeren Instandsetzungen gerechnet werden muss. Größere Instandsetzungen sind unter dem Aspekt von Modernisierungen zu untersuchen.

So lässt sich ein über Jahre gestaffeltes Programm für die Vorgehensweise und den Umgang mit dem Bestand erarbeiten.

		Bauteil / Bauteilschicht	Lebenserwartung von - bis [a]	mittlere Lebenserwartung [a]
Trag-konstruktion	1.	Fundament Beton	80 - 150	100
	2.	Außenwände / -stützen		
		Beton, bewehrt, bewittert	60 - 80	70
		Naturstein, bewittert	60 - 250	80
		Ziegel, Klinker, bewittert	80 - 150	90
		Beton, Betonstein, Ziegel, Kalksandstein, bekleidet	100 - 150	120
		Leichtbeton, bekleidet	80 - 120	100
		Verfugung, Sichtmauerwerk	30 - 40	35
		Stahl	60 - 100	80
		Weichholz, bewittert	40 - 50	45
		Weichholz, bekleidet; Hartholz, bewittert	60 - 80	70
		Hartholz, bekleidet	80 - 120	100
	3.	Innenwände, Innenstützen		
		Beton, Naturstein, Ziegel, Klinker, Kalksandstein	100 - 150	120
		Leichtbeton	80 - 120	100
		Stahl	80 - 100	90
		Weichholz	50 - 80	70
		Hartholz	80 - 150	100
	4.	Decken, Treppen, Balkone		
		Beton, frei bewittert	60 - 80	70

Tabelle 4-3 Auszug aus Tabelle 7, Leitfaden nachhaltiges Bauen [69]

4.7.4 Kosten der Instandhaltung

Die mit dem Begriff Instandhaltung definierten Aufgaben und Maßnahmen, nämlich die Bewahrung und Wiederherstellung des Soll-Zustandes und eine Beurteilung des Ist-Zustandes geben vor, welche Kosten unter dieser Rubrik festzustellen und zunächst zusammenzustellen sind. Im Weiteren sind diese dann zu bewerten. Die auszuführenden Maßnahmen beinhalten Wartungen, Inspektionen und Instandsetzungen. Im Rahmen der Kostenerfassung für die Instandhaltung sind sämtliche Kosten für Maßnahmen, die zur Bewahrung des Soll-Zustandes des Gebäudes und seines Zweckes konkret angefallen sind und die die zukünftig weiter anfallen, wenn es konkrete Wartungspläne, -rhythmen gibt, zu erfassen. Sämtliche Kosten der Inspektionen sind aufzuführen. Inspektionen sind die Kosten, die zur Feststellung und Beurteilung des jeweiligen Ist-Zustandes von technischen Anlagen und Bauwerken notwendig sind.

Unter der Kostenart Instandsetzung sind sämtliche Kosten zusammenzutragen, die für die Wiederherstellung des Soll-Zustandes anfallen und die aufgrund der erfolgten Inspektion in der nächsten Zeit anstehen werden.

Somit kann eine zeitliche Abfolge aufgezeigt werden, in der Instandsetzungsmaßnahmen anfallen werden. Im Ergebnis der Kostenuntersuchung der Instandhaltungskosten erhält man die Kostenkenngröße die zur Bewahrung des Soll-Zustandes notwendig ist. Weiterhin ergeben sich Zeitwerte, bei denen die mögliche Grenze der Lebensdauer für sich verschleißende Bauteile erreicht wird. Es wird planbar, wann eine notwendige Instandsetzung für die Erlangung des Soll-Zustandes kostenseitig anfallen wird. Die detaillierte Analyse der Instandhaltungskosten zeigt auf, wie wartungsträchtig oder störanfällig Bauteile im Gebäude sind, wo Kosten treibende Bauteile und technische Anlagen vorhanden sind.

Im Ergebnis der Analyse der entstandenen und künftig entstehenden Kosten kann es dazu führen, dass eine Modernisierung vorhandener kostentreibender Anlagen und Bauteile zweckmäßiger und kostengünstiger ist, als die vorhandene Anlagentechnik oder Gebäudeteile weiter mit dem hohen Instandhaltungsaufwand weiterzunutzen. Die konkrete Abwägung der notwendigen Investitionskosten unter Berücksichtigung der erzielbaren Einsparungen in der weiteren Nutzung können so detailliert untersetzt für die Entscheidungsfindung genutzt werden.

Als Beispiel soll die Modernisierungen von Heizungsanlagen genannt werden, die in der Regel zur Folge haben, dass durch eine bessere Steuerung der Anlagen und der technischen Weiterentwicklung beträchtliche Einsparungen beim Gas- oder Ölverbrauch und beim Wartungspersonal erzielt werden. Zunächst haben diese Einsparungen nicht alle mit den Instandhaltungskosten selbst zu tun, führen jedoch bei den Verbrauchskosten zu deutlichen Senkungen. Die alleinige Betrachtung der Instandhaltungskosten führt nicht immer zu einem objektiven Bild über das konkrete Einsparungspotential.

Es wird deutlich, dass die übergreifenden und sich gegenseitig beeinflussenden Kostengrößen im Gesamtzusammenhang gesehen werden müssen. Konkrete Instandhaltungskosten, die durch die notwendige Wartung einer Heizungsanlage entstehen, können z. B. durch den Einbau von Brennwerttechnik oder die Umstellung einer Öl- auf Gasheizung konkrete Kosten senken, da die Wartungsintervalle beim Einsatz von Gas größer gewählt werden können und z. B. Schornsteinfegergebühren für Brennwerttechnik nicht so oft anfallen. Durch die Einbeziehung und Nutzung regenerativer Energien lässt sich neben dem konkreten Kosteneffekt für den Nutzer und Betreiber auch ein gesamtgesellschaftlicher Nutzen erbringen. Der Minderverbrauch der Ressourcen schont die Umwelt. Diese „erwirtschafteten Werte" rücken zunehmend in das Bewusstsein der Menschen und beeinflussen das konkrete Handeln (s. auch Kap. 3.). Sie gewinnen an Bedeutung und werden zum Image von Unternehmen. Die Bedienung dieser Ansprüche stellt für Immobilienverwalter und Eigentümer eine nicht zu unterschätzende Aufgabe dar und muss heute mit einbezogen werden.

4.7.5 Kosten der Modernisierung und Instandsetzung

In der detaillierten Betrachtung von vorhandenen aufgewendeten Instandsetzungskosten in Zuordnung zu Bauteilen oder Anlagen erhält man einen exakten Kostenüberblick über die

Tauglichkeit der verwendeten Materialien und Anlagen. Es ist leicht zu erkennen, wann ein Verschleiß bei welchen Bauteilen auftritt, und es lässt sich ablesen, wann mit weiteren Instandsetzungsmaßnahmen wieder zu rechnen ist. In der Analyse dieser Instandsetzungskosten ist die Überlegung der Durchführung von Modernisierungsmaßnahmen anzustellen. Haben Bauteile und technische Anlagen eine Nutzungsdauer erreicht, die an ihre Lebenserwartung heranreicht und ist abzusehen, dass durch die vorgenommenen Wartungs- und Inspektionsarbeiten, größere Instandsetzungsmaßnahmen notwendig werden, ist die Modernisierung der Bauteile und Anlagen in Erwägung zu ziehen.

Sehr oft ist durch die technische Entwicklung der zurückliegenden Jahre zu erwarten, dass die Modernisierung mit einem höheren Gebrauchsnutzen, einem höheren Maß an Zuverlässigkeit und Haltbarkeit und nicht zuletzt auch mit einer besseren Servicefreundlichkeit von Materialien verbunden ist. Diese Kriterien konkret gegeneinander abzuwägen und Schwerpunkte in der Entscheidungsfindung zu setzen, ist für die Entscheidung zu einer Modernisierung notwendig. Die Kosten einer Modernisierung sind zu ermitteln und den künftigen Instandsetzungskosten für die zu modernisierenden Bauteile und Anlagen gegenüberzustellen. Da eine Modernisierung im Wesentlichen von positiven Erfolgen geprägt sein sollte, sind die Auswirkungen auf andere Kostenstellen/Kostengrößen mit in die Bewertung einzubeziehen. Das bedeutet konkret, dass die durch eine Modernisierung erreichten Senkungen von Verbrauchskosten, Wartungskosten, Verwaltungskosten, Personalkosten etc. mit aufgezeigt werden müssen, um die Kosten der Modernisierung zu rechtfertigen und die Entscheidungsfindung zur Modernisierung zu erleichtern.

Die detaillierte Untersuchung der Kosten für Instandsetzungen, die bisher angefallen sind, kann deutlich machen, ob bestimmte Aufwendungen für ausgeführte Bauarbeiten im Kostenrahmen von vergleichbar ausgeführten Arbeiten liegen oder ob Einheitspreise oder Materialpreise extrem abweichen. Daraus können Überlegungen abgeleitet werden, bestimmte bestehende Verträge anders zu gestalten, z. B. unter Einbeziehung von Materialien oder dem pauschalen Erfassen von Fahrzeiten oder der Bündelung von Aufträgen an eine Firma, so dass sich insgesamt bei der Ausführung und der immer wieder Beauftragung von einzelnen Firmen Ersparnisse und Verhandlungsspielräume bei der Vertragsgestaltung ergeben können.

Weiterhin ist es lohnenswert, sich Vergleichsangebote zu bestehenden Verträgen einzuholen um damit die bisherigen Kosten dem Markt anzupassen und Vergleiche anstellen zu können.

Bei der Ermittlung der Kosten der Modernisierung sind viele Einflüsse aus anderen Kostenbereichen, die die ständige Bauunterhaltung und Pflege beinhalten, relevant. So dürfte es nicht uninteressant sein, sich mit der Fassaden- und Fensterreinigung bei der Fassadengestaltung auseinanderzusetzen. Oft kommt es hier zu einem Konflikt zwischen künstlerischer Gestaltung und konkreter Verwendung. Allzu oft führt die Anwendung moderner Bauweisen und Materialien im Fassadenbereich dazu, dass die Reinigung der Fassaden oder die Erneuerung von Oberflächen nur mittels Spezialgeräten und Spezialverfahren erfolgen kann, was eine enorme Kostenerhöhung nach sich zieht. Oberflächen können eine sehr hohe Empfindlichkeit aufweisen, so dass ständige Reinigungsarbeiten und Instandhaltungsarbeiten notwendig werden. Hinzu kommen schlechte Erreichbarkeit von Bauteilen durch Versprünge, Bebauungen und Überbauungen. Es wird auf Fassadenbaustoffe zurückgegriffen, die sehr speziell und im Falle einer Reparatur nicht schnell beschaffbar sind; es kommt dadurch zu langen Wartezeiten.

Gerade bei der Modernisierung von Bestandsgebäuden neigt man dazu, die Substanz auf „Neubau zu trimmen" und das Bestandsgebäude mit sämtlichen Bauweisen und Materialien, die der Markt hergibt, zu überfrachten.

Es ist daran zu erinnern, dass nicht alle Elemente des Neubaus ein Garant für niedrige Betriebskosten sind. Meistens führen die Extravaganz und der solitäre Charakter der mit Neubauten heute vornehmlich verfolgt wird, dazu, dass die Kosten des Bauunterhalts um ein Mehrfaches gegenüber vergleichbaren Bestandsimmobilien ansteigen. Es ist damit der Gebrauchsnutzen solcher außergewöhnlichen Lösungen in Frage zu stellen.

4.7.6 Verwaltungs- und Betriebskosten

In den Verwaltungskosten sind sämtliche Kosten für die Fremd- und Eigenleistung der zur Verwaltung der Gebäude erforderlichen Arbeitskräfte, Einrichtungen, die Kosten der Aufsicht sowie der Wert der vom Vermieter persönlich geleisteten Verwaltungsarbeit zu erfassen. Weiterhin sind die Kosten für die gesetzliche und freiwillige Prüfung von Jahresabschlüssen und die Kosten der Geschäftsführung mit zuzuordnen. Es ist empfehlenswert, Objekt bezogen, d. h. auch wenn man Eigentümer mehrerer Liegenschaften ist, diese getrennt voneinander, wie bei einer „Vermietung" zu betrachten. Nur so lassen sich zu den einzelnen Objekten konkrete Kostenzuordnungen dokumentieren und die Offenlegung von Schwachstellen Objekt bezogen ermöglichen.

Für die Erfassung der Betriebskosten gilt das o. g. gleichermaßen, auch hier ist die Objekt bezogene Zuordnung unerlässlich. In den Betriebskosten werden alle die durch den bestimmungsgemäßen Gebrauch des Gebäudes oder der Wirtschaftseinheit laufend entstehenden Kosten für Fremd- und Eigenleistungen, Personal- und Sachkosten erfasst. Die detaillierte Erfassung sämtlicher Daten zur Betreibung sind hilfreich, eine Überprüfung von bestehenden Verträgen mit Versorgungsunternehmen zu prüfen. Es wird möglich eine Bündelung von Verträgen vorzunehmen und Rabatte zu verhandeln, gezielte Abfragen an Dienstleister zur Erstellung von neuen Angeboten und Verträgen zu stellen.

Konkrete Verbrauchszahlen für Medien wie Gas, Strom, Wasser, Öl lassen sich Gebäude bezogen ermitteln und führen in der Analyse im Zusammenhang mit Instandsetzungs- und Instandhaltungskosten zu einem Zahlenwerk, das Zusammenhänge oder auch Widersprüche aufzeigt. So wird es nicht verwunderlich sein, dass bei der Aufnahme der vorhandenen Anlagentechnik in Bestandsgebäuden es nicht möglich sein wird, differenzierte Verbräuche zu erfassen bzw. Einfluss auf deren Steuerung und Entstehung vorzunehmen, da keine Messgeräte im Anlagensystem installierbar waren oder zum damaligen Zeitpunkt noch nicht eingebaut wurden.

Somit wird sich bei der Kostenanalyse des jeweiligen Bestandsgebäudes aufzeigen, wo die dringendsten Maßnahmen für Investitionen anstehen, um überhaupt zu einer genauen Kostenaussage, bezogen auf die jeweilige Immobilie kommen zu können.

4.7.7 Investitionskosten

Sämtliche Kosten der Instandhaltung, der Instandsetzung und des Betriebes und der Verwaltung müssen sich aus den eingenommenen Mieten finanzieren lassen. Nicht zu vergessen sind die Kapitalkosten, die für die Bedienung von Krediten notwendig werden.

Stehen nach Sichtung und Vergleich des Kostenzahlenwerkes zur Bewirtschaftung der Gebäude konkrete Investitionen an, die die Bestandsgebäude modernisieren sollen und somit zu einer besseren Kosteneffizienz führen, müssen die Investitionskosten ermittelt werden. Nach Feststellung der Größenordnung der zu tätigenden Investitionen und einem entsprechenden Zeitrahmen für die Ausführung der Investitionen ist unbedingt abzuklären, welche anderen wirtschaftlichen Aspekte und Vergünstigungen noch mit einzubeziehen sind.

Es ist zu prüfen, ob es konkrete Fördermaßnahmen und Fördermittel für die anstehende Investition gibt.

Die Förderung von Energieeffizienz durch den Einsatz und Bau von Ressourcenschonender Anlagentechnik ist zu prüfen. Alle Aspekte müssen bei den Investitionskosten berücksichtigt werden.

Die Gewährung von Investitionszulagen ist abzuklären, sämtliche steuerlichen Aspekte und die Abschreibungsmöglichkeiten sind näher zu beleuchten und die Investitionen darauf abzustimmen. Dies gilt sowohl für die finanzielle Höhe als auch für die zeitliche Abfolge. Es ist zu prüfen, ob die Möglichkeit der Inanspruchnahme von Zins verbilligten Darlehen wie sie z. B. durch die Bundesländer durch spezielle Länderprogramme oder über die Kreditanstalt für Wideraufbau in ihren umfangreichen Programmen angeboten werden besteht.

Gegebenenfalls ist das Investitionsvolumen anzupassen und die Gesamtfinanzierung aufzuteilen, so dass die Kriterien aus diesen Rahmenbedingungen erfüllt werden können.

Die Kreditwürdigkeit eines Kreditnehmers wird nicht zuletzt daran gemessen, inwieweit eine ganzheitliche Immobilienanalyse, die die Bonität und das Entwicklungspotential von Liegenschaften aufzeigen, durchgeführt wird. Durch die Darlegung eines schlüssigen und mit Zahlenmaterial untersetzten Konzeptes zur langzeitigen Bewirtschaftung, gestützt auf konkreten Bestandsdaten, ermöglicht es auch den Kreditgebern mit größerer Zuversicht und Sicherheit Kredite auszuhändigen.

4.7.8 Wirtschaftlichkeitsbetrachtungen

Mit dem vorangegangenen Zahlenwerk ist es möglich, konkrete Wirtschaftlichkeitsberechnungen anzuführen. Gerade bei den Überlegungen, bestimmte Leistungen von Fremdfirmen ausführen zu lassen und sich externer Dienstleister zu bedienen, ist es erforderlich, die Kosten der eigenen Bewirtschaftung gegenüberzustellen.

Dies ist auch dazu notwendig, um eine Überprüfung von bestehenden Dienstleistungsverträgen und fremd vergebenen Leistungen die bereits bestehen, vornehmen zu können. So wird es möglich zu kontrollieren, ob es bei strukturellen oder personellen Änderungen innerhalb einer Firma, die zu Umsetzungen von Personal führen lohnenswert ist, einen eigenen Bereich Liegenschaftsmanagement zu gründen. Da dadurch das vorhandene Personal nicht entlassen werden muss und alle damit zusammenhängenden Kosten entfallen, bzw. vorhandene Kosten für Fremdfirmen umgeleitet werden können.

Bei der Auswertung ist möglichst detailliert die Leistung und Tätigkeit mit den entsprechenden Kosten zu untersetzen, um eine Vergleichbarkeit einzelner Positionen zu ermöglichen. So kann es auch sinnvoll sein, einzelne teure Positionen in Eigenleistung zu übernehmen und andere weiterhin fremd zu vergeben. Inwieweit es möglich ist, bei fremd vergebenen Leistungen, die in einem Gesamtvertrag vergeben sind, diese aufzusplitten, ist nur in einer Vertragsverhandlung mit dem jeweiligen Dienstleister zu klären.

Ein Beispiel für die Gegenüberstellung von Eigenbewirtschaftung und Fremdbewirtschaftung soll die durchgeführte Wirtschaftlichkeitsbetrachtung der Bauhaus-Universität in Weimar an einem Standort in der Steubenstraße in Weimar geben.

Durch das Erstellen einer Wirtschaftlichkeitsbetrachtung zur Bewirtschaftung von Gebäuden, die durch die Universität genutzt werden, stellte sich aus rein monetärer Betrachtung des technischen und infrastrukturellen Gebäudemanagements heraus, dass die Kosten für die Leistungen des technischen Gebäudemanagements bei Wahrnehmung durch die Bauhaus-Universität selbst um die Hälfte billiger war, als bei Wahrnehmung der Leistungen durch die Fremdfirma.

Beim infrastrukturellen Gebäudemanagement wurde ein etwa gleicher Kostenaufwand bei Eigenbewirtschaftung und bei Fremdbewirtschaftung festgestellt.

Somit wird deutlich, dass die genaue Kostenuntersuchung Einsparungspotentiale aufzeigen kann.

Es stellt sich die Frage, aus welchem Grund man die Fremdbewirtschaftung zunächst wählte. Im speziellen Fall war zu dem damaligen Zeitpunkt im Jahr 2002 eine Eigenbewirtschaftung nicht möglich, da es an personellen Ressourcen fehlte, die sowohl in quantitativer als auch in qualitativer Art begründet waren und eine ordnungsgemäße Bewirtschaftung nicht ermöglicht hätten.

Aus diesem Grund fiel im Jahr 2002 die Entscheidung, diese Aufgaben fremd zu vergeben. Ergänzend sei genannt, dass seitens des Landes ein Stellenbesetzungsverbot für die Bauhaus-Universität bestand, so dass personelle Engpässe nicht ausgeglichen werden konnten.

Da die Bauhaus-Universität Weimar und die Hochschule für Musik Franz Liszt Weimar im Jahr 2003 eine Zusammenführung in den Technikabteilungen zu einem Hochschulzentrum Liegenschaftsmanagement durchführten (siehe Kapitel 6), kam es für beide Seiten zu Kompetenz- und Kapazitätsgewinnen, die zunächst entdeckt und eingeschätzt werden mussten. Die Fusion brachte eine Umstrukturierung im Hochschulzentrum Liegenschaftsmanagement. Die vorhandenen Mitarbeiter konnten so entsprechend ihren Qualifikationen eingesetzt werden und effektiver arbeiten. Das Umverteilen von Aufgaben in andere Bereiche der Hochschule für Musik konnte zu Kapazitätsgewinnen führen. Die nunmehr gewonnenen Erfahrungen des Hochschulzentrums Liegenschaftsmanagement haben gezeigt, dass die vorhandene Kompetenz und Kapazität aus der Fusion hervorgehend ausreichen wird, die Liegenschaften im Bestand sowie die anstehenden Zugänge am Standort Steubenstrasse in den nächsten Jahren selbst bewirtschaften zu können.

Weiterhin wurde in der Analyse aufgedeckt, dass ein nicht unerheblicher Umfang an Kapazitäten durch die Betreuung des Fremddienstleisters gebunden ist. Diese Kapazität würde bei der eigenen Ausführung der Leistungen komplett wegfallen und somit hinzugewonnen werden. Neben diesen positiven Erkenntnissen, die sich aus der Wirtschaftlichkeitsbetrachtung ergeben haben, traten auch einige Probleme, die mit dem Fremddienstleister in Zusammenhang standen zu Tage, die im Vorfeld der Fremdvergabe kaum abzuschätzen waren.

Im Einzelnen wurde folgendes festgestellt:

1. Die Fremdvergabe und Fremdbewirtschaftung verursachte einen Wissens- und Kompetenzverlust auf Seiten des Auftraggebers. Viele Details wurden ohne Wissen des Auftraggebers entschieden und konnten auch nicht vollständig weiter vermittelt werden. Eine erhoffte klare Trennung der Verantwortung bezüglich Betrieb und Wartung wurde unter den gegebenen Voraussetzungen nicht erreicht.

2. Der Auftraggeber hat keine „echte" Kontrollmöglichkeit über den Anlagenzustand und die tatsächliche Erbringung der Leistungen, die im Leistungsverzeichnis vorgeschrieben sind. Streitfälle durch die unterschiedlichen Interessenlagen sind vorprogrammiert und es bedurfte wiederkehrend eines unabhängigen Gutachters, der zusätzliche Kosten verursacht. Die Situation des Auftraggebers ist durch ein gewisses Maß an Unsicherheit gekennzeichnet.

3. Vertragsübergänge stellen sich als sehr kompliziert und kaum denkbar dar, da die neue Firma von der alten Firma eingearbeitet werden muss und zwischen diesen eine Übergabe erfolgen muss. Dabei kommt es gezwungenermaßen durch die Interessenkonflikte zu Wissensverlusten.

Die o. g. Ausführungen zeigen, dass neben der monetären Auswertung in einem solchen Betrachtungsprozess auch andere Probleme zu Tage gefördert werden, die sich nicht konkret in Zahlen ausdrücken lassen, jedoch eine erhebliche Bedeutung für die tägliche Arbeit mit sich bringen.

Es werden die Risiken deutlich, die eine Fremdvergabe mit sich bringt. [70]

4.8   Qualitätsanspruch

4.8.1   Qualität – was ist das?

Der Begriff Qualität leitet sich vom Lateinischen *qualitas* „Beschaffenheit, Verhältnis, Eigenschaft" ab. Bei der Recherche auf www.google.de erhält man auf die Frage „Qualität Definition" ca. 190.000 Treffer (dies sind nur die Ergebnisse in Deutsch). Anscheinend hat jeder Betrieb, jede Firma und jeder Dienstleister seine eigenen Vorstellungen von Qualität. Auf einige Zusammenhänge stößt man jedoch immer wieder:

Qualität ist die ...

Gesamtheit von Merkmalen (und Merkmalswerten) einer Einheit bezüglich ihrer Eignung, festgelegte und vorausgesetzte Erfordernisse zu erfüllen.[71]

oder

Qualität ist die ...

Gesamtheit der Merkmale, die eine Einheit zur Erfüllung vorgegebener Forderungen geeignet macht. Eine Einheit kann ein Produkt, eine Dienstleistung, ein Prozess oder eine Organisation (Abteilung, Unternehmen) sein. Die vorgegebenen Forderungen können festgelegt oder vorausgesetzt sein und ergeben sich i. a. aus dem Verwendungszweck (Art des Gebrauchs). [72]

Die Sanierung ist also eine Dienstleistung, welche bestimmte Forderungen erfüllen muss. Diese Forderungen sind teilweise festgelegt (Gesetze, Bestimmungen, Kostenträger, ...) und werden teilweise vorausgesetzt (Bauherren, Investoren, ...). Jede Forderung benötigt ein oder mehrere (Qualitäts-)Merkmale, an denen die Erfüllung dieser Forderung erkannt werden kann ("merkbar" wird). Alle Merkmale zusammen ergeben die Qualität.

Kann an den Merkmalen abgelesen werden, dass die Forderungen hochgradig erfüllt sind, dann ist die Qualität „gut". Wenn auch nur einzelne Forderungen schlecht erfüllt sind, dann ist auch die Gesamtqualität „schlecht".

Unter anderem findet man neben umfangreicher Fachliteratur in der so genannten „Qualitätsnorm" DIN EN ISO 9000 ff entsprechende Hinweise zum Verständnis des Begriffs „Qualität" [73]:

Mit Qualität ist der Grad der Erfüllung bestimmter Anforderungen gemeint, also Erwartungen, die festgelegt oder vorausgesetzt wurden oder die verpflichtend zu erfüllen sind. Das Produkt, die Dienstleistung usw. verfügt über bestimmte Merkmale, Eigenschaften, die es/sie kennzeichnet – qualitativer oder quantitativer Natur – wie z. B.

- physische (mechanische, elektrische, chemische, biologische, ...)
- sensorische (Geruch, Berührung, Geschmack, Sehvermögen, Gehör, ...)
- verhaltensbezogene (Höflichkeit, Ehrlichkeit, ...)
- zeitbezogene (Pünktlichkeit, Zuverlässigkeit, Verfügbarkeit, ...) usw.

Verschiedene Leute stellen also eine Reihe unterschiedlicher Anforderungen, die dann in unterschiedlichem Ausmaß erfüllt werden. Je hochgradiger diese erfüllt werden, umso besser ist die Qualität. Aber wo bzw. worin befindet sich dieses Bündel an Merkmalen? Wer erfüllt die Anforderungen?

Qualitätsmerkmale sind Eigenschaften von Produkten, Prozessen oder Systemen, die sich auf bestimmte Anforderungen beziehen. Die Dienstleistung der Sanierung oder des Facility Managements kann als Produkt und Prozess verstanden werden, welche im System „Gebäudenutzung" (System „Gebäudelebenszyklus", System „Gebäudebestand", System „Bauen im Bestand"...) erbracht wird.

Daraus lässt sich für die Sanierung und für das Facility Management u. a. etwas Wichtiges ableiten:

Ein Qualitätsmerkmal bezieht sich immer auf eine entsprechende Anforderung! Diese Anforderung muss also vorher bekannt sein, erst dann kann eine Aussage über die Qualität getroffen werden (ob also die Anforderungen erfüllt wurden).

Im Fall der Sanierung (als Dienstleistungsprozess) würde dies bedeuten, dass eine Reihe von spezifischen Qualitätsmerkmalen vorliegen müsste, um eine Aussage über die Qualität der Sanierung treffen zu können. Da Anforderungen von verschiedenen Interessenspartnern gestellt werden (Nutzern, Eigentümern, Investoren, Betreibern, Planern, Ausführenden, ...), wird sich dies auch in vermutlich sehr verschiedenen Qualitätsmerkmalen widerspiegeln.

Einige dieser Anforderungen sind durch Gesetze, Bestimmungen und „Verwendungszweck" z. B. eines Gebäudes vorgegeben, andere wiederum leiten sich aus der (Berufs-)Geschichte des Bauens oder der „Tradition" ab. Vor allem die traditionellen „ungeschriebenen Gesetze" – als überlieferte Qualitätsmerkmale für gute Sanierung – geben immer wieder reichlich Stoff für Konflikte.

4.8.2 Festlegung der Anforderungen: Zielformulierung

Bauen im Bestand lässt sich in der Praxis mit unterschiedlichen Vorgehensweisen realisieren. Aus diesem Grund ist es stets wichtig, das infrage kommende Sanierungskonzept als Ziel zu formulieren. Im Umgang mit Bestandsbauten – ausgehend von den Anforderungen der Denkmalpflege – werden verschiedene Konzepte unterschieden (s. auch Kap. 4.3.3):

- Altern lassen

- Erneuern

- Ersetzen

- Instandhalten

- Konservieren

- Modernisieren

- Pflegen

- Rekonstruieren

- Renovieren

- Reparieren

- Restaurieren

Der beim Bauen im Bestand immer wieder verwendete Begriff der Sanierung ist also nicht auf ein bestimmtes Konzept fokussiert, sondern besteht vielfach aus einer Kombination der o. g. Teilkonzepte. Wie in der Medizin kann jedoch die richtige Therapie – das richtige Sanierungskonzept mit höchster Qualität – nur nach ausreichender Anamnese und Diagnose ausgewählt werden: erst wenn man den Bestand kennt, kann man das am besten geeignete Konzept auswählen und damit den gewünschten Zustand des Gebäudes herstellen. Das formulierte Ziel und damit die höchste Qualität kann daher nur erreicht werden, wenn die Ausgangssituation so genau wie möglich bekannt ist.

Ein weiterer wichtiger Einflussfaktor auf die Qualität (und die Nachhaltigkeit!) beim Bauen im Bestand ist die Festlegung des Sanierungsweges, d. h. durch welche Arbeitsschritte kann das gewählte Instandsetzungsziel bei der vorgesehenen Nutzung realisiert werden. Werden diese Schritte nicht eingehalten und das Ziel, d. h. die an die Sanierung gestellten Anforderungen werden nicht erreicht, ist die Maßnahme/das Werk/die erbrachte Leistung mangelhaft, der gewünschte Sollzustand somit also nicht erzielt, die vertragliche Beschaffenheit nicht erreicht. Das formulierte Ziel und damit die höchste Qualität kann daher weiterhin nur erreicht werden, wenn die einzelnen Sanierungsschritte genau festgelegt und aufeinander abgestimmt sind.

Rechtlich spricht man bei Abweichung des Ist-Zustandes vom Soll-Zustand von Mängeln. Das Erzielen einer hohen Qualität (und damit einer ausreichenden Nachhaltigkeit) bei der Sanierung des Gebäudebestands bedeutet damit u. a. eine Reduzierung und Vermeidung von Mängeln.

4.8.3   Realisierung der Anforderungen: Zielabweichungen

4.8.3.1   Wann ist ein Werk mangelfrei?

Der Bauvertrag ist ein Werkvertrag. Dies bedeutet, dass es sich bei ihm um einen erfolgsbezogenen Vertrag handelt, aufgrund dessen der Auftragnehmer die vertraglich übernommene Werkleistung eigenverantwortlich zu erbringen und für den Erfolg der von ihm geschuldeten Leistung einzustehen hat. Mit dem zum 01.01.2002 in Kraft getretenen Schuldrechtsmodernisierungsgesetz gingen auch Änderungen im Werkvertragsrecht einher; die §§ 633 bis 638 BGB wurden vollständig neu gefasst.

Nach § 633 Abs. 1 BGB alte Fassung (a. F.) war der Auftragnehmer verpflichtet, das Werk so herzustellen, dass es die zugesicherten Eigenschaften besitzt und nicht mit Fehlern behaftet ist, die den Wert oder die Tauglichkeit zu dem gewöhnlichen oder nach dem Vertrag vorausgesetzten Gebrauch aufheben oder mindern. Von einem Mangel sprach man also, wenn die ausgeführte Bauleistung (der Ist-Zustand) in negativer Weise vom vertraglich vereinbarten Zustand (Soll-Zustand) abwich; die vertraglichen Vereinbarungen waren der wesentliche Maßstab für den mangelfreien Soll-Zustand.

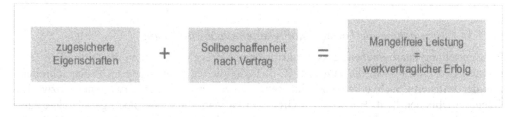

Bild 4-35 Mangelfreie Leistung (nach BGB a. F.)

Nach § 633 BGB neue Fassung (n. F.) wird der Unternehmer jetzt verpflichtet, dem Besteller das Werk frei von Sach- *und* Rechtsmängeln zu verschaffen. Die Herstellung eines mangelhaften Werkes wird nun als (teilweise) Nichterfüllung der Pflichten des Unternehmers verstanden. Darunter fallen auch die (früheren) zugesicherten Eigenschaften, die jetzt im Gesetz nicht mehr extra geregelt sind. Die Einhaltung der anerkannten Regeln der Technik (a. R. d. T.) als Kriterien der Mangelfreiheit wurde nicht (direkt) ins Gesetz aufgenommen, sie stellen aber das in jedem Fall geschuldete Minimum einer Werksleistung dar.

Das Werk ist nach § 633 BGB frei von Sachmängeln, wenn es die vereinbarte Beschaffenheit hat. Ist diese nicht vereinbart, muss das Werk entweder für die nach dem Vertrag vorausgesetzte Verwendung oder sonst für die gewöhnliche Verwendung geeignet sein (entspricht üblicher Beschaffenheit bei gleichen Werken, die der Besteller erwarten kann). Neu ist auch, dass einem Sachmangel gleich steht, wenn der Unternehmer ein anderes als das bestellte Werk oder das Werk in zu geringer Menge herstellt. Die „frühere" Verschärfung der Mangeldefinition in VOB/B § 13 wurde beibehalten, d. h. Mangelfreiheit = vereinbarte Beschaffenheit + allgemein anerkannte Regeln der Technik!

Nicht nur Abweichungen von a. R. d. T., sondern auch Abweichungen von der vereinbarten (oder üblichen) Beschaffenheit werden also als Mangel gewertet. Bei der Abnahme der vertraglich erbrachten Werkleistung wird die Mängelfreiheit überprüft; dabei sind z. T. verschiedene Kategorien von Mängeln möglich. Nach BGB § 640 n. F. darf die Abnahme wegen unwesentlicher Mängel nicht verweigert werden.

Sofort leiten sich daraus in der Praxis Fragen ab wie: „Was ist ein wesentlicher und was ist ein unwesentlicher Mangel?" oder „Ab wann wird ein Problem bei der Sanierung von Bestandsbauten als wesentlicher Mangel eingestuft?" usw. Zwangsläufig entstehen also Probleme bei der Grenzziehung zwischen „unwesentlichen" und „wesentlichen" Mängeln. Oswald hat daher in diesem Zusammenhang den Begriff der „Unregelmäßigkeit" eingeführt [74].

4.8.3.2   Unregelmäßigkeiten beim Bauen im Bestand

Zur Beurteilung von Unregelmäßigkeiten schlägt Oswald folgende drei Ergebnisvarianten vor:

-   eine hinzunehmende Unregelmäßigkeit (Ist-Fall 1)
-   einen deutlichen, nachzubessernden Mangel (Ist-Fall 2) oder
-   einen geringen Mangel, bei unverhältnismäßigem Nachbesserungsaufwand, durch Minderung in Höhe des Minderwertes abzugelten, hinnehmbare Abweichung (Ist-Fall 3)

4.8.3.3   Hinzunehmende Unregelmäßigkeiten ohne Minderung

Die Beurteilung kann ergeben, dass die kritisierten Unregelmäßigkeiten die vertraglich festgelegten Grenzwerte bzw. die in den a. R. d. T. definierten Grenzwerte nicht überschreiten, dass der kritisierte Sachverhalt noch im Rahmen des vertraglich zu Erwartenden bzw. des allgemein Üblichen liegt. Bei welchen Grenzwerten man von einer „noch gerade akzeptablen" Werkleistung sprechen kann, hängt von den Rahmenbedingungen des Einzelfalls ab. Kommt man zu einem solchen Beurteilungsergebnis, so liegt kein wesentlicher Mangel vor; die Unregelmäßigkeiten müssen dann als unvermeidbar und üblich hingenommen werden.

4.8.3.4   Hinzunehmende Unregelmäßigkeiten mit Minderung

Oft findet man Situationen vor, bei denen einerseits die untere Grenze einer noch als ausreichend zu bezeichnenden Ausführungsqualität unterschritten ist (die vorliegenden Unregelmäßigkeiten also als Mangel zu bezeichnen sind), andererseits die Beeinträchtigung der technischen oder optischen Gebrauchstauglichkeit aber nur so gering ist, dass angesichts des erheblichen Aufwandes die praktische Vernunft eine Nachbesserung als unverhältnismäßig einschätzt und eine Abgeltung der Abweichung „in Geld" durch Minderung in Höhe des durch den Mangel verursachten Minderwertes als angemessen ansieht.

Zur Bewertung der Hinnehmbarkeit technischer und optischer Mängel hat Oswald die Anwendung der folgenden Tabellen vorgeschlagen:

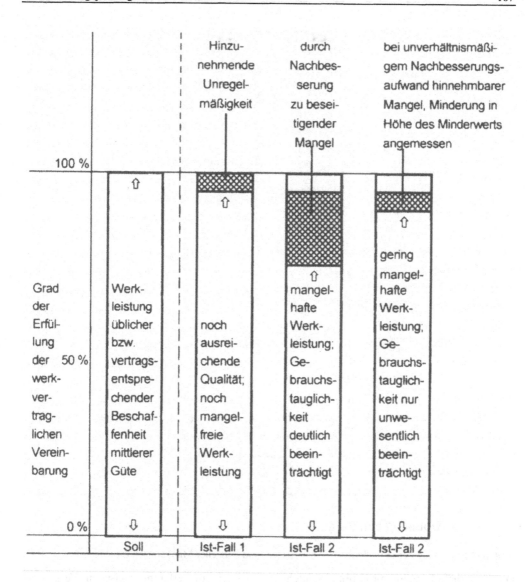

Bild 4-36 Beurteilung von Unregelmäßigkeiten nach Oswald

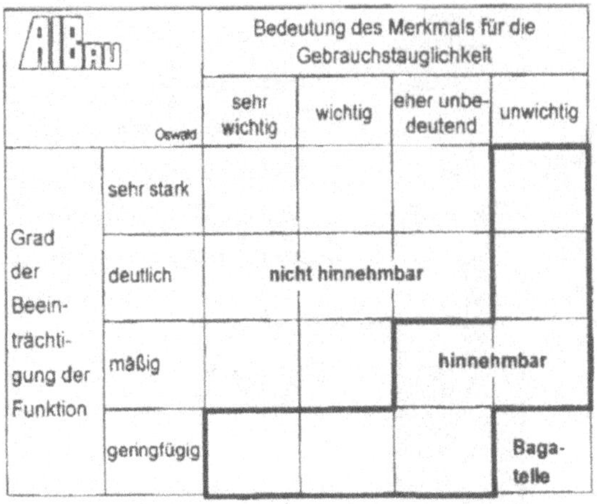

AlBAu Oswald	Bedeutung des Merkmals für die Gebrauchstauglichkeit			
Grad der Beeinträchtigung der Funktion	sehr wichtig	wichtig	eher unbedeutend	unwichtig
sehr stark				
deutlich	nicht hinnehmbar			
mäßig			hinnehmbar	
geringfügig				Bagatelle

Technische Funktion

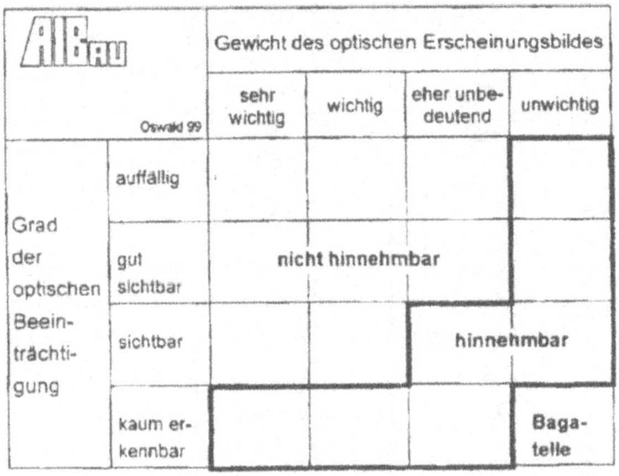

AlBAu Oswald 99	Gewicht des optischen Erscheinungsbildes			
Grad der optischen Beeinträchtigung	sehr wichtig	wichtig	eher unbedeutend	unwichtig
auffällig				
gut sichtbar	nicht hinnehmbar			
sichtbar			hinnehmbar	
kaum erkennbar				Bagatelle

Optische Funktion

Bild 4-37 Bewertung der Hinnehmbarkeit technischer und optischer Mängel nach Oswald

Die Unverhältnismäßigkeit ergibt sich nicht etwa aus einem Verhältnis zwischen Werklohn- und Mangelbeseitigungskosten, sondern ausschließlich daraus, ob die Mangelbeseitigungskosten im Verhältnis zu dem mit der Mangelbeseitigung erreichten Erfolg stehen. Zur Prüfung der Unverhältnismäßigkeit von Mängelbeseitigungskosten aus technischer Sicht kann das nachfolgende dargestellte Flussdiagramm nach Zimmermann [75] zur Anwendung kommen.

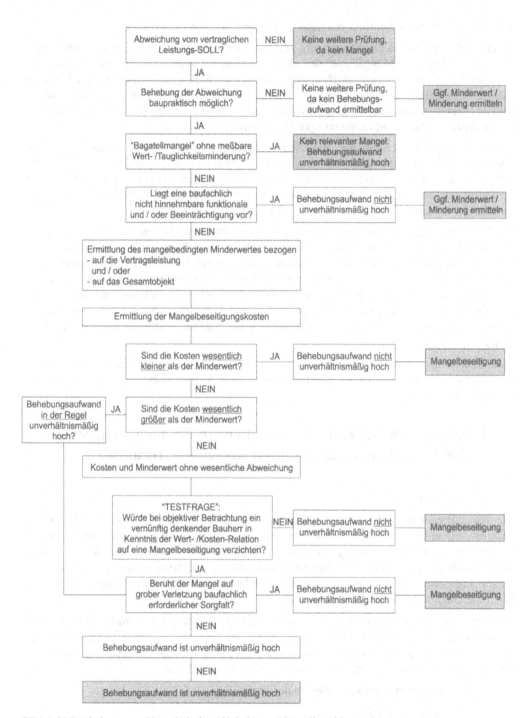

Bild 4-38 Prüfschema zur Unverhältnismäßigkeit von Mängelbeseitigungskosten

4.8.3.5   Nicht hinnehmbare, nachzubessernde Unregelmäßigkeiten

Ist die Gebrauchstauglichkeit durch die festgestellten Unregelmäßigkeiten deutlich beeinträchtigt, so liegt ein Mangel vor, der ohne Ansehen des dabei entstehenden Aufwandes grundsätzlich nachzubessern ist (Nacherfüllung nach BGB § 635). Derartige erhebliche Mängel sind nicht hinnehmbar. Dies gilt grundsätzlich auch für rein optische Beeinträchtigungen. Damit ist die Qualität als nicht mehr ausreichend zum Erzielen der erforderlichen Gebrauchstauglichkeit und Dauerhaftigkeit einzustufen.

Neu an § 635 BGB ist allerdings, dass dem Unternehmer ein Wahlrecht zusteht, ob er den Mangel beseitigt oder das Werk neu herstellt. Geblieben ist dem Unternehmer die Möglichkeit, die Nacherfüllung wegen unverhältnismäßig hoher Kosten zu verweigern. Ist dies nicht der Fall, kann der Besteller den Mangel selbst beseitigen und Ersatz der erforderlichen Aufwendungen verlangen (Selbstvornahme § 637 BGB).

Die Nachbesserung einer erbrachten Leistung mit nicht hinnehmbaren, wesentlichen Mängeln ist erforderlich, weil die vereinbarte oder übliche Dauerhaftigkeit und Gebrauchstauglichkeit nicht gegeben ist und dadurch eine durchschnittliche Lebensdauer des Bauteils nicht zu erwarten ist. Auch hier also ist Qualität und damit Nachhaltigkeit gefragt. Deshalb ist es notwendig, auch bei der Nachbesserung nicht nur die Symptome zu beseitigen, sondern die Ursache für den wesentlichen Mangel zu finden und abzustellen. Noch besser ist es allerdings, bereits bei der Planung und Ausschreibung der Sanierungsarbeiten potenziellen Fehlerquellen zu berücksichtigen.

Jeder nicht hinnehmbare, nachzubessernde Mangel bei Arbeiten an Bestandsbauten (Planung und Ausführung) muss daher als kontraproduktiv zum Anspruch der nachhaltigen „Sanierung" gesehen werden.

4.8.4   Abgleichen der Ziele mit bestehenden Normen, dem Stand der Technik, den anerkannten Regeln der Technik

4.8.4.1   Allgemeines

Die immer wieder benutzten Begriffe „Normen – Stand der Technik – anerkannte Regeln der Technik – Stand von Wissenschaft und Technik" sind auch beim Bauen im Bestand und damit bei der Sanierung von Bedeutung. Nicht zuletzt auch deshalb, weil bei einem VOB-Vertrag, wie oben dargestellt, bereits das Nichteinhalten einer anerkannten Regel der Technik bei sonst mangelfreier Lieferung der vertraglich vereinbarten Werkleistung zu einem Mangel und damit zur Qualitätsreduzierung führen kann.

Da in der Praxis aber immer wieder eine Verwechslung beobachtet wird, muss zunächst eine Begriffsbestimmung erfolgen. Der Begriff „Stand der Technik" ist ein so genannter unbestimmter Rechtsbegriff. Er gehört zu einer Skala von Anforderungen an technische Objekte, die sich über viele Jahre hinweg im deutschen Recht entwickelt hat:

- allgemein anerkannte Regeln der Technik
- Stand der Technik
- Stand von Wissenschaft und Technik

Die *allgemein anerkannten Regeln der Technik* (a. a. R. d. T.) sind auf wissenschaftlichen Erkenntnissen beruhende, allgemein bekannte und anerkannte sowie in der Praxis bereits bewährte technische Regeln; sie beschreiben die Mindestanforderungen.

Zu diesen Regeln gehören u. a. die DIN-, EN- und ISO-Normen sowie weitere, den genannten Kriterien (theoretisch richtig und praktisch bewährt) entsprechende technische Vorschriften wie zum Beispiel die Richtlinien des Vereins Deutscher Ingenieure (VDI), Bestimmungen des Verbandes Deutscher Elektrotechniker (VDE), Unfallverhütungsvorschriften der Berufsgenossenschaften, der Gefahrstoffverordnung usw. Im Bauwesen gehören dazu auch die wesentlichen bauaufsichtlich eingeführten technischen Baubestimmungen.

Dabei ist zu beachten, dass die DIN-Normen oder andere technische Vorschriften nicht immer mit den fortschreitenden „allgemein anerkannten Regeln der Technik" übereinstimmen. Sie können auch hinter diesen zurückbleiben oder über sie hinausgehen.

Die Verpflichtung zur Einhaltung der allgemein anerkannten Regeln der Technik macht es daher erforderlich, nicht nur auf die geltenden Normen zu achten, sondern unabhängig hiervon die Entwicklung dieser allgemein anerkannten Regeln der Technik zu beobachten. Bei öffentlichen Ausschreibungen und Vergaben sind Leistungen unter Beachtung der allgemein anerkannten Regeln der Technik zu erbringen (§ 4 Nr. 2 Abs. 1 VOB/B) und nicht nach dem Stand der Technik.

Der *Stand der Technik* ist ein gegenüber den allgemein anerkannten Regeln der Technik fortschrittlicherer Entwicklungsstand, bei dem die Wirksamkeit der Maßnahmen zwar vielfach noch nicht ausreichend lange erprobt ist, aber als gesichert erscheint. Der Stand der Technik kann konkretisiert werden durch Rechtsverordnungen zum Beispiel über die Festlegung von Grenzwerten oder bestimmten Anlagentechniken, durch Verwaltungsvorschriften, aber auch durch technische Regeln privatrechtlicher Vereine zum Beispiel der WTA. Bei der Bestimmung des Standes der Technik sind insbesondere vergleichbare Einrichtungen und Verfahren heranzuziehen, die mit Erfolg in der Praxis erprobt worden sind.

Der *Stand von Wissenschaft und Technik* erfasst die neuesten wissenschaftlichen Erkenntnisse im technischen Bereich, bei denen die Wirksamkeit der Maßnahmen in der Praxis noch nicht als gesichert gilt.

4.8.4.2 Spezielle Aspekte bei der Sanierung

Es liegt auf der Hand, dass es für das Bauen im Bestand keine allgemein gültigen Regeln und Anweisungen, insbesondere keine DIN-Normen (die i. d. R. für neu zu errichtende Gebäude Anwendung finden) geben kann; auch Instandsetzung oder Sanierung sind nicht durch Normen geregelt. D. h. man darf – wie bereits erläutert wurde – nicht den Fehler machen, a. R. d. T. automatisch mit DIN-Normen o. Ä. gleichzusetzen!

A. R. d. T. ist, was nach der Mehrheitsmeinung der Fachleute in Wissenschaft und Forschung bewährt ist. Folgende Methoden und Kriterien zur Beurteilung der Praxisbewährung (= volle Gebrauchstauglichkeit während der üblichen Lebensdauer) können angewandt werden:

- Wissenschaftliche Untersuchungen durch Baustoffprüfungen, Labortests und ingenieurwissenschaftliche Berechnungen

- Bauschadensforschung durch Untersuchung und Auswertung von Schadensfällen

- Erprobungsdauer in Bezug auf das Langzeitverhalten unter Praxisbedingungen im Hinblick auf die übliche Lebensdauer

Auf die unter 4.8.4.1 genannten (unbestimmten) Rechtsbegriffe lassen sich diese Beurteilungskriterien wie folgt anwenden:

Kriterium erfüllt?	Stand W./T.	Stand T.	a.a.R.d.T
Wissenschaftlich untersucht	X	X	X
Bauschadensforschung		X	X
Ausreichende Erprobungsdauer			X

Bild 4-39 Prüfkriterien

Die Anerkennung einer a. a. R. d. T. durch die Fachwelt kann nicht durch die Ansicht eines Sachverständigen nachgewiesen werden. Außerdem liegen für zahlreiche planerische und handwerkliche Bauleistungen gar keine wissenschaftlichen Untersuchungen vor, d. h. es ist äußerst schwierig, zweifelsfrei festzustellen, ob es überhaupt anwendbare a. a .R. d. T. gibt. Hinzu kommt, dass a. a. R. d. T. nicht ausschließlich in förmlich veröffentlichten Vorschriften niedergelegt (und solche Bestimmungen nicht selten durch den neuesten Stand der Technik überholt) sind.

Neben öffentlich-rechtlichen Regelwerken und überbetrieblichen technischen Normen gibt es auch noch ungeschriebene Regeln der Technik. Wenn es keine geschriebenen Regeln gibt, hat der Unternehmer eben so zu bauen, wie es „theoretisch richtig und in der Praxis ausreichend erprobt" ist.

Zur nachhaltigen Instandsetzung und Sanierung kann man dazu auf eine Vielzahl von Veröffentlichungen unabhängiger Fachverbände zurückgreifen. Für den Bereich Instandsetzung und Bauwerkserhaltung hat die WTA wichtige Arbeiten geleistet.

4.8.4.3   WTA-Merkblätter

Die WTA (Wissenschaftlich-Technische Arbeitsgemeinschaft für Bauerwerkserhaltung und Denkmalpflege e. V.) hat sich seit über 25 Jahren das Ziel gesetzt, die Forschung und deren praktische Anwendung auf dem multidisziplinären Gebiet der Bauwerkserhaltung und Denkmalpflege zu fördern. Dazu wurden bis heute acht Referate eingerichtet, die sich – in Arbeitsgruppen untergliedert – international mit der Bearbeitung der unterschiedlichsten Problematiken aus den Arbeitsgebieten der Bauwerkserhaltung und Denkmalpflege befassen. Die zunehmende Bedeutung des Bauens im Bestand und der Erhaltung historischer Bausubstanz erfordert eine Verarbeitung und Nutzbarmachung praktischer Erfahrungen und damit die Beschleunigung der Anwendung neuer Erkenntnisse und moderner Technologien.

Hierfür hat die WTA verschiedene Wege der Kommunikation entwickelt. Hierzu zählt u. a. die Veröffentlichung der theoretisch richtigen und praktisch erprobten Erfahrungen in Bauwerkserhaltung und Denkmalpflege als WTA-Merkblätter für die Bereiche Holzschutz, Oberflächentechnologien, Naturstein, Mauerwerk, Beton, physikalisch-chemische Grundlagen, Statik und Dynamik von Tragwerken und Fachwerk. Aktuell existieren mehr als 40 dieser WTA-Merkblätter. Eines der ältesten z. B. ist das WTA-Merkblatt 2-2-91/D „Sanierputzsysteme", basierend auf einem ersten WTA-Merkblatt aus dem Jahre 1985, das als a. a. R. d. T. eingestuft wird. Seit fast 20 Jahren wird dieses Merkblatt als Grundlage zur Anwendung und Verarbeitung von WTA-Sanierputzen in der Fachwelt (Architekten, Ingenieure, Handwerker) benutzt und anerkannt. Es liegen ausreichende wissenschaftliche Untersuchungen vor, es wurde Bauschadensforschung betrieben und die Praxisbewährung ist sicher gestellt. Die Mehrzahl der Theoretiker und Praktiker ist von der Richtigkeit dieser Regel überzeugt.

5   Gebäudebetrieb

5.1   Sicherheit

Unter diesem Gesichtspunkt sind verschiedene Anforderungen zu betrachten. Zunächst ist es wichtig, die Sicherheit von Nutzern, Betreibenden und Passanten – das ist besonders wichtig bei einem hohen Verglasungsanteil der Gebäude – zu gewährleisten. Dazu sind Materialien und Konstruktionen entsprechender Qualität und in Übereinstimmung mit der Bauproduktenrichtlinie oder, wenn abweichend, an deren Stelle mit bauaufsichtlicher Zulassung oder nach einer Prüfung im Einzelfall zu verwenden. Um Kosten während der Nutzungsphase eines Gebäudes zu reduzieren, werden in aller Regel Konstruktionen bevorzugt, die als wartungsarm einzustufen sind. Sicherheitsrelevante Inspektionen und Wartungsarbeiten sind unerlässlich und folgerichtig mit entsprechenden Kosten verbunden. Daher kommen Konstruktionen und Materialien in die engere Wahl, bei denen Wartungen bzw. Inspektionen weitgehend nicht erforderlich sind bzw. eine möglichst große Wartungs- und Inspektionsintervalle aufweisen. Auf der anderen Seite ist unter dem Begriff Sicherheit die Verhinderung von unautorisierten Zugriffen auf die Gebäudeleittechnik oder auf interne Netzwerke, Server oder Rechenzentren zu verstehen.

Bei der Planung und Realisierung der Bestandssanierung zu einem leistungsfähigen Gebäude muss der wesentliche Aspekt des zuverlässigen und umfassenden Gefahrenschutzes für Mensch, Umwelt, materielle sowie ideelle und unwiederbringliche Werte, wie Firmendaten unbedingt beachtet werden. Die Sicherheitsanforderungen können dabei je nach Bauweise, Nutzungsart, Größe und Standort der Immobilie von sehr unterschiedlicher Komplexität sein. Ob Industrie oder Verwaltung, Medizin oder Pflege, Hotellerie oder Gastronomie, Forschung oder Lehre, Sport oder Freizeit, Flug- oder Bahnverkehr ein optimaler Gefahrenschutz durch die professionelle Anbindung der Objekt- und nutzungsspezifischen Sicherheitstechnik ist eine Grundvoraussetzung für das gefahrfreie Betreiben und Nutzen von Gebäuden.

Die Zusammenführung folgender Sicherheitstechnik ist dabei bereits in der frühen Planungsphase zu verbinden:

- Brandschutz- und Meldesysteme
- Gefahrenschutz- und Meldesysteme
- Einbruchschutz- und Meldesysteme
- Zutrittskontroll- und Zeiterfassungssysteme
- Video-Überwachungstechnik
- Alarmanlage

5.2   Gebäudeautomation

Intelligente Systemlösungen für Gebäudemanagement und Gebäudeautomation sind die Basis für den wirtschaftlichen, sicheren, komfortablen und ökologisch sinnvollen Betrieb von Gebäuden und Liegenschaften. Das komplette Leistungspotential kann jedoch nur mittels eines ganzheitlichen Konzepts ausgeschöpft werden.

Da die Auswahl der für die konkrete/n Liegenschaft/Liegenschaften geeigneten Managementsoftware eine Entscheidung für die Zukunft darstellt, sind insbesondere hinsichtlich einer langfristigen Investitionssicherheit folgende Faktoren zu prüfen:

- Dialoggestaltung zwischen Automations- und Managementebene
- Intelligenz der Entwicklungsfähigkeit
- Modulare Strukturiertheit
- Offene Systemarchitektur für Mitwachsen
- Integration von Sondersystemen
- Anbindung an Fremdfabrikate
- Notwendige Größenordnung von Automationsstationen
- Notwendigkeit Gebäudemanagement via Inter-/Intranet vornehmen zu können

  noch zu Gebäudeautomation

- Gewerke übergreifendes Raummanagement wird ermöglicht

Eine ausgereifte Systemlösung im Rahmen der Gebäudeautomation ermöglicht es somit Bestandsgebäuden, einen eventuell gegebenen Vorsprung eines Neubauobjektes aufzuholen und sich die notwendige Intelligenz für eine erfolgreiche Zukunft anzueignen.

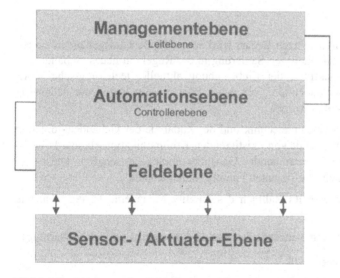

Bild 5-1 Strukturierung der Gebäudeautomation

Es ist zunehmend wichtiger, potentiellen Nutzern von Gebäuden intelligente Gebäudeautomationssysteme anzubieten, die eine Integration folgender Komponenten vermögen:

- Beleuchtung
- Einbruchmeldung
- Zutrittskontrolle
- Brandschutz- und Entrauchungsanlagen
- Förderanlagen
- Raummanagement
- Verschattung
- Heizung/Kühlung
- Klimatisierung
- Raumbelegung
- Kommunikationssystem
- Datenschutz
- Ver-/Entsorgung
- Contracting
- Feststellanlagen für Feuerschutzabschlüsse
- Sicherheits- und Überdrucklüftungsanlagen
- ELA's
- Fluchtleitsysteme
- Videoüberwachung
- Parkhaussysteme

Die Änderung von Raumstrukturen je nach Bedarf wird auch von Bestandsgebäuden zunehmend gefordert. Daher ist einer nachhaltigen Sanierung in der Regel ein neues Gebäudekonzept mit wachsendem Systemspektrum, der Einbeziehung aktueller technologischer Fortschritte und neuester Standards von Nöten. Nur damit können Arbeitsprozesse nachhaltig restrukturiert und effizienter gestaltet werden.

Mit dem steigenden Einsatz von Gebäudetechnik und der Zunahme der Gebäudeautomation ist es aufgrund der bestehenden Vielfalt von existierenden Kommunikationsstandards wichtig, eine Vereinheitlichung für die zu betreibenden Gebäudekomplexe zu schaffen. Diese sind die Grundlage für das Betreiben eines effizienten Facility Managements.

Damit entstehen auch neue Prozesse im Rahmen des Facility Managements, die u. a. wie folgt gekennzeichnet sind:

- Einheitliches Instandhaltungskonzept (überwachend, korrektiv, präventiv, Wartung)
- Zentrales Störmeldemanagement
- Flexibilität im Personeneinsatz

- Kontinuierliche Prozessüberwachung und Optimierung, Monitoring, Evaluation der Prozesse

- Zentrale Zustandserfassung und Analyse

- Senkung des Personaleinsatzes aufgrund erforderlicher Wirtschaftlichkeit und Reduzierung der Nebenkosten

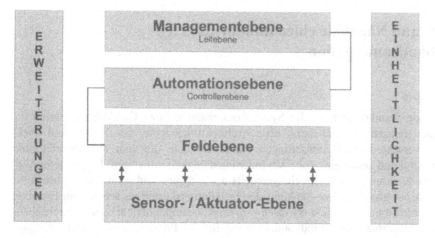

Bild 5-2 Integration neuer Komponenten wie Gebäudeautomation und Sicherheitstechnik, eine Anforderung moderner Architektur und eines zukunftsweisenden Gebäudemanagements

Es ist dabei besonders darauf zu achten, dass Einzelanwendungen häufig zu Insellösungen führen und damit die Kompatibilität der Prozesse untereinander behindert wird. Die Vielfalt der Anwendungen, die innerhalb der Gebäudeautomation zu erfassen sind, erstreckt sich dabei vom Erzeugen und Verteilen, Managen und Kommunizieren der Sicherheitstechnik bis hin zum Benutzen des Gebäudes. Diese gilt es unter einen Standard zu bringen und eine übergreifende Standardisierung durchzusetzen. Nur wenn systemübergreifende Funktionen und Anwendungen standardisiert werden, gelingt es, diese vollständig und richtig zu beschreiben.

Innerhalb dieser Betrachtung sind folgende Komponenten zusammenzuführen:

- Raummanagement

- Energiemanagement

- Anlagentechnische Brandfrüherkennung und Brandbekämpfung

- Entrauchungssteuerung

- Alarm- und Störungsmanagement

- Nutzungs- und Lastmanagement

- Zeitplanmanagement

- Präsenzmanagement

- Netzausfall-/Netzersatzanlagen

- Einbruch-, Überfall- und Sabotagemanagement

- Fluchtwegsteuerung

- ELA

- Spezifische Medienversorgung

5.2.1 Vor- und Nachteile einer standardisierten Gebäudeautomation

5.2.1.1 Vorteile

Eine weitgehende Standardisierung der Systemkomponenten einer Gebäudeautomation ermöglicht offene transparente und damit neue Architekturkonzepte, die flexibel und leicht
umzugestalten verschiedenen Anforderungen dienen können, die zum Entwurfszeitpunkt
nicht absehbar sind und somit eine hohe Veränderungsfähigkeit aufweisen. Ein weiterer Vorteil ist in der Reduzierung des Verkabelungsanteils der Gebäude und somit eines Absenkens
von Brandlasten bei gleichzeitiger Senkung der Installationskosten zu sehen. Die Prozesse
am Gebäude werden transparent und erweisen sich im Katastrophenfall als leicht durchschau-
und somit auch steuerbar. Als Grundvoraussetzung für die Prozesse des Facility Managements erleichtern sie den Umgang und den Betrieb des Gebäudes. Gerade aber auf dem Gebiet der Sanierung stellt diese Systemzusammenführung eine große Chance für Bestandsgebäude dar, da sie in ihrer Leistungsfähigkeit erheblich verbessert werden können und
Nachteile, die sich u. a. durch eine bisherige Unflexibilität der Gebäudekonstruktion ergaben,
aufgewogen werden können.

5.2.1.2 Nachteile

Eine umfassende Systemzusammenführung erfordert natürlich einen hohen Planungsaufwand. Somit erhöhen sich die Abhängigkeit von Spezialwissen bei der Inbetriebnahme der
Administration von Netzwerken und das Risiko für spätere hohe Wartungs- und Instandhaltungskosten. Gleichzeitig stellt sich die Abhängigkeit von einem schnellen Technologiewan-
del dar, so dass nur bei Beachtung einer relativen Offenheit der eingesetzten Systeme ein
abwärtskompatibles Risiko und die Verfügbarkeit existierender Komponenten in gewisser
Hinsicht reduziert werden kann. Bei der Zunahme der Gebäudeautomation und der Zusammenführung der Komponenten entstehen in aller Regel Dokumentationslücken, die durch den
Ausfall von Mitarbeitern oder bei einer Nichterfassung während eines Evaluierungsprozesses
entstehen können. Permanente Evaluation der Systeme und Überwachungen sind unumgänglich, um höhere Wartungs- und Instandhaltungskosten zu vermeiden.

5.2.2 Gebäudeautomationssysteme

Mit Gebäudeautomationssystemen wird das intelligente Gebäude Realität. Vielfältige Ansätze
gibt es dafür bereits. Die vernetzte Welt zwingt uns, das Zusammenwachsen der Gewerke
und das zunehmende Ausführen von Aufgaben des Facility Managements über das Internet

zu betreiben. Bus-Systeme sind heute technischer Standard. Ein permanenter Zugriff auf Informationen aus den Systemen durch die am Facility Management eines Gebäudes Beteiligten ist heutzutage eine Grundvoraussetzung für die effiziente Bewirtschaftung von Gebäuden. Daher ist im Rahmen einer Gebäudesanierung darauf zu achten, dass der Einsatz von modernen Technologien in der Gebäudeleittechnik durchgesetzt wird. Das Zusammenführen der haustechnischen Prozesse erfordert einheitliche Nutzerschnittstellen, möglichst in Form eines einzigen Softwaresystems zur Bedienung der Anlagen. Betrieben wird dies durch die Anwendung offener und gleichzeitig proprietärer Bus-Systeme (EIB, LON, ETERNET DDC) in Verbindung mit offenen Protokollen zum Datenaustausch mit der Leitebene. [76]

Mit der Möglichkeit des Zugriffes auf die Informationen der vernetzten Gebäudetechnik ist die Einbindung dieser in die Informationstechnik eines Gebäudes die logische Folge. Die Internettechnologie erringt damit einen hohen Stellenwert, da der Zugang auf die Dienste des Gebäudes über Netzwerk oder Internet die Gesamtpalette an Informationen, die für die Bewirtschaftung von Gebäuden und Anlagen relevant sind, erfolgen kann. Es ist damit ein großes Potential zur Rationalisierung bestehender Geschäftsmodelle im Rahmen des Facility Managements, u. a. für Wartungs- und Sicherheitsdienste, zu erschließen.

5.2.3   Einsatzmöglichkeiten vom WEB-Services in der Gebäudeautomation

Mittels WEB-Services besteht die Möglichkeit, Daten und Funktionen von Objekten und Anwendungen komponentenbasiert und über Systemgrenzen hinweg zu verwenden und Raummanagement zu übernehmen. Für die Ermittlung von Anlagen, Daten und deren Verarbeitung sind verschiedene Ansätze zu betrachten, die von unterschiedlicher Kostenintensivität, unterschiedlicher Abwicklung der Freigabe eines externen Zugriffs und unterschiedlicher Definition des Informationsumfangs etc. geprägt sind. Es ist zu berücksichtigen, das WEB-Services in der Gebäudeautomation eine zunehmende Rolle spielen werden, wobei die Anbindung fremder Systeme sowie die Integration von Altsystemen für die Bestandssanierung von Bedeutung sind. Weitergehende Betrachtungen sind u. a. im Tagungsband Facility Management 2003, der Messe Düsseldorf [77] zu finden.

5.2.3.1   WEB-Projekt

Da kontinuierliche Kostensenkung und Optimierungen von Betriebsabläufen zunehmend wichtige Bestandteile und die Grundlage für die Existenz eines Unternehmens sind, werden auch an die Planung und Projektierung von Gebäudeautomationen durch immer kürzere Bauabläufe bei gleichzeitiger Forderung nach erhöhtem Qualitätsstandard höhere Anforderungen gestellt. Dafür wurden Planungs- und Projektierungstools gebildet, mit deren Hilfe über das Erstellen von Regelschemen fertige Anlagen und Komponentenmakros erstellt werden.

Nach dem Erstellen der Regelschemen auf Basis von Regelkreismakros und Einzelfeldgeräten erfolgt ein vollautomatisches Erstellen von

- Infomationslisten nach VDI 1814

- Kabellisten mit Kabelnummern, Leitungsangaben und Start- und Zielbezeichnungen

- Kabelmengenlisten getrennt nach Kabeltyp

- Feldgerätelisten

- Motorlisten incl. Leistungssummenberechnung

- Ventillisten

- Auslegung von Ventilen

- Schaltschrankgrößenberechnungen

- Verlustleistungsberechnungen des Schaltschrankes incl. Kühl- und Heizungsauslegung

- MSR-Funktionsbeschreibung

Die Übergabe der Daten erfolgt mittels GAEB 90/2000 Export.

Bild 5-3 WEB-Projekt [nach GFR 78]

Die Möglichkeit zu uneingeschränkter Kommunikation und Information, zu jeder Zeit, und von jedem beliebigen Ort aus, beeinflusst in zunehmendem Maße auch die Anforderungen an ein offenes Gebäudemanagement via Internet. Tätigkeiten, die früher „zu Fuß" ausgeführt wurden, d. h. Datensammlung auf dem Papier, werden heutzutage selbstverständlich via Inter- oder Intranet vom PC aus abgewickelt. Die grundlegende Voraussetzung für eine derartige Tätigkeit ist die offene Auslegung des Gebäudemanagements, um die Einbindung der einzelnen Gewerke für ein gesamtheitliches Management zu ermöglichen. Bei aktuellen Entwicklungen wird das Gebäudemanagement nicht nur auf einem lokalen PC, sondern auf einem WEB-Server installiert, auf den mittels eines beim Betreiber vorhandenen PCs ohne Funktionseinschränkung zugegriffen werden kann. Ganzheitliches und dezentrales Verwalten von mehreren Liegenschaften wird dadurch selbstverständlich. Die Wartung von Hard- und Software erfolgt über den entsprechenden Anbieter. Informationen über erfolgte Updates werden permanent automatisch eingebunden.

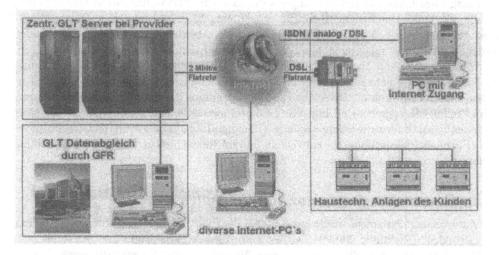

Bild 5-4 Offenes Gebäudemanagement [nach GFR 78]

Mit derartigen Lösungen lassen sich die verschiedensten Bereiche des Facility Managements zusammenführen. So ist das Einbinden eines Reinigungstools, ein gewünschtes Catering, Online-Reisedienste usw. möglich, die Bestellungen können dann direkt dem jeweiligen Serviceunternehmen online übertragen werden. Durch die Anwendung offener Gebäudeautomationssysteme können bestehende bauliche Anlagen auf ein hohes Maß an Komfort ertüchtigt und die Kosten im Bereich des Gebäudemanagements unter dem Ziel der Erhöhung der Leistungsfähigkeit durch Reduktion des Koordinationsaufwandes minimiert werden. Ein möglichst geringer Koordinationsaufwand ist immer abhängig von Schnittstellen zwischen einzelnen Prozessabläufen, so dass eine Minimierung bzw. Optimierung der Schnittstellen wesentlich ist, um für einen optimalen Dialog zu sorgen.

5.3   Betriebliches Energiemanagement

Im Rahmen der Neudefinition für Unternehmensziele bei einer Sanierung wird produktionsintegrierter Umweltschutz zu einem unverzichtbaren Bestandteil zukunftsweisender Unternehmens- und Marketingstrategien.

Rationeller und ökonomischer Umgang mit Energie ist in diesem Kontext als zentrale Aufgabe bei der Planung einer Sanierung zu betrachten, deren nachhaltige Umsetzung durch Entwicklung und Applikation von Energiemanagementsystemen in das Facility Management möglich ist. Wie wichtig der Aspekt der Effizienzerhöhung innerhalb eines Sanierungsvorhabens ist, belegen Prognosen von Energieexperten, die vorhersagen, dass im industriellen und kommunalen Bereich zusammengenommen Energieeinsparpotentiale in einer Größenordnung von bis zu 30 % des momentanen Energieverbrauchs auf eine Rationalisierung warten [79].

Ausgangspunkt für intelligentes Energiemanagement bildet die Analyse der Rahmenbedingungen für die betriebliche Energiewirtschaft. Eine nachhaltige Senkung der Energiekosten und Energie bedingten Umweltbelastungen kann dann gesichert werden, wenn eine Strategie, die alle relevanten Unternehmensbereiche erfasst, entwickelt und tragfähige Organisationsstrukturen innerhalb des Facility Managements in die betrieblichen Abläufe eingebunden werden. Gleichzeitig muss eine hinreichende Sensibilisierung der Belegschaft gelingen. Durch Einbeziehen von Technik und Produktion auf der einen und Unternehmensführung und Facility Management auf der anderen Seite ist ein möglichst ganzheitlicher Ansatz anzustreben. Neben dem strukturellen Aufbau und der Integration des Energiemanagementsystems in das Facility Management sind angepasste Controllinginstrumente zur Gewährleistung einer kontinuierlichen Informationsbereitstellung (Energieinformationssystem) und zu Prüfzwecken (Energiebetriebsprüfung) zu entwickeln und im Rahmen einer Sanierungsvorbereitung zu planen.

5.3.1 Gesamtenergieeffizienz von Gebäuden

Vom europäischen Parlament wurde am 4.1.2003 die EU-Richtlinie „Gesamtenergieeffizienz von Gebäuden" (Richtlinie 2002/91/EG des Europäischen Parlamentes und des Rates vom 16. Dezember 2002 über die Gesamtenergieeffizienz von Gebäuden) [80] verabschiedet. Diese Richtlinie ist bis zum 04.01.2006 in nationales Recht umzusetzen. Nach aktuellem Stand wird sie im Zuge der 2. Stufe der Energieeinsparverordnung zu diesem Zeitpunkt eingeführt. Ein Referentenentwurf wird in 2005 erscheinen. Mit der neuen EnEV ergeben sich neue Aspekte für die Planung von Neubauten bzw. für die energetische Bewertung des Gebäudebestandes. U. a. wurde der Rahmen bei der Bilanzierung erweitert: Klimaanlagen und Beleuchtung eines Gebäudes werden in die Mindestanforderungen mit einbezogen. Bei neuen Gebäuden mit mehr als 1.000 m² werden erneuerbare Energien sowie Kraft-Wärme-Kopplung in der Planung Pflicht.

Einer Steigerung der Energieeffizienz liegt nicht nur eine klima- und umweltpolitische Verpflichtung, sondern auch in hohem Maße eine wirtschaftliche Notwendigkeit zu Grunde. Die Effizienzsteigerung zielt dabei wesentlich auf den Gebäudebestand ab. Innerhalb der Europäischen Gemeinschaft ist der Wohn- und der Tertiärsektor (überwiegend Gebäude), für über 40% des Endenergieverbrauchs verantwortlich [81].

„Die Gesamtenergieeffizienz von Gebäuden sollte nach einer Methode berechnet werden, die regional differenziert werden kann und bei der zusätzlich zur Wärmedämmung auch andere Faktoren von wachsender Bedeutung einbezogen werden, z. B. Heizungssysteme und Klimaanlagen, Nutzung erneuerbarer Energieträger und Konstruktionsart des Gebäudes."

(EU-Richtlinie 2002/91/EG, Artikel 10)

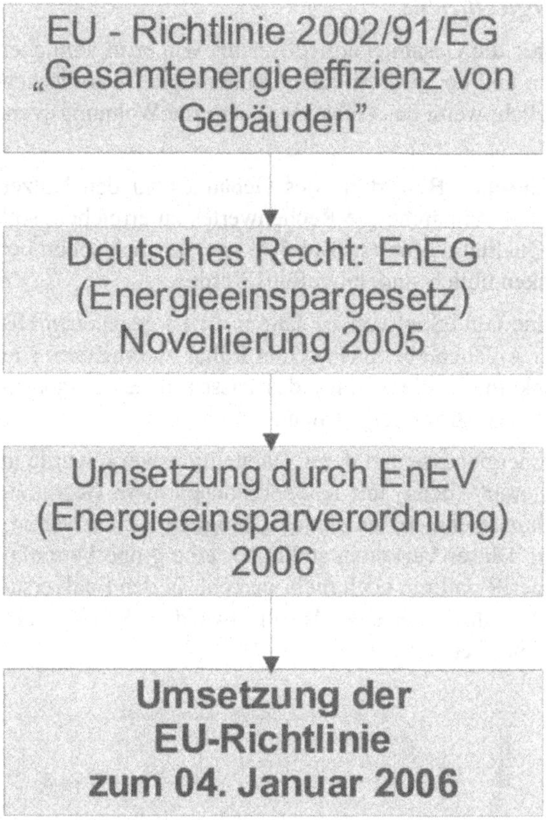

EU - Richtlinie 2002/91/EG
„Gesamtenergieeffizienz von
Gebäuden"

▼

Deutsches Recht: EnEG
(Energieeinspargesetz)
Novellierung 2005

▼

Umsetzung durch EnEV
(Energieeinsparverordnung)
2006

▼

**Umsetzung der
EU-Richtlinie
zum 04. Januar 2006**

Bild 5-5: Umsetzung der EU-Richtlinie

5.3.1.1 Ziel

„Ziel der Richtlinie ist es, die Verbesserung der Gesamtenergieeffizienz von Gebäuden in der Gemeinschaft unter Berücksichtigung der jeweiligen äußeren klimatischen und lokalen Bedingungen an das Innenraumklima und der Kostenwirksamkeit zu unterstützen.

Die Richtlinie enthält Anforderungen hinsichtlich:

a) des allgemeinen Rahmens für eine Methode zur Berechnung der integrierten Gesamtenergieeffizienz von Gebäuden,

b) der Anwendung von Mindestanforderungen an die Gesamtenergieeffizienz von Gebäuden,

c) der Anwendung von Mindestanforderungen an die Gesamtenergieeffizienz bestehender großer Gebäude, die einer größeren Renovierung unterzogen werden,

d) der Erstellung von Energieausweisen für Gebäude und

e) regelmäßiger Inspektionen von Heizkesseln und Klimaanlagen in Gebäuden und einer Überprüfung der gesamten Heizungsanlage, wenn deren Kessel älter als 15 Jahre sind."

(EU-Richtlinie 2002/91/EG, Artikel 1)

5.3.1.2   Ausweis über die Gesamtenergieeffizienz

In der EU-Richtlinie wird ein Ausweis über die Gesamtenergieeffizienz, wie er in ähnlicher Weise nach EnEV §13 z. Z. für Neubauten und bei „wesentlichen Änderungen" erforderlich ist, auch für den Gebäudebestand erforderlich, wenn das Gebäude (oder eine Wohnung) verkauft oder vermietet wird.

Hiermit soll die Möglichkeit einer energetischen Bewertung des Gebäudes für den Nutzer geschaffen werden. Um eine Transparenz des Primärenergie-Rechenwertes zu erreichen, soll eine anschauliche Bewertung, z. B. über Qualitätsstufen (s. Bild 5-6) wie sie auch schon bei den Effizienzklassen von z. B. Kühlschränken üblich sind, eingeführt werden.

Dieser Pass hat nach der EU-Richtlinie eine Gültigkeit von 10 Jahren. Er ist gegebenenfalls nach Veränderungen am Gebäude bzw. der Anlagen aber auch schon früher zu erneuern. Um diese Energiepässe in der Praxis zu verankern, ist die Vorlage des Passes in den Standard-Mietverträgen sowie bei Abschluss eines Kaufvertrags vorgesehen.

Das genaue Verfahren zur Erstellung der Energiepässe und deren Darstellungsweise wurde in Feldversuchen der „deutschen energie agentur" (dena) mit Kooperationspartnern (Kommunen, Wohnungs- und Energieversorgungsunternehmen) untersucht. Möglich ist ein vereinfachtes Verfahren über Gebäudetypologien. Dieses Verfahren stellt aber eine grobe Vereinfachung dar und wird daher dem Anspruch der Richtlinie noch nicht gerecht. In den Feldversuchen wurde alternativ ein ausführliches Verfahren getestet, das in etwa dem Umfang des bisherigen Energiebedarfsausweises nach EnEV entspricht.

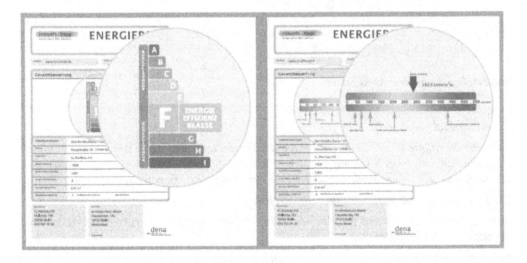

Bild 5-6: Energiepass als Effizienzklassen- bzw. Bandtachodarstellung (nach dena-Feldversuch, [82])

Problematisch ist im Energiepass die Angabe von Modernisierungstipps, die dem Eigentümer Hinweise zur Verringerung des Energieverbrauchs geben sollen. Erste Erfahrungen im Rahmen des Feldversuchs zeigen, dass der Pass diesem Anspruch nicht gerecht werden kann, da hiermit eine Energieberatung vorgegaukelt wird. Eine verantwortungsbewusste Energieberatung unter Berücksichtigung der örtlichen Verhältnisse, der Wirtschaftlichkeit einzelner Varianten, der primärenergetischen Ziele und der Nutzeranforderungen kann aber nur mit einer weiter greifenden Beratung gegeben werden.

Auch über den Feldversuch hinaus werden noch länger anhaltende Diskussionen zu führen sein. So wird der Energiepass für ein ganzes Gebäude, aber nicht für einzelne Wohnungen erstellt, die aufgrund der Lage (z. B. im Gebäude oder unter Dach) oder des unterschiedlichen Dämmstandards zu deutlichen Abweichungen führen können. Der Konflikt ist absehbar, da den Eigentümer oder Mieter nur seine eigene Einheit interessiert. Weiterhin sollen im Energiepass aktuelle Verbrauchswerte mit dargestellt werden. Dieser Punkt wird beim Eigentümer bzw. Mieter sicher zu intensiven Diskussionen führen, da dieser naturgemäß eine Deckung des Rechenwertes mit dem Verbrauchswert erwartet. Aufgrund der Rechenannahmen und des individuellen Nutzerverhaltens ist eine Deckung jedoch nicht zu erhalten. Ein Abgleich der Verbrauchswerte über die Gradtagszahlen ist demnach hierfür nicht ausreichend.

Weiterhin ist kritisch zu sehen, dass mit dem Energiepass die Gefahr besteht, dass der Wärmeschutz unreflektiert dimensioniert wird, d. h. dass eine verbesserte Klassen-Einstufung unter dem Eindruck der Möglichkeiten des rechnerischen Nachweises Vorrang vor einer dem Bauwerk angepassten Lösung hat. In diesem Moment können Aspekte des bestehenden Bauwerks zu kurz kommen. So besteht die Gefahr, dass aus wirtschaftlichen Gründen u. U. zu würdigende Aspekte der Bestandssicherung wie die einhergehende Feuchtebelastung, bauphysikalische Grenzen der Dämmschichtstärken oder Bauwerksverträglichkeiten außer Acht gelassen werden. Diese Gefahr besteht im Rahmen der Planungsaufgabe des Architekten bzw. Ingenieurs, aber auch beim Mieter bzw. Eigentümer der Immobilie, da nur „blind" auf die Einstufung der Effizienzklasse geachtet wird.

Um den Energieausweis zu einem sinnvollen Instrument der energetischen Gebäudesanierung zu machen, ist ein Optimum im Spannungsfeld zwischen moderaten Kosten und hinreichender Genauigkeit bzw. Aussagekraft zu finden.

5.3.1.3   Erweiterung auf Nichtwohngebäude

Zur Erreichung der Klimaziele sind auch die Nichtwohngebäude hinzuzuziehen. Gerade bei diesen Gebäuden ist der erhöhte Energieverbrauch durch Beleuchtung und Klimatisierung problematisch. Dieses soll in der Überarbeitung der Energieeinsparverordnung Berücksichtigung finden, so dass bei Wohngebäuden die bisherigen Berechnungen zu Heizung, Lüftung und Warmwasser bleiben – bei Nichtwohngebäuden diese aber um Beleuchtung und Kühlung erweitert werden.

Hierfür ist eine Berechnungsgrundlage, die neue DIN 18599 „Energetische Bewertung von Gebäuden" [83], erforderlich. In der DIN 18599 wird der Energiebedarf der verschiedenen Komponenten über so genannte Nutzungsprofile für die verschiedenen Einsatzbereiche (z. B. Büro, Cafeteria) ermittelt. So kann es erforderlich sein, ein Gebäude künftig nicht mehr über die wärmeübertragende Umfassungsfläche (Hüllfläche) zu erfassen, sondern in Nutzungseinheiten zu untergliedern.

Mit dieser Erweiterung des Berechnungsverfahrens der EnEV wird bei Nichtwohngebäuden ein deutlich größerer Umfang verbunden sein. Dieser Umfang kann ohne softwareunterstütztes Arbeiten nicht mehr gewährleistet werden.

Mit dieser Neuregelung kann der z. Z. unbefriedigende Zustand, dass Nichtwohngebäude nicht bzw. nur bruchstückhaft abgebildet werden können, beendet werden. Positiv ist sicher auch, dass für die Gebäude vermehrt das Planungs-Team aus Architekt, Bauphysiker bzw. Energieberater sowie Anlagenplaner zur Zusammenarbeit aufgefordert ist, um ein energieeffizientes Gebäude zu erstellen. Problematisch wird dagegen neben dem hohen Aufwand die bereits oben beschriebene Gefahr des „blinden" Ansetzens von Wärmedämmungen angesehen.

Bei Gebäuden, die von Behörden oder von Einrichtungen genutzt werden, die für eine große Anzahl von Menschen öffentliche Dienstleitungen erbringen und die deshalb von diesen Menschen häufig aufgesucht werden, ist zukünftig ein höchstens 10 Jahre alter Ausweis über die Gesamtenergieeffizienz an einer für die Öffentlichkeit gut sichtbaren Stelle anzubringen.

5.3.1.4 Gebäudebestand

Gemäß der EU-Richtlinie sind auch größere Renovierungen bestehender Gebäude ab einer bestimmten Größe als Gelegenheit zur Verbesserung der Gesamtenergieeffizienz zu betrachten.

Derartige größere Renovierungen im Sinne der Richtlinie sind dabei:

- Gesamtkosten der Arbeiten an der Gebäudehülle und/oder den Energieeinrichtungen wie Heizung, Warmwasserversorgung, Klimatisierung, Belüftung und Beleuchtung übersteigen 25 % des Gebäudewertes (ohne Grundstückswert)
- 25 % der Gebäudehülle werden einer Renovierung unterzogen

Die Anforderungen an die Renovierung sollen dabei „nicht mit der beabsichtigten Nutzung dieser Gebäude oder deren Qualität oder Charakter unvereinbar sein". Zugleich fordert die EU-Richtlinie, dass die sich „bei einer solchen Renovierung anfallenden Zusatzkosten binnen einer im Verhältnis zur technischen Lebensdauer der Investition vertretbaren Frist durch verstärkte Energieeinsparungen" amortisieren. D. h., für derartige Maßnahmen ist besonders bei umfangreichen Dämmmaßnahmen eine Break-even Betrachtung unabdingbar (s. Kap. 3).

Für Bestandsgebäude gilt die Mindestgröße von über 1.000 m² Gesamtnutzfläche, an denen größere Renovierungen vorgenommen werden, ab der die Mindestanforderungen bestehen. „Die Anforderungen können entweder für das renovierte Gebäude als Ganzes oder für die renovierten Systeme oder Bestandteile festgelegt werden."

5.3.1.5 Ausnahmen

Ausnahmetatbestände für Gebäudekategorien, bei den die Anforderungen des Absatzes 1 nicht anzuwenden sind, können durch die Mitgliedsstaaten eigenverantwortlich beschlossen werden. Durch die EU-Richtlinie wurde dabei folgender Rahmen vorgegeben:

- „Gebäude oder Baudenkmäler, die als Teil eines ausgewiesenen Umfeldes oder aufgrund ihres besonderen architektonischen oder historischen Werts offiziell geschützt sind, wenn die Einhaltung der Anforderungen eine unannehmbare Veränderung ihrer Eigenart oder ihrer äußeren Erscheinung bedeuten würde;
- Gebäude, die für Gottesdienst und religiöse Zwecke genutzt werden;

- *Provisorische Gebäude mit einer geplanten Nutzungsdauer bis einschließlich zwei Jahren, Industrieanlagen, Werkstätten und landwirtschaftliche Nutzgebäude, die in einem Sektor genutzt werden, auf den ein nationales sektorspezifisches Abkommen über die Gesamtenergieeffizienz Anwendung findet;*
- *Wohngebäude, die für eine Nutzungsdauer von weniger als vier Monaten jährlich bestimmt sind;*
- *Frei stehende Gebäude mit einer Gesamtnutzfläche von weniger als 50 m². "*

5.3.2 Überblick über die EnEV

5.3.2.1 Allgemeines

Die Mitgliedsstaaten der Europäischen Gemeinschaft müssen mit In-Kraft-Treten der EU-Richtlinie über die Gesamteffizienz von Gebäuden Mindeststandards festlegen und diese spätestens alle fünf Jahre überprüfen und ggf. anpassen. In der Bundesrepublik Deutschland wurde mit der Einführung der Energieeinsparverordnung der von der Europäischen Gemeinschaft beschlossene Weg bereits am 1.2.2002 in diese Richtung beschritten. Es ist dabei zu beachten, dass die nationale Umsetzung der Richtlinie an das Wirtschaftlichkeitsgebot gebunden ist.

Vorgabe der EU-Gebäuderichtlinie	Umsetzung in Deutschland
Berechnungsverfahren	EnEV (DIN 4108-6/DIN 4701-10)
Berechnungsverfahren bezüglich Klimaanlagen und Beleuchtung	DIN 18599
Anforderungen an die Gesamteffizienz (Grenzwerte)	EnEV
Umsetzung der Maßnahmen	EnEV - Umsetzungsverordnungen Bundesländer
Mindestanforderungen bei Sanierung im Bestand	EnEV
Energieausweis	EnEG und EnEV
Inspektion Versorgungstechnik	BImSch-Regelungen und Schornsteinfegerwesen
Inspektion Klimaanlagen	EnEV, DIN 18599

Tabelle 5-1 Vorgaben und Umsetzung der EU-Richtlinie Gesamtenergieeffizienz, nach [92]

Die EnEV stellt Anforderungen an das Gebäude sowie die Anlagentechnik (Heizung, Warmwasser, Lüftung) für Neubauten bzw. bei baulichen Erweiterungen. Hierfür werden Anforderungen an den Primärenergiebedarf Q_P [kWh/(m²a) bzw. kWh/(m³a)] und die Transmissionswärmeverluste H_T [W/(m²K)] gestellt. Im Unterschied zur Wärmeschutzverordnung (WSchV) verschiebt sich bei der EnEV die Bilanzgrenze: In der WSchV wurden die Wärmeströme, die durch Bauteile als Gewinn oder Verlust zu verzeichnen sind, sowie die Lüftungs-wärmeverluste bilanziert, so dass der Heizwärmebedarf, also die erforderliche Wärmemenge, die im Raum zur Verfügung stehen muss, ermittelt wird. Mit der EnEV werden jetzt auch die Verluste aus der Anlagentechnik für Heizung, Lüftung und Warmwasser sowie der Energie-träger (Öl, Gas, etc.) mit der jeweiligen primärenergetischen Vorgeschichte mit in die Bewer-tung eingeschlossen.

Nach EnEV (Anhang 1) wird der Jahres-Primärenergiebedarf Q_P mittels Bilanzverfahren auf der Grundlage der DIN EN 832 sowie DIN V 4108-6 ermittelt.

$$\text{vorh. } Q_P = (Q_h + Q_w) * e_P$$

mit

Q_h = Heiz-Wärmebedarf

Q_w = Trinkwasser-Wärmebedarf

e_P = Anlagenaufwandszahl

Das Rechenverfahren basiert auf dem Monatsbilanzverfahren, lediglich bei kleinen Wohnge-bäuden kann die vereinfachte Heizperiodenbilanz durchgeführt werden. Der vorhandene Primärenergiebedarf muss kleiner sein als der Grenzwert nach EnEV Anhang 1. Als weiterer Kennwert ist der spezifische Transmissionswärmeverlust H'_T zu ermitteln, der vergleichbar ist mit einem mittleren U-Wert. Der zweite Kennwert kennzeichnet jedoch in der Regel nur einen baulichen Mindestwärmeschutz aus energetischer Sicht.

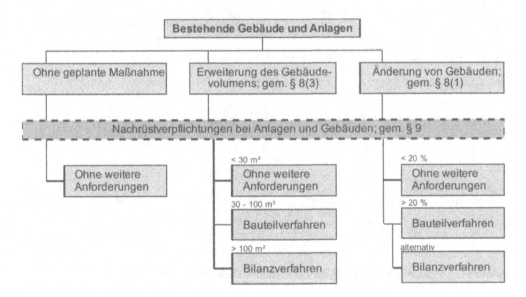

Bild 5-7 Übersicht der erforderlichen Regeln nach EnEV für Bestandsgebäude [84]

Für bestehende Gebäude und Anlagen ist Abschnitt 3 der EnEV (§ 8 - § 10) maßgebend. Hier kann das obige Bilanzverfahren mit einem 40%-igen Zuschlag (Bestandsgebäude: vorh.

$Q_P \leq 1,4 *$ zul. Q_P) oder die „bedingten Anforderungen" (Bauteilverfahren - Einzelanforderungen an den U-Wert der veränderten Bauteile) nach Anlage 3 angewendet werden. Zu betonen ist grundsätzlich, dass bei Bestandsgebäuden die energetische Qualität eines Bauteils und/oder einer Anlage im Rahmen einer Baumaßnahme nicht verschlechtert werden darf.

Eine Übersicht der erforderlichen Berechnungsverfahren für Bestandsgebäude und –anlagen gibt das Bild 5-7.

5.3.2.2 Nachrüstverpflichtungen

Nach EnEV §9 werden Anforderungen an die Ausbildung von Außenbauteilen und Anlagen bei Bestandsgebäuden gestellt, auch wenn keine Maßnahme geplant ist. Erweiternd zu den Anforderungen an die einzuhaltenden Abgasgrenzwerte für Heizungsanlagen nach der ersten Bundesimmissionsschutzverordnung gelten die Verpflichtungen, wie sie in Bild 5-8 dargestellt sind, mit Fristen bis 31.12.2006 bzw. 31.12.2008.

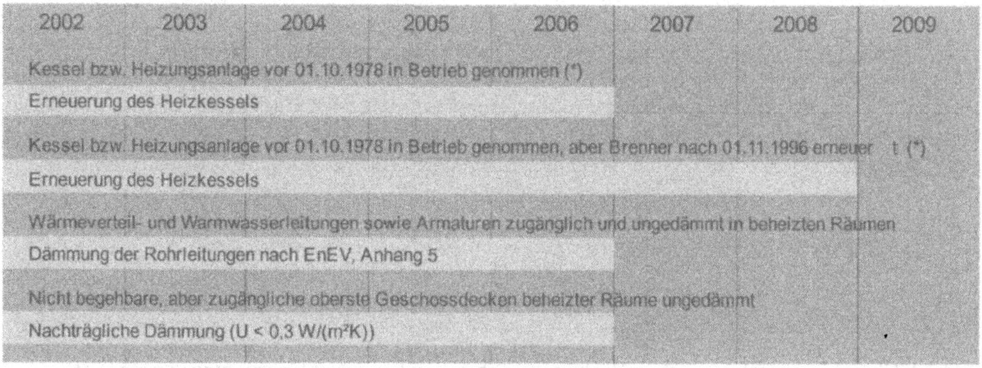

(*) Flüssiger oder gasförmiger Brennstoff // kein Niedertemperatur- oder Brennwertkessel (s. auch E nEV § 9(1))

Bild 5-8 Nachrüstverpflichtungen nach EnEV [84]

Nach Statistiken des Schornsteinfegerhandwerks wurden 2003 1.322 Mio. Öl- und Gasfeuerungsanlagen festgestellt, die vor dem 31.12.1978 errichtet wurden, die also von der obigen Regelung betroffen sind:

Von diesen Verpflichtungen befreit sind lediglich Eigentümer von Wohngebäuden mit bis zu 2 Wohnungen, die das Gebäude selbst bewohnen. Im Fall eines Eigentümerwechsels greifen jedoch wiederum die Anforderungen innerhalb einer zweijährigen Übergangsfrist.

5.3.2.3 Bauliche Erweiterung (Anbau)

Bauliche Erweiterungen sind hinsichtlich des erforderlichen Nachweises zunächst wie Neubauten anzusehen, d. h. der Nachweis ist nach dem Bilanzverfahren zu führen.

Gemäß EnEV §7 können jedoch bei einer Gebäude-Erweiterung um 30-100 m³ (entspricht ca. 10-35 m² Grundfläche) für die Bauteile des Anbaubereichs die einzuhaltenden Wärmedurchgangskoeffizienten der Außenbauteile nach Anhang 3, Tabelle 1 (Bauteilverfahren) herangezogen werden.

Ist die Erweiterung kleiner als 30 m³ werden nach EnEV §§ 8 (3) keine Anforderungen an die Bauteile gestellt. Eine Übersicht über die Anwendung der EnEV bei Anbauten gibt Tabelle 2.

Erweiterungsvolumen		Erforderlicher Nachweis für die Erwiterung
< 30 m²		kein Nachweis erforderlich
30 - 100 m²		wie „Neubau" Bilanzverfahren nach EnEV, Anhang 1 oder Bauteilverfahren nach EnEV, Anhang 3
> 100 m²	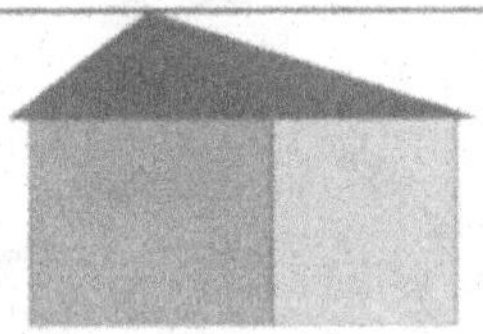	wie „Neubau" Bilanzverfahren nach EnEV, Anhang 1

Bild 5-9 Übersicht der erforderlichen Nachweisverfahren bei baulichen Erweiterungen nach [84]

5.3.2.4   Änderungen von Außenbauteilen (Umbauten / Instandsetzungen)

Bei Umbauten oder Instandsetzungen sind i. d. R. die „bedingten Anforderungen" nach EnEV, Anhang 3 maßgebend. Bedingte Anforderungen bedeuten, dass wärmetechnische Maßnahmen in dem Moment erforderlich werden, in dem Instandsetzungsmaßnahmen (neuer Putz, neue Fenster, Erneuerung von Bauteilen, etc.) durchgeführt werden.

Dieses Verfahren ist jedoch nur anzusetzen, wenn mehr als 20 % der jeweiligen Bauteilfläche, bzw. bei Außenwänden und Fenstern mehr als 20 % der Bauteilfläche gleicher Orientierung erneuert werden. Liegt der Anteil der Erneuerungsflächen darunter, gelten die Anforderungen der EnEV nicht, wobei die Anforderungen des Mindestwärmeschutzes nach DIN 4108 gelten.

Für die baulichen Bedingungen, die in der EnEV für jedes Bauteil näher beschrieben sind (s. Tabelle 5-2), wird vorausgesetzt, dass eine Wirtschaftlichkeit bei einer gleichzeitigen wärmetechnischen Nachrüstung gegeben ist. Dieses ist jedoch im Zweifelsfall u. U. näher zu untersuchen; die Tabelle 5-3 zeigt die dabei maximalen Wärmedurchgangskoeffizienten der Bauteile.

Anhang 3

Anforderungen bei Änderung von Außenbauteilen bestehender Gebäude (zu § 8 Abs. 1) und bei Errichtung von Gebäuden mit geringem Volumen (§ 7)

1.   Außenwände

Soweit bei beheizten Räumen Außenwände

a)   ersetzt, erstmalig eingebaut

oder in der Weise erneuert werden, dass

b)   Bekleidungen in Form von Platten oder plattenartigen Bauteilen oder Verschalungen sowie Mauerwerks-Vorsatz-schalen angebracht werden,

c)   auf der Innenseite Bekleidungen oder Verschalungen aufgebracht werden,

d)   Dämmschichten eingebaut werden,

e)   bei einer bestehenden Wand mit einem Wärmedurchgangskoeffizienten größer 0,9 W/(m² · K) der Außenputz erneuert wird oder

f)   neue Ausfachungen in Fachwerkwände eingesetzt werden,

sind die jeweiligen Höchstwerte der Wärmedurchgangskoeffizienten nach Tabelle 1 Zeile 1 einzuhalten. Bei einer Kerndämmung von mehrschaligem Mauerwerk gemäß Buchstabe d) gilt die Anforderung als erfüllt, wenn der beste-hende Hohlraum zwischen den Schalen vollständig mit Dämmstoff ausgefüllt wird.

2.   Fenster, Fenstertüren und Dachflächenfenster

Soweit bei beheizten Räumen außenliegende Fenster, Fenstertüren oder Dachflächenfenster in der Weise erneuert werden, dass

a)   das gesamte Bauteil ersetzt oder erstmalig eingebaut wird,

b)   zusätzliche Vor- oder Innenfenster eingebaut werden oder

c)   die Verglasung ersetzt wird,

sind die Anforderungen nach Tabelle 1 Zeile 2 einzuhalten. Satz 1 gilt nicht für Schaufenster und Türanlagen aus Glas. Bei Maßnahmen gemäß Buchstabe c) gilt Satz 1 nicht, wenn der vorhandene Rahmen zur Aufnahme der vor-geschriebenen Verglasung ungeeignet ist. Werden Maßnahmen nach Buchstabe c) an Kasten- oder Verbundfenstern durchgeführt, so gelten die Anforderungen als erfüllt, wenn eine Glastafel mit einer infrarot-reflektierenden Beschich-tung mit einer Emissivität $\varepsilon_n \leq 0{,}20$ eingebaut wird. Werden bei Maßnahmen nach Satz 1

1.   Schallschutzverglasungen mit einem bewerteten Schalldämmmaß der Verglasung von $R_{w,R} \geq 40$ dB nach DIN EN ISO 717-1 : 1997-01 oder einer vergleichbaren Anforderung oder

2.   Isolierglas-Sonderaufbauten zur Durchschusshemmung, Durchbruchhemmung oder Sprengwirkungshem-mung nach den Regeln der Technik oder

3.   Isolierglas-Sonderaufbauten als Brandschutzglas mit einer Einzelelementdicke von mindestens 18 mm nach DIN 4102-13 : 1990-05 oder einer vergleichbaren Anforderung

verwendet, sind abweichend von Satz 1 die Anforderungen nach Tabelle 1 Zeile 3 einzuhalten.

3.   Außentüren

Bei der Erneuerung von Außentüren dürfen nur Außentüren eingebaut werden, deren Türfläche einen Wärmedurch-gangskoeffizienten von 2,9 W/m² · K nicht überschreitet. Nr. 2 Satz 2 bleibt unberührt.

4.   Decken, Dächer und Dachschrägen

4.1   Steildächer

Soweit bei Steildächern Decken unter nicht ausgebauten Dachräumen sowie Decken und Wände (einschließlich Dachschrägen), die beheizte Räume nach oben gegen die Außenluft abgrenzen,

a)   ersetzt, erstmalig eingebaut

oder in der Weise erneuert werden, dass

b)   die Dachhaut bzw. außenseitige Bekleidungen oder Verschalungen ersetzt oder neu aufgebaut werden,

c)   innenseitige Bekleidungen oder Verschalungen aufgebracht oder erneuert werden,

d)   Dämmschichten eingebaut werden,

e)   zusätzliche Bekleidungen oder Dämmschichten an Wänden zum unbeheizten Dachraum eingebaut werden,

sind für die betroffenen Bauteile die Anforderungen nach Tabelle 1 Zeile 4a) einzuhalten. Wird bei Maßnahmen nach Buchstabe b) oder d) der Wärmeschutz als Zwischensparrendämmung ausgeführt und ist die Dämmschichtdicke wegen einer innenseitigen Bekleidung und der Sparrenhöhe begrenzt, so gilt die Anforderung als erfüllt, wenn die nach den Regeln der Technik höchstmögliche Dämmschichtdicke eingebaut wird.

4.2   Flachdächer

Soweit bei beheizten Räumen Flachdächer

a)   ersetzt, erstmalig eingebaut

oder in der Weise erneuert werden, dass

b)   die Dachhaut bzw. außenseitige Bekleidungen oder Verschalungen ersetzt oder neu aufgebaut werden,

c)   innenseitige Bekleidungen oder Verschalungen aufgebracht oder erneuert werden,

d)   Dämmschichten eingebaut werden,

sind die Anforderungen nach Tabelle 1 Zeile 4b) einzuhalten. Werden bei der Flachdacherneuerung Gefälledächer durch die keilförmige Anordnung einer Dämmschicht aufgebaut, so ist der Wärmedurchgangskoeffizient nach DIN EN ISO 6946 : 1996-11, Anhang C zu ermitteln. Der Bemessungswert des Wärmedurchgangswiderstandes am tiefsten Punkt der neuen Dämmschicht muss den Mindestwärmeschutz nach § 6 Abs. 1 gewährleisten.

5.   Wände und Decken gegen unbeheizte Räume und gegen Erdreich

Soweit bei beheizten Räumen Decken und Wände, die an unbeheizte Räume oder an Erdreich grenzen,

a)   ersetzt, erstmalig eingebaut

oder in der Weise erneuert werden, dass

b)   außenseitige Bekleidungen oder Verschalungen, Feuchtigkeitssperren oder Drainagen angebracht oder erneuert,

c)   innenseitige Bekleidungen oder Verschalungen an Wände angebracht,

d)   Fußbodenaufbauten auf der beheizten Seite aufgebaut oder erneuert,

e)   Deckenbekleidungen auf der Kaltseite angebracht oder

f)   Dämmschichten eingebaut werden,

sind die Anforderungen nach Tabelle 1 Zeile 5 einzuhalten. Die Anforderungen nach Buchstabe d) gelten als erfüllt, wenn ein Fußbodenaufbau mit der ohne Anpassung der Türhöhen höchstmöglichen Dämmschichtdicke (bei einem Bemessungswert der Wärmeleitfähigkeit $\lambda = 0,04$ W/(m·K) ausgeführt wird.

Zeile	Bauteil	Maßnahme nach	Gebäude nach § 1 Abs. 1 Nr. 1	Gebäude nach § 1 Abs. 1 Nr. 2 [1]
			maximaler Wärmedurchgangskoeffizient U_{max} in W / (m²·K)	
1	1	2	3	4
1 a)	Außenwände	allgemein	0,45	0,75
b)		Nr. 1 b), d) und e)	0,35	0,75
2 a)	Außenliegende Fenster, Fenstertüren, Dachflächenfenster	Nr. 2 a) und b)	1,7 [2]	2,8 [2]
b)	Verglasungen	Nr. 2 c)	1,5 [3]	keine Anforderung
c)	Vorhangfassaden	allgemein	1,9 [4]	3,0 [4]
3 a)	Außenliegende Fenster, Fenstertüren, Dachflächenfenster mit Sonderverglasungen	Nr. 2 a) und b)	2,0 [2]	2,8 [2]
b)	Sonderverglasungen	Nr. 2 c)	1,6 [3]	keine Anforderung
c)	Vorhangfassaden mit Sonderverglasungen	Nr. 6 Satz 2	2,3 [4]	3,0 [4]
4 a)	Decken, Dächer und Dachschrägen	Nr. 4.1	0,30	0,40
b)	Dächer	Nr. 4.2	0,25	0,40
5 a)	Decken und Wände gegen unbeheizte Räum oder Erdreich	Nr. 5 b) und e)	0,40	keine Anforderung
b)		Nr. 5 a), c), d) und f)	0,50	keine Anforderung

[1] Wärmedurchgangskoeffizient des Bauteils unter Berücksichtigung der neuen und der vorhandenen Bauteilschichten; für die Berechnung opaker Bauteile ist DIN EN ISO 6946 : 1996-11 zu verwenden.

[2] Wärmedurchgangskoeffizient des Fensters; er ist technischen Produkt-Spezifikationen zu entnehmen oder nach DIN EN ISO 10077-1 : 2000-11 zu ermitteln .

[3] Wärmedurchgangskoeffizient der Verglasung; er ist technischen Produkt-Spezifikationen zu entnehmen oder nach DIN EN 673 : 1999-1 zu ermitteln .

[4] Wärmedurchgangskoeffizient der Vorhangfassade; er ist nach anerkannten Regeln der Technik zu ermitteln.

Tabelle 5-3: Höchstwerte der Wärmedurchgangskoeffizienten bei erstmaligem Einbau, Ersatz und Erneuerung von Bauteilen (EnEV, Anhang 3, Tabelle 1) [58]

Alternativ zum Bauteilverfahren kann bei Änderungen von Bauteilen auch das Bilanzverfahren als Nachweis gewählt werden, was aber erfahrungsgemäß nur sinnvoll ist, wenn es sich um eine umfangreiche Baumaßnahme handelt. In diesem Fall kann auch der Energiebedarfsausweis freiwillig erstellt werden.

Bei einer „wesentlichen Änderung" (z. B. mindestens 3 Bauteiländerungen gemäß Tabelle 5-3 plus Heizkesselaustausch innerhalb eines Jahres) bietet sich häufig das Bilanzverfahren schon aufgrund des größeren Umfanges der Maßnahmen an. Es ist bei Anwendung des o. g. Zuschlages für Bestandsbauten von 40 % zu berücksichtigen. Wird dieser Nachweis geführt, ist nach EnEV §13 (2) ein Energiebedarfsausweis zu erstellen.

5.3.3 Maßnahmen zur Verbesserung der Energieeffizienz

Die jeweiligen Potentiale zur Verbesserung der Energieeffizienz betrieblicher Abläufe sind genauso vielschichtig, wie die Möglichkeiten ihrer Erschließung. Neben der Erfassung aller Chancen im Bereich der energetischen Ertüchtigung des Gebäudes sind i. d. R. auch Produktionsprozesse mit ihrer vollen Komplexität berührt und dementsprechend in die Betrachtung einzubeziehen. Über das Effizienzkriterium lassen sich Effekte von energetischen Ertüchtigungen für Gebäude, technischen sowie organisatorischen Energiesparmaßnahmen bewerten und vergleichen. Zum Erreichen nachhaltiger Verbesserungen sind bauliche, ingenieurtechnische und organisatorische Maßnahmen notwendig, die im Rahmen des Facility Managements umgesetzt werden müssen.

5.3.3.1   Bauliche Maßnahmen

- Energetische Ertüchtigung der Gebäudehülle
- Luftdichtigkeit
- Klimatisierung
- Be- und Entlüftung
- Heizung
- Kühlung
- Beleuchtung
- Kraft-/Wärmekopplung

5.3.3.2   Ingenieurtechnische Aufgaben

- Erfassung und Analyse des Energieverbrauchs im Unternehmen
- Identifikation von technisch und wirtschaftlich realisierbaren Sparpotentialen
- Prüfen von Versorgungsalternativen
- Optimierung des Energieeinsatzes für Haupt-, Hilfs- und Nebenprozesse
- Analyse und Optimierung der Prozessdynamik
- Vergleiche mit Energiekennzahlen und Benchmarking
- Zusammenfassung von Einzelresultaten in Energiekonzepten
- Entwicklung von Energiemanagementsystemen
- Analyse der Einsatzmöglichkeiten erneuerbarer Energien

5.3.3.3   Aufgaben von Unternehmensleitung und Betriebsführung

- Ausrichten des Unternehmensleitbildes auf nachhaltiges wirtschaften
- Verankern (organisatorisch und personell) des Energiemanagements
- Fortschreiben von Energieanalysen und -konzepten

- Steuerung und Kontrolle des Energieeinsatzes während des laufenden Betriebes
- Periodische Wartung, Inspektion und Instandsetzung der Anlagen [85]

5.3.4 Motive und Hemmnisse rationeller Energienutzung

Für den rationellen Einsatz von Energie in Unternehmen ist eine Vielzahl von Lösungen im Rahmen eines intelligenten Facility Managements verfügbar, deren Effizienz durch Praxisbeispiele bereits nachgewiesen wurde (s. u. a. Kap. 6). Trotz zahlreicher Motive, die für eine konsequente Umnutzung geeignetermaßen noch sprechen, existieren auch Hemmnisse. Oft stehen betriebliche und ökonomische Faktoren, psychologische Einflüsse oder Wissensdefizite einer Realisierung entgegen.

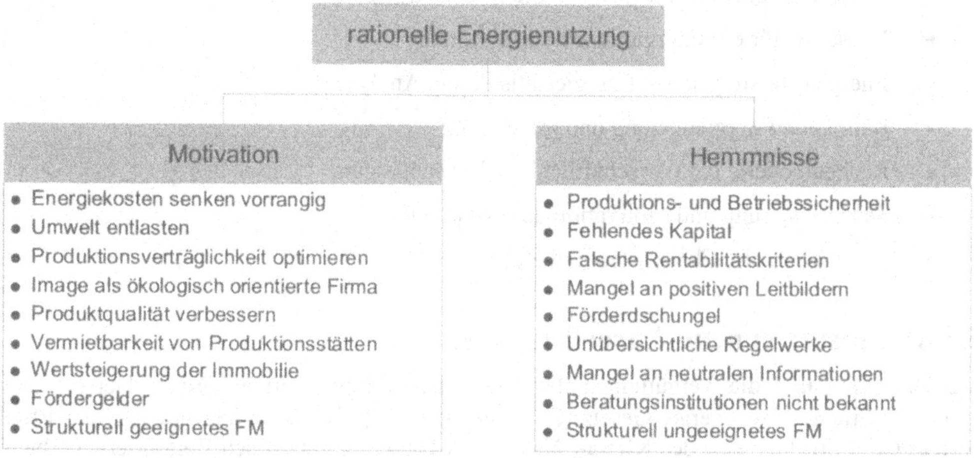

rationelle Energienutzung

Motivation	Hemmnisse
• Energiekosten senken vorrangig	• Produktions- und Betriebssicherheit
• Umwelt entlasten	• Fehlendes Kapital
• Produktionsverträglichkeit optimieren	• Falsche Rentabilitätskriterien
• Image als ökologisch orientierte Firma	• Mangel an positiven Leitbildern
• Produktqualität verbessern	• Förderdschungel
• Vermietbarkeit von Produktionsstätten	• Unübersichtliche Regelwerke
• Wertsteigerung der Immobilie	• Mangel an neutralen Informationen
• Fördergelder	• Beratungsinstitutionen nicht bekannt
• Strukturell geeignetes FM	• Strukturell ungeeignetes FM

Bild 5-10 Motivation und Hemmnisse einer rationellen Energienutzung

5.3.5 Forschungs- und Wissenstransfer

Die anwendungsorientierte Wissensvermittlung ist als wesentliche Voraussetzung zu betrachten, wenn Energiemanagementsysteme im Rahmen eines Facility Managements im Unternehmen dauerhaft etabliert und die hierfür notwendige Motivation geschaffen werden soll. Geeignete Einrichtungen zum Austausch von Erfahrungen für anwendernahen Informationstransfer und Öffentlichkeitsarbeit sind daher gezielt zu entwickeln. Als Beispiel kann hier der Arbeitskreis Energieberatung im Freistaat Thüringen benannt werden, der die Aufgabe im Sinne einer Landestransferstelle für sparsame, rationelle und umweltgerechte Energienutzung übernimmt. Anbieterunabhängige Energieberatung erweist sich als Katalysator für die Erhöhung der Energieeffizienz in Unternehmensbereichen. Durch Förderung von Beratungsleistungen und ausgewählten Investitionen soll die praktische Umsetzung geeigneter Maßnahmen unterstützt werden. Zur Sicherung einer hohen Wirksamkeit des Fördermitteleinsatzes sind die verfügbaren Beratungsmittel einzusetzen. Informationen zu aktuellen Förderprogrammen können über ausgewählte Internetadressen bezogen werden [86], [87]. Durch das

Fraunhofer Institut für Systemtechnik und Innovationsforschung [88] wurden zum Thema „Energie effizient nutzen" inhaltliche Schwerpunkte zusammengestellt.

Weiterhin bietet das Fachinformationszentrum Karlsruhe Dokumentationen und Umwelt-dienstleistungen für den Bereich Energie und Umwelt an [89]. A. Wanke und S. Trenz erfassen methodische Aspekte beim Aufbau eines Energiemanagementsystems ebenso wie betriebliche Möglichkeiten zur Umsetzung eines rationellen Energieeinsatzes, die im Rahmen eines Facility Managements für die Praxis umgesetzt werden können [90].

Inhaltliche Schwerpunkte sind hier u. a.:

- Politische und rechtliche Rahmenbedingungen
- Effizienzpotentiale, Erfolgsfaktoren und Entscheidungskriterien
- Arbeitsschritte beim Aufbau des Energiemanagements
- Bausteine für ein Energieinformationssystem
- Energieerfassung sowie Energiestatistik und Analyse
- Rationelle Energienutzung und -erzeugung
- Rechenmodelle für Wirtschaftlichkeitsbetrachtungen
- Sensibilisierung und Motivation der Mitarbeiter
- Praxisbeispiele, Checklisten und Hilfen

5.3.6 Einsatz erneuerbarer Energien

Die Definition und die Vergütungen der erneuerbaren Energiearten wird in Deutschland durch das Erneuerbare Energie Gesetz (EEG) geregelt [91]. Das grundlegende Ziel des EEG besteht darin, im Interesse des Klima-, Natur- und Umweltschutzes den Beitrag erneuerbare Energien an der Stromversorgung deutlich zu erhöhen, eine nachhaltige Entwicklung der Energieversorgung zu ermöglichen, die volkswirtschaftlichen Kosten der Energieversorgung unter Berücksichtigung langfristiger externer Kosten zu verringern und einen Beitrag zur Vermeidung von Konflikten um fossile Energieressourcen zu leisten. Damit soll den Zielen der Europäischen Union und der Bundesrepublik Deutschland entsprochen werden, den Anteil erneuerbarer Energien am gesamten Energieverbrauch deutlich zu erhöhen und zwar konkret:

- bis zum Jahr 2010 auf mindestens 12,5 % und
- bis zum Jahr 2020 auf mindestens 20 %.

Weiterhin wird mit dem EEG die Weiterentwicklung von Technologien zur Erzeugung von Strom aus erneuerbaren Energien angestrebt.

Dazu regelt das Gesetz:

„1. den vorrangigen Anschluss von Anlagen zur Erzeugung von Strom aus Erneuerbaren Energien und aus Grubengas im Bundesgebiet einschließlich der deutschen ausschließlichen Wirtschaftszone (Geltungsbereich des Gesetzes) an die Netze für die allgemeine Versorgung mit Elektrizität,

2. die vorrangige Abnahme, Übertragung und Vergütung dieses Stroms durch die Netzbetrei-
ber und

3. den bundesweiten Ausgleich des abgenommenen und vergüteten Strom.

Dieses Gesetz findet keine Anwendung auf Anlagen, die zu über 25 Prozent der Bundesrepu-
blik Deutschland oder einem Land gehören und die bis zum 31. Juli 2004 in Betrieb genom-
men worden sind. "

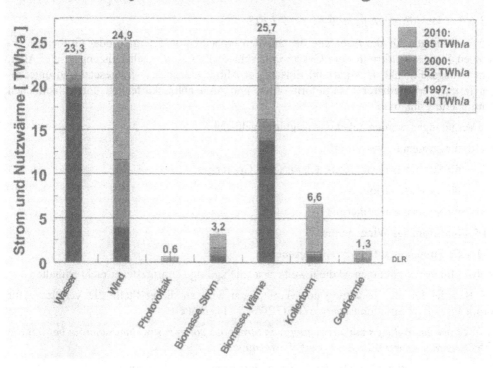

Bild 5-11: Wachstumsdynamik erneuerbare Energien [92]

Als erneuerbare Energien im Sinne des Gesetzes gelten: Wasserkraft (Wellen-, Gezeiten-,
Salzgradienten- und Strömungsenergie), Windkraft, solare Strahlungsenergie, Geothermie,
Energie aus Biomasse (einschl. Bio-, Deponie- und Klärgas) sowie aus dem biologisch ab-
baubaren Anteil von Abfällen aus Haushalten und Industrie. Das Gesetz betrifft sowohl neu
in Betrieb genommene Anlagen (nach dem 31. Juli 2004) oder solche, die in wesentlichen
Teilen (entspricht mindestens 50 v. H. der Kosten einer Neuinvestition einschl. technisch für
den Betrieb erforderlicher Einrichtungen und baulicher Anlagen) erneuert worden sind. Mit
dem EEG § 4 sind Netzbetreiber verpflichtet, die o. g. Anlagen zur Erzeugung von Strom an
ihr Netz anzuschließen und den gesamten angebotenen Strom aus diesen Anlagen vorrangig

abzunehmen, zu übertragen und den eingespeisten Strom nach den §§ 6-12 zu vergüten. Diese Verpflichtung betrifft den jeweiligen Netzbetreiber, zu dessen technisch für die Aufnahme geeigneten Netz die kürzeste Entfernung zum Standort der Anlage besteht. Eine technische Eignung besteht auch, wenn erst durch einen wirtschaftlich zumutbaren Ausbau des Netzes, die Abnahme des Stroms ermöglicht wird. Auf Verlangen des Einspeisewilligen ist der Netzbetreiber zu einem unverzüglichen Ausbau verpflichtet. Dafür hat der Einspeisewillige dem Netzbetreiber die für die Planung notwendigen Anlagedaten offen zu legen. Die Verpflichtung besteht bei Anlagen mit einer Leistung ab 500 kW nur, wenn eine registrierende Leistungsmessung erfolgt.

5.3.6.1   Vergütungen gemäß §§ 6-12 EEG

Die Vergütungen für die Abnahme des aus den erneuerbaren Energien oder Grubengas erzeugten Stroms werden in dem Gesetz unterschiedlich – u. a. nach Leistungsgröße, Alter, Erneuerungszeitpunkt, Qualität und Einsatz der Altholzkategorie – festgesetzt und unterliegen je nach erneuerbarer Energieform, Alter und Anlagenbeschaffenheit unterschiedlichen Abminderungsfaktoren.

Die Vergütungen werden dabei wie folgt unterschieden:

§ 6 –   für Strom aus Wasserkraft

§ 7 –   für Strom aus Deponiegas, Klärgas und Grubengas

§ 8 –   für Strom aus Biomasse

§ 9 –   für Strom aus Geothermie

§ 10 – für Strom aus Windenergie

§ 11 – für Strom aus solarer Strahlungsenergie.

In den Mindestvergütungen ist die jeweils gesetzlich gültige Umsatzsteuer nicht enthalten.

Als Beispiel für die Gestaltung der Vergütungen wird an dieser Stelle die Vergütung für Strom aus solarer Strahlungsenergie (EEG 2004 § 11) erläutert:

„Für Strom aus Anlagen zur Erzeugung von Strom aus solarer Strahlungsenergie beträgt die Vergütung mindestens 45,7 Cent pro Kilowattstunde. "

Unterschieden werden dabei folgende Errichtungsformen und Vergütungen:

- Gemäß § 11 (2) EEG:
  Anlage auf einem Gebäude oder einer Lärmschutzwand und Leistung

  1. ≤ 30 kW: mind. 57,4 ct/kW

  2. > 30 kW bis 100 kW: mindestens 54,6 ct/kW

  3. > 100 kW: mind. 54,0 ct/kW

  Diese Mindestvergütungen erhöhen sich um jeweils 5 ct/kW, wenn die Anlage nicht auf dem Dach oder als Dach angebracht ist und einen wesentlichen Bestandteil des Gebäudes bildet.

- Gemäß § 11 (3) EEG:
  Die Anlage ist nicht an oder auf einer baulichen Anlage angebracht, die vorrangig anderen Zwecken als der Erzeugung von Strom aus der Strahlungsenergie errichtet wurde:

  Der Netzbetreiber ist nur zur Vergütung verpflichtet, wenn die Anlage vor dem 1. Januar 2005 im Geltungsbereich eines Bebauungsplanes im Sinne des § 30 BauGB oder auf einer Fläche, für die ein Verfahren nach § 38 Satz 1 des BauGB durchgeführt worden ist, in Betrieb genommen wurde.

- Gemäß § 11 (4) EEG:
  Anlage wie (3), die im Geltungsbereich eines Bebauungsplanes errichtet wurde, der zumindest auch zu diesem Zweck nach dem 1. September 2003 aufgestellt oder geändert worden ist:

  Der Netzbetreiber ist nur zur Vergütung verpflichtet, wenn sich die Anlagen auf Flächen befinden, die zum Zeitpunkt des Beschlusses über die Aufstellung oder Änderung des Bebauungsplanes bereits versiegelt waren, auf Konversionsflächen aus wirtschaftlicher oder militärischer Nutzung oder auf Grünflächen befinden, die zur Errichtung dieser Anlage im Bebauungsplan ausgewiesen sind und zum Zeitpunkt des Beschlusses über die Aufstellung oder Änderung des Bebauungsplanes als Ackerland genutzt wurden.

- Gemäß § 11 (5) EEG:
  Die Mindestvergütungen werden ab dem 1. Januar 2005 jährlich für nach diesem Zeitpunkt neu in Betrieb genommene Anlagen nach Abs. (1) und (2) 1. bis 3. um jeweils 5 % des für die im Vorjahr neu in Betrieb genommenen Anlagen maßgeblichen Wertes gesenkt und auf zwei Stellen hinter dem Komma gerundet. Nach dem 1. Januar 2006 erhöht sich dieser Prozentsatz für Anlagen nach auf 6,5 %.

- Gemäß § 11 (6) EEG:
  Mehrere Fotovoltaikanlagen, die sich entweder an oder auf demselben Gebäude befinden und innerhalb von sechs aufeinander folgenden Kalendermonaten in Betrieb genommen worden sind, gelten zum Zweck der Ermittlung der Vergütungshöhe für die zuletzt in Betrieb genommene Anlage als eine Anlage, auch wenn sie nicht mit gemeinsamen für den Betrieb technisch erforderlichen Einrichtungen oder Anlagen unmittelbar verbunden sind.

Mit Ausnahme für Strom aus Wasserkraftanlagen mit einer Leistung bis 5 MW (hier 30 Jahre) und für Strom aus Wasserkraftanlagen mit einer Leistung ab 5 bis 150 MW (15 Jahre) sind die Mindestvergütungen gemäß der §§ 6 bis 11 EEG vom Zeitpunkt der Inbetriebnahme an für die Dauer von 20 Kalenderjahren zuzüglich Inbetriebnahmejahr zu zahlen. Zur weiteren Vertiefung hinsichtlich der Vergütungspraxis wird das Studium des Abschlussberichts der Enquete-Kommission des Deutschen Bundestages „Schutz der Menschen und der Umwelt" [19] empfohlen.

§ 20 EEG regelt darüber hinaus, dass durch das Bundesministerium für Umwelt, Naturschutz und Reaktorsicherheit bis zum 31. Dezember 2007 und danach alle vier Jahre im Einvernehmen mit dem Bundesministerium für Verbraucherschutz, Ernährung und Landwirtschaft dem Deutschen Bundestag ein Erfahrungsbericht insbesondere zur Markteinführung und der Kostenentwicklung vorgelegt und ggf. ein Vorschlag über die Anpassung der Höhe der Vergütungen und der Degressionsansätze unterbreitet wird. Dazu sind Anlagenbetreiber, die ihre Anlage ab dem 1. August 2004 in Betreib genommen und eine Vergütung nach den §§ 6 bis 12 in Anspruch genommen haben und Netzbetreiber zum Zweck der Ermittlung der Stromgestehungskosten sowie der Sicherstellung des Ausgleichmechanismus verpflichtet, dem zuständigen Ministerium entsprechende Auskünfte unter Sicherstellung des Datenschutzes zu geben.

Weiterhin erfolgen im EEG Regelungen u. a. zu den Netzkosten, zu den bundesweiten Ausgleichsregelungen und der Clearingstelle.

5.3.6.2 Einsatz regenerativer Energiesysteme

Mit In-Kraft-Treten der EU-Richtlinie „Gesamtenergieeffizienz von Gebäuden" wird der Einsatz regenerativer Energiesysteme weiter ansteigen. Damit wird es auch für alle Hochbauplaner notwendig, zumindest Grundkenntnisse in dieser Hinsicht zu erwerben, da zumindest für alle Bauvorhaben ab 1.000 m² die Planung und Abwägung des Einsatzes nachgewiesen werden. Weiterhin wird zukünftig von allen in die Planung Einbezogenen erwartet werden, dass sie sich an der Analyse und Beratung aktiv beteiligen. Letztendlich wird es den Bauherren in Zukunft durch die immer weiter steigenden Preise für Energie und die endlichen Ressourcen an fossilen Energien während der Refinanzierungsphase eines ab heute errichteten Gebäudes schnell auffallen, wenn eine derartige Beratung nicht umfassend und vollständig in der Planungsphase erfolgt ist; ein eventueller Grund für eine künftige rechtliche Auseinandersetzung. Deshalb werden in der Folge die wesentlichen erneuerbaren Energien vorgestellt.

Zunächst ist es wichtig zu ermitteln, welche Grundvoraussetzungen die Energieversorgung des jeweiligen Gebäudes erfüllen muss – hier stellen die jeweiligen Funktionen sehr unterschiedliche Anforderungen.

Diese Parameter spielen dabei eine besonders wichtige Rolle:

- Notwendige Konstanz der Versorgung
- Notwendige Leistung
- Ggf. notwendige Kopplung mit konventionellen Systemen
- Verfügbarkeit der Energieform (Sonneneinstrahlung, Strömungsgeschwindigkeiten o. ä.)
- Einbausituation (Neigungswinkel, Flächengrößen, Strömungsgeschwindigkeiten u. a.)

5.3.6.3 Solare Anlagen

Der Energiebedarf zur Brauchwassererwärmung bei kleineren Gebäudeeinheiten wie Einfamilienhäusern ist relativ konstant und kann daher schon mit kleineren solaren Brauchwasseranlagen, die, gekoppelt mit einer Heizungsunterstützung, den Energiebedarf weitgehend decken können.

Bei Solarwärmeanlagen wird die Sonnenstrahlung aufgenommen, in Wärme umgewandelt und von der Wärmeträgerflüssigkeit gespeichert. Über ein Leitungssystem und Wärmetauscher wird diese Wärme dann (in der Regel) an einen Wärmespeicher abgegeben und als Brauchwasser oder zur Heizungsunterstützung verwendet.

Die mögliche Versorgung eines Gebäudes mit solarer Heizenergie ist eingehend zu prüfen und hängt sehr stark von der Konstruktionsart des Gebäudes ab. Zumeist ist der zusätzliche Einbau einer herkömmlichen Heizungsanlage nach heutigem Entwicklungsstand erforderlich. Bei neuen Gebäuden mit Passivhaus-Standard kann der zusätzliche Heizungsaufwand zwar auf ein Minimum begrenzt werden, ist jedoch i. d. R. mit dem zusätzlichen Aufwand der Installation einer Lüftungsanlage verbunden. Die weitere Entwicklung auf diesem Gebiet bleibt abzuwarten. Besonders zu beachten ist auf jeden Fall, dass die Heizungsanlagen für Passivhäuser einer Anpassung an die verringerten Anforderungen an den Heizenergiebedarf bedürfen.

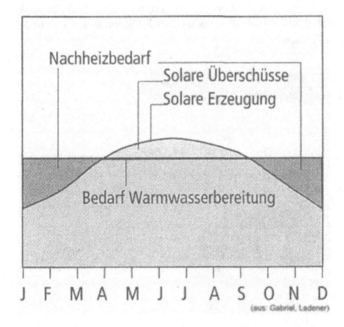

Bild 5-12 Darstellung der solaren Deckung bei der Warmwasserbereitung [84]

Anmerkungen zum Wirkungsgrad

In der Solarwärmetechnik ist der *Anlagen*wirkungsgrad das Verhältnis der von der Solarflüssigkeit in den Speicher eingetragenen Wärme zu der auf die Kollektorfläche eingestrahlten Sonnenenergie. Der Anlagenwirkungsgrad beschreibt die Leistungsfähigkeit einer Solaranlage über einen längeren Zeitraum, beispielsweise ein Jahr.

Der *System*wirkungsgrad beschreibt den Wirkungsgrad des gesamten Solarsystems (bestehend aus Kollektor, Rohrleitung, Wärmetauscher und Speicher) einschließlich des Weges zu den Verbraucherstellen. Hier werden zusätzlich die Wärmeverluste durch das Rohrleitungssystem (Rohrleitungsverluste) auf dem Weg zu den Verbrauchern hinzugezählt. Der Systemwirkungsgrad gibt an, wieviel der auf den Kollektor eingestrahlten Sonnenenergie den Verbrauchern an den Entnahmestellen als warmes Wasser zur Verfügung steht.

5.3.6.4   Geothermie an einem Anlagenbeispiel

Bei derartigen Anlagen wird mittels einer Tauchpumpe heißes Wasser aus der Fördersonde in die oberirdische Thermalwasserleitung transportiert. Dort wird dem Salzwasser in einem Wärmetauscher Wärme entzogen und in die Fernwärmeversorgung eingespeist. Durch die Integration einer ORC-Turbine wird in Zeiten geringen Wärmebedarfs im Fernwärmenetz der Wärmeüberschuss zur Stromerzeugung verwendet. Prinzipiell kann auch eine Wärmepumpe zur besseren Wärmenutzung in ein derartiges System integriert werden. Bei der Beispielanlage in Neustadt-Glewe (s. Bild 5-13) hat man sich dagegen entschieden und die direkte Wärmenutzung gewählt. Das abgekühlte Thermalwasser wird über die Injektionsbohrung wieder in die Erdschicht verpresst, aus der es entnommen worden ist. Geothermische Anlagen sind so ausgelegt, dass sie mindestens 30 Jahre ohne ein nennenswertes Absinken der Thermalwassertemperatur betrieben werden können.

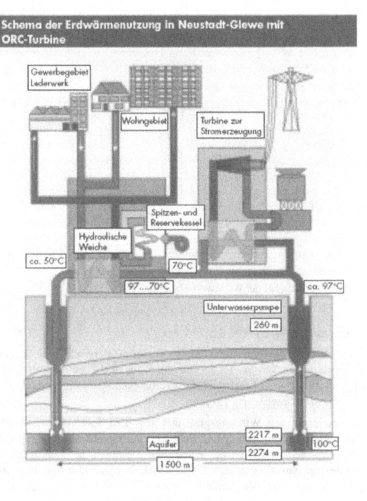

Bild 5-13 Erdwärmenutzung in Neustadt-Glewe [93]

5.3.6.5   Fotovoltaik

Bei der Fotovoltaik wird in Solarzellen (= spezielle Halbleiterbauelemente, mono- oder poly-kristalline Zellen) Sonnenlicht direkt in elektrische Energie umgewandelt. Die physikalische Grundlage hierfür ist der fotoelektrische Effekt: Photonen („Lichtteilchen") mit geeigneter Energie (= Licht mit einer bestimmten Wellenlänge) können in Halbleitern (z. B. Silizium) Elektronen aus dem Atomverband zeitweise lösen und damit einen Stromfluss bewirken. Um höhere Leistungen zu erzielen, werden die Solarzellen in Modulen zusammengeschaltet. Derzeit kann mit modernen Fotovoltaikmodulen bei einer Nennleistung von 230 Wp ein Modulwirkungsgrad von annähernd 14 % erreicht werden.

Bild 5-14 Fotovoltaikanlage auf dem Dach eines Bürogebäudes [93]

Grundsätzlich können Fotovoltaikanlagen überall dort installiert werden, wo ausreichend Licht hinfällt. Einen optimalen Ertrag bieten südorientierte Flächen mit etwa 30° Neigung. Eine Abweichung nach Südwest/Südost oder Neigungen zwischen 25° und 60° verringern jedoch den Energieertrag nur geringfügig. Verschattungen durch Bäume, Nachbarhäuser, Giebel, Antennen und ähnliches sollten vermieden werden, da sie den Stromertrag deutlich reduzieren.

5.3.6.6   Windenergie

Für Windenergieanlagen (WEA) ist – je nach Typ – eine durchschnittliche Windgeschwin-digkeit von 4-5 Meter pro Sekunde (ca. 14 bis 18 km/h = untere Grenze) notwendig. Eine Windenergieanlage mit einem Megawatt Leistung muss in etwa über einen Rotordurchmesser von 55 m verfügen. Die Stromgestehungskosten liegen derzeit bei Windenergieanlagen im Durchschnitt bei 7 bis 9 ct/kWh und damit im Bereich von konventionellen Kraftwerken, die mit fossilen Energieträgern betrieben werden. Für Offshore-Anlagen wird trotz z. T. erheblich höherer Investitionskosten eine bessere Wirtschaftlichkeit erwartet, da die Windverhältnisse deutlich besser als an Land eingeschätzt werden und mit geringeren Turbulenzen zu rechnen ist.

Bei einer geplanten Nutzung sind besonders die Aussagen eines anzufertigenden lokalen Windgutachtens (vor allem Wirtschaftlichkeit und Luftturbulenzen) als auch einer zu erstellenden schallschutztechnischen Bewertung, die vor allem die Belange des Nachbarschaftsschutzes bewertet. Je nach Geländebeschaffenheit und Umgebungsgeräuschen trägt sich der Schall einer WEA verschieden weit in die Umgebung hinein, wobei moderne Konstruktionsarten nur noch einen Geräuschpegel von ca. 55 dB an die Umgebung abgeben. Grundsätzlich können WEA mit einer Leistung bis ca. 30 kW an ein Niederspannungsnetz von 220 V angeschlossen werden, während dessen für größere Anlagen ein separater Mittelspannungstrafo erforderlich ist.

Entwicklung der modernen Windkraftnutzung

Den Ausgangspunkt der modernen Windkraftnutzung bildete die Suche nach einer geeigneten Versorgung strukturschwacher ländlicher Regionen in Dänemark. Das Jahr 1891 kann als Beginn dieser Nutzung nachgewiesen werden [93]. In den 20iger Jahren des 20. Jh. setzten Deutschland und die damalige UdSSR die Erforschung der Windenergie fort. Während in den USA bereits um 1941 die erste Großanlage mit 1.250 kW zur netzgebundenen Stromerzeugung in Betrieb genommen wurde, sank weltweit nach dem 2. Weltkrieg durch sinkende Energiepreise das Interesse an einer umfangreichen Windenergienutzung. Immerhin wurden Forschungsprojekte in Frankreich, Großbritannien, Dänemark und Deutschland (1958-68 kam in Dt. bereits eine Anlage mit aerodynamischen Rotorblättern aus Glasfaserverbundmaterial zum Einsatz) weitergeführt. Nach den beiden Ölkrisen begann nach 1975 eine Wiederentdeckung der Windenergie, die zur folgenden Entwicklung führte:

- USA: nach 1980 ca. 15.000 WEA mit einer Gesamtleistung von 1.400 MW
- Deutschland, im Jahr 2002: Errichtung von 2.328 WEA mit einer Gesamtleistung von 3.247 MW
- Gesamt Deutschland 2002: 13.800 WEA mit einer Gesamtleistung von 12.000 MW (1998: 2.900 MW)
- Gesamtleistung Europa 2002: 23.200 MW
- Gesamtleistung weltweit 2002: Leistung 31.100 MW (Spanien 4.800 MW, USA 4.700 MW, Dänemark 2.900 MW, Indien 1.700 MW)
- Für das Jahr 2010 werden ca. 60.000 MW allein für Europa prognostiziert [93].

5.3.6.7 Wasserkraft

Wasserkraftanlagen

Bei herkömmlichen Wasserkraftanlagen werden durch Turbinen Höhenunterschiede in Gewässern und jahreszeitliche Schwankungen des Wasserangebotes genutzt und dabei die Kraft des die Turbinen durchströmenden Wassers in elektrische Energie umgewandelt.

Strömungskraftwerke

Generell sind Gezeitenströmungen, aber auch andere Strömungen als treibende Kraft einsetzbar. Allerdings hat beispielsweise der Golfstrom nur eine Strömungsgeschwindigkeit von 1,4 Metern pro Sekunde (5 km/h) und ist somit für Strömungskraftwerke nicht nutzbar. Die Gezeitenströmungen haben den großen Vorteil, dass sie küstennah auftreten (erleichterter Zugang zu den Anlagen für Installation und Wartung, geringere Anforderungen an Infrastruktur). Durch die hohe Dichte des Wassers benötigen Strömungskraftwerke mit 2 bis 2,5 Metern pro Sekunde eine weit geringere Strömungsgeschwindigkeit als Windenergieanlagen. Mit sehr geringer Rotationsfrequenz dreht sich der Rotor und treibt einen Generator an. Die hohe Dichte des Wassers ermöglicht es außerdem kleinere Rotorblätter als bei Windenergieanlagen zu verwenden. Unter Wasser genügt bereits ein ca. 20 m großer Rotor. Ändert sich beim Gezeitenwechsel die Strömungsrichtung, werden die Rotorblätter entsprechend verstellt. So können die Rotoren bei beiden Strömungsrichtungen des Wassers die gleiche Drehrichtung beibehalten. Über die verstellbaren Rotorblätter wird die Rotationsgeschwindigkeit auch bei unterschiedlichen Strömungsgeschwindigkeiten konstant gehalten.

Bild 5-15 Strömungskraftwerk der Zukunft [93]

Die weitere Entwicklung von Strömungskraftwerken und von Fotovoltaik- und Windenergieanlagen lässt die derzeitige „Diskriminierung" von Elektroenergie durch die EnEV (Primärenergiefaktoren) fragwürdig erscheinen und sollte durchaus Anlass zu einem Umdenken in dieser Hinsicht geben.

5.3.6.8   Biomasse

Land- und Wasserpflanzen, pflanzliche und tierische Rückstände (einschl. Bio-, Deponie-
und Klärgas) sowie der biologisch abbaubare Anteil von Abfällen aus Haushalten und Industrie stellen Energien aus Biomasse im Sinne des EEG dar.

Heizwerte in Biomasse		Heizwerte in Fossilen Energieträgern	
Stroh	4 kWh/kg	Braunkohle	5,6 kWh/kg
Schilfarten	4 kWh/kg	Steinkohle	8,9 kWh/kg
Getreidepflanzen	4,2 kWh/kg	Heizöl	11,7 kWh/kg
Holz	4,4 kWh/kg	Erdgas	8,3 kWh/m³
Biogas	6,1 kWh/m³		

Tabelle 5-4 Vergleich von Heizwerten von Biomassen und fossilen Energieträgern [93]

Für die Nutzung der o. g. Biomassen sind mittlerweile vielfältige Anlagensysteme erhältlich.
Diese reichen von Holzvergasern für die Holz-Hackschnitzelfeuerung bis hin zu Biogasanla-
gen.

Genauestens zu prüfen sind der jeweilige Anlagenwirkungsgrad und die notwendigen Randbedingungen (langfristige Verfügbarkeit der Biomasse, Betreibungsbedingungen etc.), da sich
ansonsten eine ausgewählte Anlage u. U. im Nachhinein für die konkrete Betreibung als
ungeeignet herausstellt.

5.3.6.9   Einsatzfelder von Blockheizkraftwerken (BHKW's)

Ein wirtschaftlicher Betrieb von BHKW's ist bei hohen jährlichen Laufzeiten möglich, so
dass deren Einsatz vor allem bei der Versorgung von:

- Mehrfamilienhäusern, Wohnanlagen, Wohnsiedlungen (vor allem mit gutem Dämm-
  standard, ab ca. 10 WE im Altbestand und ca. 16 – 25 WE im Neubaubereich)
- Bädern, Schwimmhallen
- Krankenhäusern
- Industriebetrieben, bei Abstimmung auf den Produktionsprozess

sinnvoll ist. Nur bei Erzielen der entsprechend hohen Laufzeiten (durchschnittlich 7.000 h)
können die relativ hohen Investitionskosten auf die Strom- und Wärmeerzeugung wirtschaftlich umgelegt werden. In Ein- und Zweifamilienhäusern ist der Betrieb i. d. R. unwirtschaftlich, da auch die Stromeigennutzung zumeist überschätzt wird und dann zu vergleichsweise
schlechten Konditionen der Strom ins Netz eingespeist werden muss.

5.4   Public Private Partnership (PPP)

Public Private Partnerships (PPP) wurden seit ca. 1990 in Großbritannien zunächst unter dem
Namen Private Finance Initiative (PFI) bekannt. Das grundlegende Ziel dieser Initiativen war

als Versuch zu verstehen, in einem stärkeren Maße als bisher private Unternehmen zur Bereitstellung von naturgemäß von der öffentlichen Hand erbrachten Dienstleistungen zu motivieren und damit gleichzeitig einen großen Investitionsstau, der mittlerweile bei öffentlichen Aufgaben anstand, aufzulösen. [94]

Das grundlegende Ziel eines erfolgreichen PPP-Prozesses liegt darin, dafür zu sorgen, dass öffentliche Haushalte von ihnen definierte Dienstleistungen zum günstigsten Preis über eine bestimmte Lebensdauer bzw. Nutzungsdauer unter Mobilisierung privaten Kapitals beschaffen können. Im Gegensatz zu vergleichbaren öffentlichen Bauten stehen durch den privaten Partner die Dienstleistung und der dazugehörige Service über die vollständige vertragliche Nutzungslaufzeit auf einem konstanten Niveau zur Verfügung.

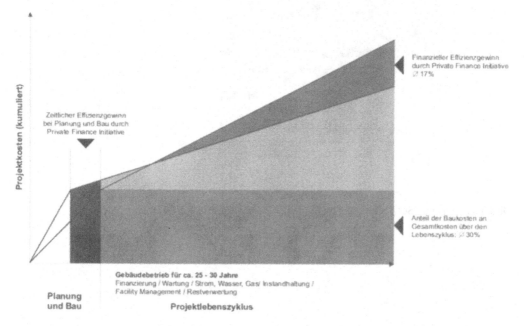

Bild 5-16 Effizienzgewinne durch Private Finance Initiative in Großbritannien (PFI = Vorläufer von PPP-Projekten) [95]

Als grundlegender Gedanke der Einbeziehung privater Partner in die Durchführung konkreter öffentlicher Baumaßnahmen liegt die Bewältigung der wachsenden Finanzkrise der Gebietskörperschaften, der Vollzug der Verwaltungsmodernisierung, einhergehend mit zunehmendem Wettbewerb in der öffentlichen Wirtschaft und die Durchsetzung der Deregulierungsmaßnahmen im europäischen Binnenmarkt zu Grunde. Damit setzte ein allmählich differenzierteres Aufgabenverständnis in öffentlichen Verwaltungen ein. Zugleich stieg Ende der 1990er Jahre die Finanzierungslücke der Kommunen dramatisch an, da die Kommunen auf der Ausgabenseite vor allem durch wachsende Sozialausgaben belastet wurden. Die Befürchtung, dass ein Wechsel von öffentlichem zu privatem Angebotsmonopol stattfindet und eine weitgehende Unklarheit über die Möglichkeiten von PPP's sowie immer noch erhebliche, oftmals pauschale Vorbehalts- und Kontraargumente, wie die angebliche Arbeitsplatzvernichtung und Verteuerung von Versorgungsdienstleistungen bei der tung und Verteuerung von Versorgungsdienstleistungen bei der öffentlichen Hand gesehen werden, stehen der Vorbereitungsstrukturierung und Umsetzung von PPP's in der Praxis große Hemmnisse entgegen. Dabei ist eine PPP nicht mit einer Privatisierung gleichzusetzen; es besteht lediglich ein Spielraum bei zunehmendem Privatisierungsgrad, der den Gestaltungsrahmen für die jeweilige konkrete Struktur eines PPP-Modells gibt.

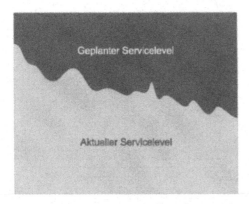

Bild 5-17 Geplanter Servicelevel bei traditioneller Beschaffung nach Völkermann [94]

Bild 5-18 Möglicher Servicelevel bei einer PPP

Somit ist es mit einem effizienten PPP-Prozess möglich, eine politisch gewollte und definierte Leistung zu niedrigsten volkswirtschaftlichen Kosten bei gleich bleibendem Service zu beschaffen. Bei einer Betrachtung der Risikoanalyse stellt sich heraus, dass grundsätzlich die Risiken von demjenigen getragen werden sollten, der sie am effizientesten zu managen vermag. In dieser Hinsicht kommt es jedoch bei PPP-Prozessen immer wieder zu Schwierigkeiten, da sich private Unternehmen, soweit möglich, nicht abgrenzen und nicht kontrollierbare Risiken nicht übernehmen wollen. Daher weisen insbesondere langlaufende Projekte (z. B. Verkehrsrisiken bei Straßenbauprojekten) schwer zu lösende Probleme bei der Risikoverteilung auf. Wird diese realistisch betrieben, kann das Projekt erfolgreich verlaufen.

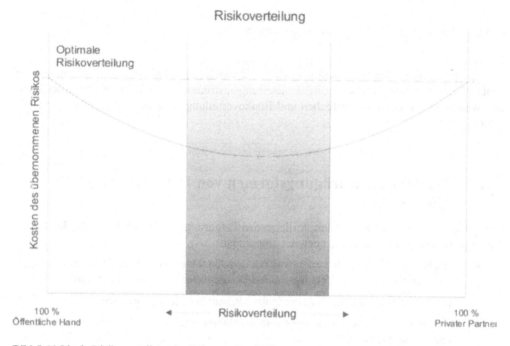

Bild 5-19 Ideale Risikoverteilung im Rahmen einer PPP

Für Public Private Partnerships gibt es unterschiedliche Kooperationsmodelle, die sich durch einen unterschiedlichen Grad der privaten Beteiligung, Effizienzsteigerung und der Risikoaufteilung unterscheiden. So füllen PPP's die Lücke zwischen 100%iger staatlicher Durchführung einer Maßnahme und der 100%igen Privatisierung aus, und besitzen somit ein breites Spektrum.

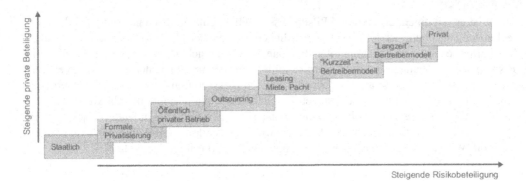

Bild 5-20 Spektrum von PPP's , auf Grundlage der AWV [96]

Prinzipiell sind PPP's für Unternehmen jeder Größenordnung möglich. Sie erfordern, je nach konkreter Realisierung unterschiedliche Steuerungsinstrumente, die Wertschätzung orientiert sich wesentlich im Grad der Aufgaben und Risikoverteilung zwischen öffentlichem und privatem Partner.

5.4.1 Spezifische Ausprägungsformen von Public Private Partnerships

In Deutschland werden nach derzeit vorliegenden Erfahrungen folgende Bereiche für Public Private Partnerships als vorrangig geeignet angesehen:

- Errichtung und Betrieb von Infrastrukturmaßnahmen einschließlich Umweltfragen im Zusammenhang mit Entsorgung und Förderung erneuerbarer Energien

- Projekte im Rahmen des Fernstraßenbau-Privatfinanzierungsgesetzes

- Maßnahmen der allgemeinen Verwaltungsreform oder innovative Formen der öffentlichen Beschaffung

- Wirtschafts- und Tourismusförderung

- Regionale Strukturfördermaßnahmen

- Forschungstechnologie und Innovationsförderung

- Qualifizierung und Bildung (z. B. Errichtung und Unterhaltung von Schulen)

- Gesundheitswesen (u. a. Betrieb von Krankenhäusern)

- Errichtung und Betrieb von Gefängnissen

- Grenzüberschreitende Projekte im Rahmen der Außenwirtschaftsförderung und der Entwicklungszusammenarbeit [96]

Eine wichtige Voraussetzung für eine PPP ist, dass beide Partner darin einen Mehrwert erzielen und somit eine „Win-Win-Situation" entsteht.

Da es in Deutschland für PPP anders als in Großbritannien oder in den USA noch wenig Erfahrungen gibt und damit auch über die Rechtsgrundlagen, z. B. aufgrund fehlender Begriffsvereinheitlichungen in den Bereichen Haushalts-, Kommunalrecht und Fördermittelregularien Unsicherheiten existieren, liegt auf dem Gebiet der Public Private Partnership's noch eine große Bandbreite von zur Durchführung von Sanierungsmaßnahmen geeigneten Privatisierungsformen brach.

5.4.2 Public Private Partnerships auf dem Gebiet der Sanierung

Der kommunale Investitionsbedarf für den Zeitraum 2000 bis 2009 beträgt gemäß des Positionspapiers „privatwirtschaftliche Wege aus dem öffentlichen Investitionsstau - Beispiel: öffentlicher Hochbau" der Deutschen Bauindustrie [97] ca. 686 Mrd. €, der alleine von Bund, Ländern und Gemeinden nicht realisiert werden kann. Somit entwickelt sich ein gewaltiger Investitionsstau in Deutschland, der finanziell zu- statt abnimmt. In den Bereichen Verteidigung, bei Gefängnissen, Botschaften und im Hochschulbau sowie bei der öffentlichen Erschließung werden Investionen in Milliardenhöhe auf die lange Bank geschoben. Gleichzeitig verschärft sich die Krise der öffentlichen Finanzen weiter. Damit sind gerade Sanierungsmaßnahmen innerhalb des kommunalen Investitionsbedarfes von den Verschiebungen betroffen.

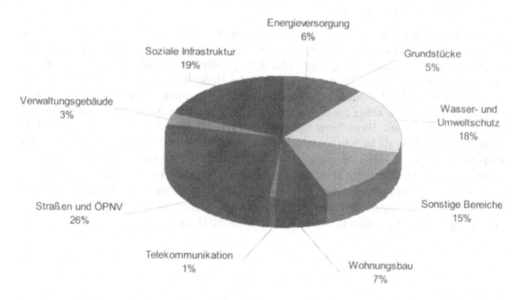

Bild 5-21 Kommunaler Investitionsbedarf 2000 – 2009: 686 Mrd. €, nach Aufgabenbereichen [auf Grundlage von 98]

Daher wird aus Sicht der Deutschen Bauindustrie mehr denn je erwartet, dass Politik und öffentliche Verwaltung gemeinsam mit privaten Partnern privatwirtschaftliche Auswege aus den öffentlichen Sanierungs-, Investitions- und Finanzaufgaben finden. Zum Jahr 2000 stand allein auf dem Gebiet der Sanierung folgender ungefährer Investitionsbedarf an [97]:

- Für den Hochschulbau ca. 15 Mrd. €

- Für die Sanierung von westdeutschen Schulbauten ca. 10 Mrd. €

- Im Bereich der Justizvollzugsanstalten ca. 0,9 Mrd. €

- Hoher energetischer Sanierungsbedarf bei vielen öffentlichen Gebäuden

- Sanierung und Modernisierung von Kultur- und Sporteinrichtungen

- Sanierung von Verwaltungsgebäuden (Rathäuser, Finanzämter, Arbeitsämter)

- Sanierung von öffentlichen Kanalnetzen

Die momentane Zurückhaltung öffentlicher Gebietskörperschaften wird diesen Trend weiter verschärfen, so dass zur Erhaltung einer leistungsfähigen Infrastruktur für die Wettbewerbsfähigkeit des Investitionsstandortes Bundesrepublik Deutschland bei notwendiger staatlicher Investitionszurückbildung die Nutzung des Spielraumes für die Zusammenarbeit zwischen öffentlichen Verwaltungen und privaten Partnern, besonders auf dem Gebiet der Sanierung, unumgänglich erscheint.

5.4.3 Die Rolle des Facility Managements innerhalb einer PPP-Struktur

Bei der Übertragung von Aufgaben der Öffentlichen Hand im Rahmen eines Public Private Partnership ergibt sich eine gemeinsame Aufgabenerfüllung, die für die Öffentliche Hand der Bereitstellung von Rahmenbedingungen und der eigentlichen Aufgabe sowie der Erfüllung hoheitlicher Aufgaben sowie für die private Seite die Herstellungs- und Betreibungsfunktion vorsieht. Dabei erfolgt die Bündelung strategischer Ziele und eine Risikoteilung, die anhand der konkreten Aufgabe näher zu definieren ist. Durch die öffentliche Aufgabe entsteht ein privates Investment auf Basis einer langfristigen vertraglichen Beziehung, die sowohl in einem Gesellschafter- als auch in einem Konzessionsvertrag festgeschrieben werden kann. Im Normalfall erfolgt die 100%ige materielle Privatisierung; es sind jedoch auch Aufgabenteilungen im Rahmen eines verbleibenden Grundstückseigentums bei der Öffentlichen Hand möglich. Der Risikotransfer auf dem Privatsektor steigt von der Eigenerrichtung bis hin zum BOT-Modell (Build, Operate, Transfer) in Richtung der privaten Investoren, die dann ein zeitlich begrenztes, aber volles Betriebs- und Marktrisiko übernehmen.

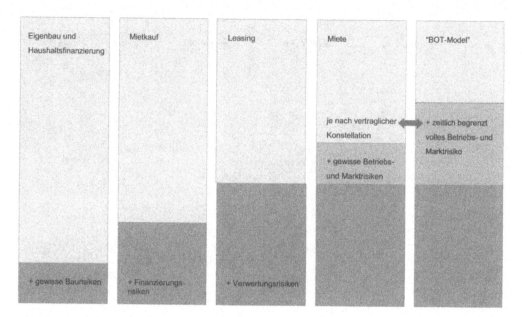

Bild 5-22 Risikotransfer auf den Privatsektor

Bei der Umsetzung eines PPP-Projektes ist eine spezifische Unternehmensneugründung charakteristisch. Die Reduzierung der Haftung des Mutterunternehmens auf das Eigenkapital sowie die unterschiedliche Rolle, die Facility Managementunternehmen im Rahmen der Projektstruktur einnehmen können, sind weitere Eigenschaften. Dabei stellt sich ein Facility Managementunternehmen sowohl als so genannter Sponsor am Eigenkapital der neu gegründeten Projektgesellschaft als auch als reiner Subunternehmer ohne Einlage von Eigenkapital oder einer Projektbeteiligung dar. Weiterhin tritt entweder ein Facility Managementauftragnehmer auf, diese Lösung wird oftmals von öffentlichen Verwaltungen bevorzugt – um nur einen Partner für die vielfältigen Aufgaben des Facility Managements ansprechen zu müssen – oder die Verteilung erfolgt auf mehrere Partner, z. B. bei speziellen Produktionsprozessen und damit einhergehender Erfüllung spezieller Wartungsaufgaben.

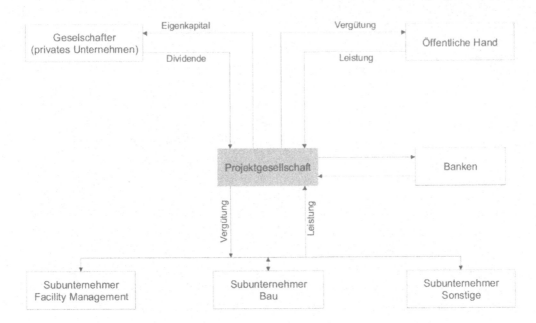

Bild 5-23 Facility Management im Rahmen einer PPP-Struktur, auf Grundlage von [94]

Da in Deutschland – anders als in anderen europäischen Ländern – auch in den vergangenen 30 Jahren durchaus überproportional in die Infrastruktur investiert wurde, und damit in vielen Sektoren weniger das Problem des Neubaus von Schulen, Krankenhäusern oder Verwaltungsgebäuden als die Sanierung der geschaffenen Infrastruktur als Aufgabe ansteht, werden daher zukünftig Instandsetzung und Instandhaltung in Verbindung mit dem Betrieb der jeweiligen Infrastruktur eine wesentlich wichtigere Rolle spielen als bei reinen Neubauleistungen. Daraus ergeben sich viel versprechende Chancen für Facility Managementunternehmen in diesem Bereich. Mit zunehmender Privatisierung innerhalb des möglichen Spektrums einer PPP steigt auch der Grad der Übernahme von Leistungen des Facility Managements vom Nutzer zum Betreiber (privaten Partner). Somit kann sich die öffentliche Verwaltung, z. B. im Bereich des Hochschulbetriebs, auf das Kerngeschäft Lehre und Forschung konzentrieren, ohne dabei die Steuerung und Aufgabenbeschreibung aus den Händen geben zu müssen. Es wird sich dabei ein Einpendeln des Outsourcings auf einem Level ergeben, da eine vollständige Vergabe aller Facility Managementleistungen eine Unflexibilität, besonders im operativen Bereich des Facility Managements, nach sich ziehen würde (s. auch Kap. 6.6.5).

Folgende Aufgaben können im Regelfall nicht auf den Privatsektor übertragen werden:

- Bedarfsbestimmung und Idee
- Benennung zwingender Vorgaben
- Durchführung und Gestaltung des Wettbewerbes
- Durchführung des Genehmigungsprozesses

- Projektbezogene Überwachung, Kontrolle, Abnahmen
- Bewertung der Wirtschaftlichkeit der Angebote
- Festlegung des gewünschten privatwirtschaftlichen Modells
- Gewährung von Zuschüssen u. a. [98]

Nach Definierung der Aufgabe können dem Privatsektor – ausgehend von planerischen Schritten der Bedarfsermittlung und im Regelfall der Standort bzw. Grundstückssuche und dem groben Nutzungskonzept – ab der Entwurfsphase Arbeitsschritte bis hin zur Gebäudeoptimierung der Ausführungsvorbereitung sowie der Errichtung des Gebäudes, einschließlich des Gebäudebetriebes umfangreiche Aufgaben übergeben werden. Der jeweilige Nutzer kann sich voll auf die ihm eigenen Geschäfts- bzw. Aufgabenfelder konzentrieren. So tritt auch der notwendige Umfang des Facility Managements für den Nutzer hinter die eigentlichen Geschäftsfelder zurück und das Facility Management ist damit vom privatwirtschaftlichen Sektor als Dienstleister für die Öffentliche Hand zu bewältigen.

5.5   Gebäudeintensivierung

Bauherren, Investoren und Nutzer handeln aus ihrer jeweiligen Motivation mittels eines Gebäudes, Bedürfnisse zu befriedigen und Gewinn zu erzielen. Die Erwartungen können dabei sehr unterschiedlich sein und finanzielle, soziale oder politische Interessen im Vordergrund stehen. Trotzdem dürfte das Bestreben, das jeweilige Ziel mit einem angemessenen Aufwand zu erreichen und damit wirtschaftlich zu handeln, gemeinsam sein. Während des Gebäudebetriebes stellt sich oftmals erst zu spät heraus, dass in den früheren Planungsphasen das optimale Verhältnis von Herstellungs- zu Benutzungskosten vernachlässigt wurde und damit das Problem der Wirtschaftlichkeit einer Immobilie erst im Zuge seiner Nutzung erkannt wird (s. Kap. 4.7). Ein einseitiges Betrachten der Investitionskosten führt in aller Regel während der Nutzungsphase zu Belastungen. Daher sollte bereits in der Sanierungsphase nach Wegen gesucht werden, das Bestandsgebäude zu optimieren und – soweit möglich – zu intensivieren. Auf Basis der genauen Bestandsanalyse (s. Kap. 4.5 und 4.6) können dabei erhebliche Ressourcen aufgedeckt werden.

5.5.1 Spezifiken bei einer Bestandsnutzung

Im Regelfall ist zumindest die Tragkonstruktion bei einer weiterführenden Bestandsnutzung nach dem ersten oder bereits mehrmaligen Lebenszyklus eines Gebäudes vorhanden und nachzunutzen. In dieser Hinsicht existieren oftmals nur geringe Eingriffsmöglichkeiten oder diese wären bei einer gravierenden Änderung zu kostenintensiv und damit ein Abriss des Bestandsgebäudes erforderlich. Im Gegensatz dazu stehen häufig die vorhandene Gebäudetechnik und Ausbaukonstruktionen vor einer Sanierung zur Disposition.

5.5.1.1   Ausnutzung der Gebäuderessourcen am Beispiel INTERSHOP-Tower

Im Rahmen der Sanierung des ehemaligen Universitätshochhauses der Friedrich-Schiller-Universität in Jena zu einem modernen Verwaltungsgebäude (INTERSHOP-Tower Jena, s. auch Kap. 6.5) konnte die Wirtschaftlichkeit durch die Verringerung der notwendigen Flächen für haustechnische Anlagen und die Ausnutzung der vorhandenen Gründung, die ursprünglich für ein höheres Gebäude ausgelegt war, durch das Aufstocken von zwei Geschossen und die Nutzung der monolithischen Stahlbetongleitkerne für die Klimatisierung des Gebäudes erhöht werden.

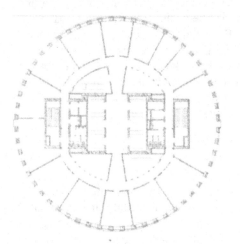 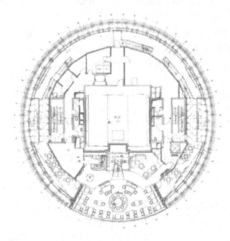

Bild 5-24 Systemgeschoss des Turmgebäudes (links) und neues 28. OG (rechts)

Im Vergleich des Grundrisszuschnittes bei gleich bleibenden Gebäudeaußenmaßen nach der Sanierung kann ein Flächenzugewinn pro Etage von ca. 30 m² ausgewiesen werden. Dieser Flächengewinn wurde durch die konsequente Erneuerung der Gebäudetechnik erzielt, die nun weniger Platz in Anspruch nahm. Die Reduzierung betraf insbesondere die Druckerhöhungsanlagen, die Aufzugsmaschinen und deren Steuerungen sowie die Flächen für die Lüftungstechnik.

Bild 5-25 28. OG vor und nach der Sanierung

Während der Gebäudesanierung erfolgte auch die Aufstockung des Gebäudes um zwei zusätzliche Etagen unter Ausnutzung der Traglastreserven der vorhandenen Gründung. Eine Ertüchtigung der Gründung war nicht erforderlich. Es wurde über dem ursprünglichen Dachgeschoss eine neue „Gründungsplatte" für das 28. und 29. Obergeschoss geschaffen, die auch die speziellen Lasten eines neuen Sendemastes, der bisher nicht auf dem Gebäude vorhanden war, integriert. In den zusätzlichen Geschossen, die unter Ausnutzung der vorhandenen Tragstrukturen geschaffen werden konnten, wurden insgesamt ca. 850 m² Nutzfläche und Flächen für haustechnische Anlagen geschaffen. Zudem konnte eine Aussichtsplattform, die der Öffentlichkeit zugänglich gemacht wurde, entstehen. Trotz der Erschwernisse durch die Bestandsgegebenheiten konnte die Zugänglichkeit für die neuen Geschosse behindertengerecht erfolgen.

Bild 5-26 Blick in das neue Restaurant im 28. Obergeschoss

Die weitergehende Nachhaltigkeit ist zudem in der Tatsache zu finden, dass keine weitere Flächenversiegelung zur Schaffung der Erweiterungsfläche auf dem bestehenden Hochhaus notwendig war. Durch die Tragwerksplanung konnten ausreichende Lastreserven ermittelt werden, so dass die vorhandene Gründung weder ergänzt noch verstärkt werden musste. Die Grundfläche des nunmehr in seiner Nutzfläche vergrößerten Gebäudes blieb gleich.

Bild 5-27 Erweiterung des INTERSHOP-Tower s im Rohbau (28. OG)

Die sorgfältigen Überlegungen zu möglichen Wiederverwendungen bestehender Konstruktionen von Bestandsgebäuden haben neben einem hohen ökologischen Effekt, hier insbesondere der Vermeidung von Bauschuttmassen, die immerhin ca. 60 % aller Abfälle der jährlichen Abfallmassen der Bundesrepublik Deutschland ausmachen [99] auch wirtschaftliche Vorteile. Sie können zu immensen Einsparungen bei der Verbesserung der Wirtschaftlichkeit der Bestandssanierung beitragen.

6   Praxisberichte

Im Folgenden werden Praxisbeispiele mit unterschiedlichen Schwerpunkten vorgestellt und analysiert. Dabei stehen sowohl vollständige Lösungen eines Facility Managements als auch einzelne Schwerpunkte wie planungsrechtliche Möglichkeiten, Fassadensanierungen, Elemente des Raum- und Gebäudemanagements, bauliche Gegebenheiten als auch denkmalpflegerische Aspekte und Problemstellungen der öffentlichen Verwaltung zur Diskussion. Ziel ist es, herauszuarbeiten, wie verschiedene Anforderungen durch die jeweils Handelnden auf dem Gebiet des Facility Managements bewältigt und Ableitungen für die Bereiche der Instandhaltung und Instandsetzung vorgenommen wurden. Da u. a. die voneinander abweichenden Größenordnungen der Gebäude, die städtebaulichen Rahmenbedingungen, die funktionalen Anforderungen oder die angestrebten Verwaltungsstrukturen verschiedene Wege und Ergebnisse aufzeigen, folgen auch die Berichte dem jeweiligen Beispiel.

Die unterschiedlichen, konkreten Bestandsgegebenheiten führen zu spezifischen Ausprägungen im Einzelfall, die aber auf ähnlich gelagerte Bestandsimmobilien übertragen werden können.

6.1   Optimierung der Energieprozesse eines Industriegebäudes

6.1.1   Der Gebäudebestand

Bei dem bestehenden zusammenhängenden Gebäudekomplex handelt es sich um einen siebengeschossigen, in monolithischer Stahlbetonbauweise errichteten Industriebau mit Deckentragfähigkeiten von 1,5 bis 2,0 t/m². Die Gesamtfläche beträgt ca. 120.000 m² Nettogeschossfläche, die Geschosshöhe 6 m und der umbaute Raum 770.000 m³. Damit stellt dieses Gebäude eines der größten Industriegebäude in Europa dar. Ungefähr 80 % der gesamten Gebäudeflächen sind klimatisiert.

Bild 6-1 Gebäudekomplex der Carl-Zeiss Jena GmbH [100]

Die Flächenstruktur der Bruttogeschossfläche ergibt sich derzeit wie folgt:

- Verkehrsfläche: ca. 18.000 m²
- TGA: ca. 20.000 m²
- Nutzfläche: ca. 82.000 m²

  davon : ca. 48.000 m² in Eigennutzung

  ca. 28.000 m² in Vermietung

- Sonstige Flächen: ca. 6.000 m²

6.1.2 Die Sanierung

Im Zeitraum von 1993 bis 2000 erfolgte stufenweise die umfassende Instandsetzung des Bestands-Industriegebäudes mit einhergehender umfangreicher Optimierung der Energieprozesse. Dabei wurde eine vollständige Rekonstruktion der Gebäudehülle durch das Anbauen einer wärmegedämmten Vorhangfassade vorgenommen. Das Gebäudeflachdach erhielt eine neue Wärmedämmung einer Stärke von 10 cm mit dem Ziel der deutlichen Erhöhung des Wärmedämmverhaltens. Weiterhin wurden die Fensterelemente ersetzt. Gleichzeitig erfolgte die Optimierung bzw. der Austausch von Klimaanlagen. Das Kühlwasser im Winter wird nunmehr durch direkte Kühlung erzeugt. Eine weitere energetische Optimierung konnte durch die Drehzahlregelung für Pumpen, Medienkreisläufe und Ventilatoren erzielt werden. Weiterhin wurde ein Elektrospitzenlastmanagement eingeführt. Eine verursachergerechte Energieabrechnung motiviert und sensibilisiert die Belegschaft zum Einsparen von Energie und führte zu einer exakteren Abrechnung und Belieferung von Mietern mit den verschiedenen Medien bzw. Energien. Die Maßnahmen wurden durch ein BHKW-Projekt (Planung) zur Eigenerzeugung von Strom und Wärme abgerundet. Dieses wurde aber aus Gründen der Wirtschaftlichkeit nicht realisiert. Das gesamte Optimierungsprogramm wird durch permanente aktuelle Preisverhandlungen mit den Energielieferanten gepflegt. Trotz der benannten umfangreichen Maßnahmen sieht es das Facility Management als ständige Aufgabe an, bei jedem neu zu integrierenden Produktionsprozess die Gebäudetechnik dem Nutzer und dessen geforderten Parametern anzupassen und insbesondere energetisch zu optimieren. Das „Sanieren" endet somit zu keinem Zeitpunkt.

6.1.3 Die Gebäudeparameter nach der Sanierung

Im Folgenden werden die wesentlichen Parameter des Industriegebäudes zusammengefasst.

Technik

- 168 Klimaanlagen
- Großkälteanlage mit 16 MW installierter Kälteleistung (Rückkühlwerk mit 32 MW Leistung, heute 20 MW Leistung)
- Umformerstationen mit 16 MW installierter Leistung
- 28 Transformatoren 10/0,4KV mit 14 MW Gesamtanschlussleistung

Wärmeerzeugung

- Umformerstationen von Satzdampf 180 °C auf Warm- bzw. Heißwasser für Klima- und Heizungsanlagen
- Gesamtleistung: 16 MW

Kälteerzeugung

- Zentrale Kältestation zur Erzeugung von Kaltwasser 5/10 °C für Klimaanlagen und Prozesskühlung bestehend aus fünf Kompressoren-Kaltwassersätzen zwei Absorptions-Kaltwassersätzen und drei Ventilatoren-Tischkühlern für den Winterbetrieb bei Temperaturen unter 0 °C,
- Installierte Leistung: 16 MW (im Winterbetrieb 0,9 MW)

6.1.4 Ergebnisse der energetischen Optimierung

In den folgenden Diagrammen sind die Auswirkungen der Bemühungen um die Verbesserung der energetischen Gesamtsituation ersichtlich. Zu beachten ist dabei, dass aufgrund von erhöhtem Produktionsaufkommen seit 2001 trotz erfolgreicher energetischer Optimierungen wieder ein steigender Energieverbrauch zu verzeichnen war. Dieser wäre aber ohne die in Kap. 6.1.2 beschriebene Optimierung deutlich höher ausgefallen.

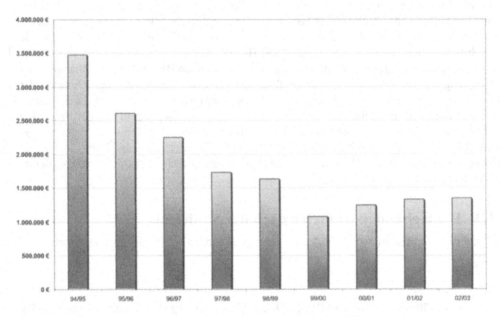

Bild 6-2 Energiekostenentwicklung Produktionshauptgebäude G70 [101]

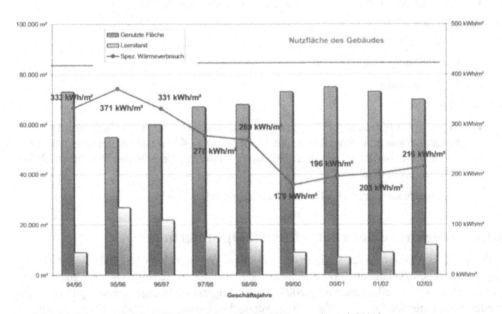

Bild 6-3 Genutzte Gebäudefläche und spezifischer Wärmeverbrauch [101]

6.1.5 Das Facility Management am Standort Jena

Es wird ausgehend von der Umstrukturierung des Unternehmens Anfang der 90er Jahre am Standort in Jena ein Facility Management betrieben und als unbedingt notwendig für die Optimierung des erfolgreichen Gebäudebetriebes angesehen.

6.1.5.1 Struktur des Facility Managements

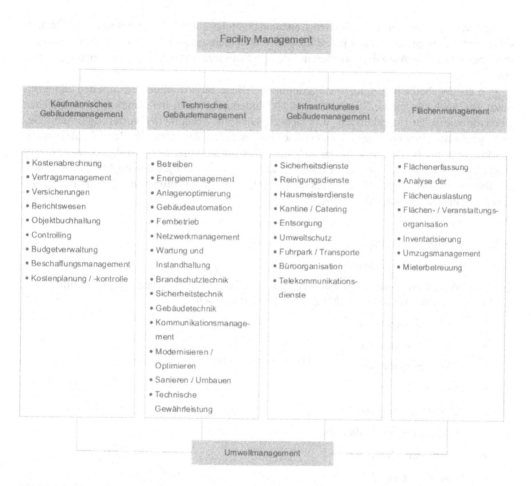

Bild 6-4 Struktur des Facility Managements bei Carl Zeiss in Jena

Es gibt in der Carl-Zeiss-Gruppe eine standortübergreifende Struktur für das gesamte Unternehmen. Die Zuordnungen der Aufgaben des Gebäudemanagements (GM) ergeben sich durch die Unternehmensstruktur der Gesamtgruppe und sind abhängig von der jeweiligen Firmen- bzw. Standortgröße. Aufgrund der Standortgrößen wird überwiegend ein Gebäudemanagement am jeweiligen Standort der Carl-Zeiss-Gruppe betrieben. Von diesen größeren

Standorten werden auch für kleinere Standorte, z. B. auch im Ausland, Beratungs- oder Planungsleistungen erbracht. Abrechnungsprozesse erfolgen grundsätzlich vor Ort. An Standorten wie Jena erfolgt ein zentrales Facility Management für verschiedene Gebäude bzw. Produktionsstätten. 20-25 Mitarbeiter betreuen die durch die Carl-Zeiss Jena GmbH, durch die Unternehmen mit Beteiligungen und die durch weitere Mieter genutzten Flächen im. Es erfolgt dabei die Steuerung und Kontrolle der Prozesse, alle technischen Dienstleistungen wurden ausgelagert.

In Jena werden die vier wesentlichen Leistungsbereiche eines Facility Management technisches, infrastrukturelles und kaufmännisches Gebäudemanagement sowie Flächenmanagement betrieben. Die Aufgaben werden in internen Struktureinheiten, die nicht deckungsgleich mit
o. g. Leistungsbereichen sind, wahrgenommen. Diese Struktureinheiten arbeiten übergreifend, ggf. auch für andere Standorte. Das Gebäudemanagement hat seinen Sitz im gleichen Gebäude wie seine Hauptkunden, was sich zugleich als wesentlicher Vorteil unter dem Gesichtspunkt der Kundenpflege (Kundennähe) herausstellt. Es werden alle Bereiche des Facility Managements (s. Bild 6-4) betrachtet, eine Ausnahme bildet der jeweilige konkrete Produktionsprozess; dessen Steuerung obliegt Carl-Zeiss oder dem jeweiligen Mieter. Produktionsübergreifende Anlagen für das Gesamtgebäude wie z. B. Kühlung oder Druckluft werden durch das Facility Management betreut.

6.1.5.2 Aufgabenbereiche

Technisches Gebäudemanagement

Folgende Aufgaben werden im Rahmen des technischen Gebäudemanagements durch den Bereich Gebäudemanagement (GM) gesteuert und überwacht:

- Energiemanagement
- Anlagenoptimierung
- Gebäudeautomation
- Fernbetrieb
- Netzwerkmanagement
- Wartung und Instandhaltung
- Brandschutztechnik
- Sicherheitstechnik
- Gebäudeleittechnik

Das Aufgabengebiet Datensicherheit erfolgt durch entsprechende Regelungen auf Konzernebene und wird in einer EDV-Abteilung betreut.

Flächenmanagement

Im Rahmen des Flächenmanagements werden folgende Aufgaben übernommen:

- Flächenerfassung

- Analyse der Flächenbelegung

- Flächenorganisation

- Umzugsmanagement

- Mieteraquisition

- Mieterbetreuung

Es existieren vollständige 2-D-Unterlagen von allen betreuten Flächen, die mit dem Programm Auto-CAD erstellt wurden. 3-D-Modelle bieten keine für die Aufgabenerfüllung wesentliche Vorteile, daher werden sie momentan nicht als notwendig angesehen. Es gibt jedoch zu den 2-D-Unterlagen die notwendigen Aussagen zur dritten Dimension, die ergänzend dazu verwaltet werden. Raumbücher werden digital geführt und als notwendig angesehen. Dabei steht die Erfassung folgender Diskreptoren im Vordergrund:

- Art und Umfang der Medienversorgung

- Bodenbeläge

- Schließung der Türen

Medienendpunkte wie Steckdosen etc. werden hinsichtlich des zu hohen Verwaltungsaufwandes gegenüber einem praktikablen Nutzen nicht erfasst.

Aufgrund einer gewissem strukturellen Gleichförmigkeit von Industriegebäuden, unabhängig davon, ob es sich um Bestands- oder Neubauobjekte handelt, wird kein Bedarf an einer vollständigen 3-D-Modellverwaltung gesehen, die erhebliche Mengen an Daten mit sich führt, aber zu wenig informativen Charakter für die Bewältigung des Facility Managements besitzt. Außerdem besteht für derartige Datenverwaltung ein permanenter, enormer Pflegeaufwand, da mit dem Erfassen einer jeweiligen Fläche durch das Flächenmanagement mit einer Änderung gleichzeitig die Verpflichtung der Datenfortführung entsteht. Produktionsprozesse sind heutzutage im Regelfall zu dynamisch, um ohne Aufwand einen entsprechenden Nutzen aus der Datenpflege ziehen zu können.

Innerhalb des Flächenmanagements erfolgt auch die Aquisition neuer Mieter. Die Mieterbetreuung wird in regelmäßigen Abständen einhergehend mit konkreter Abfrage von Problembereichen vorgenommen, was sich als Standortvorteil gegenüber anderen Anbietern entwickelt hat. Über das GM erfolgt bei Bedarf auch ein Umzugsmanagement für Mieter innerhalb der zu betreuenden Gebäude, damit diese sich auf ihren jeweiligen Produktionsprozess konzentrieren können und fachmännisch durch den Bereich Flächenmanagement unterstützt werden.

Kaufmännisches Gebäudemanagement

Hinsichtlich dieses Leistungsbereiches stehen folgende Aufgaben an:

- Kostenabrechnung

- Objektbuchhaltung

- Inventarisierung

- Vertragsmanagement

- Versicherungen
- Berichtswesen
- Controlling
- Budgetverwaltung

Das Mahnwesen für die Mieteinnahmen o. ä. wird momentan nicht über das Facility Management, sondern übergreifend bearbeitet. Darin wird noch Veränderungsbedarf gesehen. Diese Aufgabe könnte dem kaufmännischen Gebäudemanagement zugeordnet werden, um den individuellen Umgang mit den Mietern weiter zu verbessern.

Infrastrukturelles Gebäudemanagement

Unter diesem Aspekt werden folgende Aufgaben zusammengefasst:

- Gebäudereinigung
- Sicherheitsdienste ·
- Hausmeisterdienste
- Betreuung der Außenanlagen
- Catering und Betrieb der Kantinen
- Entsorgungs- und Recyclingprozesse
- Umweltschutzüberwachung
- Logistik und Transport
- Übergreifende anlagentechnische Prozessorganisiation
- Büroorganisation

In allen Bereichen des infrastrukturellen Gebäudemanagements wurde ein Outsourcing betrieben. Es erfolgen, wie beim technischen Management sowie beim Gebäude- und Flächenmanagement Steuerung, Ausschreibung, Kontrolle und Monitoring der Prozesse, jedoch keine eigenständige Ausführung.

Die Struktureinheiten des Facility Managements arbeiten räumlich eng miteinander verbunden, so dass Synergieeffekte optimal genutzt und die räumliche Nähe zum Kunden als Standortvorteil ausgebaut werden kann.

6.1.5.3   Outsourcing

Für alle Bereiche der reinen Dienstleistungen, vor allem im technischen und infrastrukurellen Bereich, mit Ausnahme des kaufmännischen Managements, erfolgte eine Auslagerung. Es wird jedoch als außerordentlich wichtig angesehen, alle Prozesse zu steuern, Zug um Zug zu kontrollieren und für diese Kontrollfunktion kein Outsourcing zu betreiben. Dieses bleibt auf die reinen Dienstleistungen beschränkt. Es wird bei diesen Dienstleistung die Vergabe einschließlich bestimmter Planungsprozesse betrieben. Das betrifft u. a. auch das Vermieten von Flächen innerhalb des Unternehmens an entsprechende Dienstleister. So wurden auch Bereiche des Recyclings von dem Stoffkreislauf zuzuführenden Abfallstoffen aus den Produktionsprozessen an Dienstleister vergeben. Dieser erledigt die komplette Entsorgung bzw. Wiedereinführung in den Stoffkreislauf; ein dem Facility Management zugeordneter Umweltbeauftragter überwacht diese Vorgänge.

Weiterhin hat es sich als sinnvoll herausgestellt, dass Errichtungsfirmen auch die Wartung für entsprechende Anlagen und Gebäudeteile übernehmen. Für Kunden werden so derartige Prozesse innerhalb des Facility Managements transparent und stärken das Vertrauen in die Steuerung der Produktionsprozesse.

Bild 6-5 Bedeutung der Transparenz des Facility Managements für den Kunden

6.1.5.4 Ziele des Facility Managements

Die Carl-Zeiss-Gruppe hat alle Flächen im eigenen Bestand und vermietet außerdem an weitere Mieter, so dass man durch die jeweilige Facility Management Abteilung seine Ansprüche auf äußerst hohem Niveau selbst definiert. Diesen entsprechend hohen Anforderungen bis hin zur Reinraumtechnik folgend, betrachtet es das GM als vorderstes Ziel, anspruchsvolle Industrieflächen sowohl für die Carl-Zeiss Gruppe, für Tochterunternehmen als auch für die Fremdmieter bereitzustellen und zu betreiben.

Kundennähe, schnelle Eingriffsmöglichkeiten, intensive Betreuung vor Ort und eine sehr geringe Mieterfluktuation bei gleichzeitig stabiler Mieteraquisition sprechen für sich.

Da heutzutage im Allgemeinen alle Mieter bereits vor der Vermietung eine Prognose über die beim Gebäudebetrieb zu erwartenden Kosten und damit präzise Auskünfte über die „zweite Miete" verlangen, geht man in Jena den Weg der frühzeitigen gemeinsamen Analyse der zukünftigen Kosten, einschließlich der zu erwartenden Nebenkosten für die entsprechenden Produktionsprozesse bereits vor Abschluss eines Mietvertrages. Dabei werden auch besonders Neugründungen von Firmen – natürlich insbesondere aus den Reihen der eigenen Firmengruppe – anhand von Vergleichswerten ähnlich gelagerter Produktionsprozesse beraten. Das erstreckt sich von den Heiz- bzw. Kühlkosten bis hin zu Kosten von Umstrukturierungen oder notwendigen Umzügen. Diese Prognosen bilden dann die Grundlage für Abschlagszahlungen für die Nebenkosten, die durchaus gewaltige Dimensionen bei den anstehenden Produktionsprozessen ausmachen.

Verhandlungen über die Medienversorgung erfolgen auf Konzernebene gemeinsam mit anderen Unternehmungen, die Börseneinkäufe z. B. für die Elektroversorgung vornehmen, so dass man nicht an einige wenige Anbieter gebunden ist, sondern flexibel reagieren kann. Es erfolgt damit eine strategische Bündelung von Großverbräuchen, um somit den jeweils optimalen Strompreis zu erzielen.

Bild 6-6 Ziele des Facility Managements in Jena

6.1.6 Gebäudeleittechnik und Software

6.1.6.1 Gebäudeleittechnik

Die Gebäudeleitzentrale (GLZ) ist mit einem DDC des Systems Honeywell EBI ausgestattet. Sie ist die Schaltzentrale des Gebäudes und werktags von 6.00 Uhr bis 18.00 Uhr besetzt. Außerhalb dieser Zeit wird die Rufweiterleitung in die Heimbereitschaft vorgenommen. Über Datenverbindung, Autodial und Laptop sind sowohl Störungsmeldungen als auch Ferneingriffe auf die Technik möglich. Die Optimierung und Überwachung aller Energieprozesse wird durch qualifiziertes Personal gewährleistet. Über die Gebäudeleittechnik werden auch die Aufgaben des Energiemanagements und der Prozessdokumentation erfüllt. Hier erfolgt auch die zentrale Störungsannahme für alle FM-relevanten Prozesse.

Bild 6-7 Blick in die Gebäudeleitzentrale [101]

6.1.6.2   Software

Die unmittelbare Datenverarbeitung für die Gebäude in Jena erfolgt mit Ausnahme des konkreten Produktionsprozesses des jeweiligen Mieters durch das Servicecenter Jena. Probleme gibt es bei der Flexibilität der betrieblichen Software. Im konkreten Fall sind beim SAP-Enterprise in momentaner Ablösung des bisherigen R 4, die Themen Ver- bzw. Berechnung noch nicht zufriedenstellend gelöst. Es wird versucht, dieses Problem mit einer individuellen Schnittstelleneinbindung in die SAP-Software mit SAP-nahen Programmen vorzunehmen.

6.1.6.3   Das Energie-Abrechnungssystem

Als Grundsatz gilt, dass die Kostenverteilung der Energieabrechnung nicht nach dem „Gießkannenprinzip" sondern weitestgehend verbrauchsgerecht und damit motivierend für die Mitarbeiter des jeweiligen Kunden erfolgen muss. In vernetzten Produktionsprozessen ist das ein Idealbild, dem sich nur angenähert, jedoch nicht endgültig entsprochen werden kann. Es ist nicht möglich bzw. ökonomisch oder technisch sinnvoll, jeden Verbraucher zu messen. Daher wurde bei Carl Zeiss in Jena der Weg gewählt, die Großverbraucher und ausgewählte Klimaanlagen als Referenzanlagen über Einzelmessungen zu erfassen und die restlichen Anlagen über Referenzrechnungen zu belasten. Nicht zuletzt die Softwareproblematik lässt diesen Weg in heutigen Zeiten als technisch sinnvollen erscheinen. Weitere Entwicklungen gilt es in dieser Hinsicht abzuwarten.

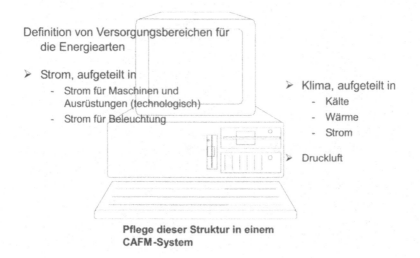

Definition von Versorgungsbereichen für
die Energiearten

➤ Strom, aufgeteilt in
  - Strom für Maschinen und
     Ausrüstungen (technologisch)
  - Strom für Beleuchtung

➤ Klima, aufgeteilt in
  - Kälte
  - Wärme
  - Strom

➤ Druckluft

**Pflege dieser Struktur in einem
CAFM-System**

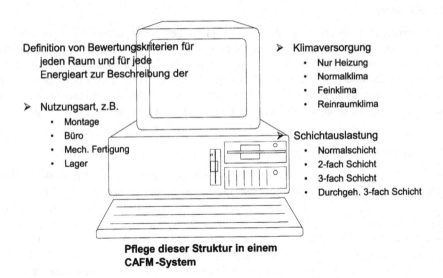

Bild 6-8 Strukturierung des Gebäudes [101]

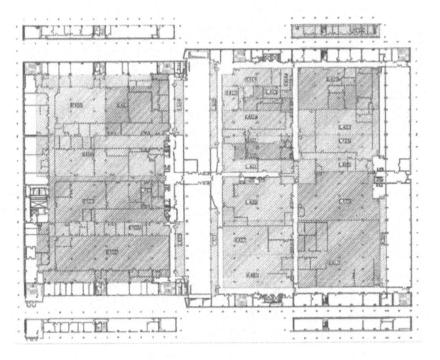

Bild 6-9 Einteilung des Gebäudes in Versorgungsbereiche, hier die 4. Ebene [101]

6.1.7 Sanierung und FM – konkrete Vor- und Nachteile

Das Facility Management in Jena betreut überwiegend Bestandsobjekte, der Neubauanteil ist nur sehr gering (unter 5 %). Es wird jedoch die Meinung vertreten, dass eine Unterscheidung nicht sinnvoll ist, da jedes Gebäude quasi mit seiner Errichtung ein Bestandsgebäude wird und damit den ständigen Änderungsprozessen und der Dynamik der erforderlichen Anpassung an die jeweilige Produktion unterliegt. U. U. kann aufgrund fehlender Flexibilität, geringeren Raumhöhen u. ä. ein höherer Betreuungsaufwand bei einem Neubauobjekt gegenüber einem älteren Bestandsgebäude entstehen.

Bestandsgebäude weisen lediglich den Nachteil auf, dass Flächenoptimierungen z. T. eine schwierigere Planungslogistik erfordern bzw. Mehrflächen entstehen oder Restflächen nicht oder schwer vermeidbar sind. Veränderungen und Entwicklungen, besonders nur schwer oder nicht vorhersehbare, betreffen sowohl Bestandsobjekte als auch Neubauten.

6.1.8 Controlling, Monitoring und Kundenzufriedenheit

Das Controlling erfolgt Struktureinheiten übergreifend. Es finden regelmäßig - mit jedem Mieter mindestens einmal im Geschäftsjahr - Auswertungen des Gebäudemanagements statt. Außerdem wird kontinuierlich das Gespräch mit den Nutzern der Gebäude, dessen Turnus in Abhängigkeit von verschiedenen Einflussgrößen festgesetzt wird, gesucht. Dadurch kann eine Ansammlung von Problemen weitgehend vermieden werden. Es gibt weiterhin ein gesondertes Budget für die permanente Pflege wichtiger produktionsübergreifender Anlagen, wie der Kühlung o. ä. Die freiwerdenden Mittel werden dann für die Instandhaltung im Regelfall verwendet. Dennoch kann es keine völlige Garantie für eine Störungsfreiheit geben; sich abzeichnende Schwachstellen können lediglich schnellstmöglich analysiert und beseitigt werden, da es trotz eines vorausschauenden Planens nicht vorhersehbar ist, ob z. B. Pumpen, die eine fünfjährige Laufzeit haben, bereits nach vier Jahren versagen. Es wird jedoch exakt darauf geachtet, dass alle Wartungszyklen eingehalten und die vorgegebenen Lebensdauern nicht überschritten werden.

Als extrem wichtig werden stabile Lieferantenverhältnisse und Vertragsbeziehungen angesehen, die ausreichend Kenntnisse und unmittelbare Erfahrungen mit den konkreten Prozessen beim Betrieb des Gebäudes besitzen. Hier sieht man große Schwierigkeiten für Prozesse bei für ein stabiles Facility Management ungeeigneten Ausschreibungsprozessen, die z. B. durch die öffentliche Hand eingehalten werden müssen. Es erfolgen regelmäßige Preisabfragen, die dazu führen, die gebundenen, stabilen Partner preislich zu motivieren. Wegen kleinerer oder kurzfristiger Schwankungen wird ein stabiles Vertragsverhältnis jedoch nicht gefährdet.

6.1.9 Qualitätssicherung

Die Mitarbeiter des Servicecenter Jena werden durch hausinterne Schulungen regelmäßig weitergebildet. Gleichzeitig werden aktive Mitarbeiter gesucht, die Weiterbildungen, Anforderungen, Fachliteratur etc. fordern. In dieser Hinsicht existiert ein großer motivierender Spielraum für die Mitarbeiter.

Vorausschauendes Planen ist in Jena Alltag, alles Wichtige wird erfasst – besonders störanfällige Abläufe und Anlagen. Zugleich gibt es auch spezielle Verfügungsfonds, mit denen frei umgegangen und Unvorhergesehenes gemanagt werden kann. Selbstverständlich werden ggf.

notwendige Umschichtungen im Budget gestattet, ein wesentlicher Vorteil gegenüber starren Verwaltungsprozessen.

Das mit den in Jena vorgenommen Sanierungsschritten in enger Abstimmung bzw. unter Steuerung der für das Facility Management Verantwortlichen ein außerordentliches Ergebnis erzielt wurde, beweist nicht zuletzt die Auszeichnung mit dem Thüringer Energiepreis durch das Thüringer Ministeriums für Wirtschaft, Arbeit und Infrastruktur.

6.2 Der Umbau einer ehemaligen Chirurgischen Klinik zu einem Pflegeheim

6.2.1 Ausgangssituation

Die betrachtete Pflegeeinrichtung der Bodden-Kliniken Ribnitz-Damgarten GmbH besteht aus drei Hauptgebäuden Haus A, B und C, die z. T. über Zwischengebäude miteinander verbunden waren. Während das Haus A in den 20-er Jahren des 20. Jh. ursprünglich als Konstruktionsbüro für die Bachmann-Werke in Ribnitz (Flugzeugbau) und somit als Bürogebäude errichtet und in den 50-er Jahren zur Chirurgischen Klinik umgewandelt wurde, stellen die Häuser B und C Erweiterungsbauten des ehemaligen Kreiskrankenhauses Ribnitz-Damgarten dar.

Dabei wurde das Haus B als gynäkologisch-geburtenhilfliche Einrichtung des Kreiskrankenhauses Ribnitz-Damgarten in den Jahren 1985/86 erstellt. Bei diesem Gebäude stellten sich bereits während der Errichtungszeit Fehler bei den getroffenen Lastannahmen der statischen Berechnungen und eine fehlende Festigkeit des verwendeten Gasbetons (Druckfestigkeit < 0,6 N/mm² vorhanden, projektierte >0,8 N/mm²) heraus. Daraus resultierend ergab sich die Notwendigkeit, bereits während der Errichtungszeit 1986 zusätzliche Verankerungen der Innenquerwände mit der Außenwand vorzunehmen. Damit ergab sich bereits zur Bauzeit ein problematischer Putzuntergrund. Ein dementsprechendes Rissbild war zu verzeichnen. Das Gebäude C entstand 1988/89 und wurde als zweischichtiges Außenmauerwerk in 36,5 cm Ziegelmauerwerk mit einer Innendämmschicht von 10 cm Gasbeton hergestellt. Dieses Gebäude fungierte als Erweiterung der Ärztearbeitsplätze des Kreiskrankenhauses Ribnitz-Damgarten.

Insgesamt stellte sich zum Planungsbeginn folgende Aufgabenstellung heraus: Es waren drei Gebäude unterschiedlicher Konstruktions- und Nutzungsart mit der Umnutzung zur Pflegeeinrichtung zu einem einheitlichen Ganzen zu fügen.

Bild 6-10 Lageplan der neuen Pflegeeinrichtung der Bodden-Kliniken Ribnitz-Damgarten GmbH

6.2.2 Eine nicht alltägliche Aufgabenstellung für den Architekten

In Abstimmung mit dem Nutzer der Einrichtung, der Bodden-Klinik Ribnitz-Damgarten GmbH, dem Landkreis Nordvorpommern und dem Sozialministerium des Landes Mecklenburg-Vorpommern unter Einbeziehung des Kuratoriums Deutsche Altenhilfe wurden Varianten zu möglichen Umnutzungskonzepten für die bestehenden ehemaligen Chirurgiegebäude untersucht. Es stellte sich dabei heraus, dass das ehemalige Konstruktionsgebäude und das Erweiterungsgebäude A durchaus in das Umnutzungskonzept zur Pflegeeinrichtung einbezogen werden konnten. Problematischer stellte sich die Situation beim Gebäude B, dem Mittelgebäude, durch die vorhandene Raumstruktur und die begrenzten statischen Umnutzungsmöglichkeiten heraus. In der Diskussion um die Konzepte wurde letztendlich entschieden, einen Teilbereich des Hauses B abzubrechen und durch einen neuen Zwischenbau zum Haus A zu ergänzen. Wesentliche Gebäudeteile erhielten trotzdem eine Wiederverwendung.

Durch die Oberfinanzdirektion Rostock wurde nach der Entwurfsphase ein konkreter Kostenrahmen für die anstehenden Sanierungsarbeiten vorgegeben. Ein wichtiges Kriterium für die anstehende Bauaufgabe war dessen Einhaltung. Es standen für das Planungsbüro – hier Architekt, Tragwerksplaner und Bauphysiker glücklicherweise zugleich – die wesentlichen Forderungen fest: durch die Sanierung den Gebäudekomplex zur neuen Nutzung zu führen und eincn cventuellen Gesamtabbruch der Gebäude zu verhindern. Ein Ansatz zum ressourcenschonenden Bauen unter Einbeziehung der vorhandenen Gebäude war somit gegeben.

Die architektonische Grundaufgabe bestand darin, die drei in ihrer Art völlig unterschiedlichen Gebäude zu einem Ganzen zu formen, lebenswerte Räume für die zu Pflegenden zu formulieren und zugleich akzeptierte, vorhandene bauliche Gegebenheiten und damit Identifikation am konkreten Standort zu bewahren – mit dem Ziel, eine weitgehende Verwendung bestehender Bausubstanz zu ermöglichen.

Eine weitere Herausforderung der Sanierung bestand in der Forderung des Auftraggebers, die Instandsetzungs- und Sanierungsarbeiten nach Kriterien der Nachhaltigkeit zu planen und ausführen zu lassen, um während der Nutzungsphase eine nachhaltige Bauinstandhaltung zu gewährleisten. Dies bedeutete für die Planer, einen optimalen Kompromiss zwischen Wartung/Inspektion/Instandsetzung, Optimierung des Facility Managements (Energieeinsparung, Kostenreduzierung, Berücksichtigung der Aspekte von Patienten usw.) und der Beachtung des Standes der Technik im Sinne der Weiterentwicklung vorhandener technischer Systeme zu finden.

Die gleichzeitige Berücksichtigung der ökologischen, ökonomischen und soziokulturellen Aspekte wurde daher fokussiert auf die Reduzierung von Bauschuttmassen, die Anwendung umweltverträglicher und gesundheitlich unbedenklicher Baustoffe und den weitest gehenden Erhalt von in den Gebäuden bereits „verbauten" stoffgebundenen Energieinhalten (sog. „Graue Energie"). Gleichzeitig waren wirtschaftliche Gesichtspunkte wie z. B. die Verminderung der Investitionskosten, Optimierung der Betriebskosten usw. sowie Berücksichtigung einer möglichst langen Lebensdauer und damit hohen Gebrauchstauglichkeit und Dauerhaftigkeit der eingesetzten Sanierungsbaustoffe beim Erhalt der vorhandenen, die Baukultur der jeweiligen Errichtungszeit beeinflussenden Gebäude, zu beachten.

Bei der Instandhaltung ist die Inspektion vorhandener Anlagenteile Grundlage zur Planung und Realisierung weiterer Maßnahmen. Zur Bearbeitung der o. g. komplexen Aufgabenstellung war daher die Beauftragung eines Sonderfachmannes erforderlich, der neben der Durchführung der für die Instandsetzungsplanung erforderlichen Arbeitsschritte wie Bestandsaufnahme, Untersuchung und Kartierung des Ist-Zustandes und angepasste Auswahl geeigneter Technologien und Maßnahmen auch Aussagen zu den o. g. Kriterien der Nachhaltigkeit machen kann.

6.2.3 Bestandsaufnahme

6.2.3.1 Untersuchungen vor Ort

Überprüfung auf Hohlstellen und Risse

Die Fassaden wurden mit einem speziellen Drahtbügel überprüft und vorsichtig abgeklopft; aus dem Klangunterschied hell/dunkel erkennt man eindeutig die Lage und Größe von Hohlstellen. Diese wurden durch Eintrag in ein entsprechendes Sofortbild der Fassade kartiert, ebenso wie festgestellte Risse.

Bild 6-11 Hohlstellen- und Risskartierung

Wasseraufnahme der Fassaden

Die kapillare Wasseraufnahme der Fassaden wurde mittels Karsten'schen Prüfröhrchen gemessen sowie qualitativ durch Annässen der Putzoberfläche beurteilt. Besonders an der Westseite von Haus C war der Altanstrich so stark verwittert, dass er den Außenputz nicht mehr schützen kann. Daher war dort die kapillare Wasseraufnahme sehr hoch. Auch die Südseite von Haus B wies eine erhöhte Wasseraufnahme auf. Geschütze Fassadenseiten oder Bereiche, die zwischenzeitlich ausgebessert wurden, zeigten eine geringe kapillare Wasseraufnahme.

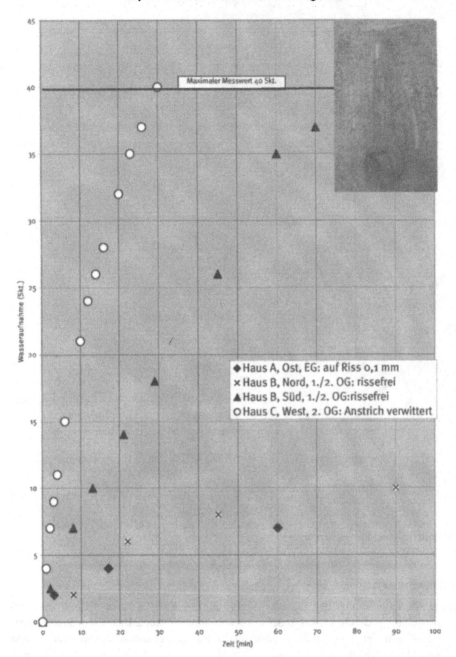

Bild 6-12 Wasseraufnahme ausgewählter Fassadenflächen, ermittelt mit Prüfröhrchen nach Karsten

6.2.3.2 Tragfähigkeit der Altputze

Zum Auftrag eines neuen Oberputzsystems auf den bestehenden Außenputz ist dessen ausreichende Tragfähigkeit von Bedeutung. Daher wurden an charakteristischen Stellen sog. Abreißversuche durchgeführt, bei denen ein Armierungsgewebe in einen handelsüblichen Klebe- und Armierungsputz (Dicke 3-5 mm), der auf den Altputz aufgetragen wird, mit einem freien sichtbaren Ende eingelegt wurde. Einige Tage später wurde dieses Gewebe an dem freien Ende ruckartig abgezogen; wird beim Abreißen auch Altputz mit entfernt, ist keine ausreichende Tragfähigkeit gegeben („Abreißversuch" negativ, s. auch Kap. 4.5.6.4). An einigen Stellen wurde dadurch deutlich, dass die Haftung auf der vorhandenen Altputzoberfläche insbesondere auf dem Anstrich stellenweise ungenügend sein kann. Ansonsten wurde ausreichende Tragfähigkeit des vorhandenen Altputzes festgestellt.

6.2.3.3 Laboruntersuchungen

Baustoffeigenschaften

Bei den Putzen handelte es sich um baustellengemischte Rezeptmörtel, was aus den unterschiedlichen Rohdichten und Farben der Außenputze abgeleitet werden konnte. Sämtliche Putze waren zementgebunden und besaßen überwiegend gute bis hohe Festigkeit; besonders am Haus C wurden sehr harte Putze befunden. Sämtliche Fassadenflächen waren mit einem vollflächigen Spritzbewurf versehen, der z. T. betonähnliche Festigkeiten aufwies. Die Porosität der in Augenschein genommenen Proben wurde als niedrig bis mittel eingestuft.

Rohdichten von Mauerwerk und Putz

An Probekörpern der befundenen Mauerwerksbildner und eingesetzten Putzen wurde die Rohdichte bestimmt und den Ergebnissen Durchschnittswerte für Wärmeleitfähigkeiten trockener Baustoffe zugeordnet; gleichzeitig wurden die den Baustoffen zugeordneten rohdichteabhängige Wärmeleitzahlen nach DIN V 4108-4 (Ausgabe 1998) sowie die entsprechenden Diffusionswiderstandszahlen ermittelt.

Durch Rohdichtebestimmung			Zahlenwerte nach DIN V 4108-4 (Ausgabe 1998-10)			
Baustoff	RD	WLZ	Baustoff	RD	WLZ	μ
Einheit	kg/m³	W/mK	Einheit	kg/m³	W/mK	-
			Hochlochziegel	1200	0,50	5/10
Ziegel	1330	0,36	Hochlochziegel [*1)]	1330	0,552	5/10
			Hochlochziegel	1400	0,58	5/10
			Porenbeton-Blockstein	600	0,20	5/10
Gasbeton	630	0,15	Porenbeton-Blockstein [*1)]	630	0,206	5/10
			Porenbeton-Blockstein	650	0,21	5/10
			Kalkzementputz	1800	0,87	15/35
Putz	1960	0,82	Zementmörtel	2000	1,4	15/35

Tabelle 6-1: Interpolierte Rohdichten und Wärmeleitzahlen von Mauerwerk und Putz Werte iterativ ermittelt

Für Wärmeschutznachweise usw. wurden die Wärmeleitzahlen durch Rohdichtebestimmung nach Cammerer [102] verwendet.

Abschätzung der Wärmeleitfähigkeit trockener Baustoffe aus der Rohdichte

Grundlage: Abhängigkeit der Wärmeleitfähigkeit von Baustoffen von der Rohdichte nach:
Cammerer J., Achtziger J.: Einfluss des Feuchtegehaltes auf die Wärmeleitfähigkeit von
Bau- und Dämmstoffen; Forschungsbericht des Forschungsinstitut für Wärmeschutz (1984)

(Messwerte nach Cammerer/Ac (Durchschnittswerte nach: Lehrbuch der Bauphysik, Teubner Stuttgart 1994

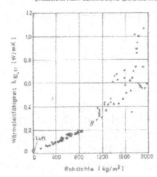 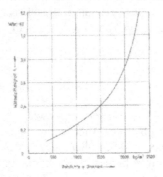

Objekt: Bodden-Kliniken, Ribnitz-Damgarten
Datum: 20.-22.08.2001

Baustoff	Länge	Breite	Höhe	Volumen	Gewicht	Rohdichte	Wärmeleitzahl [*]
Einheit	mm	mm	mm	cm³	g	kg/m³	W/mK
Ziegel Haus A	235	115	110	2973	3930	1322	0,36
Gasbeton Haus B	238	98	107	2496	1580	633	0,15
Zementputz Haus	40	22	20	17,6	34,4	1955	0,82

[*] abgeleitet aus den logarithmisch dargestellten Durchschnittwerten nach Cammerer (siehe unten)

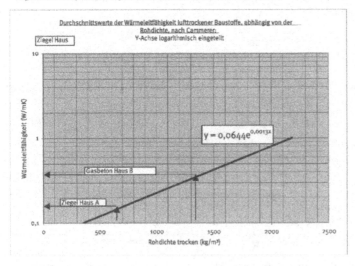

Bild 6-13 Abschätzung der Wärmeleitzahl von Baustoffproben

Feuchteverhalten

Die Materialfeuchten der Außenputze lagen überwiegend im Bereich praxisüblicher Feuchtegehalte (< 2 M.-%). Gerade auf der Fassadenseite, die der Witterung ausgesetzt ist, wurden keine wesentlich erhöhten Feuchtegehalte festgestellt. Die Materialfeuchten in Proben nahe dem Sockelbereich bzw. nahe Gelände wiesen erhöhte Werte auf, wahrscheinlich bedingt durch die bisherige Spritzwasserbelastung. Überwiegend war die Materialfeuchte höher als die Sorptionsfeuchte. Ein erhöhter praktischer Durchfeuchtungsgrad wurde besonders bei den Proben aus den Sockelbereichen beobachtet; er ist daher auf kapillare Wasseraufnahme infolge Niederschlag zurückzuführen.

Werkstoffzerstörende Salze

Bei den o. g. Proben wurden zusätzlich Art und Menge an werkstoffzerstörenden Salzen bestimmt. In den meisten Fällen zeigte sich keine Salzbelastung – weder durch Nitrat noch durch Sulfat oder Chlorid. In zwei Fällen wurde eine Sulfatbelastung im Sockelbereich festgestellt. Das Mauerwerk an allen drei Gebäuden konnte daher praktisch als salzfrei bezeichnet werden. Da aufgrund der vorliegenden Hohlstellen ein Abschlagen des Putzes im Sockelbereich notwendig war, wurden diese Flächen vorsorglich mit einem porenhydrophoben Putz (Sanierputz-WTA mit guten wasserabweisenden Eigenschaften und großer Porosität) versehen.

6.2.4   Bewertung

6.2.4.1   Fassade Haus A

Der vorhandene Putzuntergrund Lochziegel war nicht mehr tragfähig, denn er wies deutliche Fehlstellen in Form unvollständig oder nicht gebrannter Zonen, und glasige Oberflächen auf; z. T. löste sich der obere Scherbenbereich in dünnen Schichten ab.

Bild 6-14 und **Bild 6-15** Nicht tragfähiger Ziegel als Putzuntergrund

Die Volumenänderungen des Ziegels bei Feuchtigkeitseinfluss und die Instabilität des Ziegel-scherbens hatten zu großflächigen Putzablösungen und Rissbildungen geführt. Vom ur-sprünglich vorgesehenen Erhalt der repräsentativen Putzflächen auf den Straßenseiten musste daher aufgrund der nicht vorhandenen Tragfähigkeit des Putzuntergrundes abgesehen wer-den.

Der vorhandene zweilagige Putz (in diesem Fall muss der flächendeckende Spritzbewurf als Lage betrachtet werden) besaß extrem hohe Festigkeit und die Putzflächen wiesen viele grö-ßere hohlliegende Bereiche auf. Eine dauerhafte und gebrauchstaugliche Fassadensanierung setzt ausreichende Haftung von Neu- und Altputz voraus; diese war aufgrund des schlechten Putzgrundes und der vielen Hohlstellen nicht gegeben. An der West- und Ostseite musste daher der gesamte Putz abgeschlagen werden. An der Nordseite war es hingegen ausreichend, den Gesamtputz nur in kleineren Fassadenbereichen zu entfernen (ca. 8-10 m²); somit konnte die restliche Putzfläche (ca. 65 m²) erhalten werden. Zur Instandsetzung und gleichzeitigen Verbesserung der Wärmedämmeigenschaften war der Auftrag eines Wärmedämmputzsystems auf Putzträger empfehlenswert.

Die durchgängigen Risse im Sockelbereich Nord- und Ostseite wiesen auf konstruktionsbe-dingte Verformungen in der gesamten Fassade hin. Selbst durch aufwendiges Freilegen und Überarbeiten von baudynamischen Rissen im Bereich der verputzten Altfassade und Ent-kopplung des neuen Wärmedämmputzsystems vom Putzuntergrund kann eine erneute, wenn auch zeitlich stark verzögerte Rissbildung nicht ausgeschlossen werden.

6.2.4.2   Fassade Haus B und C

Die vorhandenen Putzflächen mussten nur in den Sockelbereichen, in Zonen konstruktions-bzw. putzgrundbedingter Risse und bei größeren Hohlstellen (Ø > 10-15 cm) entfernt wer-den. Durchschnittlich konnten so ca. 80 % der vorhandenen Putzflächen erhalten und mit einem geeigneten Renoviersystem überarbeitet werden.

Dabei wurden allerdings die vorhandenen Ebenheitstoleranzen und Abweichungen der Fas-sade von der Vertikalen weitestgehend beibehalten. Da auch die vorhandenen Vertikalrisse der Nord- und Südseite auf konstruktionsbedingte Verformungen in der gesamten Fassade hinwiesen, kann selbst durch aufwendiges Freilegen und Überarbeiten dieser baudynami-schen Risse eine erneute, wenn auch zeitlich stark verzögerte Rissbildung nicht ausgeschlos-sen werden.

6.2.5   Instandsetzungsmaßnahmen

Die Instandsetzungsmaßnahmen wurden unter dem Gesichtspunkt der Anforderungen an nachhaltiges Instandsetzen bei gleichzeitiger Kostenoptimierung erarbeitet. Allerdings musste bei den drei Gebäuden mit großer Wahrscheinlichkeit aufgrund der Rissbildungen von Bau-grundsetzungen, Senkungen usw. ausgegangen werden. Dies bedeutete z. B., dass eine voll-ständige rissefreie Außenputzoberfläche auch nach Abschluss der Sanierungsarbeiten auf der Basis der folgenden Vorschläge praktisch nicht möglich ist. Planer und Bauherr hatten im Gespräch vereinzelt auftretende Risse akzeptiert.

6.2.5.1   Fassade Haus A

Zur Instandsetzung und gleichzeitigen Verbesserung der Wärmedämmeigenschaften wurde der Auftrag eines Wärmedämmverbundsystems auf Putzträger und folgende Vorgehensweise festgelegt:

- Altputz entfernen, mürben und losen Fugenmörtel mindestens 2 cm tief auskratzen, abgeplatzte Ziegelscherben abtragen; Untergrund gründlich säubern und Staub entfernen

- Konstruktions- bzw. putzgrundbedingte Risse im Mauerwerk kraftschlüssig nach WTA-Merkblatt 2-4-94/D nachbessern

- Vollflächiges Befestigen eines geeigneten Putzträgers auf dem Mauerwerk zur Entkopplung der Dämmputzschicht. Möglichkeiten:

    a) Vollflächiges Aufbringen eines speziellen, gut dampfdurchlässigen Trennvlieses und anschließendes Befestigen einer Dämmputzträgerplatte mit geeigneten Dübeln oder

    b) Vollflächiges Aufbringen eines geeigneten, stabilen Drahtgewebes mit Pappeeinlage, maximale Flächenlast 30 kg/m², ausreichend für 6 cm Dämmputz + 10 mm gesamter Oberputz, Befestigen mit geeigneten Dübeln nach Herstellervorschrift

- Anbringen von Sockel- und Kantenprofilen

- Aufbringen eines EPS-Wärmedämmputzes nach DIN 18550-3 [103] mit Wärmeleitfähigkeitsgruppe 070 auf den vorbereiteten Untergrund in einer Dicke von max. 6 cm; Oberfläche lot- und fluchtrecht abziehen und aufrauen; Standzeit 1 Tag/cm Putzdicke, mindestens eine Woche

- Aufbringen einer Zwischenputzschicht 6 mm mit vollflächigem Einbetten eines alkalibeständigen Armierungsgewebes und Diagonalarmierungen an den Ecken von Tür- und Fensteröffnungen

- Aufbringen eines dünnschichtigen Oberputzes mit Egalisationsanstrich

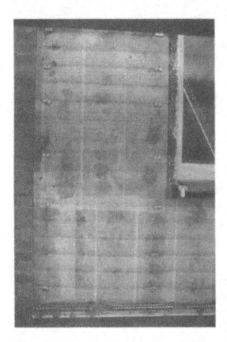

Bild 6-16 Haus A – Westseite: Aufbringen eines Putzträgers nach vollständigem Entfernen des Altputzes

Bild 6-17 Aufgetragener Dämmputz   **Bild 6-18** Fertige Fassade

6.2.5.2   Fassade Haus B und C

Die entfernten Putzflächen in den Sockelbereichen, in Zonen konstruktions- bzw. putzgrund-bedingter Risse und bei größeren Hohlstellen (∅ > 10-15 cm) wurden durch geeignete Kalk-Zement-Putz P II nach DIN 18550 ersetzt; anschließend wurden die Fassaden komplett mit einem Renoviersystem überarbeitet. Für die Fassadenüberarbeitung waren folgende Vorarbeiten notwendig:

Besonders problematisch waren Fassadenbereiche bei Haus B, bei denen ursprünglich ein Sonnenschutz mittels entsprechender Befestigungselemente am Untergrund montiert war und gleichzeitig die Querwände während statischer Ertüchtigungen 1986 verankert waren.

Überarbeitung von Hohlstellen:

- Festgestellte Hohlstellen bis zum tragfähigen Untergrund freilegen und durch waa-gerechtes und senkrechtes Einschneiden sauber begrenzen, z. B. mit Trennscheibe. Untergrund gründlich säubern und Staub entfernen.

- Aufbringen eines netzförmigen Spritzbewurfes im Bereich der freigelegten Hohlstel-len als Haftbrücke

- Freigelegte und vorbereitete Hohlstellen mit einem Kalk-Zement-Leichtputz P II nach DIN 18550 bis auf vorhandene Gesamtputzdicke egalisieren und Oberfläche aufrauen. Bei Putzdicken > 20 mm mehrlagiges Arbeiten mit Zwischenstandzeiten erforderlich (pro mm Putzdicke ein Tag).

Freilegung baudynamischer Risse:

- Freigelegte und vorbereitete Rissbereiche mit einem Kalk-Zement-Leichtputz P II nach DIN 18550 bis auf vorhandene Gesamtputzdicke egalisieren und Oberfläche aufrauen. Bei Putzdicken > 20 mm mehrlagiges Arbeiten mit Zwischenstandzeiten erforderlich (pro mm Putzdicke ein Tag) begrenzen. Untergrund gründlich säubern und Staub entfernen.

- Befestigen eines entkoppelnden Putzträgersystems, z. B. Ziegeldrahtgewebe auf Trennvlies oder Drahtgewebe mit Pappeinlage mittig über baudynamische Risse in einer Breite von mind. 40 cm

- Freigelegte und vorbereitete baudynamische Risse mit einem Kalk-Zement-Leichtputz P II nach DIN 18550 bis auf vorhandene Gesamtputzdicke egalisieren und Oberfläche aufrauen. Bei Putzdicken > 20 mm mehrlagiges Arbeiten mit Zwi-schenstandzeiten erforderlich (pro mm Putzdicke ein Tag). In das oberste Drittel der letzten Putzschicht wird ein alkalibeständiges Armierungsgewebe eingelegt.

Bild 6-19 Haus B – Südseite: Beispiel für Instandsetzung baudynamischer Risse (nach WTA-Merkblatt 2-4-94/D [104])

Entfernung der Altbeschichtung:

- Altbeschichtung durch Hochdruckwasserstrahlen und mechanisches Aufrauen entfernen, einschließlich der erforderlichen Mindestnachbearbeitung.

Außenputz im Sockelbereich:

Hierfür wurde ein Sanierputzsystem nach WTA-Merkblatt 2-2-91/D [105] bzw. ein zertifiziertes WTA-Sanierputzsystem empfohlen. Es handelt sich dabei um Spezialputze mit hoher Porosität und Wasserdampfdurchlässigkeit bei gleichzeitig erheblich verminderter kapillarer Leitfähigkeit. Folgende Arbeitsschritte waren dazu erforderlich:

- Der Altputz wurde mindestens 80 cm oberhalb Gelände am besten in Höhe einer Fenstersohlbank abgeschlagen. Nach Entfernen des Altputzes wurden Mörtelreste, Schlämmen und Anstriche auf Mauerwerk vollständig entfernt und Mauerwerksfugen sind auszukratzen. Anschließend wurde das Mauerwerk mechanisch gereinigt und ein netzförmiger Spritzbewurf aufgebracht.

- Nach Einhaltung der praxisüblichen Standzeit erfolgte ein mehrlagiger Putzauftrag, bestehend aus Porengrundputz-WTA in einer Dicke von mindestens 10 mm; die Oberfläche wurde gut mechanisch aufgeraut und die praxisüblichen Standzeiten eingehalten (1 Tag pro mm Putzdicke): Anschließend wurde Sanierputz-WTA in einer Dicke von mindestens 15 mm ein- oder mehrlagig (bei Gesamtputzdicken > 20 mm) bis auf die Gesamtputzdicke des vorhandenen Altputzes aufgetragen (Oberflächenbearbeitung und Standzeiten wie bei der ersten Lage.

Putzbedingte Risse in den Fassadenflächen ohne Hohlstellen benötigten keine weitere Vorbereitung; sie wurden bei der folgenden Fassadenüberarbeitung geschlossen.

Fassadenüberarbeitung:

- Vollflächiges Aufbringen eines geeigneten wasserabweisenden Dünnschichtputzes zur Egalisierung der groben Putzstruktur sowie der ausgebesserten Untergründe (Gesamtputzdicke ca. 5-6 mm). Der Auftrag erfolgt in zwei Schichten frisch-in-frisch; mittig wurde vollflächig ein alkalibeständiges Armierungsgewebe eingelegt.

- Anschließend wurde dünnschichtiger, mineralischer und wasserabweisender Strukturputz als Oberputz P II mit Egalisationsanstrich aufgebracht.

Bild 6-20 Haus B – Nordseite: erfolgte Sanierung baudynamischer Risse, Altputz mechanisch aufgeraut

Bild 6-21 Haus C – Nordseite: Auftrag des Putzrenoviersystems mit alkalibeständigen Armierungsgewebes nach Aufrauen des Untergrundes

6.2.6 Nachhaltigkeit der durchgeführten Maßnahmen

Wenn richtige Instandsetzungsplanung hilft, die Schadenshäufigkeit zu reduzieren und die Gebrauchstauglichkeit der instand gesetzten Fassaden zu erhöhen und somit die Lebensdauer (den „Gebäudetod") zu verlängern, so ist dies bereits ein nicht zu vernachlässigender ökologischer Aspekt.

Insbesondere die Umweltverträglichkeit durch Verwendung geeigneter Altmaterialien, d. h. durch (weiteren) Einsatz bereits hergestellter Roh- und Baustoffe, ist gerade bei der Fassadeninstandsetzung von entscheidender Bedeutung [106]. Mit Sanieren statt Abreißen kann häufig – ohne wirtschaftlichen Schaden – ein Faktor 4 sowohl bei Energie- wie auch Stoffeffizienz gewonnen werden. Zugleich wird ein Stück Geschichte – bauzeitliche Substanz – erhalten und die kulturellen und sozialen Werte des gewohnten Stadtbildes und des dazugehörigen Lebensraumes werden bewahrt.

Dieser Faktor 4 resultiert hauptsächlich aus der *Bewahrung* „grauer Energie", die in der tragenden Struktur eines Gebäudes enthalten ist, beim Massivgebäude also Mauerwerk und in den Putzen. Selbst wenn alle technischen Installationen durch neue ersetzt werden, bleiben immer noch 75 % der ursprünglichen Energie und (Bau-)Stoffe erhalten, die zum Zeitpunkt ihrer Investition deutlich geringer war als die für einen heutigen Neubau aufgewendete.

An den Fassaden der Pflegeeinrichtung Bodden-Kliniken Ribnitz-Damgarten GmbH wurden im Wesentlichen unnötige Baurestmassen (abgeschlagene Altputze) vermieden. Durch die detaillierte Bestands- und Schadensaufnahme war es möglich, nur die beschädigten Putzflächen zu entfernen – also zu beseitigen, was unbedingt erforderlich war. Von den insgesamt 2.430 m² Fassadenflächen wurden zunächst 255 m² Klinkerfassaden im Eckbereich erhalten und gereinigt. Von den verbleibenden 2175 m² Putzflächen, was bei durchschnittlich 3 cm Putzdicke einem Baustoffvolumen von ca. 65 m³ oder einem Gewicht von ca. 120 t entspricht, mussten lediglich ca. 30 % der Altputze entfernt und durch neue Materialien ersetzt werden.

Bauinstandsetzen statt Abreißen – das bedeutet Reduzierung von Rohstoffbedarf, Stoffströmen, Energieflüssen, Flächenverbrauch, Abfall- und Reststoffen u. v. m. An diesem konkreten Objekt, bei dem man für die Bestandsputze mit Ergiebigkeiten von 0,5 – 0,6 m³ Frischmörtel pro t Trockenmaterial rechnen kann (was man auch an den hohen Rohdichten von 1,7 – 2,0 kg/dm³ feststellen konnte), konnten daher Baurestmassen in einer Größenordnung von ungefähr 85 t vermieden werden, die nicht deponiert werden mussten. Die nachfolgende Abbildung verdeutlicht die Flächenanteile, die erhalten werden konnten.

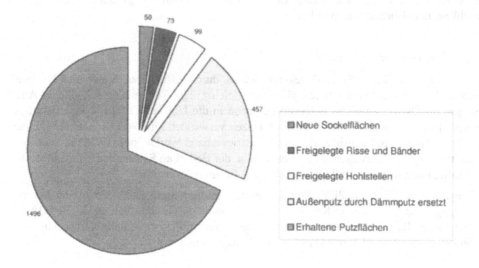

Anteile der erhaltenen und instand gesetzten Putzflächen

- ▨ Neue Sockelflächen
- ▨ Freigelegte Risse und Bänder
- ☐ Freigelegte Hohlstellen
- ☐ Außenputz durch Dämmputz ersetzt
- ▨ Erhaltene Putzflächen

Bild 6-22 Erhaltene und instand gesetzte Putzflächen am Praxisbeispiel Bodden-Kliniken Ribnitz-Damgarten

Die „graue Energie" wurde aufgrund mangelnder Primärdaten als erste Näherung auf der Basis einer aktuellen Lebenszyklusanalyse für Werktrockenmörtel abgeschätzt (siehe weiter unten). Die darin zugrunde gelegten Primärenergieinhalte gelten streng genommen für heutige Produktions- und Verarbeitungsbedingungen. Früher jedoch wurden zum Beispiel überwiegend Roh- und Baustoffe aus der nächsten Umgebung verwendet und dadurch der Energieverbrauch durch Transporte praktisch auf Null reduziert; andererseits sind ältere Herstellungsverfahren energetisch deutlich aufwendiger zu betrachten als heute.

Setzt man also in erster Näherung für einen Außenputz einen stoffgebundenen Energieinhalt von ca. 1.500 MJ/t an, so „steckt" in den Außenputzen Haus A bis C eine Energie von etwa 180.000 MJ oder 50.000 kWh – soviel Energie, wie ein Mittelklassewagen für 60.000 km Fahrt benötigt. Durch den weitest gehenden Erhalt der Putzflächen konnten also fast 120.000 MJ oder 33.500 kWh an stoffgebundener Energie eingespart werden. Zudem half die Verwendung geeigneter Baustoffe im Sockelbereich, kurzfristige Neuschäden zu vermeiden und die Lebenserwartung der instand gesetzten Fassaden zu verlängern. Von Sanierputzen-WTA, die seit fast 25 Jahren zur Anwendung kommen, ist z. B. bekannt, dass sie bei feuchtem und versalztem Mauerwerk eine bis zu 10mal höhere Lebensdauer besitzen als konventionelle Kalk- oder Kalk-Zement-Putze auf diesem problematischen Untergrund.

6.2.7 Nachhaltigkeit der verwendeten Baustoffe

Die Eigenschaften von Werktrockenmörtel in der Anwendung, Nutzung, Instandsetzung und Entsorgung sind seit Beginn ihrer Herstellung in den 60er Jahren bestens bekannt – und ihre Eignung unter den ökologischen Aspekten Umweltverträglichkeit, gesundheitliche Unbedenklichkeit und Gebrauchstauglichkeit.

6.2.7.1 Umweltverträglichkeit

Umweltverträgliche Baustoffe sind gekennzeichnet durch reduzierten Stoff- und Energieverbrauch über den gesamten Lebenszyklus bei gleichzeitiger Vermeidung schädlicher Auswirkungen auf Ökosysteme und Schadstoffabgaben in die Umwelt. [107] Für eine derartige Lebenszyklusanalyse werden meistens Ökobilanzen verwendet. Für Werktrockenmörtel einer einschaligen Außenwand wurde z. B. vom Industrieverband Werkmörtel (IWM) in Duisburg eine derartige Analyse durchgeführt und dabei u. a. der Bedarf an Ressourcen – Einsatzstoffe, Zusatzstoffe, Energie usw. – und umweltrelevante Emissionen ermittelt.

Der Primärenergieverbrauch PEV (von der Rohstoffaufbereitung über Herstellung bis zur Verarbeitung) beträgt bei einem Kalk-Zement-Außenputz durchschnittlich ca. 1.530 MJ/t, so dass sich unter Berücksichtigung praxisüblicher Baustoffdicken, Materialverbräuche und Ergiebigkeiten folgende PEV in MJ pro m² Außenwand ergeben:

Produkt	Anwendung	Ergiebigkeit (l/t)	PEV (MJ/m²)
Oberputz außen	d=3 mm	750	6
Armierungsspachtel	d=5 mm	800	10
Unterputz außen	d=20 mm	720	42
Sanierputz	d=30 mm	850	54

Bild 6-23 Primärenergieverbrauch verschiedener Werktrockenmörtel in MJ pro m² Außenwand

Zum Vergleich: bei der Fahrt mit einem Mittelklassewagen werden pro Kilometer ca. 3 MJ Primärenergie (Diesel) verbraucht. Das heißt: Schon 18 km Autofahrt entspricht energetisch 1 m² Sanierputz.

Bei der Herstellung von Werktrockenmörteln werden außerdem zur Risikominimierung meist einfache Prozessketten mit mechanischen Verfahrensschritten eingesetzt; dies schließt auch kurze Transportwege, Verwendung von Silosystemen, logistische Optimierung usw. ein. Außerdem sind zur Vermeidung von Umwelt- und Gesundheitsrisiken die von den aufgeführten Bauprodukten ausgehenden Schadstoffe in Art, Menge und Konzentration so minimiert, wie es dem aktuellen Stand der Technik nach möglich und sinnvoll ist.

Auch die Kreislauffähigkeit ist eine wichtige ökologische Eigenschaft von Werktrockenmörtel. Stand der Herstellungstechnik ist die 100%ige Rückführung trockener Abfälle in die Produktion. Diese Vorgehensweise wird auch bei Produktrestmengen praktiziert, die in Silos oder Säcken zum Herstellwerk zurück transportiert werden. Während oder nach der Nutzungsphase ist eine Wiederverwendbarkeit oder mehrfache Nutzbarkeit der Bauprodukte gegeben: die an den Gebäuden der Pflegeeinrichtung Bodden-Kliniken Ribnitz-Damgarten GmbH vorhandenen mineralischen Fassadenputze konnten mit einem Dünnlagenputz problemlos überarbeitet – und damit erhalten – werden.

6.2.7.2 Gesundheitliche Unbedenklichkeit

Werktrockenmörtel bzw. deren Bestandteile sind toxikologisch weitestgehend unbedenklich. Dies betrifft die arbeitsmedizinischen Risiken in verschiedenen Herstellungsphasen von Bauprodukten, den Einbau der Bauprodukte, die Nutzungsphase, die auch eventuelle Instandhaltungs- oder Umbauarbeiten einschließt, sowie ihren Ausbau und die Entsorgung.

Mineralische Baustoffe besitzen meist eine Deklaration der Inhaltsstoffe in Form eines Sicherheitsdatenblattes, was es z. B. dem Allergiker ermöglicht, spezielle Stoffe zu meiden, die ihn gesundheitlich beeinträchtigen, ohne damit für die Allgemeinheit schädlich sein zu müssen.

6.2.7.3 Gebrauchstauglichkeit

Die Gebrauchstauglichkeit eines Bauproduktes ist nicht allein dadurch anzunehmen, dass es die üblichen gesetzlichen Zulassungsbedingungen als Grundanforderung erfüllt. Darüber hinaus werden besondere Anforderungen an die Qualität der Produkte bei Gebrauch und Verarbeitung und an eine lange Haltbarkeit gestellt.

Die Qualität bei Gebrauch und Verarbeitung ist z. B. durch die umfangreichen Produktdokumentationen der Werktrockenmörtel (z. B. Sackaufdrucke, Gebrauchsanweisungen, Produktbeschreibungen usw.) sichergestellt. Dazu kommt eine gewisse Fehlertoleranz der aufgeführten Baustoffe: auch wenn bei der Verarbeitung Fehler gemacht würden z. B. durch falsche Konsistenzeinstellung, müsste dies nicht zu unmittelbaren Schäden führen. Die maschinelle Verarbeitbarkeit sorgt für weitere Fehlerreduzierung.

Die lange Haltbarkeit verlangt zunächst eine hohe Produktqualität an sich sowie die Möglichkeit einer gefahrlosen Reparatur, die eine Funktionsfähigkeit des Produktes über lange Zeit erhält. Die hohe Produktqualität ist bei Herstellern mit zertifizierten Qualitätsmanagement-Systemen gewährleistet. Die vielfachen Möglichkeiten der Reparatur wurden bereits unter dem Aspekt der Umweltverträglichkeit aufgezeigt. Auch die Rückbaufähigkeit mineralischer Bauprodukte ist hier relevant, weil ohne sie die Beschädigung oder Zerstörung anderer Bauteile bewirkt und damit deren Haltbarkeit beeinträchtigt würde. [108]

6.2.8 Nachhaltigkeit der Energieeinsparmaßnahme an Haus A

Die Dauerhaftigkeit der befundenen Putzfassaden an Haus A war aufgrund des problematischen Untergrundes nicht mehr gegeben, d. h. hier musste die „graue Energie" des Putzes durch sein Entfernen vernichtet werden. Damit war es jedoch möglich geworden, im Rahmen der Instandsetzungsarbeiten Modernisierungsmaßnahmen durchzuführen, um Primärenergie während der Nutzungsphase einsparen zu können und gleichzeitig eine neue Putzfassade mit hoher Lebenserwartung zu erstellen, z. B. durch den auf den Putzuntergrund abgestimmten Einsatz von Wärmedämmputz.

Wärmedämmputz besteht nach DIN 18550-3 zu mindestens 75 Vol.-% aus expandiertem Polystyrol (EPS), der Rest ist Kalkhydrat nach DIN EN 459 und Zement nach DIN EN 197 als Bindemittel. Für diese drei Hauptkomponenten lässt sich der Verbrauch an Primärenergie angeben. In Tab. 2 wird Kalkhydrat nicht explizit aufgeführt, da Zement und Kalk primärenergetisch annähernd gleich sind (Eyerer). Mit den angegebenen Werten und den üblichen Schüttdichten der Rohstoffe lässt sich der Primärenergieinhalt des fertigen Produktes abschätzen. Dabei ist zu berücksichtigen, dass bei EPS über 90 % des Energiebedarfes durch die Prozesse der Herstellung des EPS-Rohstoffes benötigt werden; die Anteile an nicht erneuerbaren Energieträgern werden daher durch Erdöl und Erdgas bestimmt.

Parameter	Expandiertes Polystyrol EPS		Zement
	PS 15	PS 30	CEM II 32,5
Bezugseinheit (BE)	1 m³	1 m³	1 t
Schüttdichte (kg/m³)	15	30	900-1200 ($\emptyset$ = 1000)
PEV (kWh/BE) [*1)]	400	780	1210
Anteil (Vol.-%)	75	75	25
Anteiliger PEV (kWh/BE)	300	585	303
PEV Dämmputz (kWh/m³)	603 – 888		
PEV Dämmputz (MJ/m³)	2171 – 3195		

[*1)] Datenquelle: Eyerer/Reinhardt [41]

Tabelle 6-2 Stoffdaten von EPS und Zement zur Herstellung von Wärmedämmputz nach DIN 18550-3

Lebenszyklusabschnitt Dämmputz	PEV (MJ/t)	PEV (MJ/m³)
Rohstoffe (PS 30 und Zement)		3195
Rohstofftransporte (nur Zement, EPS meist im Werk geschäumt)	29	116
Pneumatische Rohstoffförderung im Herstellwerk	33	132
Herstellung von Dämmputz und Absacken	46	184
Baustellentransport (100 km entfernt, halbe LKW-Kapazität)	124	496
Verarbeitung mit Putzmaschine	105	420
Gesamt-PEV Dämmputz Trockenmaterial (MJ/m³)		4543

Tabelle 6-3 Abschätzung des Gesamt-PEV von Wärmedämmputz (Rohstoffe → Baustelle verarbeitet) [109]

Zur Abschätzung der Nachhaltigkeit der erfolgten Sanierung wird vom ungünstigsten, d. h. maximalen PEV von 3195 MJ/m³ ausgegangen. Berücksichtigt man eine praxisübliche durchschnittliche Schüttdichte von Wärmedämmputzen von 0,25 t/m³ (Anforderung DIN 18550-3: < 300 kg/m³) und addiert man nun noch die durchschnittlichen praxisüblichen PEV-Anteile für Herstellung, Transport und Verarbeitung (siehe IWM-Studie), so kann der maximale Gesamt-PEV (Rohstoff → Baustelle verarbeitet) eines Wärmedämmputzes abgeschätzt werden.

Eine Aufrundung des gesamten Primärenenergieverbrauchs von Wärmedämmputz nach DIN 18550-3 auf 4600 MJ/m³ zur Berücksichtigung der in geringsten Konzentration zum Erzielen von Verarbeitungs- oder Baustoffeigenschaften zugegebenen Wirkstoffe ist zulässig. Unter Berücksichtigung der Putzdicke und praxisüblicher Materialverbrauchswerte (l Frischmörtel pro l Trockenmaterial) kann schließlich der Verbrauch an Primärenergie bei der Anwendung von Wärmedämmputz pro m² Außenwand dargestellt werden.

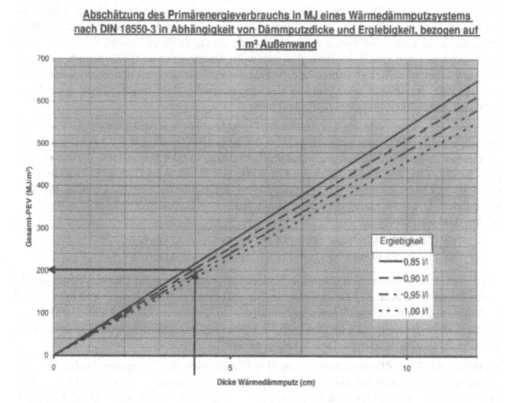

Bild 6-24 Gesamt-PEV von Wärmedämmputz in MJ pro m² Außenwand in Abhängigkeit von der Dämmputzdicke und Materialverbrauch

Bei einer Dicke von 4 cm (wie am Haus A der Pflegeeinrichtung Bodden-Kliniken Ribnitz-Damgarten GmbH aufgetragen) und einer Ergiebigkeit von 0,9 l/l beträgt der Gesamt-PEV des Wärmedämmputz ca. 204 MJ/m² Außenwand, zu dem jetzt noch die Gesamt-PEV für Spachtelputz in einer Dicke von 7 mm entsprechend 13 MJ/m² und Oberputz in einer Dicke von 3 mm entsprechend 6 MJ/m² addiert werden müssen. Für eine Fassade mit 4 cm Wärmedämmputz und 10 mm Oberputz entsprechend dem oben genannten Aufbau ist also ein PEV-Aufwand von ungefähr 223 MJ pro m² Außenwand erforderlich.

Der PEV-Aufwand im Rahmen der Instandsetzung wird oft gerne als so genannter „ökologischer Impact" bezeichnet. Diesem im ersten Moment relativ hoch erscheinenden Wert steht jedoch ein PEV-Nutzen gegenüber, der im Rahmen üblicher bauphysikalischer Berechnungen (in 2001 noch als Wärmeschutznachweis geführt) abgeschätzt werden kann, nämlich der U-Wert (früher k-Wert) der Wand im Bestand (höhere Transmissionswärmeverluste) im Vergleich zum U-Wert der Wand mit Wärmedämmputz (niedrigere Transmissionswärmeverluste).

Ursprünglich besaß die zweischalige Wand aus Ziegel und Gasbeton den für Bestandsbauten schon relativ guten U-Wert von 0,536 W/m²K. Da sich der Architekt auf Empfehlung des Gutachters für den Auftrag von 4 cm Wärmedämmputz entschied, werden dadurch die Wärmedämmeigenschaften der Außenwand rechnerisch um ca. 20 % verbessert, d. h. der U-Wert des instandgesetzten Gebäudes Haus A wurde vom Bauphysiker zu 0,427 W/m²K ermittelt. Allerdings musste dafür der vorhandene Altputz entfernt werden, um den neuen wärmedämmenden Putz applizieren zu können – der ursprüngliche Putz besaß jedoch auch keine Gebrauchstauglichkeit und Dauerhaftigkeit mehr.

Die reinen Heizwärmeverluste der Außenwand in MJ/m² können bei Kenntnis der Heizgradtagszahl Gt abgeschätzt werden nach $Q_H = \{Gt \times 24\ h/d\}/1000\ Wh/kWh \times 3,6\ MJ/kWh \times U$. Geht man von einer Heizgrenztemperatur von 15 °C aus, so lässt sich in DIN V 4108-6 (Ausgabe 2000-11) für den nächst liegenden Ort Warnemünde der Wert Gt = 3737 (Kd) ablesen. Zur Berücksichtigung einer Nachtabsenkung wird der ermittelte Wert für Q_H noch mit 0,95 multipliziert. Die Berechnungsgleichung lautet dann $Q_H = 0,95 \times 89,7 \times 3,6 \times U = 306,7 \times U$ (MJ/m²) und man erhält:

-     für U = 0,536 W/m²K → Q_H = 164 MJ/m² Außenwand jährlich
-     für U = 0,427 W/m²K → Q_H = 131 MJ/m² Außenwand jährlich

Aus dieser Differenz lässt sich über eine mittlere Lebenserwartung für Dämmsysteme von 30 Jahren (siehe dazu auch 27) die eingesparte Primärenergie in Höhe von ca. 780 MJ/m² (217 kWh/m²) in diesem Zeitraum berechnen und der so genannte „Ökologische Break-even" ermitteln, d. h. der Zeitpunkt, ab dem sich die Instandsetzungsmaßnahme ökologisch amortisiert und der ökologische Impact wieder ausgeglichen ist.

Bei dem Haus A der Pflegeeinrichtung Bodden-Kliniken Ribnitz-Damgarten GmbH liegt der ökologische Break-even bei Verwendung von 4 cm Wärmedämmputz bei ca. 7 Jahren, d. h. ab diesem Zeitpunkt rentiert sich Wärmedämmputz aus ökologischer Sicht. Da sich bei diesem Baustoff i. d. R. die Wärmedämmeigenschaften auch über den o. g. relativ langen Zeitraum nicht verschlechtern (dies wäre z. B. bei Aufnahme und Speicherung von Feuchtigkeit der Fall), kann eine lineare Extrapolation bis zum Ende der durchschnittlichen Lebensdauer vorgenommen werden.

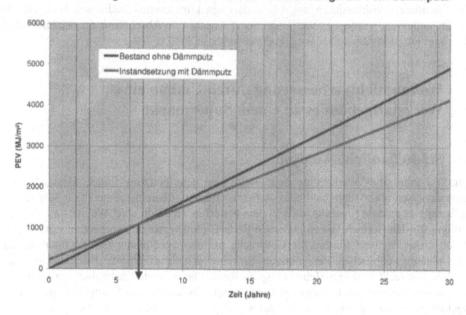

Bild 6-25 Primärenergieverbrauch mit und ohne Wärmedämmputz (mittlere Lebensdauer 30 Jahre)

Nicht messbar, jedoch in der Praxis bekannt, sind die weiteren Vorteile von Wärmedämm-putzsystemen wie z. B. die kapillare Leitfähigkeit oder die geringere Anfälligkeit für Bildung von mikrobiologischem Befall – Aspekte also, die direkt die Gebrauchstauglichkeit und Dau-erhaftigkeit der Fassade und damit ihre Nachhaltigkeit beeinflussen. Weiterhin ist zu berück-sichtigen, dass Wärmedämmputzsysteme den ehemals monolithischen Wandaufbau von Bestandsbauten nicht stören (mineralisch gebundene Baustoffe) und aufgrund ihrer im Vergleich zu plattenartigen Dämmstoffen höheren Rohdichte die Speicherfähigkeit der Wand besonders bei Einsatz im Innenbereich nicht verschlechtern. Bei Fachwerkbauten zum Beispiel wurden Eignung und Einsparmöglichkeiten von Wärmedämmputzen wissenschaft-lich untersucht und bestätigt.

Allerdings gilt hier wie auch beim Haus A der Pflegeeinrichtung Bodden-Kliniken Ribnitz-Damgarten GmbH: viel hilft nicht immer viel. Der wohl dosierte Umgang mit Dämmmaß-nahmen beim Bauen im Bestand ist das A und O einer nachhaltigen Instandsetzung.

6.2.9 Fazit

Die Möglichkeiten zur Anwendung von Kriterien zum nachhaltigen Bauinstandhalten als methodische Instandhaltung mit den Schritten Wartung/Inspektion/Instandsetzung, Optimie-rung des Facility Managements und Beachtung des Standes der Technik zur Weiterentwicklung vorhandener technischer Systeme im Sinne einer ganzheitlichen Vorgehensweise unter gleichzeitiger Berücksichtigung ökologischer, ökonomischer und sozialer Aspekte wurden an einem Praxisbeispiel dargelegt. Auch wenn beim Aufbringen von Wärmedämmputz ein Modellfall (stationärer Wärmedurchgang bei konstanten klimatischen Bedingungen innen und außen) angenommen wurde – es wurde ein erster Ansatz zum Abschätzen der Nachhaltigkeit der durchgeführten Instandsetzungsmaßnahme durchgeführt.

6.3   Wohnumfeldverbesserung durch Umbau eines Werkstattgebäudes zu einem Supermarkt

6.3.1   Städtebauliche Analyse

Ein ca. 100 Jahre altes Werkstattgebäude sollte eine neue Nutzung finden. Bestands- und Nutzungsanalysen unter städtebaulichen Aspekten führten, übereinstimmend zur Wirtschaftlichkeitsanalyse, zu dem Ergebnis, dass in dem betreffenden Stadtgebiet Weimars eine Unterversorgung für den Bereich Waren täglichen Bedarfs (Nahversorger) vorhanden war. Ausgehend von dieser Analyse wurden die Gespräche mit dem Stadtplanungsamt aufgenommen, um die planungsrechtlichen Perspektiven für eine dementsprechende Nutzungsänderung auszuloten. Ein rechtskräftiger Bebauungsplan für das betreffende Stadtgebiet lag nicht vor. In der planungsrechtlichen Bewertung wurde durch das zuständige Stadtplanungsamt dem Stadtgebiet der überwiegende Charakter eines „Allgemeinen Wohngebietes" gemäß der Baunutzungsverordnung (BauNVO) [Quelle Baunutzungsverordnung 1990 in der Fassung des Gesetzes zur Erleiterung von Investitionen und der Ausweitung und Bereitstellung von Wohnbauland (Investitions- und Wohnbaulandgesetz) vom 22.04.1993, BGBl. I, S. 479] bescheinigt.

Im Rahmen der durch die BauNVO vorgegebenen maximalen Größenordnung für Handelsbetriebe außerhalb „Sonstiger Sondergebieten" können Handelsbetriebe i. d. R. bis zu einer Geschossfläche von 1.200 m² zugelassen werden. Diese wurde durch das Bestandsgebäude mit der notwendigen Erweiterung im Erdgeschoss überschritten. In umfangreichen Gesprächen konnte die Notwendigkeit der Erweiterung für die zukünftige Nutzung den zuständigen Ämtern vermittelt werden. Die In-Aussicht-Stellung der planungsrechtlichen Zustimmung für die Überschreitung der Geschossfläche durch die Stadt Weimar wurde bei gleichzeitiger Begrenzung der Verkaufsfläche auf 700 m² erzielt. Eine planungsrechtliche Zulässigkeit wurde anschließend mittels eines Bauvoranfrageverfahrens frühzeitig abgefragt und für den nach Landesbauordnung vorgesehenen Zeitraum gesichert. Die Genehmigung einer zusätzlich beantragten Schaffung eines Getränkemarktes an dem Standort – sinnvoll zur Gebietsversorgung hier mit angesiedelt – wurde aber versagt.

Eine weitere Herausforderung bestand in der nun folgenden Klärung der verkehrlichen Erschließung. Während die Aspekte der technischen Erschließung durch die im gewachsenen Stadtumfeld vorhandenen Parameter unproblematisch zu lösen waren, stellte die nur zu einer – und noch dazu für die Handelsnutzung ungünstigen – Grundstücksseite vorhandenen Zufahrt ein „K.o.-Kriterium" dar. Nach Schaffung der Voraussetzung auch für die zusätzliche Zufahrt und entsprechenden Grundstücksankäufen war der Weg für die Vereinbarung zwischen Gebäudebetreiber und zukünftigem Nutzer frei.

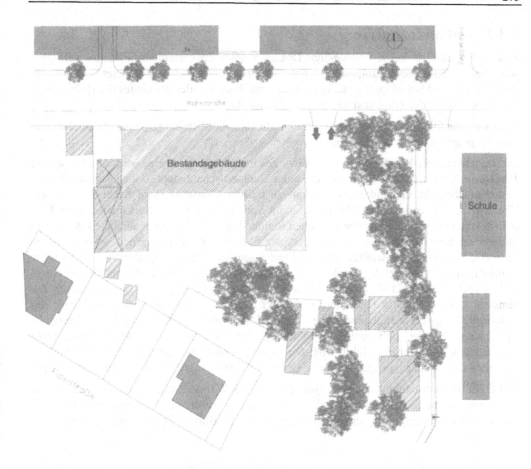

Bild 6-26 Lageplan vor der Sanierung

Bild 6-27 Städtebauliches Umfeld

6.3.2   Gebäudeanalyse

Zunächst wurde, da keine vollständige Dokumentation des gesamten Gebäudes verfügbar war, eine präzise Bestandsaufnahme mit der Erfassung aller verwendeten Materialien, Dimensionen und Schädigungsgrad der eingebauten Bauteile, des Zustandes der Holzbauteile und insbesondere der Tragkonstruktion vorgenommen.

Archivarische Quellen ergaben zudem Auskünfte über die Errichtungsphase und die bauzeitliche tragwerksplanerische Konzeption.

Das bestehende Werkstattgebäude in Weimar zeichnete sich durch eine wertvolle historische Tragkonstruktion aus Gusseisen aus, die unter Denkmalschutz steht. Daher war parallel zur städtebaulichen die Gebäudeanalyse voran zu treiben. Zunächst stand dabei die konkrete Überprüfung der vorhandenen Tragstruktur im Vordergrund. In tragwerksplanerischer Hinsicht spielten jedoch nicht nur die statischen Randbedingungen, sondern auch die zukünftigen Möblierungsabsichten eine Rolle. Daher musste frühzeitig erkundet werden, ob das vorhandene Tragwerk mit der gewollten späteren Einrichtung korrespondiert, oder ob u. U. Eingriffe in dieser Hinsicht notwendig werden. Da derartige Änderungen sich oftmals erst zu einem viel zu späten Zeitpunkt als unwirtschaftlich herausstellen (s. Kap. 4.6.2), wurde diesen Zusammenhängen frühzeitig Beachtung geschenkt. Nach der Analyse wurde vereinbart, das historische Tragwerk weitgehend zu belassen und die vorhandenen Achsmaße des Bestandsbaus auch für die notwendige Erweiterung des Baukörpers zu übernehmen; trotz Beeinträchtigungen für die Möblierung. Die Lösung erhielt nach detaillierter Diskussion der Varianten den Vorzug vor quasi Substanz vernichtenden Eingriffen, die wenig sinnvoll gewesen wären.

Weiterhin mussten bauphysikalische Belange, wie das Wärmedämmverhalten der Bestands-, z. T. vorhandenen Sichtfachwerkwände, die zu erhalten waren, oder das Brandschutzverhalten der im Gebäude befindlichen gusseisernen Stützen (s. Bild 6-32) überprüft werden.

Bild 6-28 Werkstattgebäude vor der Sanierung

Mit den zuständigen Denkmalschutz- und Stadtplanungsbehörden wurden parallel zu den technischen Analysen die Erfolgsaussichten der beabsichtigen Nutzungsänderung mit den damit verbundenen Eingriffen in die vorhandene Bausubstanz und deren Einflüsse auf das Bauwerk und den städtebaulichen Raum ausgelotet. Die oft vernachlässigte Erkenntnis, dass jede Maßnahme an denkmalgeschützter Substanz eine Beeinträchtigung darstellt, kann sich bei Nichtberücksichtigung verheerend auswirken. Entsprechende Bedingungen galt es daher ebenfalls frühzeitig und vernetzt mit den anderen Planungsschritten zu würdigen und umzusetzen.

6.3.3   Nutzervorstellungen

Durch den Mieter wurden dem Gebäudeeigentümer umfangreiche, sehr konkrete Anforderungen in Form einer umfangreichen Standardbaubeschreibung übergeben.

Die Vorstellungen des Nutzers wichen im übergebenen Anforderungsprofil trotz der als günstig eingestuften Standortbewertung zunächst erheblich vom vorliegenden Gebäudebestand ab. Das sorgte für umfangreiche Diskussionen. Es stellte es sich dabei heraus, dass man seitens des Mieters eher weniger auf die Nutzung von Bestandsimmobilien eingestellt ist. Das spiegelte sich im Anforderungsprofil wider, dass von einer Neuerrichtung ausging. Im konkreten Fall gab die Standortbewertung den Ausschlag für die Bestandsnutzung, nicht das Gebäude selbst.

Es war vor allen weiteren Details festzustellen, ob und in welcher Größenordnung bzw. Grundrissanordnung Änderungen und Erweiterungen notwendig sind. Die durch den Mieter technisch geforderte Ausstattung des Gebäudes war bei der ohnehin anstehenden Generalsanierung des Gebäudes aufgrund seiner schon langen Nutzung als gewerbliches Objekt weitgehend unproblematisch. Im Zuge der Mietvertragsvereinbarung wurde zugleich vereinbart, dass diese in technischer Hinsicht zunächst einen Rahmen bildet. Man war sich einig, dass sie zu einem späteren Zeitpunkt, auch nach Feststehen aller bauordnungsrechtlichen Belange, in einem Nachtrag zum Mietvertrag im beiderseitigen Einverständnis fortgeschrieben wird. Eine sinnvolle Vorgehensweise, die das beiderseitige partnerschaftliche Herangehen an die Aufgabe unterstreicht und zur Nachahmung empfohlen werden kann. Der Gebäudebetreiber ist mit seinem Facility Management an der Zufriedenheit seines Kunden langfristig interessiert und dieser wiederum zeigt Verständnis dafür, dass bei einer Bestandsumnutzung nicht alle Neuanforderungen verhältnismäßig durchsetzbar sind. Gemeinsame Bestandsumnutzungen blieben bei den Beteiligten nach der Realisierung des hier vorgestellten Vorhabens kein Einzelfall.

Neben dem Gebäude wurden die generellen Anforderungen an das Grundstück in Bezug auf die geplante Nutzung überprüft. Dabei stellte sich heraus, dass die Anordnung der Stellplätze dem Anforderungsprofil eigentlich gänzlich widersprach. Für den erfolgreichen Betrieb eines Supermarktes ist die rückwärtige Platzierung des Gebäudekörpers mit übersichtlichen, davor angeordneten Stellplätzen eine Voraussetzung. Da das im Beispiel nicht möglich war, wurde nach Alternativen gesucht. Als Kompromiss wurde die Einrichtung einer zweiten Zufahrt von der früheren Rückseite des Gebäudes – der zukünftigen Eingangsseite der Verkaufseinrichtung – vorgeschlagen und mit der Stadt abgestimmt. Dazu wurde ein zusätzlicher Grundstücksteilankauf zur Umsetzung der zweiten Zufahrt vorgenommen. Diese Abklärungen erfolgten bereits vor der verbindlichen Mietvertragsvereinbarung.

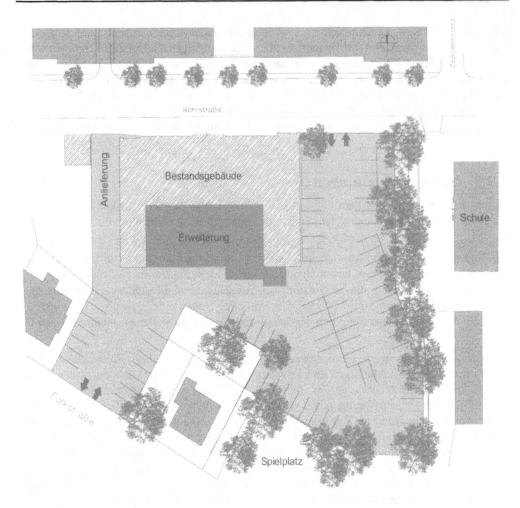

Bild 6-29 Lageplan nach der Sanierung

6.3.4 Bauordnungs- und nachbarschaftsrechtliche Belange

Zunächst war bauordnungsrechtlich die konkret mögliche Auslegung des Bestandsschutzes für das vorhandene Gebäude abzufragen. Dabei wurde die bisherige gewerbliche Nutzung unter dem Blickwinkel des Bestandsschutzes positiv bewertet. Es konnte erzielt werden, dass die zukünftige Nutzung zwar eine andere, aber ebenfalls eine gewerbliche die Abstandsflächen nicht neu aufleben ließ. Damit war der Erhalt des Bestandsschutzes und einhergehend des Gebäudebestandes auch unter heute gemäß der Landesbauordnung gültigen anderen Abstandsflächenregelungen gegenüber der Errichtungszeit gesichert. Nur für neu errichtete, untergeordnete Gebäudeteile wie im Bereich der Anlieferzone, wurden die heutigen Regelungen gemäß der Landesbauordnung angewendet.

Als zu lösende Herausforderungen stellten sich mit der zukünftigen Nutzung des Gebäudes als Nahversorgungseinrichtung folgende Schwerpunkte heraus:

- Realisierung des Lärmschutzes für ein in der Nähe befindliches Spielplatzgelände

- Abweichungen gegenüber bauordnungsrechtlichen Vorgaben (z. B. Treppenmaße) und insbesondere gegenüber der Arbeitsstättenrichtlinie

- Detaillierte Bewertung der Abstandsflächen des Gebäudes vor und nach der Umnutzung und Erweiterung

- Baulicher Brandschutz

- Nachbarschaftliche Belange, da seitens der Bauaufsichtsbehörde gefordert wurde, das von allen an das Baugrundstück angrenzenden Nachbargrundstückseigentümern im Rahmen des Baugenehmigungsverfahren die Zustimmung eingeholt wird

- Die Schaffung der erforderlichen Stellplätze widersprach einer Einhaltung der Baumschutzsatzung der Stadt Weimar.

Die Lösung dieser Aufgabenstellung wurde u. a. durch diese Maßnahmen erreicht:

- Abpflanzungen in Abstimmung mit den zuständigen Behörden

- Nach Diskussion mit den zuständigen Behörden über die Genehmigungsfähigkeit wurden Abweichungsanträge gestellt

- Einvernehmliche Regelungen mit der Bauaufsichtsbehörde zur Auslegung des konkret gegebenen Bestandsschutzes

- Erstellung eines gebäudeorientierten Brandschutzkonzeptes, z. T. Ertüchtigung der gefährdeten Bauteile (vor allem der gusseisernen Stützen), z. T. Durchsetzung von Abweichungen in Abstimmung mit der Unteren Brandschutzdienststelle

- Einholung der Nachbarzustimmungen in direkten Gesprächen mit den betroffenen Grundstücksnachbarn

- Erhalt von Bäumen auch unter Stellplatzverlust, im Gegenzug dazu wurde Zustimmung zu unbedingt notwendigen Genehmigungen von Baumfällungen erreicht

6.3.5 Die Umnutzung und Erweiterung

Die Anforderungen des Nutzers an die Flächen waren in Übereinstimmung mit dem planungsrechtlich Möglichen zu bringen. Eine wesentliche Voraussetzung für die Umnutzung war die notwendige Erweiterung des Gebäudekörpers. Die Regelungen der Baunutzungverordnung [110] setzen Handelsnutzungen außerhalb von bauleitplanerisch festgesetzten Bebauungsgebieten enge Grenzen, die durch die vorgesehene Nutzung überschritten wurden. Daher musste auch in dieser Hinsicht vor Abschluss der Mitvereinbarung und Einreichung eine Klarheit erzielt werden. In Gesprächen mit der Bauaufsichtsbehörde bereits während der Konzeptionsphase wurden die genauen funktionellen Definitionen der Gebäudebereiche und deren mögliche Größenordnung für die Genehmigungsfähigkeit abgestimmt.

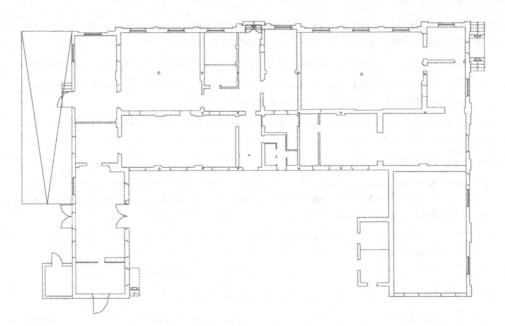

Bild 6-30 Der Grundriss vor dem Vorhabensbeginn

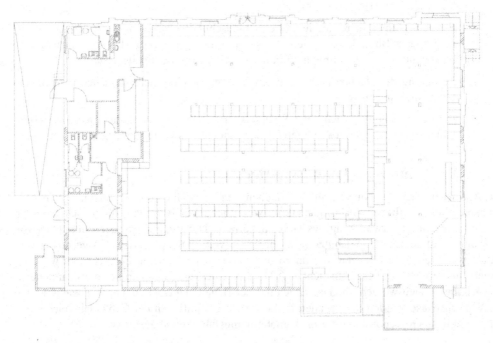

Bild 6-31 Der Grundriss nach der Sanierung und Erweiterung

6.3.6 Die heutige Nutzung

Die erfolgreiche Nutzungsphase des Gebäudes seit seiner Sanierung und Umnutzung gibt den beteiligten Partnern trotz der zunächst ungewöhnlichen Vorgehensweise insbesondere hinsichtlich der ansonsten genau vorgegebenen Nutzungsbedingungen Recht.

Die städtebauliche Einordnung des Gebäudes stellt sich nunmehr entgegen den konkreten Vorgaben „auf dem Papier" als wichtiger heraus und Stützen können auch an zunächst für unmöglich gehaltenen Orten stehen.

Bild 6-32 Heutiger Innenraum

Außerdem ist verständlich, dass bei nicht rechtzeitigem Handeln und frühzeitigem Abklären der o. g. unterschiedlichen Belange, ein Scheitern des Vorhabens in der Nutzungsphase und damit zum schwierigsten Zeitpunkt für alle Beteiligten möglich gewesen wäre.

Bild 6-33 Neue Parkplatzsituation

Bild 6-34 Neu geschaffene Zufahrt

Als besonders wesentlich hat sich dabei die verknüpfte Betrachtung der Interessen des Gebäudebetreibers, des Nutzers, der Planung und der beteiligten Behörden, Nachbarn usw. herausgestellt. Die integrativen und ineinander greifenden Planungsschritte waren die Voraussetzung für ein Gelingen der Sanierung.

Fazit: Vielfältige Klärungen im Vorfeld verhinderten Probleme nachher, die sonst erst bei der Übergabe oder sogar noch später und dabei zu einem sehr ungünstigen Zeitpunkt für beide Seiten zur Sprache kommen.

Vorher war man sich einig, dass man sich über Details zu den notwendigen Abweichungen auch von der vorgegebenen Baubeschreibung des Nutzers nach Abklärung der behördlichen Belange verständigt. Hinterher erfolgten durch einen Nachtrag ergänzende Regelungen zum Mietvertrag, die u. a. folgende Punkte betrafen:

- Die Planung musste unter Berücksichtigung des Bestandsgebäudes erfolgen
- Ein Fahrstuhleinbau wird nicht ausgeführt
- Die Dachform des Bestandsgebäudes bleibt erhalten
- Die Änderung der Anlieferungsrampe entfällt
- Abweichende Regelungen zu den Schaufenstern
- Sonderregelung zum LKW-Anlieferverkehr
- Die Verwendung von Ökopflaster anstatt vorgegebener, versiegelnder Pflasterarten
- Mögliche Änderungen von Trennwänden
- Bestandsputze können wiederverwendet werden
- Leitungsführungen können alternativ zu den Neuanforderungen vorgenommen werden

Abschließend kann bewertet werden, dass ein zunächst problematisches Bestandsobjekt eine städtebaulich wertvolle und zugleich bestandssichernde, verträgliche Nutzung erhielt. Aus einem „Problemkind" innerhalb des Gebäudebestandes des Eigentümers – einer gewerblichen Grundstücksgesellschaft – wurde somit ein für beide Seiten, Eigentümer (Gebäudebetreiber) und Mieter (Kunde) „lohnendes Geschäft".

6.4   Die Sanierung eines Hochhauses und Einführung eines modernen Raummanagementsystems

6.4.1 Das Spannungsfeld Hochhaussanierung

Der INTERSHOP-Tower, entsprechend der langjährigen Nutzung durch die Universität Jena, ehemals als Universitätshochhaus bezeichnet, wurde in den Jahren 1970-1972 als innerstädtisches Hochhaus aus monolithischem Stahlbeton in Gleitschallbauweise errichtet. Durch den Eigentümer- und Nutzerwechsel und den sich daraus ergebenden völlig neuen Anforderungen fand in den Jahren 1999 bis 2002 eine grundlegende Sanierung und Instandsetzung des INTERSHOP-Towers statt. Auf die bestehenden 28 oberirdischen Geschosse wurden zwei neue Geschosse errichtet, die neben großzügigen Konferenzmöglichkeiten, eine Restaurantnutzung und Aussichtsumgänge und Plattform beherbergen.

Im Rahmen der Vorbereitung der umfassenden Sanierung ergaben sich schwerpunktmäßig folgende Problemstellungen:

- Bauzeitliche Brandschutzkonstruktionen bestanden z. T. aus schwachgebundenen asbesthaltigen Konstruktionen

- Die Breite der Rettungswege in den Treppenräumen entspricht nicht der Hochhausbaurichtlinie

- Handläufe in den Treppenräumen bestehen aus brennbaren Materialien (Hartholzbohlen)

- Ungeschützte Stahlträger, die der Deckenauflagerung in den Etagen und der Aussteifung des Gebäudes zwischen innerem und äußerem Gleitkern dienen

- Fehlende Betonüberdeckung der Deckenplatten

- Ungeteilte Aufzugsschächte

- Ungeteilte Brandabschnitte in den Etagen (jeweils ca. 800 m²)

- Betonanalysen des äußeren Gleitkerns ergaben in Teilbereichen geringere Festigkeiten gegenüber den ursprünglich projektierten

- Fehlende Schachtausbildung für Medien in den erforderlichen Feuerwiderstandsklassifikationen

- Die Gebäudetechnik einschließlich Brandmeldeanlage war völlig verschlissen

- Die Fassadenkonstruktion war nicht maßhaltig und unbrauchbar geworden

- Zu großer Flächenverbrauch durch vorhandene gebäudetechnische Anlagen

Diese Konfliktpunkte (Auswahl) ergaben im Vorfeld eine vielfältige Diskussion, ob das monolithische Bestandsgebäude überhaupt weiter genutzt werden oder vor der Sanierung ca. 10 – 14 Geschosse abgetragen werden sollten. Diese statische Einschätzung ergab sich aufgrund von umfangreichen Materialanalysen der während der Errichtung der Gleitkerne verwendeten Betone, während die projektierte Betongüte in vielen Teilen erreicht bzw. überschritten, jedoch auch in Teilbereichen weit unterschritten wurde. Diese durch Materialprüfanstalten vorgenommenen Materialanalysen verursachten eine sehr kontroverse Diskussion über die Leistungsfähigkeit der bestehenden Tragkonstruktion der zwei Gleitkerne.

MFPA Weimar   Seite 9 zum Prüfbericht Nr. B 11/1430-99

Ergebnisse der Druckfestigkeitsprüfung / 13. OG

Pk - Nr.	Abmessungen		Rohdichte	Druckfestigkeit β_{W200}
	Durchmesser mm	Höhe mm	kg/dm³	$\beta_{C100} = \beta_{W200}$ N/mm²
13. OG				
13 / 2	100	98	2,07	43
13 / 3	100	98	2,29	44
13 / 4	100	93	2,27	35
kleinster Einzelwert min β_{W200}				35
Mittelwert $\bar{\beta}_{W200}$				41
Festigkeitsklasse nach DIN 1045				B 35[*]

[*] orientierende Bewertung, da PK-Anzahl nicht der Forderung der DIN 1045 entspricht

Ergebnisse der Druckfestigkeitsprüfung / 16. OG

Pk - Nr.	Abmessungen		Rohdichte	Druckfestigkeit β_{W200}
	Durchmesser mm	Höhe mm	kg/dm³	$\beta_{C100} = \beta_{W200}$ N/mm²
16. OG				
16 / 1	100	100	2,28	37
16 / 2	100	100	2,28	37
16 / 3	100	100	2,28	21
kleinster Einzelwert min β_{W200}				21
Mittelwert $\bar{\beta}_{W200}$				32
Festigkeitsklasse nach DIN 1045				B 15

Bild 6-35 Auszug aus dem Ergebnisprotokoll der Betondruckfestigkeitsüberprüfung [111]

In umfangreichen statischen Berechnungen auf Grundlage der Finite-Elemente-Methode konnte der Nachweis erbracht werden, dass das Bestandsgebäude sanierungsfähig ist. Trotz der z. T. kritischen Materialanalysen konnte sogar die Leistungsfähigkeit für die Aufnahme von weiteren zwei Geschossen sowie von Integration von zusätzlichen z. T. unbedingt notwendigen Öffnungen, z. B. für den Einbau der Sicherheits- und Überdrucklüftungsanlage für die Treppenhäuser und Aufzugsschächte, nachgewiesen werden.

Zur Diskussion der Sanierungsfähigkeit des ehemaligen Universitätshochhauses in Jena stellte sich auch der Fakt, dass zunächst eine ursprüngliche Ablehnung des Gebäudes vorherrschte. Vor der Errichtung des Gebäudes Anfang der 70er Jahre wurden intakte Stadtviertel abgerissen was in der Bevölkerung überwiegend als unwiederbringlicher Verlust aufgefasst wurde. Danach ca. Mitte der 90er Jahre, kippte dieser Trend um, was die Akzeptanz des Gebäudes durch 75 % der Jenaer Bürger widerspiegelte.

Von 1999 bis 2002 verwandelte sich das ehemalige Universitätshochhaus der Stadt Jena in ein hochmodernes Bürogebäude. Für die Planung der neuen Fassade gab die Stadtplanung einen Farbwechsel in lisenenförmiger Ausbildung vor. Als Konstruktionsprinzip für die neue Fassade wurde eine Kalt-Warm-Fassade eingeplant, bei der die Warmbereiche (Fenster) horizontal um das Gebäude verlaufen. Der Bereich zwischen den Fensterbändern wurde als hinterlüftete Kaltfassade ausgebildet.

Die vorhandene, bauzeitliche Schaumglasdämmung konnte nach eingehender Überprüfung durch Materialprüfanstalten am Gebäude belassen werden und war vor Montagebeginn nur punktuell auszubessern. Es konnte damit die Wiederverwendung ohne aufwendige Entsorgung und eine energetische Einsparung auch in dieser Hinsicht und hinsichtlich der Vermeidung von Bauschutt als Sondermüll in Größenordnungen erzielt werden. (siehe Kapitel 6.3.6)

Nach Montage der Fensterbänder war das Gebäude je Geschoss baudicht, so dass der Innenausbau fortgeführt werden konnte. Als letzte Montageschritte wurden jeweils die Unterkonstruktion im Kaltbereich montiert, die Glasplatten eingesetzt und mittels Deckleisten befestigt. Bei der Montage mussten Betonnester und eine durch entsprechende Begutachtungen im Durchschnitt weit unter den zur Bauzeit der Rohbaukonstruktion projektierten Werten attestierte Betongüte berücksichtigt werden. Das von außen sichtbare Sanierungs-Ergebnis: eine angemessene Aluminium-Glas-Fassade.

Von außen nicht sichtbar ist, dass im INTERSHOP-Tower auch ganz neue Maßstäbe in punkto BUS-Strukturen, Einzelraummanagement und flexible Parzellierung von Kombibüros gesetzt wurden. So sind die Aluminium-Fenster als e-Windows ausgeführt. Das heißt: Die Gebäudebe- und -entlüftung erfolgt über elektromotorisch betätigte Kippflügel, die ein manuelles Öffnen und Schließen überflüssig machen. Eine übergeordnete Steuerung durch Wind-, Regen- oder Lichtsensoren erfüllt die Sicherungsfunktion bei extremen Witterungseinflüssen, daher konnte auf zusätzliche Sicherungsmaßnahmen für geöffnete Fenster verzichtet werden. Wichtig für die Baupraxis: Die gesamte Verkabelung der elektromotorisch betriebenen Komponenten erfolgte werkseitig - bei der eigentlichen Montage wurden lediglich die Verbindungskabel zwischen den einzelnen Komponenten mittels Steckverbindungen montiert. Somit konnte ein hoher Vorfertigungsgrad erreicht werden, der die Voraussetzung des durch den Hauptmieter geforderten Einzugsrhythmus und die damit notwendigen Zwischentermine im Zuge der Gesamtsanierung bildete.

Bild 6-36 Der INTERSHOP-Tower vor ....

Bild 6-37 ... und nach der umfassenden Sanierung

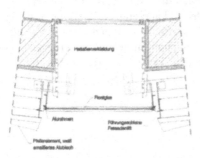

Horizontalschnitt (alt)

Horizontalschnitt (neu)

Bild 6-38 Fassadenschnitte alt und neu

6.4.2 Zeitgemäße Büroarbeitsplätze garantieren nachhaltige Vermietung

Vollklimatisierte, abgeschottete Räume haben in der Arbeitswelt zum Sick-Building-Syndrom mit Symptomen wie Kopfschmerzen, Ermüdung und Demotivation geführt. Der INTERSHOP-Tower hingegen ist auf Behaglichkeit und kreatives Ambiente „programmiert". Jeder Mitarbeiter kann per Web-Interface ein Paneel aufrufen, das ihm diverse Steuerungsmöglichkeiten bietet; damit kann er Lüftung, Fenster, Raumtemperatur und einzelne Beleuchtungselemente individuell regeln und steuern.

Neben großen Energieeinsparungen bietet die neue Technologie auch ein deutliches Mehr an Sicherheit. So ist die Steuerung auch an das Brandmeldesystem des gesamten Gebäudes gekoppelt. Bei Branddetektion erfolgt ein automatisches Öffnen der motorisch betriebenen Fenster in der Brandetage sowie den darunter und darüber liegenden Etagen und der inneren Verglasungswände. Damit setzt eine sofortige Entrauchung der gefährdeten Bereiche ein.

Auf vielfältige Weise tritt der INTERSHOP-Tower so den Beweis dafür an, dass hohe Energieeinsparungen, eine deutliche CO_2-Reduktion, mehr Sicherheit und mehr Komfort im Rahmen einer Sanierungsmaßnahme zu vereinbaren sind. Als Ergänzung des vorhandenen Turmgebäudes wurde ein neuer Turmaufsatz errichtet, der ein Restaurant, Aussichtsplattformen und eine Konferenzetage beherbergt. Mit diesem Aufsatz wuchs Jenas Wahrzeichen von ursprünglich 132 m auf nunmehr ca. 155 m.

Bild 6-39 Innenansichten der sanierten Büroräume

6.4.3 Web-basierende Technologie für das Gebäudemanagement

eCONTROL heißt die von der GFR - Gesellschaft für Regelungstechnik und Energieeinsparung m.b.H. entwickelte Raummanagementsoftware [73]. Auf Basis von eCONTROL haben Investor, Architekt und Mieter gemeinsam mit der GFR das Leistungsprofil für die Gebäudetechnik innerhalb der Planungsphase zur Sanierung des INTERSHOP-Tower erarbeitet. Dieser integrierte Planungsprozess war die Voraussetzung für das Erreichen des ehrgeizigen Ziels, die Basis für ein neuartiges Gebäudemanagement zu schaffen.

eCONTROL basiert auf aktuellsten Intra- und Internet-Technologien und bietet aufgrund seiner offenen Strukturen ein Höchstmaß an Flexibilität und Komfort bei gleichzeitiger Minimierung der Investitionskosten.

Voraussetzung dafür ist eine offene Busstruktur. Zur Vernetzung sämtlicher Gewerke wird auf proprietäre und damit letztlich aufwendig zu wartende Bussysteme verzichtet, man nutzt daher das ohnehin im Office-Bereich weit verbreitete Ethernet mit dem TCP/IP-Protokoll.

Die Bedienung erfolgt denkbar einfach: Im Bereich des Einzelraummanagements werden alle Sensoren und Aktoren für die Raumautomation über Standard-Webbrowser, wie beispielsweise MSInternet Explorer, angesteuert. Unterschiedliche Betriebs- und Computersysteme wie MS-Windows, Linux, Unix oder Apple Macintosh spielen also keine Rolle mehr.

Da die Daten von einem im Netzwerk integrierten Web-Server geladen werden, ist eine unbegrenzte Anzahl von Bedienplätzen möglich. Momentan sind bis zu 600 Bedienplätze gleichzeitig zur Steuerung und Regelung im Netzwerk aktiv. Zusätzliche kostenintensive Softwareapplikationen, Lizenzen, Inbetriebnahmen und Einweisungen sind nicht mehr erforderlich.

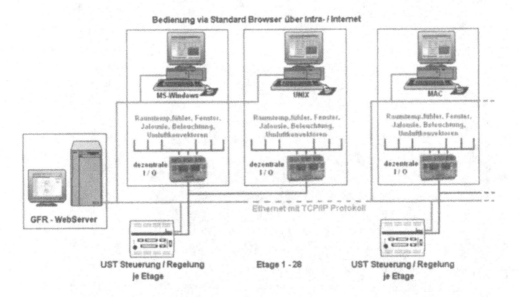

Bild 6-40 Gebäudemanagement, Bedienung via Standard Browser über Intra- / Internet

6.4.3.1 Per Mausklick: Licht, Luft, Wärme oder Kälte

Per Mausklick auf die Windows-Taskleiste kann sich jeder Mitarbeiter schnell und komfortabel von seinem PC am Arbeitsplatz aus die individuell gewünschten Umgebungsbedingungen einstellen: Angefangen beim Öffnen der Fenster, Heben, Senken und Kippen der Jalousien, Ein- oder Ausschalten der Beleuchtung bis hin zum Einstellen der persönlich angenehmsten Raumtemperatur. Sicherheitsmechanismen gewährleisten dabei, dass jeder Mitarbeiter nur innerhalb seiner Zugriffsrechte Einstellungen vornehmen kann. Lausbubenstreiche oder das irrtümliche Verstellen der Umgebungsbedingungen des Nachbarbüros sind daher ausgeschlossen. Anders dagegen verhält es sich bei Mitarbeitern mit Administratorrechten, wie beispielsweise dem Servicepersonal. Sie haben ganzheitlichen Zugriff auf alle Räume in allen Etagen. Über die Zentralsteuerung kann das gesamte Licht-, Heizungs- und Kühlsystem geregelt und angepasst werden. Der Administrator hat zusätzlich das Recht zur Konfiguration von Gebäudedaten. Er kann z. B. per Mausklick bewegliche Wände setzen oder entfernen, um völlig neue Raumkonfigurationen zu schaffen. Ein erhebliches Energieeinsparpotential ergibt sich ferner dadurch, dass beim Öffnen eines Fensters die darunter liegende Heizung oder Kühlung automatisch abgestellt wird.

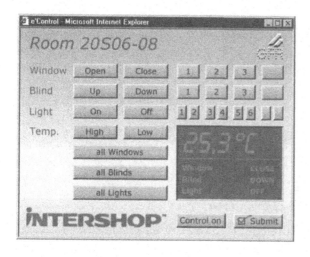

Bild 6-41 Bedienfeld der Software

6.4.3.2 Wände rücken wird per Mausklick zum Kinderspiel

Ein weiterer Vorteil von eCONTROL zeigt sich beim nächsten Büroumbau. Nicht wenige Unternehmen ändern ihre Büroarchitektur fast jährlich, verstellen Trennwände und verschieben Schreibtische. Zwar sind flexible Parzellierungen von Großraumbüros in vielen Firmen bereits seit langem Standard, die Neuzuordnung der zuständigen Aggregate und Gewerke musste allerdings immer noch per Hand umprogrammiert und neu verkabelt werden.

Neu war das Setzen oder Entfernen beweglicher Wände per Mausklick mittels DHTML-Seiten. Nach dem Verschieben der Wände, auf dem Grundriss der Software, ordnen sich automatisch alle Gewerke den neu entstandenen Räumen zu. eCONTROL weist im Hintergrund alle Sensoren (Raumtemperaturfühler, etc.) und Aktoren (Fensterheber, Jalousien, Beleuchtung, Lüftung, ...) den neu entstandenen Büroräumen zu und vollführt automatisch alle Anpassungs- und Parametrierungsvorgänge. Es passt sich also automatisch den neuen Räumen an, alle Gewerke werden entsprechend den neuen Anforderungen ein- bzw. ausgeplant. Eingreifen per Hand, Umprogrammieren von Reglern oder der Bediensoftware sowie die Neuanpassung der Verkabelung der Sensoren und Aktoren ist in keinem Fall mehr notwendig.

Um eine flexible Gebäudenutzung durch die geschaffene Raummanagementlösung während des Gebäudebetriebes auch wirklich umsetzen zu können, wurden bereits während der Konzeptionsphase integrativ unter Einbeziehung von Investor und Mieter sowie den beteiligten Planern und Ausführenden für die Raummanagementsoftware denkbare Szenarien für die spätere Nutzungswahrscheinlichkeiten entworfen, um den notwendigen Anteil an einzusetzenden flexiblen und damit teureren Raumtrennwänden und den „starren", sonst üblichen, zumeist Trockenbau-Wänden, ermitteln zu können. Die brandschutztechnischen Erfordernisse würdigend - eine Schottung je Etage war notwendig - wurde danach eine grundlegende Konfiguration für die jeweilige Etage in Abstimmung mit dem Mieter festgelegt.

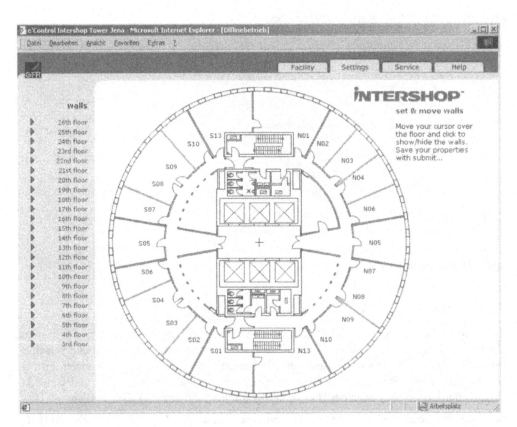

Bild 6-42 Systemgrundriss mit „flexiblen" und „starren" Wänden

6.4.4 Richtungsweisendes Gebäudemanagement

Die Raummanagementsoftware, die ein Bestandteil der webbasierenden Gebäudemanagementsoftware WEB`Vision von GFR ist, bringt den Anwendern nicht nur in puncto Komfort erhebliche Vorteile: Flexibilität bei der Büroraumeinteilung und deutliche Investitionseinsparungen bei gleichzeitiger Minimierung der laufenden Betriebskosten sind weitere bedeutende Pluspunkte gegenüber herkömmlichen Gebäudemanagementsystemen und für ein nachhaltiges Facility Management. Diese technische und kaufmännische Überlegenheit derartiger Systeme ist für ein zeitgemäßes Gebäudemanagement richtungweisend und maßstabgebend.

Zugleich setzte die Sanierung des Hochhauses in Jena weiterführende Innovationen verschiedener an der Sanierung beteiligter Firmen, u. a. im Fassadenbereich in Gang, da Probleme insbesondere beim Zusammenspiel der Fassadenelemente mit dem neuartigen Raummanagementsystem auftraten, die zukünftig noch besser gelöst werden sollten. Bei dieser Problemanalyse sind u. a. zu nennen: Montageprobleme, die Motorengröße für die Fassadenöffnung und –schließung, Schalt- und Steuerungsabläufe und der zu geringe Vorfertigungsgrad hinsichtlich der Fassadensteuerung.

Während der Fachmesse Light + building 2002 in Frankfurt/Main erhielt das an der Entwicklung der Raummanagementlösung beteiligte Planungsteam eine Annerkennung im Rahmen des Innovationspreises Architektur und Technik in der Kategorie Gebäudetechnik.

6.5 Bauhaus - Universität und Hochschule für Musik „Franz Liszt" managen in Weimar Flächen im Verbund

6.5.1 Der Gebäudebestand

Die Hochschule für Musik (HfM) nutzt derzeit 11 Gebäude mit einer Nettogeschossfläche von 16.705 m² und einer Hauptnutzfläche von 9.332 m², von denen sich 10 Gebäude im Eigentum des Landes Thüringen befinden und eines angemietet ist. Die Gebäude sind über mehrere Standorte in der Stadt Weimar verteilt (s. Bild 6-45).

Die Gebäudesubstanz ist überwiegend historisch; die meisten Gebäude wurden im 18. Jh. und 19. Jh. erbaut. Als ältestes Gebäude ist das Klostergebäude am Palais (1548), das auch der erste Sitz der Hochschule war, die im Jahr 1872 nach einer Idee von Franz Liszt als erste Orchesterschule Deutschlands gegründet wurde, hervorzuheben.

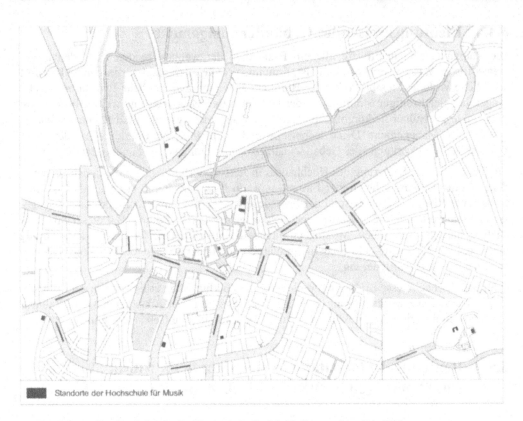

Standorte der Hochschule für Musik

Bild 6-43 Lageplan der Gebäude der Hochschule für Musik FRANZ LISZT in Weimar

Der Gebäudebestand der Bauhaus - Universität Weimar (BUW) die seit 1860 auf eine wech-
selvolle Geschichte zurückblicken kann, verfügt mittlerweile über 68 Gebäude, von denen 29
unter Denkmalschutz stehen, die insgesamt eine Nettogeschossfläche (NGF) von 81.535 m²
mit einer Hauptnutzfläche (HNF) von 55.114 m² besitzen. Für einen ungefähren Gebäudean-
teil von 40 % steht dabei die Sanierung entweder in Teilbereichen oder vollständig noch aus
und stellt eine Aufgabe der Zukunft dar. Momentan sind 16 Gebäude angemietet, die anderen
befinden sich im Landeseigentum. Wie beim Gebäudebestand der HfM können diese Zahlen
nur Momentaufnahmen sein. Nach Abschluss aller Rahmenplanmaßnahmen wird die Anzahl
der Gebäude nahezu konstant sein, die Änderungen durch Sanierungen, Teilabrisse und Umbauten sollen nach Abschluss der Maßnahmen auf einen Bestand von ca. 81.000 m² NGF und
ca. 55.000 m² HNF Einpendeln.

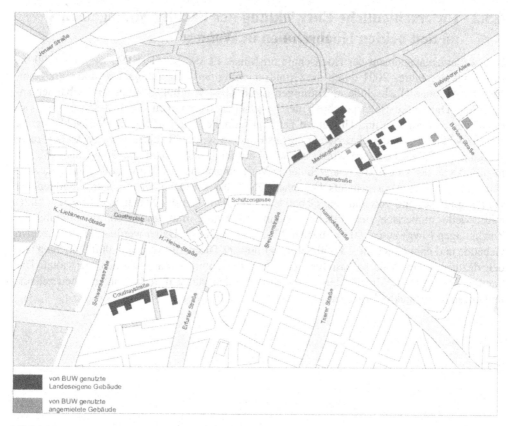

Bild 6-44 Lageplan der Gebäude der BUW in Weimar

Der Großteil der Gebäude befindet sich an sechs Standorten, von denen vier einander benachbart sind. Ein weiterer befindet sich in der Nähe, der sechste ist etwa 1,5 km von den anderen entfernt. Von darüber hinaus vorhandenen Streuanlagen soll mit Inbetriebnahme von Um- und Neubauten ein Teil aufgegeben werden, so dass eine weitere räumliche Konzentration erfolgen wird. Eine außerhalb Weimars befindliche Liegenschaft hat einen vergleichsweise geringen Umfang. Der Gebäudebestand weist einen sehr unterschiedlichen Sanierungsgrad auf. Einige Gebäude können aufgrund ihres Zustandes nicht oder nur teilweise genutzt werden. Die finanziellen Rahmenbedingungen haben dazu geführt, dass Prioritäten für die zunächst betriebenen Neubau- und Sanierungsmaßnahmen gesetzt werden mussten. Die Hochschule hat sich zunächst dafür entschieden, Neubauten für die Fakultät Architektur sowie einer Grundsanierung (ZUSE-Medienzentrum) und einem Neubau (Bibliotheks- und Hörsaalgebäude) den Vorzug zu geben und einen Teil der im Rahmenplan vorgesehenen Grundsanierungen zunächst zurückzustellen. Damit verbleiben für das Facility Management erhebliche Aufgaben im Bereich der Sanierung.

6.5.2 Unterschiedliche Entwicklung des Facility Managements an den beiden Hochschulen in Weimar

Das Gebäudemanagement der Hochschule für Musik FRANZ LISZT (HfM) war von 1990 bis zum Ende des Jahres 2001 durch die Grundsanierung der Gebäude geprägt und stark beansprucht. Als erste Hochschule in Thüringen ist die HfM in komplett sanierten Gebäuden angesiedelt. Die starke Beanspruchung der personellen Ressourcen durch das operative Geschäft der Sanierungen und Umbauten hat aber beinahe zwangsläufig die Vernachlässigung der Entwicklung strategischer Steuerungsinstrumente wie z. B. eines Facility Management Systems zur Folge. Dagegen wurde seit 1997 an der Bauhaus-Universität Weimar (BUW), inspiriert von der an der BUW angebotenen Vorlesungsreihe „Bauinformatik", mit dem Aufbau eines Facility Managements begonnen. Zunächst startete man mit dem Abbilden der vielfältig im Bestand vorhandenen Gebäudeanlagen. Das Facility Management System bildet mittlerweile numerisch den Flächenbestand vollständig und graphisch als digitalisierte Zeichnungen (dwg) zu ca. 80 % ab (Stand IV. Quartal 2004). Dabei werden die 79 einzelnen Gebäude und damit auch ca. 13.000 Schlüssel für 800 Türen, die von ca. 5.000 Studenten und den dazugehörigen Mitarbeitern für Lehre und Forschung genutzt werden, verwaltet. Das Facility Management wird für den gesamten Gebäudebestand, d. h. für sanierte, neu gebaute und unsanierte Objekte, betrieben.

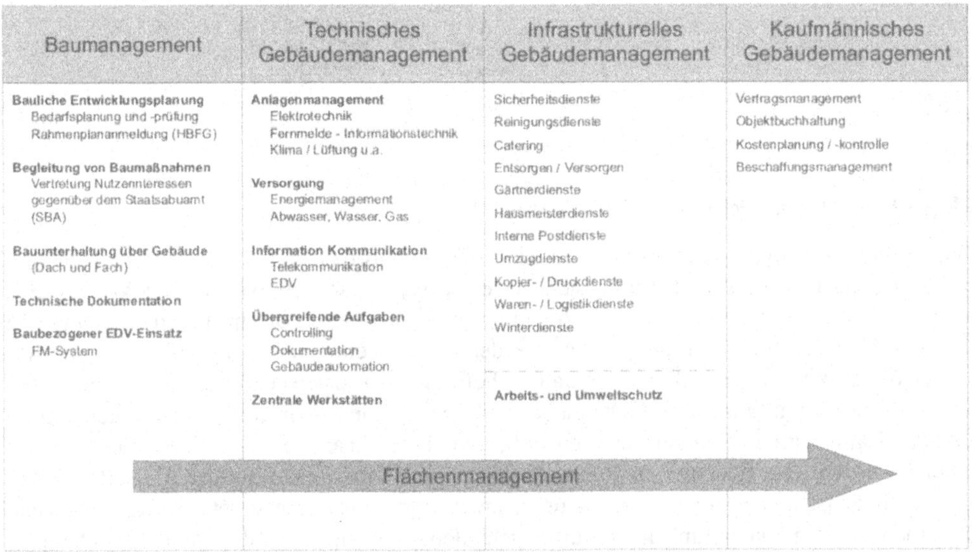

Baumanagement	Technisches Gebäudemanagement	Infrastrukturelles Gebäudemanagement	Kaufmännisches Gebäudemanagement
Bauliche Entwicklungsplanung Bedarfsplanung und -prüfung Rahmenplananmeldung (HBFG)	Anlagenmanagement Elektrotechnik Fernmelde - Informationstechnik Klima / Lüftung u.a.	Sicherheitsdienste Reinigungsdienste Catering	Vertragsmanagement Objektbuchhaltung Kostenplanung / -kontrolle
Begleitung von Baumaßnahmen Vertretung Nutzerinteressen gegenüber dem Staatsabuamt (SBA)	Versorgung Energiemanagement Abwasser, Wasser, Gas	Entsorgen / Versorgen Gärtnerdienste Hausmeisterdienste	Beschaffungsmanagement
Bauunterhaltung über Gebäude (Dach und Fach)	Information Kommunikation Telekommunikation EDV	Interne Postdienste Umzugdienste	
Technische Dokumentation	Übergreifende Aufgaben Controlling Dokumentation Gebäudeautomation	Kopier- / Druckdienste Waren- / Logistikdienste Winterdienste	
Baubezogener EDV-Einsatz FM-System	Zentrale Werkstätten	Arbeits- und Umweltschutz	
Flächenmanagement			

Bild 6-45 Gebäudemanagement an Hochschulen [112]

Das Gebäudemanagement an der Bauhaus-Universität Weimar wurde bis zur Zusammenarbeit mit der Hochschule für Musik zum einen vom Dezernat Technik und zum anderen vom Dezernat Planung und Bau wahrgenommen. Ergänzende Leistungen steuerten die Dezernate Forschungstransfer und Haushalt und Personalwesen sowie das Servicezentrum für Computersysteme und -kommunikation bei. Im Hochschulsportzentrum werden jene Aufgaben des Gebäudemanagements wahrgenommen, die durch die vor Ort befindlichen Mitarbeiter erledigt werden können (Hausmeister und Reinigungskräfte). Im Rahmen des Hochschulsports und im Arbeits- und Umweltschutz wurden bereits seit längerem Leistungen für die Hochschule für Musik erbracht.

Bild 6-46 Struktur des Facility Managements (Dezernat Technik) an der BUW bis zur Zusammenlegung mit der HfM

6.5.3   Der Beginn der Zusammenarbeit

Aufgrund von Untersuchungen des Gebäudemanagements an Hochschulen in Weimar, auch Kostenanalysen [113] wurde die Entscheidung gefällt, die Flächen der HfM und der BUW gemeinsam betreuen zu lassen. Die Verzahnung des Liegenschaftsmanagements der Hochschulen ermöglicht in Zukunft zunehmende Kosteneinsparungen, u. a. dadurch, dass durch Nutzung der Synergieeffekte auslaufende Stellen nicht mehr neu besetzt werden.

Durch den Abschluss einer Verwaltungsvereinbarung im Jahr 2002 zwischen den Hochschulen zur Schaffung eines gemeinsamen Liegenschaftsmanagements wurde das Hochschulzentrum Liegenschaftsmanagement gegründet. In diesem gemeinsamen Hochschulzentrum für Liegenschaftsmanagement (HZL) sind beide Hochschulen gleichberechtigt vertreten. Die beiden Rektorate arbeiten eng zusammen. Zur Schlichtung bei evtl. Streitfällen treten die Rektoren bzw. das zuständige Ministerium auf; diese wurden bisher nicht benötigt.

Zunächst vereinbarte man eine Zusammenarbeit über den Zeitraum von zwei Jahren. Für den Fall einer positiven Evaluierung wurde die Fortsetzung der Zusammenarbeit bereits angekündigt. Unter Beibehaltung der jeweiligen institutionellen und inhaltlichen Eigenständigkeit der beiden Hochschulen besteht die wesentliche Zielstellung der Verwaltungsvereinbarung darin, die bestehenden Ressourcen zusammenzuschließen und die zu leistenden Aufgaben in einer neuen gemeinsamen Organisationsform zu bewältigen. Die steigende Sicherung und die Steigerung der Qualität der Aufgabenerledigung stehen dabei im Vordergrund. Weiterhin ist die Erfüllung bisher noch nicht oder noch nicht in ausreichendem Maße erledigt. Der Bereich Sicherheitsmanagement und das Dezernat Planung und Bau der Bauhaus-Universität wurden bewusst nicht in das Hochschulzentrum Liegenschaftsmanagement (HZL) eingegliedert, da u. a. die Sanierungstätigkeit für die Flächen der Bauhaus-Universität bei weitem noch nicht abgeschlossen war. Außerdem wurde vorerst vereinbart, dass die Haushaltsführung für die Laufzeit der Verwaltungsvereinbarung weiterhin getrennt erfolgt, d. h. die Verantwortung für die Mittelbewirtschaftung der betroffenen Titel verblieb zunächst in der jeweiligen Einrichtung.

Zunächst ergab sich für das HZL folgendes Strukturmodell:

Bild 6-47 Strukturmodell Hochschulzentrum Liegenschaftsmanagement zum Zeitpunkt des Abschlusses der Verwaltungsvereinbarung

Nach dieser anfänglichen Struktur kam man bald zu der Erkenntnis, dass es für bestimmte Aufgabenbereiche jeweils Verantwortliche für beide Hochschulen geben sollte und nicht getrennt Verantwortliche für die jeweilige Hochschule. Das betrifft alle Ebenen des HZL. Dementsprechend nimmt auch der Leiter an den Dienstberatungen der beiden Hochschulen teil.

Bild 6-48 Historisches Hauptgebäude der Bauhaus - Universität ...

Bild 6-49 ...und der Musikhochschule in Weimar

6.5.4   Das gemeinsame Liegenschaftsmanagement

Die bei Abschluss der Verwaltungsvereinbarung festgelegte Struktur, die beinhaltete, dass die jeweils aus der einzelnen Hochschule entstammenden Mitarbeiter, die in dem Hochschulzentrum für Liegenschaftsmanagement zusammengeführt wurden, ihre Aufgaben an der jeweiligen Hochschule verrichten, erwies sich als wenig praktikabel und effizient. Daher wurde in einer Zusatzvereinbarung zur Verwaltungsvereinbarung über die Schaffung eines gemeinsamen Liegenschaftsmanagements die Übereinkunft getroffen, dass sowohl den aus der Hochschule für Musik stammenden Beschäftigten des HZL gestattet wurde, die erforderlichen Mittel aus dem Haushalt der Bauhaus-Universität Weimar im dienstlich erforderlichen Umfang als auch der Bauhaus-Universität Weimar stammenden Beschäftigten der HZL gestattet wurde, die erforderlichen Mittel aus dem Haushalt der Hochschule für Musik im dienstlich erforderlichen Umfang in Anspruch zu nehmen. Weiterhin wurden dem HZL die den Hochschulen obliegenden Unternehmerpflichten hinsichtlich des vorbeugenden und aufklärenden Brandschutzes sowie der wiederkehrenden Prüfungen überwachungsbedürftiger Anlagen übertragen, und zwar unabhängig davon, ob diese Beschäftigten der Bauhaus-Universität oder der Hochschule für Musik sind. Das HZL verfügt nunmehr über den Gesamthaushalt beider Universitäten im Umfang von ca. 3,5 Mio. €. So können auch bei Bedarf Budget- und Mittelverschiebungen vorgenommen werden, die eine erfreuliche Flexibilitätserhöhung mit sich bringt; das betrifft insbesondere Havariefälle bzw. unvorhergesehene Ereignisse, die im Bereich von Lehre und Forschung durchaus an der Tagesordnung sein können – eine Flexibilität, wie sie die Kunden, besonders motivierte Professoren, fordern. Man ist damit außerdem in der Lage, eigenständig in gewissen Größenordnungen zu reagieren.

Das Dezernat Planung und Bau der BUW übernimmt weiterhin seine Aufgaben gesondert. Das kaufmännische Management wird durch Mitarbeiter der BUW im Rahmen der gemeinsamen Haushaltsverwaltung für beide Hochschulen mit erledigt.

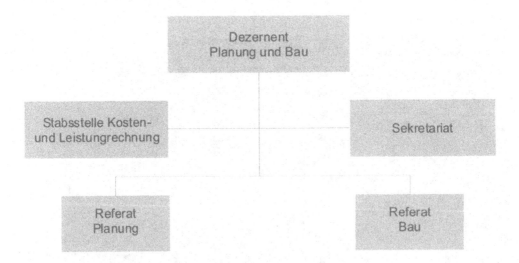

Bild 6-50 Struktur des Dezernates Planung und Bau der BUW

6.5.5 Struktur des Gebäudemanagements

Die Erfahrungen der ersten gemeinsamen Monate bei der Bewältigung des Facility Managements an den beiden Hochschulen und die kurzfristige Auswertung dieser bewirkten in kurzer
Zeit – knapp einem halbes Jahr - eine Evaluation der vorläufig vereinbarten Organisationsstruktur innerhalb des HZL.

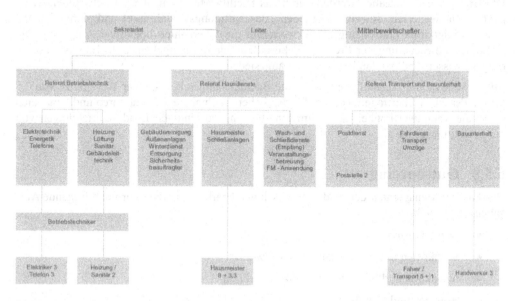

Bild 6-51 Aktuelles Organigramm des Hochschulzentrum Liegenschaftsmanagements

Hausmeister mit qualifizierter Berufsausbildung sind als Kontaktpersonen für das objektbe-
zogene Facility Management im Konzept vorgesehen. Dazu wurde eine „Clusterbildung" mit
den Standorten Coudraystraße, Steubenstraße, Marienstraße, Neubau Architektur, Musikhochschule und Splitterflächen gebildet, die von den Kontaktpersonen betreut werden.

6.5.6 Software

Für die Anwendung bei der Erledigung der Aufgaben des Facility Managements der BUW
Weimar wurde die Basissoftware zwischen der FaMe® (Facilities Management Software
GmbH) und der Universität weiterentwickelt und angepasst. Probleme gab es bei der Einführung der Intranet-Version der Software. Weiterhin wird der Service durch die FaMe GmbH
seitens der Nutzer kritisiert. Ein Mitarbeiter ist für die Datenpflege und -Veränderung im
Bereich Planung und Bau zuständig. Die Gebäudeautomation läuft beim Liegenschaftsmanagement auf. Raumbücher lohnen sich, sind aber nicht sehr differenziert vorhanden, da der
Pflegeaufwand zumeist den Nutzen für den Gebäudebetrieb übersteigt. Die konkreten Flächendaten sind, zusammengeführt mit wesentlichen Raumdiskreptoren, besonders wichtig.
Weitere Daten werden bei Bedarf und Sinnhaftigkeit für die entsprechende Nutzung erfasst;
das Facility Management System wird nicht in jeder Einzelheit „herunter gebrochen", d. h. es

wird nicht jede Steckdose o. ä. im System widergespiegelt. Es erfolgt eine Eingliederung in die vorhandene Bausubstanz. Mit Hilfe der an der bisher an der BUW verwendeten Software erfolgt derzeit die Bestandserfassung der Gebäude der HfM.

6.5.7 Aufgabenbereiche

Die strategischen Aufgaben werden durch das Facility Management der Hochschulen wahrgenommen, weiterhin, soweit vorgegeben (Beschäftigungsverhältnisse) und sinnvoll (Effizienz) erfolgt trotz Outsoucings auch weiterhin die Übernahme operativer Aufgaben. Die Lenkung und Steuerung der Prozesse gehören zu den Kernaufgaben, d. h. Impulse, Forderungen, Wissen sind bei den Hochschulen angesiedelt.

Mittlerweile ist die Zuständigkeit für kleine Baumaßnahmen bis zu einer Wertgrenze von 0,5 Mio. € der BUW übertragen worden. Bei baulichen Maßnahmen, Reparaturen und Umbauten hängt die Verantwortlichkeit in Zusammenarbeit mit zuständigen Landeseinrichtungen von der Investitionsgröße ab.

6.5.8 Outsourcing

Das Facility Management der beiden Hochschulen bearbeitet derzeit nur noch folgende Aufgabengebiete selbst:

- Kapitalkosten

- Sachkosten und Eigenleistungen (teilweise)

- Inspektion und Wartung der Baukonstruktion

- Abgaben und Beiträge

Ansonsten ist ein verstärktes Outsourcing operativer Aufgaben vorgesehen. Da aber mit diesem ein verstärkter Personalaufwand bei den strategischen Aufgaben einhergeht, realisieren sich die Einsparpotentiale nicht in jedem Fall, so dass es nicht sinnvoll ist, alle operativen Aufgaben fremd zu vergeben. Wenn über Stellen von Mitarbeitern verfügt werden kann, die trotz entfallender Aufgaben nicht abgebaut werden können, übernehmen diese Mitarbeiter Aufgaben innerhalb des technischen oder infrastrukturellen Gebäudemanagements anstatt eines Outsourcings. Grenzen sind einem vollständigen Outsourcing der operativen Aufgaben des technischen und infrastrukturellen Managements durch die Beschäftigungsverhältnisse im öffentlichen Dienst, aber auch die überproportionale Anhäufung des operativen Geschäftes, die sich durch notwendige spontane Entwicklungen in Lehre und Forschung ergibt, gesetzt. Eine vollständige Vergabe dieser Leistungen an Dritte würde einen Qualitätsverlust gegenüber den Kunden und damit innerhalb des Kerngeschäftes der Hochschulen nach sich ziehen.

Das Flächenmanagement wird projekt- bzw. forschungsbezogen gemeinsam mit dem Facility Management Betreiber bewerkstelligt. Das erfolgte Outsourcing der Teilbereiche des technischen und infrastrukturellen Facility Managements wurde mittels einer öffentlichen Ausschreibung für die externe Bewirtschaftung vorbereitet. In insgesamt drei Schritten wurden die Aufgaben an einen Partner übergeben. Das Ziel des Outsourcing ist es, Planung, Bau und Bewirtschaftung in einer Hand zusammenzuführen.

Eine Controllingabteilung führte die Prüfung, Auswertung und Umsetzung der Ergebnisse durch; es liegt jedoch noch keine abschließende Analyse darüber vor, ob das Facility Management Outsourcing in allen betriebenen Fällen preiswerter ist. Betriebswirtschaftler aus den Reihen der Bauhaus-Universität analysieren daher in Zusammenarbeit mit dem Hochschulzentrum mittels Wirtschaftlichkeitsbetrachtungen u. a. die Effektivität einer Eigen- gegenüber einer Fremdbewirtschaftung (siehe Kapitel 4.7.8).

Alle drei Jahre kann im Regelfall neu über Nutzungsverträge usw. nachgedacht werden. Im Facility Management wird ein zentraler Partner als besonders wichtig angesehen, damit man eine kontinuierliche Vertragsbeziehung aufbauen kann. Öffentliche Vergabeprozesse stehen in dieser Hinsicht teilweise einem auch von Wirtschaftsunternehmen als wichtig angesehenen Sachverhalt entgegen.

Die Absicherung gegen „böse Überraschungen" erfolgt durch intensives Verhandeln und das vorhandene Wissen über das, was man will. Weiterhin werden Sonderleistungen oder Sonderwünsche vereinbart. Die eingegangenen Verträge sind jährlich kündbar, so dass hier ausreichende Flexibilität gegeben ist. Außerdem belebt Konkurrenz das Geschäft: z. B. arbeitet das HZL mit drei Reinigungsfirmen zusammen, um im Bedarfsfall wechseln zu können und keine zu große Abhängigkeit entstehen zu lassen.

6.5.9   Evaluation und Qualitätssicherung

In der erwähnten Verwaltungsvereinbarung wurde festgelegt, nach einem Zeitraum von zwei Jahren eine erste Evaluation der gemeinsamen Zusammenarbeit vorzunehmen.

Bereits nach einem halben Jahr wurden folgende klare und effizienzhemmende Problemstellungen offensichtlich:

- Räumliche Trennung der Mitarbeiter des Kernbereiches
- Unkenntnis über die Situation und die Gegebenheiten des jeweils anderen Partners
- Festlegung der Aufgaben und somit Abgrenzung zu anderen Bereichen
- Getrennte Haushaltsführung

Die räumliche Trennung konnte durch den Umzug der Mitarbeiter des Kernbereiches der HfM schnell überwunden werden. Die Unkenntnis über die Situation des jeweils anderen Partners verschwand ebenfalls relativ schnell, ist aber in Detailbereichen nicht sofort lösbar. Die Definition der Inhalte des HZL und die damit untrennbar verbundene Abgrenzung nach außen, stellten sich hingegen schwieriger dar. Dabei galt es, eine Reihe von Prozessen, Arbeitsabläufen und Verflechtungen zu analysieren, um auf dieser Grundlage eine Neugestaltung vornehmen zu können. Schwerpunkte waren dabei die Bereiche Planung und Bau, Sicherheitsmanagement sowie der Betrieb eines Studiotheaters der HfM. Durch die zunächst getrennte Haushaltsführung, die ebenfalls ein großes Problem darstellte, da sie einer effektiven Bewirtschaftung und zügigen Bearbeitung entgegenstand, musste mit Mehraufwendungen bezahlt werden.

Nach dem anfänglichen Nebeneinander der Bereiche beider Einrichtungen wurde daraufhin eine neue Struktur des HZL vorgestellt und durch den Nachtrag zur Verwaltungsvereinbarung bestätigt. Diese Struktur orientierte sich nunmehr an den Aufgaben und stellte sicher, dass die Mitarbeiter im Kernbereich aufgabenbezogen über alle Liegenschaften beider Hochschulen hinweg arbeiten. Dabei wurde dem qualifikationsgerechten Einsatz der Mitarbeiter besondere Bedeutung beigemessen. Die strukturelle Unterscheidung in HfM und BUW wird danach nur noch in haushaltsrelevanten Dingen vorgenommen. Folgend wurde die gemeinsame Haushaltsführung durchgesetzt. Dazu waren Absprachen mit dem zuständigen Ministerium zu treffen und eine Zusatzvereinbarung zur ursprünglichen Verwaltungsvereinbarung abzuschließen.

Das Problem der getrennten Nachweisführung der Mittelverwendung aufgrund der vorgegebenen Struktur durch das zuständige Ministerium blieb jedoch vorerst erhalten.

Durch die weitere Analyse der gemeinsamen Zusammenarbeit sollen gleitend Problemstellungen beseitigt werden und die Qualität wie die Effizienz des gemeinsamen Liegenschaftsmanagements gesteigert werden. Dabei ist vorgesehen, freiwerdende Stellen – zumeist aus Altersgründen – soweit möglich nicht weiter zu besetzen, um auch in dieser Hinsicht Einsparpotentiale umfassend zu nutzen.

6.5.10 Facility Management und Bestandsnutzung

Kennwerte zu Bestandsgebäuden und Neubauten sind in einer HIS-Studie (Hochschul-Information-System GmbH, Hannover) dokumentiert. Im Moment wird kaum noch Geld für Neubauten ausgegeben, mit Ausnahme von Lückenbebauungen. Die Revitalisierung von Bestandsgebäuden wird zunehmend wichtiger. Die Nutzung des vorhandenen Bestandes gestaltet sich derzeit oftmals besser als bei vergleichbarem Neubau. Eine Ursache dafür liegt in der z. T. fehlenden frühzeitigen Einbeziehung der zukünftigen Nutzer in die von übergeordneten Landesinstitutionen gesteuerte Immobilienentwicklung bzw. -ausstattung von Universitäten und Fachhochschulen. Insgesamt wird eine Mixtur von Neu- zu Bestandsbauten für die Gesamtbewirtschaftung als wichtig und sinnvoll empfunden.

Welche Vorteile können für eine Bestandsnutzung benannt werden?

FM im Bestand bringt folgende Vorteile:

- Das Stadtgefüge bleibt erhalten sowie weiter belebt und dient der Erhaltung des Makrostandortes Universitätsstadt.
- Die Heimat bzw. das Arbeitsumfeld wird nicht verändert, d. h. der Mikrostandort erhalten.
- Es ist eine größere Identifikation und damit auch Motivation der Mitarbeiter und Studenten möglich.
- Die Nutzung der vorhandenen, z. T. historischen Substanz dient einem wirtschaftlichen Betrieb. So sind viele Bestandsobjekte in massiver Bauart mit geringerem Fensterflächenanteil und damit einhergehendem geringerem Reinigungs- oder Klimatisierungsbedarf auch leichter Instand zu halten oder zu setzen.

- U. U. besserer Schallschutz als bei vergleichbaren Neubauten,

- Machbarer, vor allem sommerlicher Wärmeschutz,

- Das FM des HZL ist schnell, flexibel, marktorientiert und mit Lösungen für Bestandsobjekte vertraut.

Welche Nachteile werden bei der Nutzung von Bestandsobjekten gesehen?

- Vorhandene Raumstrukturen müssen übernommen werden (Beurteilung der Vor- und Nachteile jedoch sehr subjektiv).

- Man muss auf bestehende Verhältnisse Rücksicht nehmen.

- Hohe Erwartungshaltung der Kunden an die Perfektion des Systems (Beispiel: Intelligentes Gebäudesystem – bedeutet, dass man es auch beherrschen kann.)

6.5.11 Beispiel einer möglichen Public-Private-Partnership (PPP)

Ein unter Denkmalschutz stehendes Gebäude, über das die Bauhaus-Universität verfügt und das seit mehreren Jahren leer steht, könnte durch eine Partnerschaft zwischen der Hochschule und einem privaten Investor revitalisiert werden. Dazu ist nach Klärung der Sanierungsfähigkeit die Durchführung einer Ausschreibung mit für alle Investoren gleichen Bedingungen vorgesehen; u. a. soll die Vorgabe einer maximalen möglichen monatlichen Belastung erfolgen. Es wird damit ein Partner gesucht, der zur Aufgabenstellung bereit ist, das Gebäude für einen Zeitraum von ca. 20 bis 25 Jahren zu betreiben. Das Land Thüringen bleibt dabei weiterhin der Eigentümer; dem zukünftigen Betreiber wird die entsprechende Belastbarkeit für die Finanzierung gewährt. Das Erwirtschaften von Gewinnen wird dem Investor durch den Gebäudebetrieb eingeräumt. Daraus ergibt sich, dass sich Architektur- und Ingenieurbüros zukünftig mit dem Kapitaldienst für derartige Immobilienbetriebsweisen auskennen müssen.

Vorteile

- Lange Planungsvorläufe, wie im öffentlichen Dient sonst erforderlich, sind bei einer Bestandsnutzung wie oben benannt, nicht zu erwarten,

- Geld und Personal stehen dann zur Verfügung, wenn sie benötigt werden, d. h. zum richtigen Zeitpunkt, es muss nicht eine Mittelvergabe abgewartet werden

- Mehr Flexibilität für veränderliche Rand- und Marktbedingungen,

- Die wettbewerbsfähige Hochschule der immer komplexer werdenden Hochschullandschaft kann weiter profiliert werden,

- Nach Ablauf der üblichen Laufzeit von 12 Jahren kann eine neue Nutzung bzw. Ableistung des Kapitaldienstes durch einen neuen Vertrag vereinbart werden.

Nachteile

- Derzeit keine absehbar

Rolle des FM bei PPP-Lösungen

Die Bewältigung des Facility Managements spielt bei einer derartigen Partnerschaft für den Nutzer eine untergeordnete Rolle. Die Verantwortlichkeit dafür wird auf den privaten Partner, der dann auch für das Gebäudemanagement verantwortlich ist, übertragen. Der Vorteil für überwiegend wissenschaftliche Einrichtungen wie die Bauhaus-Universität Weimar oder die Hochschule für Musik FRANZ LISZT Weimar liegt darin, dass man sich, wenn ein geeigneter Partner gefunden wurde, auf das Kerngeschäft – Lehre, Forschung und künstlerische Entwicklung – konzentrieren kann

7   Integrative Planung

7.1   FM-gerechte Sanierungsplanung

7.1.1 Ausgangspunkt

Die zunehmende Komplexität von Planung, Sanierung, Nutzung und dem Betrieb von baulichen Anlagen führt gleichzeitig zu einer Erhöhung der Verantwortung für die vorbereitenden Planungen einer anstehenden Gebäudesanierung. Im Beziehungsgefüge zwischen Architekt, einer steigenden Zahl von Fachplanern, beteiligten Sachverständigen, Bauherren, Investoren und Nutzern entstehen vielschichtige Abläufe, die letztendlich zu einem kompatiblen Entwicklungsprozess zusammengefasst werden müssen. Die intensive interdisziplinäre Konzeptionsphase, noch im Vorfeld der eigentlichen Planung, führt zu einem erfolgreichen Ergebnis oder kann bereits dann zum Scheitern beitragen, wenn wesentliche Faktoren außer Acht gelassen werden. Eine traditionelle Rollenverteilung im Bauwesen kann diesen notwendigerweise vielschichtigen Ablauf aller Planungsaktivitäten im Sinne einer qualitätslenkenden Prozesssteuerung nicht mehr leisten.

Bild 7-1 Facility Management auf Basis integrativer Planung

7.1.2   Grundlagen für eine Facility Management-Gerechtheit

Am Beginn einer Planung haben die verschiedenen Planungsbeteiligten zwangläufig sehr unterschiedliche Interpretationen sowohl hinsichtlich der Gerechtheit für das Facility Management selbst als auch der Notwendigkeit dieser bei der Sanierungsplanung. Da aber schon mit der Planung der Grundstein für ein über den gesamten Lebenszyklus hinweg andauerndes erfolgreiches Facility Management gelegt wird, muss dieser auch bei einer Sanierung entsprechend gerecht ausgelegt sein.

Somit kann angelehnt an die in der Richtlinie 180 der GEFMA enthaltenen Definition zu einer für das Facility Management tauglichen Neubauplanung für einen Sanierungsprozess gelten: eine dem Facility Management gerecht werdende Sanierungsplanung ist eine Planung, die anstelle herkömmlicher Forderungen nach hoher Qualität bei niedrigen Erstellungskosten das Ziel einer dauerhaft hohen Wertschöpfung bei Verringerung der Lebenszykluskosten verfolgt.

Die Einhaltung der Investitionskosten, zu oft im Vordergrund bei Bauherrn bzw. Planern stehend und alleiniges Entscheidungskriterium, ist nur ein Aspekt: parallel muss der Blick bei vielen Entscheidungen auf die Nutzungskosten gerichtet werden. Beide zusammen ergeben die Lebenszykluskosten, was aber besonders dann aus dem Blickfeld rückt, wenn Betreiber und Nutzer zu weit entfernt voneinander agieren. Eine zu vordergründige Sicht auf die Investitionskosten kann sich bei später notwendigen Sanierungen als besondere Falle herausstellen. Das kann die Unflexibilität einer Immobilie oder sogar eine Sanierungsunfähigkeit zur Folge haben.

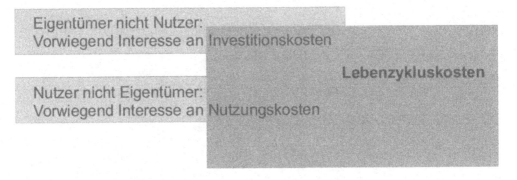

Bild 7-2 Trennung der Bestandteile führt zu einseitiger Fokussierung

Lebenszykluskosten können in der Ideen- und Konzeptionsphase am stärksten beeinflusst werden, d. h. in diesen Phasen sollte man möglichst viel integrativ nachdenken und entscheiden.

Für eine Sanierung bedeutet das: eine dauerhaft hohe Wertschöpfung ist nur zu erreichen, wenn der Bestandsanalyse im Vorfeld auf der einen und einer präzisen Bestandsdokumentation im Verlaufe der Sanierung auf der anderen Seite eine hohe Aufmerksamkeit geschenkt wird. Je mehr man frühzeitig weiß, umso weniger wird man auch im Nachhinein überrascht. Erstaunlich, dass dieser einfache Zusammenhang vielen Bauherrn wegen zunächst anfallender Kosten im Vorfeld nur schwer zu vermitteln ist. Eine Sanierung erfordert daher einen gewissen „Kostenvorschuss", ohne den eine dem Facility Management gerechte Sanierungsplanung kaum gelingen kann.

Nicht zu vergessen ist außerdem die abschließende Bestandsdokumentation als Ausgangspunkt für den weiteren Umgang mit der Immobilie unter Abwägung der für das Facility Management relevanten Daten. In dieser Hinsicht unterscheiden sich übrigens Neubau und Sanierung nicht. Generell wird heute oft noch eine vollständige und praktikable Dokumentation nach Abschluss der Arbeiten zu wenig gewürdigt oder ein gewisser „Erfassungswahn" macht Dateien unhandlich. Auch in diesem Punkt gilt übertragen eine alte Lebensweisheit: Nach der Sanierung ist vor der Sanierung.

Das Führen eines Raumbuches mit Kartierung aller wesentlichen Eigenschaften (zu erhaltender oder zu erneuernder Ausstattungen, Schäden, Mängel usw.) ist sanierungsbegleitend für eine ausreichende Datenerhebung unumgänglich. Aktuelle Ermittlungen, vorgefundene Belastungen oder Abweichungen von ursprünglichen Projekten (z. T. auch Überraschungen) o. Ä. sind einzutragen und so ist das Raumbuch zu aktualisieren.

Der Koordination des Projektablaufs kommt die tragende Rolle im Gesamtprozess zu. Das Team: Bauherr – Facility Manager – Planer muss frühzeitig und der Aufgabe entsprechend zusammengestellt und strukturiert werden. Ein konventioneller Planungsprozess reicht dabei nicht aus. Eine FM-gerechte Planung führt für die beteiligten Planer nicht nur in fachlicher, sondern auch in organisatorischer und datentechnischer Hinsicht zu Aufgabenstellungen neuer und veränderter Inhalte und Qualitäten. In der Fachliteratur findet diese Änderung in Schlagzeilen wie „Vom Planer zum Berater" [114] ihren Niederschlag.

7.1.3   Neue Anforderungen an Planung und Beratung

Die Betrachtungen der traditionellen Planungsabläufe führen den Blick, neben den sich verändernden Anforderungen für alle beteiligten Planer – vor allem aber für Planer der haustechnischen Gewerke – zu neuen Herausforderungen in der Ideen- und Konzeptionsphase.

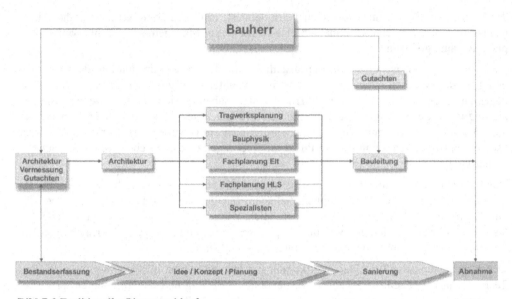

Bild 7-3 Traditioneller Planungsablauf

Bauherr
zunehmendes Interesse an den gesamten
Lebenzykluskosten, auch an den
Nutzungskosten

Facility Manager
hat höherem Dienstleistungsanspruch gerecht
zu werden

Architekt und Fachplaner
zunehmende Beratungsfunktion und
Auseinandersetzung mit der Nutzungsphase
des Gebäudes in der Planungs- und
Errichtungsphase

Gutachter und Sachverständiger
unterstützen Architekt und Fachplaner mit
Detailwissen

Bild 7-4 Neue Aufgabenbereiche der Akteure im Lebenszyklus eines Gebäudes

Alle anderen am Planungsgeschehen Beteiligten sehen sich ebenfalls mit veränderten oder erweiterten Aufgaben konfrontiert. Bisher war der Erfolg für Planung und Baubetreuung auf die Punktlandung zum Zeitpunkt der Objektübergabe unter Einhaltung des Baukostenbudgets ausgerichtet. Das Einbeziehen des Erfolges für die zukünftigen Nutzer spielte in viel zu seltenen Fällen eine ausgeprägte Rolle. Heute werden jedoch zunehmend die zukünftigen Erfolgskriterien für den gesamten Lebenszyklus des Gebäudes wichtig.

Durch die sich ändernden und neu entstehenden Aufgabenfelder sind die traditionellen Vergütungsformen und Ausbildungsleitbilder auf den Prüfstand zu stellen (s. Kap. 7.3, 7.4).

Neben der Erweiterung der Verantwortungsbereiche ist zugleich eine zunehmende Vernetzung zu beobachten. Die integrative Planung wird somit Voraussetzung für ein erfolgreiches Handeln bei der Sanierungsplanung. Ein Facility Manager muss heutzutage einerseits in die Fassadenplanung – bisher eine Domäne der Architekten – beratend und entscheidend eingreifen, der Architekt hat andererseits integrativ und gemeinsam mit den einbezogenen Fachplanern eingefahrene Wege beim Betrieb einer Immobilie zu hinterfragen und zu gestalten. Damit ist der Übergang von konventionellen, seriellen Planungsabläufen hin zu kontinuierlichen Prozessen, denen Veränderungen zur zielgerichteten Umsetzung möglicher Einsparpotentiale eigen sind, notwendig. Die integrative Sanierungsplanung strebt mit ihrem ganzheitlichen Ansatz organisatorische und datentechnisch laufende Prüfungen im Rahmen eines kontinuierlichen Verbesserungsprozesses an, um das Optimum für den gesamten Lebenszyklus zu erhalten. Sanierung und integrative Planung sollen für den Betrieb eines Gebäudes und dessen technische Installationen die günstigsten Voraussetzungen schaffen. Dazu müssen u. a. folgende zusätzliche fachliche Maßnahmen erkannt und umgesetzt werden:

- Beachtung der Lage und Zugänglichkeit von Revisions- oder Entrauchungsschächten, technischen Zentral- und Bedienelementen, Ablese- und Zähleinrichtungen o. Ä.

- Wartungsfreiheit oder -freundlichkeit besonders von strategischen Bauteilen und technischen Anlagen und Systemen

- Verringerung des Flächenbedarfs durch Ersatz von veralteten technischen Anlagen im Zuge der Sanierung

- Koordination des gemeinsamen Einsatzes von Bestands- und Neuanlagen und -systemen

- Überprüfung wirtschaftlicher Auswirkungen durch die Auswahl von Systemen und Bauteilen über den gesamten Lebenszyklus hinweg

Bild 7-5 Verantwortlichkeiten während des Lebenszyklus eines sanierten Gebäudes (Bauherr ist Nutzer)

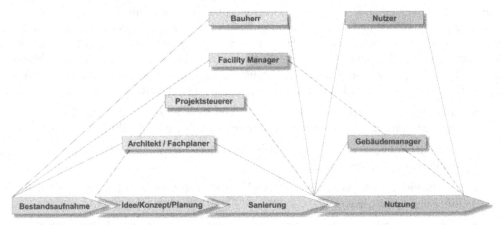

Bild 7-6 Normale Verantwortlichkeiten während des Lebenszyklus eines sanierten Gebäudes (Bauherr und Nutzer verschieden)

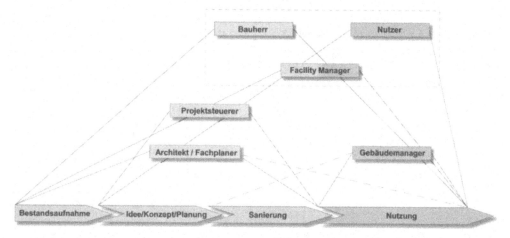

Bild 7-7 Optimales Beziehungsgefüge während des Lebenszyklus des sanierten Gebäudes (Bauherr und Nutzer verschieden)

Abgeleitet aus diesem notwendigen, engen Beziehungsgefüge zwischen den an der Sanierungsplanung Beteiligten müssen diese geeignete Strukturen für die bestmögliche Zusammenarbeit und den Datentransfer entwickeln. Die Betreuung einer Sanierung stellt hier – besonders bei weiten Entfernungen von der eigentlichen Sanierungstätigkeit – trotz moderner Kommunikationssysteme hohe und auch zeitaufwendige Anforderungen. Das Baumanagement kann nicht nur durch Entscheidungen theoretischer Natur geführt werden – eine räumliche Nähe ist während der Sanierungsphase für Planende und den Facility Manager unbedingt erforderlich.

7.1.4 Entwurfskriterien

Als grundlegende Anforderungen im Rahmen einer Sanierungsplanung sind folgende zu benennen:

- Funktionelle Anforderungen
- Behaglichkeitsanforderungen
- Betriebswirtschaftliche Anforderungen
- Imageanforderungen
- Bestandsanforderungen
- Rechtliche Anforderungen

Bild 7-8 Hauptkriterien einer FM-gerechten Sanierungsplanung

Den Hauptkriterien sind nachgeordnete Anforderungen zuzuordnen, die sich mehrfach über-schneiden können (s. Bild 7 - 9).

- Winterlicher und sommerlicher Wärmeschutz
- Beleuchtung, Tageslichtnutzung
- Lüftung (natürlich, technisch)
- Kühlung (Arbeitsräume, technische Anlagen)
- Klimatisierung (erforderlich ja/nein)
- Energiedesign, -ressourcen
- Kenngrößen (übergeordnet, projektbezogen)
- Gebäudeoptimierung gegenüber vorheriger Nutzung

- Gebäudeintensivierung durch Ressourcenausnutzung
- Einbindung mit städtebaulichem Raum
- Gestalterische Qualität von Bestand und Ergänzungen/Erweiterungen
- Umgang mit Bestand
- Akzeptanz von Bestandstragwerken, neue Belastungen
- Erhalt stoffgebundener Energien, Recycling
- Definition des Bestandsschutzes und Ausnutzung
- Notwendige Abweichungen von Bauordnung, Richtlinien etc.

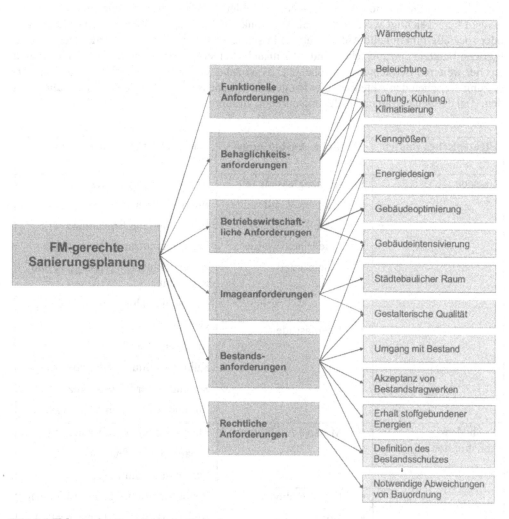

Bild 7-9 FM-gerechte Zuordnung der Anforderungen

7.1.5 Strategische Bauteile

Die Änderbar- oder Anpassbarkeit von Gebäuden, Gebäudeteilen und Materialien ist ein zentrales Thema, auch bei einer Sanierung. Ein strategisches Bauteil wird durch einen geringen Aufwand für Änderung, Erweiterung oder Anpassung an neue funktionale Anforderungen definiert [115]. Das bedeutet natürlich Mehraufwand bei der Planung und Entwicklung von Gebäuden, da nicht nur die zeitlich erste Ebene für die zunächst geplante Nutzung zu berücksichtigen ist. Es sind zugleich weitere, das Gebäude während des gesamten Lebenszyklus betreffende Änderungen in mehreren Schichten übereinander zu betrachten. Die Kriterien für ein strategisches Bauteil sind durch Aufwand, mögliche Erweiterungen und die Integrationsfreundlichkeit für wechselnde Gegebenheiten zu beschreiben. Dabei ist eine weitgehende Wartungsfreiheit mit geringen zu erwartenden Kosten Voraussetzung. Folgend wird eine Übersicht zu möglichen strategischen Bauteilen gegeben, die bei vielen Sanierungsplanungen berücksichtigt werden müssen. Die konkrete Ausgangsposition vor einer Sanierung oder spezielle funktionelle Anforderungen lassen es natürlich zu, dass entweder weitere strategische Bauteile einzubeziehen sind oder manche keiner Änderbarkeit unterliegen und somit aus der weiteren Betrachtung ausscheiden. Es ist daher eine ergebnisorientierte Auseinandersetzung zwischen den Akteuren, die den gesamten Lebenszyklus des Gebäudes gestalten, mit dem Ziel der gemeinsamen Festlegung darüber, zu führen.

Strategisches Bauteil	Mögliche Ausbildungs-arten	Entscheidungs- und Auswahlkriterien
Fassade	▪ Vorhangfassade mit - hohem Verglasungs- anteil - niedrigem Verglasungsanteil	Solare Energiegewinne Energiekosten Elementierung, Erneuerung Tageslichtnutzung, Blendschutz Zugänglichkeit für Reinigung und Reparatur Fassadenbefahrsystem notwendig
	▪ Lochfassade	Gestaltung Reinigungskosten Kühlung/Lüftung, Klimatisierung Sommerlicher Wärmschutz Zu- und Abfuhr von Wärmelasten
Fußboden-konstruktion	▪ Massive Ausführung	Pflege, Reinigung, Erneuerung Schallschutzmaßnahmen Verfügbare Raumhöhen
	▪ Hohlraumboden ▪ Doppelboden	Benötigter Raum für Installationen Änderbarkeit (Funktionswechsel)

Trennwand	▪ Starre Anordnung	Errichtungskosten
		Brandschutzmaßnahmen
		Notwendige Installationen
		Schallschutzanforderungen
	▪ Multifunktionales Bausystem (vorgefertigte Bauteile)	Entwicklung der Funktionen
		Umbaumöglichkeiten
		Offenes System für die Zukunft
		Modul-, Raumzellenbauweise
		Integration der Infrastruktur flexibel
Elektroinstallation	▪ ohne BUS-System	Installationskosten
		Notwendigkeit
		Geringe Anzahl zu steuernder Komponenten
	▪ mit BUS-System	Raummanagementsystem
	- Kabelführung	Zuordnung von Komponenten
	- Funksystem	Softwareauswahl
		Anzusteuernde Komponenten:
		- Licht
		- Temperatur
		- Jalousie
		- Heizung/Kühlung
		- Lüftung
		- Brandschutzsysteme
		- Sicherheitssysteme
Installationsschacht	▪ Lage	Funktionelle Anforderungen:
	- Dezentral	- Medienversorgung
	- Zentral	- Sicherheits- und Überdrucklüftungsanlage
	▪ Ausbildung	
	- Massiv	- Entrauchungssysteme
	- Trockenbau	- Sonstige Technik
	- Vorgefertigt	- Flexible Flächenaufteilung
		- Mieter-/Nutzerbeeinträchigung

Tabelle 7-1 Auswahl strategischer Bauteile

Zusammenfassend ist festzustellen, dass sich die Gestaltung von Gebäuden ändern wird, damit sie den dynamischen Entwicklungen der Funktionsabläufe folgen können. Der stärkste Änderungsdruck tritt jedoch erst in der Nutzungsphase und damit u. U. zu einem besonders verhängnisvollen Zeitpunkt auf, weil dieser bei der Planung immer wieder keine Berücksichtigung findet. Das Facility Management ist als Methode am besten geeignet, diesen bestehenden Änderungsdruck zu bewältigen.

7.2   Notwendigkeit der integrativen Planung

Da nur eine ganzheitliche Planung mit der Sicht auf den gesamten Lebenszyklus eines Gebäudes die optimale Lösung finden kann, ist sie als Grundvoraussetzung für den Erfolg anzusehen. Dabei sind zunehmend mehr Planungsbeteiligte zu koordinieren und deren Arbeitsergebnisse in die Gesamtplanung einzugliedern. In dieser Hinsicht unterscheidet sich das Wesen der integrativen Planung nur unwesentlich von einer Neubauplanung und hat diese Grundprämissen zu beachten:

- Erfordernis einer frühzeitigen und umfassenden Einbeziehung aller den Lebenszyklus gestaltenden Akteure
- Ergebnisorientierte Transformation von Daten und Informationen zwischen den einzelnen Phasen des Lebenszyklus [107]

Eine Sanierungsplanung erfordert zusätzlich die Sicht auf das bereits Vorhandene, zu berücksichtigende des Bestandes. Der Planungsprozess muss daher mit den Ebenen der Bestandserfassung und -analyse vernetzt werden.

Immer häufiger werden mittlerweile Nutzer, Betreiber und Facility Manager in den Planungsprozess eingebunden, um Komplikationen während der späteren Sanierungsdurchführung von vornherein zu unterbinden. Für dieses Vorgehen gibt es keine erfolgreiche Alternative. Die Kommunikation zwischen allen Eingebundenen unterstützt durch geeignete und rechtzeitige Festlegungen zu notwendigen Informationen, Datenstruktur und Pflichten der Dokumentation sichere Datentransfers.

Bild 7-10 Integrativer Planungsprozess

Geeignete Daten für das Facility Management können nicht als „Nebenprodukte" der herkömmlichen Planung abfallen. Die Zeiten eines starken Spannungsfeldes zwischen Kosteneinsparungen und hoher Rendite führen zwar zum Umdenken bei der Mittelbereitstellung für notwendige Investitionen, oft genug wird jedoch der Versuch unternommen, an den falschen Stellen zu sparen.

Das Ziel der weitmöglichen Reduzierung der Bewirtschaftungskosten ist jedoch nur mit einem integrativen Planungsprozess mit geringen Reibungsverlusten zwischen den Beteiligten erreichbar.

Vor allem für die erste Ideen- und Konzeptionsphase, in der sowohl viele richtige als auch verhängnisvolle Entscheidungen für die Sanierungs- und damit für die zukünftige Nutzungsphase gefällt werden können, muss das Bewusstsein geschärft werden. Eine wesentliche These lautet dabei: Die traditionelle Phase der Grundlagenermittlung wird in ihrer bisherigen Bedeutung und mit ihrer Bezeichnung nicht mehr den heutigen Anforderungen und Bedeutungen gerecht. Diesen ersten richtungsentscheidenden Schritten, den eigentlichen Entwurfsphasen vorgelagert, ist mehr Beachtung zu schenken. Dafür gilt es, verantwortungsbewusste Bauherren bzw. Nutzer zu sensibilisieren.

7.3   Aufgaben und Vergütungen gemäß der derzeitigen HOAI und sich daraus ergebende Probleme

Die derzeit in Deutschland gültige Honorarordnung für Architekten und Ingenieure (HOAI) regelt mit im Verhältnis zur Bausumme proportionalen Honorarentgelten die Bezahlung der an der Planung eines Bauprojektes Beteiligten. Ein direkter Bezug zur Leistungsanforderung fehlt. Lediglich die termingerechte und mängelfreie Übergabe eines Bauwerkes spielt eine Rolle, die spätere, zumeist erheblichere Seite des Gebäudebetriebes indessen nicht. Sollte ein engagierter Architekt oder Fachingenieur in der Planungsphase auf preiswertere Lösungen, als ursprünglich geplant, stoßen, wird er daher mit weniger Honorar „bestraft". Ob für die Nutzungsphase des Gebäudes in späterer Hinsicht sogar erhebliche Einsparungen erzielt werden können, bleibt vollständig außer Acht. Somit sind bereits in der wesentlichen und frühen Vorbereitungsphase einer Gebäudesanierung wesentliche Hemmnisse vorhanden, weil die an der Planung Beteiligten, deren Unternehmen ebenfalls einem Wirtschaftlichkeitsgebot unterliegen, sich u. U. durch eine Schaffung effizienterer Bedingungen für ihre Auftraggeber selbst gefährden und somit die gebotene Loyalität des mit der Planung Beauftragten unterhöhlt wird.

Damit entsteht ein gewisser Interessenkonflikt zwischen den an der Planung Beteiligten und dem zu erzielenden Ergebnis der besten Wirtschaftlichkeit während der Nutzungsphase des um- oder neu genutzten Gebäudes. Gemäß einer aktuellen umfangreichen Analyse in „Planung unter Berücksichtigung der Baunutzungskosten als Aufgabe des Architekten im Feld des Facility Management" [116] rückt im Berufsbild der Architekten (unabhängig, ob in der Selbstwahrnehmung oder als Fremdbild) oft die Gestaltung in den Vordergrund und löst in Teilen der Berufsgruppe sogar ein Unverständnis gegenüber technologischen Abläufen, funktionellen Notwendigkeiten und finanziellen Randbedingungen aus. Das führt – gewollt oder ungewollt – zu einer Distanzierung von den Aufgabengebieten des Facility Managements. Dadurch wird Architekten zunehmend durch Auftraggeber die Kompetenz abgesprochen, dass sie in der Lage sind, entsprechend den Vorstellungen von Bauherren oder Investoren Gebäude zu planen, die den Nutzungserfordernissen über einen langen Zeitraum entsprechen oder gar die Leistungen des Facility Managements erbringen können. Dabei ist gerade der Architekt zuerst geeignet, den Auftraggeber in der frühestmöglichen Phase mit Fachkompetenz zu begleiten. Besonders erforderlich ist eine frühzeitige Beratung und Koordination schon hinsichtlich der notwendigen Gebäudeanalyse vor Zusammenstellung des zukünftigen Nutzungskonzeptes für das Gebäude, da sich in der Analysephase erstmalig herausstellen kann, ob eine Leistungsfähigkeit hinsichtlich bestimmter Funktionen überhaupt gegeben ist.

Andererseits neigen Auftraggeber dazu, die Begriffe „wirtschaftlich" und „billig" miteinander zu verwechseln – besonders fatal hinsichtlich einer zukünftigen wirtschaftlichen Betreibung eines Gebäudes. Insbesondere gefährlich stellt sich dieser Zusammenhang dann heraus, wenn ein Investor vorrangig an der wirtschaftlich erfolgreichen Vermietung eines Gebäudes und weniger an geringen Kosten während der Nutzungsphase interessiert ist. In dieser Hinsicht kann sich die Sphäre aufweiten, die letztendlich bei Sensibilisierung der Nutzer in der Zukunft die erfolgreiche Vermarktung von Gebäuden erschweren sollte. Gemäß [117] existieren je nach konkreter Interessenlage folgende Prioritäten für den Mitteleinsatz für die Realisierung einer Projektidee:

A) Mit möglichst niedrigem Budget soll eine vorgegebene Größenordnung von Nutzflächen in einer definierten Qualität errichtet werden.

B) Vorgegebene Budgetgrenze, unter der bei vorgegebenen Randbedingungen möglichst viel Nutzfläche mit bestmöglicher Qualität errichtet werden sollen.

C) Erlangung eines optimalen Verhältnisses zwischen Ergebnis und Mitteleinsatz (s. Kap. 7.1.2).

Während die erstgenannte Priorität den Regelfall darstellt, ist die dritte Priorität momentan noch seltener anzutreffen. Da heutzutage zunehmend eine Teilung zwischen Gebäudeerrichtung und -betrieb anzutreffen ist, werden Belange des Facility Managements oftmals zu spät in den Planungs- und Realisierungsprozess integriert und haben damit überwiegend noch zu wenig Einfluss auf die späteren Betriebsumbau- und -erhaltungskosten. Besonders kritisch ist ein Investor, der für einen noch unbekannten Käufer plant, zu sehen, da hier naturgemäß das Ziel, in einer möglichst kurzen Zeitspanne einen möglichst hohen Gewinn zu erzielen, Vorrang hat und kaum Interesse an einem für die wirtschaftliche Optimierung des Gebäudes während der Betriebsdauer zu erwartenden Mehraufwand für die Planung und die Errichtung gegeben sein dürfte, mit Ausnahme, dass die Markterfordernisse das erfordern und die Verkaufschancen steigen und sich damit die Gewinnspanne vergrößern könnte. Für die Sanierungsplanung sollte aber im Vordergrund stehen, dass sie nicht nur eine Arbeitseinweisung für alle beteiligten Ausführungsfirmen darstellt, sondern einen ganzheitlichen Ansatz für die Lösung der Bauaufgabe in Sinne eines bestmöglichen Facility Managements verkörpert. Bei einer Überprüfung der HOAI auf ihre Leistungsfähigkeit in Bezug auf die Planungsaufgabe einer Sanierungsvorbereitung ist festzustellen, dass beinahe alle wichtigen und erforderliche Planungsschritte bei einer Sanierungsplanung nicht zu den Grundleistungen, sondern zu den besonderen Leistungen, die es gesondert zu vereinbaren gilt, zählen. In dem Zusammenhang sind u. a. zu nennen:

- Standortanalyse

- Bestandsaufnahme

- Bestandsanalyse

- Zusammenstellen eines Gebäude-Daten-Modells für den Bestand als Ausgangspunkt für Entscheidungen

- Mitwirken am Finanzierungsplan

- Aufstellen einer Bauwerks- und Betriebskostennutzenanalyse

- Maßnahmen zur Gebäude- und Bauteiloptimierung

- Maßnahmen für ein optimales Energiedesign

- Maßnahmen zur Verringerung des Energieverbrauchs sowie der Schadstoff- und CO_2-Immissionen

- Nutzung erneuerbarer Energien in Abstimmung mit anderen an der Planung fachlich Beteiligter

- Analyse der Alternativen und Varianten und deren Wertung mit Kostenuntersuchungen (Optimierung)

- Wirtschaftlichkeitsberechnungen

- Aufstellen einer detaillierten Objektbeschreibung als Raumbuch und weiterführend eines Gebäudedatenmodells

- Aufstellen von alternativen Leistungsbeschreibungen

- Vergleichende Kostenübersichten

- Kostenoptimierung

- Prüfen und Werten der Angebote aus der Leistungsbeschreibung mit Leistungsprogramm einschließlich Preisspiegel sowie Aufstellen und Prüfen und Werten von Preisspiegeln nach besonderen Anforderungen

- Aufstellen, Überwachen und Fortschreiben von differenzierten Zeitplänen

- Erfassen und Zusammenstellen der relevanten Daten für das Facility Management

- Erarbeiten der Vorgaben für das CAFM

- Aufstellen und Prüfen der Kennzeichnungssystematik

- Baubegleitende Datenerfassung über alle Gewerke hinweg und deren Koordination

- Erstellung der Datenbanken für die Nutzungsphase

- Erstellen von Wartungs- und Pflegehinweisen

- Überwachen der Wartungs- und Pflegeleistungen

Damit zeigt sich, dass viele wichtige Zuarbeiten im Rahmen einer Sanierungsplanung zur Nutzung für das Facility Management nicht zu den geregelten Grundleistungen des Architektenleistungsbildes einer jeweiligen Leistungsphase zählen. Diese sind von vornherein ausgeklammert und somit gesondert zu vereinbaren. Neben dem Aspekt, dass oft eine ungerechte Honorierung für besonderes Engagement hinsichtlich einer Kostensenkung vorgesehen ist, erklärt die vorgenannte Problemstellung das oftmalige Scheitern von Sanierungsvorhaben, sei es in der Sanierungs- oder der Nutzungsphase, denn es gehören weiterhin für den Gebäudebetrieb wesentliche Aspekte zu den nicht standardmäßigen Aufgabenbereichen eines Architekten dazu. Dringender Erneuerungsbedarf liegt somit auf diesem Gebiet vor. Derartigen Feststellungen kann auch nicht mit dem Verweis auf möglicherweise zu vereinbarende Umbau- und Modernisierungszuschläge gemäß § 24 HOAI ausgewichen werden, da diese gerade einmal die zwingend notwendige Beschäftigung aus der Auseinandersetzung mit vorhandenen Tragstrukturen, räumlichen Gegebenheiten o. Ä. würdigen; zudem stellen auch diese keine leistungs- sondern ausschließlich bausummenbezogene Berücksichtigung für die zu erbringende Planungsleistung dar. Die gemäß § 10 (3a) HOAI mögliche Einbeziehung der Bewertung der vorhandenen Bausubstanz führt ohnehin in den meisten Fällen zu widersprüchlichen Auffassungen und findet oftmals heutzutage keine Anwendung mehr, das betrifft selbst Vergabemodalitäten der öffentlichen Hand.

7.4   Möglichkeiten und Grenzen bei einer Sanierung

Der Prozess des integrativen Planens endet im Lebenszyklus eines Gebäudes eigentlich nie. Mag der Moment der Übergabe eines gelungenen Objektes auch darüber hinwegtäuschen: Auch ein Neubau ist ab diesem Zeitpunkt ein Bestandsobjekt. Dieses ist zu warten, instand zu halten, instand zu setzen, zu sanieren, d. h. ein Gebäude wird dann eine lange Lebensdauer meistern und einen erneuten Lebenszyklus nach erfolgter Sanierung bewältigen, wenn ein weitsichtiges Facility Management im Sinne der Definition der GEFMA-Richtline 180 das Ziel einer dauerhaft hohen Wertschöpfung bei Verringerung der Lebenszykluskosten verfolgt. Dennoch sind auch Pannen einzuplanen. Nicht alles ist vorhersehbar; das Facility Management muss auf Unvorhergesehenes eingerichtet sein. Selbst wenn alle Wartungsintervalle eingehalten werden, alle Kunden regelmäßig und außerhalb der Reihe befragt werden: Beim Gebäudebetrieb sind Problemlösungen Alltag. Daher sind Spielräume für nicht planbare Ereignisse einzustellen.

Dennoch sind durch den bestmöglichen Ansatz für die Sanierungsplanung die Probleme des nicht bekannten Nutzers während der Konzeptphase oder des Überraschungsmomentes durch vorher unbekannte Bestandsgegebenheiten während der Sanierungsphase nicht vollständig zu kompensieren. Als zusätzliches Erschwernis stellt sich die mangelnde Ausbildung geeigneter Fachkräfte heraus, was durch erfahrene Facility Manager aus der Praxis bestätigt wird. In der aktuellen Architekten-, Ingenieur- oder Baumanagementausbildung werden betriebswirtschaftliche oder rechtliche Momente ungenügend vermittelt; der betriebswirtschaftlichen Ausbildung wiederum fehlt es an der ausreichenden bautechnischen Beleuchtung des Gegenstandes. Beiden gemeinsam sind unzureichende Zeiten für Praktika, in denen das theoretische erworbene Wissen erprobt werden darf. Die Ausbildung tauglicher Facility Manager erfordert in der Zukunft umfassendere interdisziplinäre Berufssparten übergreifende Ausbildungsprofile und mehrere Wechsel zwischen Theorie und Praxis. Eine postgraduale Ausbildung scheint am zügigsten den derzeitigen Fehlbedarf vorübergehend lindern zu können. Dennoch, neue Ansätze in den Ausbildungen gibt es mittlerweile. Es bleibt zu wünschen, dass diese wegen blinden Kostendrucks und der schwachen Baukonjunktur nicht zertreten werden, bevor sie Ergebnisse nach einem durchaus langwierigen Entwicklungsprozess aufweisen können. Kurzfristige Erfolge jedenfalls werden sich kaum schnell einstellen lassen.

Denn: einen umfassend ausgebildeten Facility Manager muss man sich beinahe als Energie-Rechts-Betriebswirtschafts-Bau-Architekt-Sachverständigen vorstellen – also: die richtige Mischung macht's!

Integrative Planung wird im Wesentlichen als ganzheitliche Planung verstanden, also ein Prozess, der den Bauherr, Facility Manager, Architekt, Fachplaner, Gutachter, Handwerker, Baustoffanbieter usw. vernetzt, der Planungsbausteine über einen längeren Zeithorizont verbindet anstatt sequentiell anzuwenden – ein Instrument, mit dem der gesamte Lebenszyklus eines Gebäudes in den Fokus gestellt wird, nicht nur einzelne Lebensphasen. Integrative Planung rückt damit das gesamte Beziehungsgefüge zurecht, damit ein Facility Management in der Lage ist, die geforderte nachhaltige zukunftsfähige Entwicklung des Bauwerks sicherzustellen. Integrativ im Sinne von integrieren, einzelne Bausteine zu einem Ganzen zusammenfassen.

Integrative Planung muss aber auch als Versuch verstanden werden, vollständig zu planen, makellos und unversehrt – ganz im Sinne von integer. Diese Zielsetzung beinhaltet, dass der Planer zunehmend „artfremde" Planungsbereiche berücksichtigen muss: er/sie schuldet werkvertraglich den Erfolg – und der besteht nicht nur aus einem nutzbaren Gebäude. Prüf- und Hinweispflichten sind zu beachten, die Betrachtung des Planers als Dienstleister rückt immer mehr in der Vordergrund, der Anteil an Beratungstätigkeit wird zunehmen. Finanzielle Förderprogramme, gesellschaftliche, soziale und technische Trends usw. sind in die Planungsleistung zu integrieren, damit diese integer wird.

Solche Fragestellungen beschäftigen z. B. auch das Bundesministerium für Bildung und Forschung (BMBF). Die Forschung zum Hochwasserschutz z. B. setzt auf eine integrative Planung zur Schadensverhütung und -begrenzung. Dazu werden praxisorientierte Instrumente von der Hochwasservoraussage über technische Innovationen im Deichbau bis hin zum integrierten Hochwassermanagement in Einzugsgebieten erarbeitet. Die Verwüstungen von Jahrhundert-Hochwassern, wie sie in den letzten Jahren zu erleben waren, sollen dadurch deutlich gemildert werden.

Integrative Planung ist – um den Charakter der Vollständigkeit zu erreichen – offenbar also auch als Kombination verschiedener Instrumente zu verstehen – hier z. B. Voraussage, technische Ausstattung und Innovationen, Management. Das gilt doch wohl auch für das Bauen im Bestand? Welche Instrumente lassen sich kombinieren? Die wissenschaftlich-technische Auseinandersetzung mit den Fragestellungen der Bauwerkserhaltung, Grundlagenforschung und angewandten Forschung, neuen Techniken (Automationstechnik, Heizungs- und Klimatechnik, neue Energieträger usw.) und eben dem (Facility) Management im Sinne von Verwaltung, Koordinierung, Organisation usw.

Das alles muss der integrativ Planende kennen, wissen und anwenden! Aber nicht nur diese so genannten „harten" Faktoren wie Sach- und Fachwissen, Aus- und Weiterbildung sind erforderlich. Auch die „soft skills" von Empathie, Kommunikation, Bereitschaft für Veränderungen bis hin zur psychologischen Eignung des integrativ Planenden sind Voraussetzung zum erfolgreichen Einsatz. Wer vermittelt diese Erfolgsfaktoren?

„Bei Risiken und Nebenwirkungen lesen Sie die Packungsbeilage und fragen Sie Ihren Arzt oder Apotheker". Jedes (neue) Medikament hat auch ungünstige Eigenschaften, jede Medaille hat zwei Seiten, wo Licht ist ist auch Schatten, alles hat seinen Preis: Die integrative Planung ist einerseits ein wirkungsvolles Instrument, um erfolgreich im Bestand zu bauen, Sanierungsaufgaben wahrzunehmen. Andererseits: Wo werden diese Allround-Fachleute ausgebildet (siehe oben) und wie vollständig kann ein Prozess überhaupt sein?

Ein Naturprinzip ist die Wahrscheinlichkeit des Unwahrscheinlichen. Was uns als Zufall erscheint, kann doch eintreten. Daher gibt es keine 100%ige Vollständigkeit, es gibt kein Nullrisiko. Die Wirklichkeit sieht anders aus – auch die der integrativen Planung. Wir werden Abstriche machen müssen und gleichzeitig unsere Kräfte sinnvoll und effizient einsetzen. Hier kann das 80/20-Prinzip sehr hilfreich sein [118].

Die dem 80/20-Prinzip zu Grunde liegende Verteilung wurde im Jahr 1897 von dem italienischen Ökonomen Vilfredo Pareto entdeckt. Sie hat seither viele Namen erhalten, unter anderem Pareto-Prinzip, Prinzip der geringsten Anstrengung, Prinzip der Unausgewogenheit und eben auch 80/20-Prinzip. Lange Zeit stand das 80/20-Prinzip wie ein erratischer Block in der Welt der Wirtschaft: Ein empirisches Gesetz, das niemand erklären konnte.

Das 80/20-Prinzip stellt eine inhärente Unausgewogenheit zwischen Ursachen und Wirkungen, Aufwand und Ertrag, Anstrengung und Ergebnis fest. Ein typisches Verteilungsmuster zeigt, dass 80 Prozent des Ertrags von 20 Prozent des Aufwands herrühren, dass 80 Prozent der Wirkungen durch 20 Prozent der Ursachen bedingt sind, und dass 80 Prozent der Ergebnisse auf 20 Prozent der Anstrengungen zurückgehen. In der Geschäftswelt wird das 80/20-Prinzip durch zahlreiche Beispiele bestätigt, von der Fischerei (wo 20 Prozent der Fischer 80 Prozent der Fische fangen) über die Werbung (wo 20 Prozent der Werbefirmen 80 Prozent der Kundenreaktion hervorrufen) bis zum Verlagswesen (wo mit 20 Prozent der Bücher 80 Prozent des Gewinns gemacht werden).

Wir tendieren zu der Erwartung, dass alle Kunden glcich wertvoll sind, dass jeder Teil der Planung, des Geschäfts, jedes Produkts und jeder Einheit des Umsatzerlöses gleich wichtig ist, dass alle Mitarbeiter einer bestimmten Kategorie ungefähr gleichwertig sind. Wir neigen zu der Annahme, dass 50 Prozent der Ursachen zu 50 Prozent der Wirkungen führen. Dieser 50/50-Irrglaube ist in den Menschen und in den Unternehmen tief verwurzelt und äußerst schädlich.

Der Erfolg integrativer Planung muss kein Zufall sein, wenn man nicht auf die Erfahrungen des 80/20-Prinzips verzichtet, wie dies häufig z. B. im Bereich des Managements beobachtet wird. Nur wenige Manager stellen sich die Frage, warum die unrentablen Bereiche so schlechte Ergebnisse erzielen. Ebenso wenig denken sie darüber nach, ob man nicht ein Unternehmen schaffen könnte, das sich nur aus den rentabelsten Bestandteilen zusammensetzt und bei dem man auf 80 Prozent der Gemeinkosten verzichtet. Der unrentable Geschäftsbereich ist deshalb unrentabel, weil er den Großteil der Gemeinkosten verursacht. In der Realität verursachen die profitablen Geschäftszweige meist nur einen sehr geringen Teil der Gemeinkosten.

Vor diesem Hintergrund zählen zu den wichtigsten Anwendungsgebieten des 80/20-Prinzips:

- Strategie: Die Planungsstrategie sollte 80 Prozent der Planungserfolge mit 20 Prozent Planungsleistungen erzielen.

- Qualität: Wenn man die kritischsten 20 Prozent der Qualitätslücken schließt, könnte man 80 Prozent der erreichbaren Vorteile realisieren.

- Projektmanagement: 80 Prozent des Wertes aller Projekte gehen aus 20 Prozent der mit ihnen verbundenen Tätigkeiten hervor. Die restlichen 80 Prozent der Aktivitäten sind auf überflüssige Komplexität zurückzuführen.

Was heißt das alles für die integrative Planung? Konzentration der Leistungen auf die „rentabelsten" Bestandteile; die Bestandteile mit der größten Wirksamkeit für ein effizientes Facility Management. Außerdem: Ein Prozess der Entscheidungsfindung mit Hilfe des 80/20-Prinzips.

Dazu sind die folgenden fünf Regeln empfehlenswert:

1. Nicht viele Entscheidungen sind wirklich wichtig.

2. Die wichtigsten Entscheidungen sind oft jene, die sich aus einem Versäumnis ergeben, weil wesentliche Wendepunkte nicht wahrgenommen wurden.

3. Man sollte 80 Prozent der Daten und 80 Prozent der relevanten Analysen in den ersten 20 Prozent der verfügbaren Zeit sammeln beziehungsweise durchführen.

4. Wenn eine Entscheidung nicht funktioniert, sollte sie möglichst schnell revidiert werden.

5. Wenn etwas gut funktioniert, ist es ratsam, den Einsatz zu verdoppeln.

Die Umsetzung des 80/20-Prinzips stößt meist auf das Hindernis, dass die Ressourcen in den Organisationen falsch verteilt sind: Die wenig einträglichen Tätigkeiten werden mit zu vielen und die leistungsstarken Tätigkeiten mit zu wenigen Ressourcen ausgestattet. Trotzdem gedeihen die gewinnträchtigen Aktivitäten, während sich die subventionierten Bereiche nicht aus eigener Kraft erhalten können. Wenn dann durch die hohe Ertragskraft der Spitzenleistungen Ressourcen frei werden, werden diese von den ertragsschwachen Tätigkeiten verbraucht. Und noch ein Hindernis zeigt sich auf: Unser derzeitiger Umgang mit Zeit ist nicht rational. Die integrativ Planenden müssen zurück ans „Reißbrett" und eine völlig neue Zeitauffassung konzipieren. Es besteht kein Mangel an Zeit. Gerade die talentiertesten Menschen erreichen ihre Höchstleistungen oft in sehr kurzen Zeiträumen. Das 80/20-Prinzip rät uns, weniger zu handeln und mehr nachzudenken.

8   Arbeitsblätter

Die folgenden Arbeitsblätter sollen den Leserinnen und Lesern die Einführung oder den Umgang eines Facility Management Systems im Zusammenhang mit nachhaltigem Instandhalten/Instandsetzen/Sanieren ermöglichen. Für weitergehende Fragestellungen und Ergänzungen ist u. a. folgende Fachliteratur zu empfehlen:

- Leitfaden Nachhaltiges Bauen [119],
- Software zur Gebäudediagnose [120],
- Liegenschaftsinformtionssystem ARCHIKART [121],
- Praxiswissen Bausanierung [122],
- Checkliste Altbau [123],
- WTA-Merkblätter [124], [125]

8.1   Checklisten

Checklisten liegen zu den nachstehenden Aufgaben vor:

- Möglichkeiten der Einführung von FM
- Planung und Durchführung einer Sanierungsmaßnahme
- Öffentlich-rechtliche Rahmenbedingungen
- Gebäudedaten-Erfassung
- Gebäudezustands-Erfassung
- Gebäudezustands-Analyse
- Bewertung der Nachhaltigkeit

Die einzelnen kritischen Aspekte und Fragen der Checklisten wurden anhand entsprechender Fachliteratur erarbeitet.

8.1.1 Möglichkeiten der Einführung von FM

Checkliste zu Möglichkeiten der Einführung von FM			
Schritt 1	Vorüberlegungen		
Kritischer Aspekt/Frage		Antwort	Anmerkung
Ist eine Zieldefinition im FM durchgeführt worden?		❏ Ja ❏ Nein	
Kann die Einführung eines FM zur Erhöhung des Mietertrages führen?		❏ Ja ❏ Nein	
Kann die Einführung eines FM zur Senkung des Leerstandes führen?		❏ Ja ❏ Nein	
Kann die Einführung eines FM zur Senkung der Risiken und Erhöhung der Chancen aus dem Eigentum der Immobilie führen?		❏ Ja ❏ Nein	
Kann die Einführung eines FM zur Erhöhung der Kosten- und Aktionstransparenz führen?		❏ Ja ❏ Nein	
Kann die Einführung eines FM zur Stärkung der Marktposition führen?		❏ Ja ❏ Nein	
Kann die Einführung eines FM zur Sicherung des Werterhaltes führen?		❏ Ja ❏ Nein	
Kann die Einführung eines FM zur Erhöhung der Rendite und des Verkaufspreises führen?		❏ Ja ❏ Nein	
Kann die Einführung eines FM die Flexibilität verbessern?		❏ Ja ❏ Nein	
Kann die Einführung eines FM die Produktivität unterstützen?		❏ Ja ❏ Nein	
Kann die Einführung eines FM die ökonomische und ökologische Effizienz steigern?		❏ Ja ❏ Nein	
Beeinflusst die Einführung eines FM die Nutzer- und Kundenzufriedenheit positiv?		❏ Ja ❏ Nein	
Kann die Einführung eines FM zur Erhöhung der Rendite und des Verkaufspreises führen?		❏ Ja ❏ Nein	
Wurden für den Gebäudestandort, Einzugsbereich, die Region usw. Trendanalysen z. B. zu Nutzungs-, Kauf-, Freizeitgewohnheiten usw. durchgeführt?		❏ Ja ❏ Nein	
Sind der zeitliche Rahmen und der Ablauf zur Einführung des FM festgelegt worden?		❏ Ja ❏ Nein	
Sind Recherche und Zusammenstellung vorhandener Unterlagen zu den Gebäuden nach Datenbasis möglich?		❏ Ja ❏ Nein	
Sind Recherche und Zusammenstellung vorhandener Unterlagen zu den Außenanlagen nach Datenbasis möglich?		❏ Ja ❏ Nein	

Sind Recherche und Zusammenstellung vorhandener Unterlagen zu Straßenbauwerken möglich?	❏ Ja ❏ Nein	
Sind Recherche und Zusammenstellung vorhandener Unterlagen zu Inventar und Vermögensgegenständen möglich?	❏ Ja ❏ Nein	
Kann eine Prüfung von Datenübernahmemöglichkeiten durchgeführt werden?	❏ Ja ❏ Nein	
Sind Festlegungen zur notwendigen Datenneuaufnahme erforderlich?	❏ Ja ❏ Nein	
Kann eine Unterstützung des FM durch eine geeignete Software erfolgen?	❏ Ja ❏ Nein	
Wenn eine Softwareunterstützung möglich ist: Wurde festgelegt, welche der Aufgabenstellungen mit der Nutzung der Software unterstützt werden sollen?	❏ Ja ❏ Nein	
Können die Aufgaben und Verantwortlichkeiten im Rahmen des FM für die Mitarbeiter zugeordnet werden?	❏ Ja ❏ Nein	
Ist eine Festlegung der Gebäudestrukturierung und Benennung erfolgt?	❏ Ja ❏ Nein	
Kann die Nutzungsart den Stufen der DIN 277 zugeordnet werden (Haupt- und Untergruppe)?	❏ Ja ❏ Nein	
Ist die Zusammenstellung der Daten für die technische Gebäudeausrüstung (Heizung, Klima, Sonnenschutz usw.) möglich?	❏ Ja ❏ Nein	
Wurde die Personendatenbank auf Vollständigkeit geprüft?	❏ Ja ❏ Nein	
Ist die Zusammenstellung der Daten für die Verbrauchsabrechnung sowie die Festlegung der Verteilung der Verbrauchsmengen möglich?	❏ Ja ❏ Nein	
Können sämtliche vorhandene Daten im Sinne und im Aufbau eines Qualitätsmanagement-Handbuchs/ -systems dokumentiert werden?	❏ Ja ❏ Nein	
Wurden die Vermögensarten und Vermögenstypen definiert?	❏ Ja ❏ Nein	
Wurde die Nutzungsdauer von Gebäuden und Inventar festgelegt?	❏ Ja ❏ Nein	
Wurde die Verfahrensweise zur Wertermittlung von Gebäuden festgelegt?	❏ Ja ❏ Nein	
Wurden die Schnittstellen zu anderen Software-Programmmodulen definiert?	❏ Ja ❏ Nein	
Wurden die Stammdaten festgelegt und in die Vorbelegungslisten für die jeweiligen Module der Facility Management Software eingepflegt?	❏ Ja ❏ Nein	

Wurde die notwendige Qualifikation der Mitarbeiter überprüft und ggf. erforderliche Qualifizierungs- und Schulungsmaßnahmen festgelegt?	❑ Ja ❑ Nein	

Schritt 2	**Einführungsprozess**

1. Erfassung der Liegenschaft

Wurde das Liegenschaftsbuch eingesehen?	❑ Ja ❑ Nein	
Wurden die vorhandenen Belastungen überprüft?	❑ Ja ❑ Nein	
Wurden die Rechte geprüft?	❑ Ja ❑ Nein	
Wurden die Nutzungsabschnitte überprüft?	❑ Ja ❑ Nein	

2. Erfassung des Grundstücks

Wurden die Grundbuchdaten eingesehen?	❑ Ja ❑ Nein	
Ist die baurechtliche Festlegung erfolgt?	❑ Ja ❑ Nein	
Wurden die Längen von Verkehrswegen ermittelt?	❑ Ja ❑ Nein	
Wurde der Grundstückswert ermittelt?	❑ Ja ❑ Nein	
Wurden die bestehenden Verträge eingesehen und geprüft?	❑ Ja ❑ Nein	

3. Erfassung des Gebäudes

Wurde der Gebäudezustand erfasst und dokumentiert?	❑ Ja ❑ Nein	
Wurden sämtliche Bauteile und Konstruktionen (Außenwände, Innenwände, Dächer, Keller, Fenster und Türen, Gründung, Abdichtungen usw.) hinsichtlich Schäden visuell überprüft und dokumentiert?	❑ Ja ❑ Nein	
Wurden bei besonderen Schädigungen Gutachten in Auftrag gegeben, z. B. zu Brandschutz, Wärmeschutz, Feuchteschutz, Schallschutz, Baustoffanalysen usw.)?	❑ Ja ❑ Nein	
Sind sämtliche technische Anlagen (Heizung, Klima, Sanitär, Elektro, Kommunikation) überprüft und dokumentiert?	❑ Ja ❑ Nein	

4. Erfassung des Inventars

Wurden alle Möbelstücke und Einrichtungsgegenstände erfasst und dokumentiert?	❑ Ja ❑ Nein	
Wurden die bürotechnischen Anlagen erfasst und dokumentiert?	❑ Ja ❑ Nein	

Wurden die Anlagen der Computertechnik erfasst und dokumentiert?	❑ Ja ❑ Nein	
Wurden die Anlagen zur Gebäudetechnik erfasst und dokumentiert?	❑ Ja ❑ Nein	

5. Erfassung der Vertragsverhältnisse

Mieten- und Pachtverträge erfasst?	❑ Ja ❑ Nein	
Eigennutzung erfasst?	❑ Ja ❑ Nein	
Anmietungen erfasst?	❑ Ja ❑ Nein	
An- und Verkäufe erfasst?	❑ Ja ❑ Nein	
Versicherungen erfasst?	❑ Ja ❑ Nein	
Reinigungsverträge erfasst?	❑ Ja ❑ Nein	
Wartungsverträge erfasst?	❑ Ja ❑ Nein	

6. Erfassung der Objektkosten

Wurden die Eingangsrechnungen auf die Objekte umgelegt und gebucht?	❑ Ja ❑ Nein	
Wurde dazu ein Verteilerschlüssel erstellt?	❑ Ja ❑ Nein	
Wurden die Eingangsrechnungen auf den Zeitraum, auf den in den Rechnungen Bezug genommen wird, umgelegt?	❑ Ja ❑ Nein	
Wurden die Einnahmen auf den gleichen Zeitraum bezogen?	❑ Ja ❑ Nein	

7. Erfassung der Mengen für Ver- und Entsorgung

Zählerablesungen überprüft?	❑ Ja ❑ Nein	
Energieverbrauch periodengenau erfasst?	❑ Ja ❑ Nein	
Wasserverbrauch periodengenau erfasst?	❑ Ja ❑ Nein	
Abwassermengen periodengenau erfasst?	❑ Ja ❑ Nein	
Müllmengen periodengenau erfasst?	❑ Ja ❑ Nein	

8. Berechnung von Schlüsselkennzahlen

Verwaltungskosten (pro m² BGF)?	❑ Ja ❑ Nein	
Betriebkosten (pro m² BGF und Nutzer)?	❑ Ja ❑ Nein	
Bewirtschaftungskosten (pro m² BGF und Nutzer)?	❑ Ja ❑ Nein	

Gebäudeinstandhaltungskosten (pro m² BGF)?	❏ Ja ❏ Nein	
Wärmeenergieverbrauchskosten (pro m² BGF und Nutzer)?	❏ Ja ❏ Nein	
Gebäudeerträge (pro m² BGF)?	❏ Ja ❏ Nein	
Zeitwert der Immobilie (pro m² BGF)?	❏ Ja ❏ Nein	
Gesamtkosten der Immobilie (pro m² BGF und Nutzer)?	❏ Ja ❏ Nein	
9. Einführung einer Qualitätssicherung		
Wurden die Grundsätze des Qualitätsmanagements wie Ziele, Politik usw. sowie die Organisation des FM mit Zuständigkeiten, Verantwortlichkeiten usw. in einer Art „Handbuch" definiert?	❏ Ja ❏ Nein	
Wurden die erforderlichen Prozesse erarbeitet, beschrieben und aktualisiert?	❏ Ja ❏ Nein	
Wurden die durchzuführenden Tätigkeiten und Abläufe in „Verfahrensanweisungen" beschrieben?	❏ Ja ❏ Nein	
Wurden verbindliche Praktiken für die Ausführung und Überwachung bestimmter Tätigkeiten im Sinne von „Arbeitsanweisungen" festgelegt?	❏ Ja ❏ Nein	
Wurden die gültigen Normen, Gesetze, Verordnungen usw. dokumentiert?	❏ Ja ❏ Nein	
Sind ein kontinuierliches Monitoring und eine fortlaufende Kontrolle der Umsetzung der FM-Aufgaben eingeplant?	❏ Ja ❏ Nein	

8.1.2 Planung und Durchführung einer Sanierungsmaßnahme

Checkliste zur Planung und Durchführung einer Sanierungsmaßnahme		
Schritt 1 **Planungsziel**		
Kritischer Aspekt/Frage	Antwort	Anmerkung
1. Vorstellungen zur Nutzung		
Nutzungsart festgelegt?	❏ Ja ❏ Nein	
Vorgesehene Nutzung bestandsadäquat?	❏ Ja ❏ Nein	
Nutzungsänderung des Gebäudes?	❏ Ja ❏ Nein	
Nutzungsänderung bestehender Bereiche?	❏ Ja ❏ Nein	
Bauliche Erweiterungen geplant?	❏ Ja ❏ Nein	
2. Rechtliche Vorgaben (siehe Checkliste „Öffentlich-rechtliche Rahmenbedingungen")		
Landesbauordnung, z. B. Vorgaben von Raumhöhen?	❏ Ja ❏ Nein	
Vorgaben zulässig nach örtlichem Planungsrecht?	❏ Ja ❏ Nein	
Brandschutz zu beachten?	❏ Ja ❏ Nein	
Denkmalschutz zu beachten?	❏ Ja ❏ Nein	
3. Finanzierung		
Schätzung der Baukosten erfolgt?	❏ Ja ❏ Nein	
Fördermittel zu erwarten?	❏ Ja ❏ Nein	
Geplante Baumaßnahme voraussichtlich finanzierbar?	❏ Ja ❏ Nein	
Schritt 2 **Bestandsaufnahme**		
1. Erfassung baugeschichtlicher Daten		
Baugeschichtliche Einordnung und Baujahr erfolgt?	❏ Ja ❏ Nein	
Bauliche Veränderungen erfasst?	❏ Ja ❏ Nein	
Städtebauliches Umfeld erfasst?	❏ Ja ❏ Nein	
Denkmalschutz erforderlich?	❏ Ja ❏ Nein	
Bisherige Nutzung erfasst?	❏ Ja ❏ Nein	
2. Bestandsunterlagen		
Bestandspläne neu erstellt bzw. vorhandene überprüft?	❏ Ja ❏ Nein	

| Ist-Zustand des Gebäudes durch Fotografien, eventuell Videoaufnahmen, vollständig dokumentiert? | ❏ Ja   ❏ Nein | |
| | | |

3. Angaben zur Bestandsaufnahme

Lage des Bauwerks im Gelände erfasst?	❏ Ja ❏ Nein	
Gründungsart und Baugrund überprüft?	❏ Ja ❏ Nein	
Tragstruktur, z. B. Dach, Decken, Wände, Stützen, Aussteifungen usw. erfasst?	❏ Ja ❏ Nein	
Konstruktive Details, z. B. Anschlüsse und Verbindungen usw. überprüft?	❏ Ja ❏ Nein	
Regenwasserableitungen überprüft?	❏ Ja ❏ Nein	
Aufbau der Bauteile mit Baustoffbezeichnungen, z. B. Außen- und Innenwand, Decken, Dach usw. erfasst?	❏ Ja ❏ Nein	
Vorhandene Ausstattungselemente, z. B. Fenster, Türen, Treppen, Fußböden, Wandoberflächen usw. dokumentiert?	❏ Ja ❏ Nein	
Vorhandene technische Ausstattung, z. B. Heizung, Sanitär, Elektro, Gas usw. überprüft?	❏ Ja ❏ Nein	

Schritt 3	**Erfassung des Bauzustandes**

1. Schadenserscheinungen

Bei einsturzgefährdeten Bauwerksbereichen oder -teilen Sofortmaßnahmen erforderlich/eingeleitet?	❏ Ja ❏ Nein	
Setzungen und daraus resultierende Risse vorhanden?	❏ Ja ❏ Nein	
Überdurchschnittliche Verformungen von Bauteilen festgestellt?	❏ Ja ❏ Nein	
Schiefstellungen von Bauwerksteilen vorhanden?	❏ Ja ❏ Nein	
Feuchte- und salzbelastete Bereiche befunden?	❏ Ja ❏ Nein	
Schädigungen durch holzzerstörende Insekten und/oder Pilze aufgetreten?	❏ Ja ❏ Nein	
Befall durch Echten Hausschwamm festgestellt?	❏ Ja ❏ Nein	
Geschädigte oder gelöste konstruktive Verbindungen vorhanden?	❏ Ja ❏ Nein	
Instandsetzungsbedürftiger Zustand der Wände, Decken, Böden, Dach usw.?	❏ Ja ❏ Nein	
Negative Auswirkungen auf den Bauzustand durch frühere Eingriffe/Umbauten?	❏ Ja ❏ Nein	

2. Schadensaufnahme

Art, Ort und Grad der Schädigungen festgehalten?	❏ Ja ❏ Nein
Ursachen ermittelt und erfasst?	❏ Ja ❏ Nein
Sondergutachten, Untersuchungsberichte usw. erstellt?	❏ Ja ❏ Nein

Schritt 4	Bewertung des Ist-Zustandes

1. Dringlichkeit der Maßnahmen

Das Gebäude ist in seinem Bestand gefährdet?	❏ Ja ❏ Nein
Bereiche mit Einsturzgefahr wurden festgestellt und markiert?	❏ Ja ❏ Nein
Maßnahmen für die Bestandssicherheit sind erforderlich, z. B. Abstützungen, Witterungsschutz?	❏ Ja ❏ Nein

2. Konstruktive Bauteile

Erhebliche Verformungen sind in die Tragwerksbeurteilung eingegangen?	❏ Ja ❏ Nein
Ergebnisse der Sondergutachten/ Untersuchungsberichte ausgewertet?	❏ Ja ❏ Nein
Zu erneuernde bzw. zu sanierende Bauteile wurden festgelegt, z. B. bei Wänden, Decken und Dach?	❏ Ja ❏ Nein

Schritt 5	Vergleich Ist-Zustand mit Planungsziel

1. Planungs- und nutzungsbedingte Gesichtspunkte

Tragkonstruktion ausreichend?	❏ Ja ❏ Nein
Denkmalverträgliche Nutzung möglich?	❏ Ja ❏ Nein
Bestandschutz berücksichtigt?	❏ Ja ❏ Nein
Nutzungsvarianten geprüft?	❏ Ja ❏ Nein
Nutzung ohne bestandsentlastende Anbauten realisierbar?	❏ Ja ❏ Nein
Gestalterische Konsequenzen erwogen?	❏ Ja ❏ Nein
Wärme- und Feuchteschutz erfüllt?	❏ Ja ❏ Nein
Schallschutz erfüllt?	❏ Ja ❏ Nein
Vorbeugender Brandschutz, baurechtliche Vorgaben erfüllt?	
Gebäudeheizung ausreichend?	❏ Ja ❏ Nein
Mögliche Änderung des Raumklimas berücksichtigt?	❏ Ja ❏ Nein

2. Möglichkeiten der Realisierung

Geplante Nutzung erreichbar?	❏ Ja ❏ Nein	
Genehmigungsfähigkeit gesichert?	❏ Ja ❏ Nein	
Geschätzte Kosten ausreichend?	❏ Ja ❏ Nein	
Einsatz bestandsverträglicher Materialien gesichert?	❏ Ja ❏ Nein	

Schritt 6	Planung

1. Vordringliche Maßnahmen

Objektsicherung?	❏ Ja ❏ Nein	
Aussteifung, Abstürzung?	❏ Ja ❏ Nein	
Witterungsschutz?	❏ Ja ❏ Nein	

2. Planungsgrundlagen

Technische Lösungen handwerklich ausführbar?	❏ Ja ❏ Nein	
Fachgerechter Einsatz von geeigneten Materialien und Verfahren beachtet?	❏ Ja ❏ Nein	
Detailpunkte gelöst (z. B. Bauteilanschlüsse, konstruktiver Holzschutz, Wärmebrücken usw.?	❏ Ja ❏ Nein	
Sanierungsablauf dem Bauwerk angepasst?	❏ Ja ❏ Nein	
Angemessener Ausbaubestand vorgesehen?	❏ Ja ❏ Nein	
Spätere Überprüfbarkeit des Bauwerks beachtet, z. B. Zugänglichkeit kritischer Punkte?	❏ Ja ❏ Nein	

3. Bauphysik

Maßnahmen zur Schlagregendichtigkeit der Außenfassade getroffen?	❏ Ja ❏ Nein	
Gefahr des Tauwassers im Bauteilinneren durch Diffusion bzw. Konvektion berücksichtigt?	❏ Ja ❏ Nein	
Wärmebrücken (geometrisch wie stofflich) und damit auch Mindestwärmeschutz beachtet?	❏ Ja ❏ Nein	
Anforderungen nach EnEV berücksichtigt?	❏ Ja ❏ Nein	
Anforderungen nach EnEV eingehalten: über Bauteil-Verfahren?	❏ Ja ❏ Nein	
Anforderungen nach EnEV eingehalten: über Bilanz-Verfahren?	❏ Ja ❏ Nein	

Anforderungen nach EnEV: Befreiung bzw. Ausnahme beantragt?	❑ Ja ❑ Nein	
Schallschutz-Anforderungen eingehalten: Mindestschallschutz nach DIN 4109?	❑ Ja ❑ Nein	
Schallschutz-Anforderungen eingehalten: Bestehender Schallschutz eingehalten oder verbessert?	❑ Ja ❑ Nein	
Brandschutztechnisches Konzept erstellt?	❑ Ja ❑ Nein	

4. Tragwerksplanung

Stoffgerechte Berechnungsmethoden angewendet?	❑ Ja ❑ Nein	
Vertretbare Abweichungen von anerkannten Regeln der Technik mit der Bauaufsicht einschl. des statischen Prüfers vereinbart?	❑ Ja ❑ Nein	
Veränderungen des Tragsystems beachtet?	❑ Ja ❑ Nein	
Veränderungen von Lasten berücksichtigt? Erhöhungen oder Minderungen der ständigen Lasten können die Standsicherheit gefährden.	❑ Ja ❑ Nein	
Standsicherheit während der Bauzeit gewährleistet, z. B. bei erhöhter Windlast während bestimmter Bauzustände?	❑ Ja ❑ Nein	

5. Ausschreibung und Vergabe

Erarbeitung von spezifizierten Leistungsbeschreibungen; Details in den Ausschreibungen zur Verdeutlichung beigefügt?	❑ Ja ❑ Nein	
Verfügbarkeit von Baustoffen gesichert?	❑ Ja ❑ Nein	
Verfügbarkeit von produktspezifischen Informationen zu Baustoffen beachtet?	❑ Ja ❑ Nein	
Fallbezogene Vergabebedingungen mit zuständigen Stellen festgelegt?	❑ Ja ❑ Nein	
Beschränkte Ausschreibung unter Fachfirmen erforderlich?	❑ Ja ❑ Nein	

Schritt 7	Ausführung

1. Planungsunterlagen auf der Baustelle

Alle Unterlagen vollständig und auf dem neuesten Stand, einschl. der zu berücksichtigen Regelwerke?	❑ Ja ❑ Nein	
Unterlagen aufeinander abgestimmt, eventuelle Änderungen gekennzeichnet?	❑ Ja ❑ Nein	

| Planungsunterlagen den Ausführenden durch Einweisung bekannt? | ❑ Ja ❑ Nein | |

2. Bauablauf

Zeitlich sinnvoller Ablauf, Bauabfolgeplan mit Einzelgewerken abgesprochen, z. B. wiederholter Einsatz?	❑ Ja ❑ Nein	
Zeitliche Vorgaben für Einzelleistungen erfolgt?	❑ Ja ❑ Nein	
Unvorhergesehene Ereignisse eingeplant, z. B. bei späterer Entdeckung von Schäden?	❑ Ja ❑ Nein	
Berücksichtigung von Verlängerungen der Bauzeit: Einhaltung von Standzeiten bei Werkstoffen usw.?	❑ Ja ❑ Nein	
Berücksichtigung von Verlängerungen der Bauzeit: Konstruktive Maßnahmen?	❑ Ja ❑ Nein	
Berücksichtigung von Verlängerungen der Bauzeit: Rücksicht auf Witterung?	❑ Ja ❑ Nein	
Berücksichtigung von Verlängerungen der Bauzeit: Untersuchung und Leistung als Restaurator?	❑ Ja ❑ Nein	
Mitteilung von gravierenden Verschiebungen an Beteiligte?	❑ Ja ❑ Nein	

3. Überwachung und Ausführung

Organisation festgelegt?	❑ Ja ❑ Nein	
Bautagebuch wird geführt?	❑ Ja ❑ Nein	
Verarbeitungs- und Verlegezertifikate der einzelnen Handwerker/Firmen, z. B. an Bauaufsichtsamt, Denkmalamt?	❑ Ja ❑ Nein	
Besondere Kontrollen durchgeführt: Sicherungen, Aussteifungen, Abstützungen?	❑ Ja ❑ Nein	
Besondere Kontrollen durchgeführt: Fundamente, Mauerwerksteile?	❑ Ja ❑ Nein	
Besondere Kontrollen durchgeführt: Ausfachung und Dämmung?	❑ Ja ❑ Nein	
Besondere Kontrollen durchgeführt: Putz- und Anstricharbeiten?	❑ Ja ❑ Nein	

4. Kostenkontrolle

| Vergleich Kostenermittlung mit Aufträgen erfolgt? | ❑ Ja ❑ Nein | |
| Vergleich Aufträge mit Rechnungen erfolgt? | ❑ Ja ❑ Nein | |

Detaillierter Nachweis der Leistung zu Abschlagszahlungen dokumentiert?	❏ Ja ❏ Nein	

5. Abnahmen, Protokolle, Abrechnung

Für einzelne Leistungen/Gewerke erfolgt?	❏ Ja ❏ Nein	
Für die Gesamtsanierung erfolgt, soweit baurechtlich erforderlich?	❏ Ja ❏ Nein	
Kosten für den Auftraggeber prüffähig zusammengestellt?	❏ Ja ❏ Nein	
Unterlagen komplett dem Auftraggeber übergeben, z. B. Architektenpläne, Konstruktionspläne, Statik, Installationsschemata mit Bescheinigungen usw.	❏ Ja ❏ Nein	

Schritt 8	**Überwachung und Pflege**

1. Überwachung

Überwachung auf Besonderheiten des Bauwerks erforderlich?	❏ Ja ❏ Nein	
Überwachung auf mögliche Nutzungsbeschränkungen des Bauwerks erforderlich?	❏ Ja ❏ Nein	
Erforderliche Überprüfung der Funktion wichtiger Bauwerksteile und -verbindungen, z. B. Regenablauf, Dichtigkeit des Daches und der Außenwände gegen Regen und Schnee usw. erfolgt? Die Zugänglichkeit der Bauwerksteile ist gewährleistet?	❏ Ja ❏ Nein	
Auf die Notwendigkeit der Überwachung und Pflege mit Angabe des zeitlichen Ablaufs hingewiesen?	❏ Ja ❏ Nein	

2. Gewährleistung

Aufstellung zu Gewährleistungsfristen an Auftraggeber überreicht?	❏ Ja ❏ Nein	
Kontrolle vor Ablauf der einzelnen Gewährleistungen wird empfohlen?	❏ Ja ❏ Nein	

8.1.3 Öffentlich-rechtliche Rahmenbedingungen

Checkliste zu öffentlich-rechtlichen Rahmenbedingungen		
Schritt 1 **Genehmigungen**		
Kritischer Aspekt/Frage	Antwort	Anmerkung
Besteht für das Gebäude eine Baugenehmigung?	❏ Ja ❏ Nein	
Bestehen für das Gebäude sonstige öffentlich-rechtliche Genehmigungen (z. B. BimSch-Genehmigung usw.)?	❏ Ja ❏ Nein	
Erfordert die Revitalisierung eine neue Baugenehmigung oder Nutzungsänderungsgenehmigung?	❏ Ja ❏ Nein	
Deckt der Bestandsschutz die Revitalisierungsmaßnahme ab?	❏ Ja ❏ Nein	
Wird eine statische Neuberechnung des Gebäudes erforderlich (dann kann Bestandsschutz entfallen)?	❏ Ja ❏ Nein	
Erreicht der Umfang der Arbeiten die Quantität wie bei einem Neubau (dann kann Bestandsschutz entfallen)?	❏ Ja ❏ Nein	
Tritt eine Nutzungsänderung ein (dann kann Bestandsschutz entfallen)?	❏ Ja ❏ Nein	
Wurde die bisherige Nutzung nicht länger als 2 Jahre ausgeübt (dann kann Bestandsschutz entfallen)?	❏ Ja ❏ Nein	
Erfordert die Revitalisierung eine spezielle Genehmigung (z. B. BImSch-Genehmigung usw.)?	❏ Ja ❏ Nein	
Schritt 2 **Planungsrecht**		
Entspricht das Vorhaben den Darstellungen des Flächennutzungsplans?	❏ Ja ❏ Nein	
Entspricht das Vorhaben der Darstellung eines etwaigen Rahmenplans?	❏ Ja ❏ Nein	
Entspricht das Vorhaben den Festsetzungen des Bebauungsplans?	❏ Ja ❏ Nein	
Falls kein Bebauungsplan vorhanden ist: Liegen für das Vorhaben die Voraussetzungen der §§ 34 oder 35 BauGB vor?	❏ Ja ❏ Nein	
Falls planungsrechtliche Voraussetzungen fehlen: Ist die Änderung des Flächennutzungsplans, eines etwaigen Rahmenplanes oder eines Bebauungsplans erforderlich?	❏ Ja ❏ Nein	
Falls planungsrechtliche Voraussetzungen fehlen: Besteht bei Verwaltung und in den politischen Gremien der zuständige Kommune Bereitschaft zur Änderung?	❏ Ja ❏ Nein	

Falls planungsrechtliche Vorraussetzungen fehlen: Liegen die Voraussetzungen für eine Befreiung nach § 31 Abs. 2 RauGB vor?	❑ Ja ❑ Nein	
Falls planungsrechtliche Voraussetzungen fehlen: Ist es sinnvoll, das erforderliche Planungsrecht evtl. durch einen vorhabenbezogenen Bebauungsplan zu schaffen?	❑ Ja ❑ Nein	

Schritt 3	**Öffentlich-rechtliche Sonderprobleme**	

1. Allgemeines

Liegt das Grundstück in einem Umlegungsgebiet? (Falls ja: Genehmigung der Umlegungsstelle gem. § 51 BauGB einholen!)	❑ Ja ❑ Nein	
Liegt das Gründstück im Gebiet einer städtebaulichen Sanierungs- oder Entwicklungsmaßnahme? (Falls ja: Genehmigung nach §§ 144, 169 Abs. 1 Ziff. 3 BauGB einholen!)	❑ Ja ❑ Nein	

2. Verträge

Ist für die Realisierung des Vorhabens der Abschluss eines städtebaulichen Vertrages erforderlich?	❑ Ja ❑ Nein	
Ist für die Realisierung des Vorhabens der Abschluss eines Erschließungsvertrages erforderlich?	❑ Ja ❑ Nein	
Ist für die Realisierung des Vorhabens der Abschluss eines Ablösungsvertrages erforderlich?	❑ Ja ❑ Nein	
Ist für die Realisierung des Vorhabens der Abschluss eines Bauleitplanungsvertrages erforderlich?	❑ Ja ❑ Nein	
Ist für die Realisierung des Vorhabens der Abschluss eines Folgekostenvertrages erforderlich?	❑ Ja ❑ Nein	
Ist für die Realisierung des Vorhabens der Abschluss eines Vertrages über freiwillige Umlegung erforderlich?	❑ Ja ❑ Nein	
Ist für die Realisierung des Vorhabens der Abschluss eines Durchführungsvertrages zum Vorhaben- und Erschließungsplan erforderlich?	❑ Ja ❑ Nein	
Ist für die Realisierung des Vorhabens der Abschluss eines Stellplatzablösungsvertrages erforderlich?	❑ Ja ❑ Nein	

3. Umweltschutz

Bestehen umweltrechtliche Einschränkungen und Genehmigungserfordernisse?	❑ Ja ❑ Nein	
Liegt das Vorhaben in einem Schutzgebiet oder in unmittelbarer Nähe eines Schutzgebietes (Naturschutzge-	❑ Ja ❑ Nein	

biet, Landschaftsschutzgebiet, Gewässerschutzgebiet, Trinkwasserschutzzone)?	
Ist eine Umweltverträglichkeitsprüfung (UVP) erforderlich?	❏ Ja ❏ Nein
Verlangt die Behörde für die Realisierung des Vorhabens ein Lärmschutzgutachten, Verkehrsgutachten o. ä.?	❏ Ja ❏ Nein

4. Erschließung

Ist die Erschließung abgesichert?	❏ Ja ❏ Nein
Besteht eine ausreichende Anbindung an das Straßennetz?	❏ Ja ❏ Nein
Sind ausreichende Versorgungsleitungen für Trinkwasser, Gas, Strom, evtl. Fernwärme, Telekommunikationseinrichtungen etc. vorhanden?	❏ Ja ❏ Nein
Bestehen hinreichende Entsorgungseinrichtungen (Regenwasser, Schmutzwasserkanalisation, Regenrückhaltebecken etc.?	❏ Ja ❏ Nein
Besteht eine ausreichende Anbindung an den öffentlichen Personennahverkehr?	❏ Ja ❏ Nein

5. Denkmalschutz

Steht das vorhandene Gebäude oder stehen Teile des Gebäudes unter Denkmalschutz?	❏ Ja ❏ Nein
Gehört das Gebäude zu einem denkmalgeschützten Ensemble?	❏ Ja ❏ Nein
Ist zu erwarten, dass bei Bekanntwerden der Revitalisierungsabsicht eine denkmalrechtliche Unterschutzstellung erfolgt?	❏ Ja ❏ Nein
Falls das Gebäude oder Teile des Gebäudes unter Denkmalschutz stehen: Ist mit einer denkmalrechtlichen Genehmigung der Revitalisierungsmaßnahme zu rechnen?	❏ Ja ❏ Nein

6. Altlasten

Bestehen Kenntnisse darüber, dass das Baugrundstück mit Altlasten (Boden-, Bodenluft-, Grundwasserkontaminationen) behaftet ist?	❏ Ja ❏ Nein
Bestehen Kenntnisse darüber, dass die Bausubstanz selbst mit Schadstoffen behaftet ist und deshalb im Zuge der Revitalisierung besondere Entsorgungsprobleme auftreten können (z. B. Asbestkontaminationen)?	❏ Ja ❏ Nein

Schritt 4	**Bauordnungsrecht**		
Ergeben sich aus der aktuellen Bauordnung für die Revitalisierung besondere Genehmigungserfordernisse?	❏ Ja	❏ Nein	
Entspricht das Vorhaben den besonderen Anforderungen an Standsicherheit?	❏ Ja	❏ Nein	
Entspricht das Vorhaben den besonderen Anforderungen an Brandschutz?	❏ Ja	❏ Nein	
Entspricht das Vorhaben den besonderen Anforderungen an Lärmschutz?	❏ Ja	❏ Nein	
Entspricht das Vorhaben den besonderen Anforderungen an Wärmeschutz?	❏ Ja	❏ Nein	
Entspricht das Vorhaben den besonderen Anforderungen an Erschütterungsschutz?	❏ Ja	❏ Nein	
Entspricht das Vorhaben den besonderen Anforderungen an Verkehrssicherheit?	❏ Ja	❏ Nein	
Handelt es sich bei dem Gebäude um einen so genannten Sonderbau (vgl. § 54 BauONW)?	❏ Ja	❏ Nein	
Sind die notwendigen Stellplätze vorhanden oder können sie auf dem Grundstück geschaffen werden?	❏ Ja	❏ Nein	
Sind Sonderbauvorschriften einschlägig, etwa die Verordnungen für Hochhäuser, Verkaufsstätten und große Geschäftshäuser, Versammlungsstätten, Gaststätten, Krankenhäuser etc.?	❏ Ja	❏ Nein	

Schritt 5	**Genehmigungsverfahren**		
Falls Grundsatzfragen zu klären sind bzw. planungsrechtliche Vorfragen: ggf. Bauvoranfrage stellen?	❏ Ja	❏ Nein	
Bedarf es für die Revitalisierung einer Baugenehmigung oder ist das Vorhaben genehmigungsfrei?	❏ Ja	❏ Nein	
Bedarf es einer Abrissgenehmigung?	❏ Ja	❏ Nein	
Ist eine Nutzungsänderungsgenehmigung erforderlich?	❏ Ja	❏ Nein	
Ist eine Zweckenfremdungsgenehmigung (Zweckentfremdung von Wohnraum) erforderlich?	❏ Ja	❏ Nein	
Führt das Revitalisierungsvorhaben zu einem Eingriff in Natur und Landschaft?	❏ Ja	❏ Nein	
Gibt es Widerstände gegen das Revitalisierungsvorhaben bei Verwaltung?	❏ Ja	❏ Nein	
Gibt es Widerstände gegen das Revitalisierungsvorhaben bei politischen Gemeinden?	❏ Ja	❏ Nein	

| Gibt es Widerstände gegen das Revitalisierungsvorhaben bei der Öffentlichkeit? | ❑ Ja   ❑ Nein | |
| Gibt es Widerstände gegen das Revitalisierungsvorhaben bei Nachbarn? | ❑ Ja   ❑ Nein | |

8.1.4   Gebäudedaten-Erfassung

Checkliste zu öffentlich-rechtlichen Rahmenbedingungen		
Schritt 1	**Genehmigungen**	
Kritischer Aspekt/Frage	Antwort	Anmerkung
Besteht für das Gebäude eine Baugenehmigung?	❏ Ja ❏ Nein	
Bestehen für das Gebäude sonstige öffentlich-rechtliche Genehmigungen (z. B. BimSch-Genehmigung usw.)?	❏ Ja ❏ Nein	
Erfordert die Revitalisierung eine neue Baugenehmigung oder Nutzungsänderungsgenehmigung?	❏ Ja ❏ Nein	
Deckt der Bestandsschutz die Revitalisierungsmaßnahme ab?	❏ Ja ❏ Nein	
Wird eine statische Neuberechnung des Gebäudes erforderlich (dann kann Bestandsschutz entfallen)?	❏ Ja ❏ Nein	
Erreicht der Umfang der Arbeiten die Quantität wie bei einem Neubau (dann kann Bestandsschutz entfallen)?	❏ Ja ❏ Nein	
Tritt eine Nutzungsänderung ein (dann kann Bestandsschutz entfallen)?	❏ Ja ❏ Nein	
Wurde die bisherige Nutzung nicht länger als 2 Jahre ausgeübt (dann kann Bestandsschutz entfallen)?	❏ Ja ❏ Nein	
Erfordert die Revitalisierung eine spezielle Genehmigung (z. B. BImSch-Genehmigung usw.)?	❏ Ja ❏ Nein	
Schritt 2	**Planungsrecht**	
Entspricht das Vorhaben den Darstellungen des Flächennutzungsplans?	❏ Ja ❏ Nein	
Entspricht das Vorhaben der Darstellung eines etwaigen Rahmenplans?	❏ Ja ❏ Nein	
Entspricht das Vorhaben den Festsetzungen des Bebauungsplans?	❏ Ja ❏ Nein	
Falls kein Bebauungsplan vorhanden ist: Liegen für das Vorhaben die Voraussetzungen der §§ 34 oder 35 BauGB vor?	❏ Ja ❏ Nein	
Falls planungsrechtliche Voraussetzungen fehlen: Ist die Änderung des Flächennutzungsplans, eines etwaigen Rahmenplanes oder eines Bebauungsplans erforderlich?	❏ Ja ❏ Nein	
Falls planungsrechtliche Voraussetzungen fehlen: Besteht bei Verwaltung und in den politischen Gremien der zuständige Kommune Bereitschaft zur Änderung?	❏ Ja ❏ Nein	

2. Erschließung		
❏ Wasser	m³/h	bar
❏ Abwasser / Schmutzwasser		m³/h
❏ Abwasser / Regenwasser		l/s
❏ Elektroenergie	kW	V
❏ Gas	m³/h	bar
❏ Fernwärme	kW	K
❏ Kommunikation (Anschlussart)		
Entfernung ÖPNV		
Sonstiges		

3. Weitere Unterlagen	
❏ Lageplan	
❏	

Schritt 3	Gebäudekenndaten

1. Allgemeine Beschreibung	
Brutto-Raum-Inhalt (BRI)	m³
Umbauter Raum	m³
Anzahl Geschosse	Stück
Anzahl Treppenhäuser	Stück
Wohnungen (Anzahl / Art / Größe)	
Büroräume (Anzahl / Art / Größe)	
Sonstige Nutzungen (Anzahl / Art / Größe)	

2. Flächen	
Brutto-Grundfläche (BGF)	m²
Netto-Grundfläche (NGF)	m²

Nutzfläche (NF)	m²
Funktionsfläche (FF)	m²
Hauptnutzfläche (HNF)	m²
Gewerbefläche	m²
Wohnfläche	m²
Beheizte Wohnfläche	m²
Umgebungsfläche	m²
Fassadenfläche gesamt	m²
Fassadenfläche NO	m²
Fassadenfläche SO	m²
Fassadenfläche SW	m²
Fassadenfläche NW	m²

3. Sonstige Kennwerte

A/V-Verhältnis					
BRI/BGF-Verhältnis					
Traufhöhe					m
Orientierung Gebäudeachse	❏ N ❏ NO ❏ O ❏ SO ❏ S ❏ SW ❏ W ❏ NW				
Fensteranteil	Fassade	0 %	15 %	30 %	50 %
	NO				
	SO				
	SW				
	NW				
Angaben zum Keller	❏ Vollunterkellerung ❏ Teilunterkellerung				

8.1.5 Gebäudezustands-Erfassung

Checkliste zur Gebäudedaten-Erfassung	
Schritt 1	**Allgemeine Angaben**
Standort des Gebäudes (Anschrift)	
Bauherr / Bauträger	
Eigentümer	1.
	2.
	3.
Baujahr	
Entwurfsverfasser	
Weitere Unterlagen	❑ Liste Fachplaner
	❑ Liste ausführender Firmen
	❑
Datum Fertigstellung nach VOB	
Datum Abnahme durch untere Bauaufsicht	
Datum Modernisierung / Instandsetzung	
Gebäudepass liegt vor?	❑ Ja ❑ Nein
Datum Erstellung Gebäudepass	
Datum Ergänzung Gebäudepass	
Schritt 2	**Liegenschaft**
1. Allgemeine Daten	
Gemarkung	
Flur	
Flurstück	
Katasteramt	
Gesamtfläche	
Frühere Nutzung	
Anteil versiegelter Fläche	
Altlasten	❑ Verdacht ❑ Vorhanden

❏ Sportanlagen	Art:			❏ Ja ❏ Nein
❏ Vegetation				❏ Ja ❏ Nein

2. Baukonstruktion

Prüfelement	Kurzbeschreibung	Zustand	Priorität	Untersuchung?
Baugrund				❏ Ja ❏ Nein
Grundwasser				❏ Ja ❏ Nein
Schichtenwasser				❏ Ja ❏ Nein
Gründung				❏ Ja ❏ Nein
Keller: Außenwände				❏ Ja ❏ Nein
Keller: Außentüren/Tore				❏ Ja ❏ Nein
Keller: Fenster				❏ Ja ❏ Nein
Keller: Wärmedämmung				❏ Ja ❏ Nein
Außenwände				❏ Ja ❏ Nein
Anstrich				❏ Ja ❏ Nein
Oberfläche				❏ Ja ❏ Nein
Fassadenputz insgesamt				❏ Ja ❏ Nein
Sockelputz insgesamt				❏ Ja ❏ Nein
Wärmedämmung				❏ Ja ❏ Nein
Innenwände				❏ Ja ❏ Nein
Tragende Innenwände				❏ Ja ❏ Nein
Decken				❏ Ja ❏ Nein
Treppen und Podeste				❏ Ja ❏ Nein
Treppenhäuser:				❏ Ja ❏ Nein
Dach: Tragwerk				❏ Ja ❏ Nein
Dach: Deckung				❏ Ja ❏ Nein
Dach: Aufbauten massiv				❏ Ja ❏ Nein
Dach: Aufbauten Glas				❏ Ja ❏ Nein
Dach: Dachgauben				❏ Ja ❏ Nein
Dach: Wärmedämmung				❏ Ja ❏ Nein
Dach: Abschlüsse				❏ Ja ❏ Nein
Dach: Dachraum				❏ Ja ❏ Nein
Fenster				❏ Ja ❏ Nein

Wetterschutz			❏ Ja	❏ Nein
Sonnenschutz			❏ Ja	❏ Nein
Wohnungstüren			❏ Ja	❏ Nein
Innentüren			❏ Ja	❏ Nein
Innenausbauten			❏ Ja	❏ Nein
Bodenbeläge			❏ Ja	❏ Nein
Wandverkleidungen			❏ Ja	❏ Nein
Deckenverkleidungen			❏ Ja	❏ Nein
Küchen			❏ Ja	❏ Nein
Bäder/WC			❏ Ja	❏ Nein
Abluftanlagen			❏ Ja	❏ Nein
Gewerberäume			❏ Ja	❏ Nein
Hauseingangstür			❏ Ja	❏ Nein
Balkone, Loggien			❏ Ja	❏ Nein
Lagerung Energieträger			❏ Ja	❏ Nein
Wärmeerzeugung			❏ Ja	❏ Nein
Wärmeverteilung			❏ Ja	❏ Nein
Wärmeabgabe			❏ Ja	❏ Nein
Hausanschluss			❏ Ja	❏ Nein
Kaltwasserverteilung			❏ Ja	❏ Nein
Warmwasserverteilung			❏ Ja	❏ Nein
Gasverteilung			❏ Ja	❏ Nein
Entsorgung Wasser			❏ Ja	❏ Nein
Elektro: Messung/Verteilung			❏ Ja	❏ Nein
Elektro: Schwachstrom			❏ Ja	❏ Nein
Elektroinstallation Wohnungen			❏ Ja	❏ Nein
Elektroinstallation Nutzräume			❏ Ja	❏ Nein
Elektroinstallation Büros			❏ Ja	❏ Nein
Aufzug			❏ Ja	❏ Nein

8.1.6 Gebäudezustands-Analyse

Checkliste zur Gebäudezustands-Erfassung			
Zustandserfassung			
Zustand 1	In Ordnung, keine Maßnahmen erforderlich		
Zustand 2	Reparaturen erforderlich		
Zustand 3	Modernisierungsmaßnahmen erforderlich		
Zustand 4	Vollständiger Austausch/Erneuerung erforderlich		
Prioritätenfestlegung für Sanierungsmaßnahmen			
Priorität 1	Sehr dringlich, sehr wichtig		
Priorität 2	dringlich, wichtig		
Priorität 3	weniger dringlich, weniger wichtig		

Erfassungskriterien			
1. Außenanlagen			

Prüfelement		Zustand	Priorität	Untersuchung?
❑ Terrassen				❑ Ja ❑ Nein
❑ Zuwege, Zufahrten				❑ Ja ❑ Nein
❑ Pflasterflächen				❑ Ja ❑ Nein
❑ Anforderungen an Barrierefreiheit erfüllt				❑ Ja ❑ Nein
❑ Einfriedungen	Art:			❑ Ja ❑ Nein
❑ Abfallsammelplatz				❑ Ja ❑ Nein
❑ Wasserleitungen	∅ Mat.:			❑ Ja ❑ Nein
❑ Regenwasserleitungen	∅ Mat.:			❑ Ja ❑ Nein
❑ Schmutzwasserleitungen	∅ Mat.:			❑ Ja ❑ Nein
❑ Regenwasserversickerungsanlage				❑ Ja ❑ Nein
❑ Oberflächenentwässerung				❑ Ja ❑ Nein
❑ Elektroleitungen Starkstrom				❑ Ja ❑ Nein
❑ Elektroleitungen Telefon				❑ Ja ❑ Nein
❑ Elektroleitungen TV				❑ Ja ❑ Nein
❑ Beleuchtung				❑ Ja ❑ Nein
❑ Kfz-Stellplätze	Anzahl:			❑ Ja ❑ Nein
❑ Garagenplätze	Anzahl:			❑ Ja ❑ Nein
❑ Grünanlagen	Bepflanzung:			❑ Ja ❑ Nein
❑ Spielplätze				❑ Ja ❑ Nein

| Sonstige Untersuchungen | ❏ _____
❏ _____
❏ _____
❏ _____
❏ _____ | | ❏ Ja ❏ Nein | |

2. Laboruntersuchungen

Dichte	❏ Messen, Wiegen ❏ Tauchwiegung		❏ Ja ❏ Nein	
Festigkeiten	❏ Bruch von Hand ❏ Druckversuch ❏ Abreißversuch ❏ Spaltversuch		❏ Ja ❏ Nein	
Elastizitätsmodul	❏ Ultraschall ❏ Resonanzfrequenz ❏ Zugversuch		❏ Ja ❏ Nein	
Dehnung	❏ Setzdehnungsmesser		❏ Ja ❏ Nein	
Frostbeständigkeit	❏ Frost-Tauwechsel		❏ Ja ❏ Nein	
Mauersteinanalyse	❏ Lichtmikroskopie ❏ Nasschemisch ❏ Röntgendiffr. ❏ Röntgenfluoreszent ❏ REM		❏ Ja ❏ Nein	
Mörtelanalyse	❏ Nasschemisch ❏ Siebanalyse ❏ DTA ❏ Infrarotspektrosk. ❏ Röntgendiffr.		❏ Ja ❏ Nein	
Porosität	❏ Mikroskopie ❏ Hg-Porosimetrie		❏ Ja ❏ Nein	
Kapillare Wasseraufnahme	❏ Scheibenversuch		❏ Ja ❏ Nein	
Wasserdampfdurchlässig-keit	❏ Scheibenversuch		❏ Ja ❏ Nein	
Materialfeuchte	❏ Darren		❏ Ja ❏ Nein	
Ausgleichsfeuchte	❏ Lagerung Luft		❏ Ja ❏ Nein	
Sättigungsfeuchte	❏ Lagerung Wasser		❏ Ja ❏ Nein	

Gesamtsalzgehalt	❑ Spezif. Leitfähigkeit ❑ Eindampfrückstand		❑ Ja ❑ Nein	
Sulfate/Chloride/Nitrate	❑ Nasschemisch ❑ Photometrisch ❑ Ionenchromatograpf		❑ Ja ❑ Nein	
Kalzium/Kalium/Natrium	❑ Nasschemisch ❑ Atomabsorption		❑ Ja ❑ Nein	
Salzzusammensetzung	❑ Röntgendiffr. ❑ Infrarotspektroskopie		❑ Ja ❑ Nein	
Sonstige Untersuchungen	❑ _____ ❑ _____ ❑ _____ ❑ _____ ❑ _____		❑ Ja ❑ Nein	

8.1.7 Bewertung der Nachhaltigkeit

Checkliste zur Bewertung der Nachhaltigkeit	
Qualitative Bewertung	
--	Unzureichend
-	Mangelhaft
o	Ausreichend
+	Gut
++	Sehr gut
•	Keine Angaben
Quantitative Bewertung	
ja	Zielvorgaben eingehalten
nein	Zielvorgaben nicht eingehalten

Nachhaltigkeitskriterien				
Schritt 1	**Ökologie**			
Bewertungskriterium		Vorgabe	Bewertung	Eingehalten?
1. Umsetzung des Baubedarfs				
Baubedarf?				❏ Ja ❏ Nein
Weitere Nutzung bestehender Gebäude?				❏ Ja ❏ Nein
2. Schonender Umgang mit Bauland und natürlichen Ressourcen				
Nutzung bzw. Umnutzung von Industriebrachen und/oder militärischen Anlagen/Baulücken?				❏ Ja ❏ Nein
Oberflächenversiegelung?				❏ Ja ❏ Nein
Flächenaufwand Verkehrsflächen?				❏ Ja ❏ Nein
Nutzung des Bodenaushubs innerhalb der Liegenschaft (Massenausgleich)?				❏ Ja ❏ Nein
Eingliederung in das städtische Umfeld bzw. in den Landschaftsraum?				❏ Ja ❏ Nein
Nutzung/Schutz des Grundwassers?				❏ Ja ❏ Nein
Regenwassernutzung innerhalb der Liegenschaft?				❏ Ja ❏ Nein
Erhalt von Naturräumen und ökologischer Strukturen, Verbesserung Biodiversität des nicht bebauten Bodens (Ausgleich)				❏ Ja ❏ Nein
Sanierung von Bodenbelastungen?				❏ Ja ❏ Nein

Randbedingung „Treibhausgase" für den Emissions- schutz?			❑ Ja ❑ Nein
Randbedingung „Luftschadstoffe" für den Emissions- schutz?			❑ Ja ❑ Nein
Randbedingung „Schallschutz" für den Emissions- schutz?			❑ Ja ❑ Nein
Reduzierung von Bauschuttmengen durch Prüfung der Möglichkeiten zum Erhalt nutzbarer Bauteile und Flä- chen			❑ Ja ❑ Nein

3. Hohe Dauerhaftigkeit und universelle Nutzbarkeit des Gebäudes, problemloser Rückbau			
Dauerhaftigkeit Gebäude?			❑ Ja ❑ Nein
Nutzbarkeit Gebäude?			❑ Ja ❑ Nein
Rückbaumöglichkeiten Gebäude?			❑ Ja ❑ Nein
Wiederverwendbarkeit Bauteile/Baustoffe: Tragkon- struktion?			❑ Ja ❑ Nein
Wiederverwendbarkeit Bauteile/Baustoffe: Außenwän- de?			❑ Ja ❑ Nein
Wiederverwendbarkeit Bauteile/Baustoffe: Decken?			❑ Ja ❑ Nein
Wiederverwendbarkeit Bauteile/Baustoffe: Innenwän- de?			❑ Ja ❑ Nein
Wiederverwendbarkeit Bauteile/Baustoffe: Dachkon- struktion?			❑ Ja ❑ Nein
Wiederverwendbarkeit Bauteile/Baustoffe: Gebäude- technik?			❑ Ja ❑ Nein
Wiederverwertung von Bauteilen und Baustoffen?			❑ Ja ❑ Nein
Modulare Bauweise/Einsatz vorgefertigter Bauteile?			❑ Ja ❑ Nein
Instandsetzungsgrenzen der infrage kommenden Sanie- rungsverfahren?			❑ Ja ❑ Nein

4. Einsatz umwelt- und gesundheitsverträglicher Baustoffe und Ausbaumaterialien			
Einsatz emissionsarmer Produkte?			❑ Ja ❑ Nein
Besondere Anforderungen?			❑ Ja ❑ Nein

5. Aufwände der Nutzung (Rationelle Energieverwendung)			
Energiegerechte Bauweise: kompakte Bauweise?			❑ Ja ❑ Nein
Energiegerechte Bauweise: Baumasse zur Wärme- /Kältespeicherung heranziehen?			❑ Ja ❑ Nein

Energiegerechte Bauweise: Anteil innenliegender Räume?			❑ Ja ❑ Nein
Energiegerechte Bauweise: Anordnung von Räumen mit RLT zu lärmbelasteter Straße?			❑ Ja ❑ Nein
Energiegerechte Bauweise: Leitungswege für Versorgung von WC- und Nasszellenbereichen, Küchen usw.?			❑ Ja ❑ Nein
Niedrigenergiehausstandard/Realisierung eines hohen baulichen Wärmeschutzes?			❑ Ja ❑ Nein
Durchlüftung Siedlungsbereich/natürliche Lüftung der Gebäude?			❑ Ja ❑ Nein
Passive Solarenergienutzung?			❑ Ja ❑ Nein
Tageslichtnutzung?			❑ Ja ❑ Nein
Natürlicher sommerlicher Wärmeschutz/Vermeidung maschineller Kühlung?			❑ Ja ❑ Nein
Voraussetzung für aktive Umweltenergienutzung?			❑ Ja ❑ Nein
Biomassenutzung?			❑ Ja ❑ Nein
Integriertes Energieversorgungskonzept?			❑ Ja ❑ Nein
Anbindung an ÖPNV?			❑ Ja ❑ Nein

6. Minimierung sonstiger Aufwände bei der Nutzung

Reinigungsaufwand?			❑ Ja ❑ Nein
Wasserverbrauch?			❑ Ja ❑ Nein
Wartung/Inspektion?			❑ Ja ❑ Nein
Abwasser und Abfall?			❑ Ja ❑ Nein

7. Objektspezifische Vorgaben

			❑ Ja ❑ Nein
			❑ Ja ❑ Nein
			❑ Ja ❑ Nein
			❑ Ja ❑ Nein
			❑ Ja ❑ Nein

8. Bewertung

Ökosieb			
Ökoinventare			
Ökobilanzen			
MIPS			

Kumulierter Energieaufwand			
Parameternetz			
Break-Even-Betrachtung			
Softwarenutzung			

Schritt 2	**Ökonomie**			
Kriterium		Einheit	Vorgabe	Bemerkung
1. Grundlagen				
HNF		m²		
BGF		m²		
2. Ausgaben Bauvorhaben nach DIN 276				
100 Grundstück		€		
200 Herrichten und Erschließen		€		
300 Bauwerk-Baukonstruktion		€		
400 Bauwerk-Technische Anlagen		€		
500 Außenanlage		€		
600 Ausstattung und Kunstwerke		€		
700 Baunebenkosten		€		
Zwischensumme Investition		€		
3. Ausgaben Nutzungsphase (€/m² HNF p. a.)				
Gebäudereinigung		€/m²a		
Wasser/Abwasser		€/m²a		
Wärme		€/m²a		
Kälte		€/m²a		
Elektroenergie		€/m²a		
Bedienung, Wartung, Inspektion		€/m²a		
Sonstiges		€/m²a		
Bauunterhalt		€/m²a		
Zwischensumme Nutzungsphase		€/m²a		
4. Bewertung				

Kriterium	Einheit	Vorgabe	Bemerkung
Szenario-Methode / Roadmapping			
Risiko-Analyse			
Kosten-Nutzen-Analyse			
Break-Even-Betrachtung			

Schritt 3	Soziokulturelle Aspekte

Bewertungskriterium	Vorgabe	Bewer-tung	Eingehalten?
Allgemeine Anforderungen, die über das übliche Maß an Integration in die Umgebung und Gestaltung (Außenwirkung) und Innenraumbeziehung usw. hinaus gehen			❏ Ja ❏ Nein
Beteiligung von bildenden Künstlern			❏ Ja ❏ Nein
Umgang mit kulturhistorischen Funden			❏ Ja ❏ Nein
Denkmalgerechte Behandlung			❏ Ja ❏ Nein
Barrierefreies Bauen			❏ Ja ❏ Nein
Erhalt von Wissen und Fähigkeiten am Bau			❏ Ja ❏ Nein
Qualifizierte Arbeitsplätze			❏ Ja ❏ Nein

9   Literatur/Anmerkungen

1 Nach International Facility Management Association (IFMA) Deutschland definiert
2 GEFMA (Deutscher Verband für Facility Management e.V., Hrsg.): GEFMA-Richtlinie 100, Vorentwurf, Facility-Management – Begriffstruktur Inhalte, 07/2004, S. 16
3 eba., S. 3
4 VDMA 24196: Gebäudemanagement Begriffe und Leistungen, Beuth Verlag GmbH, Berlin 1996
5 DIN 32736: Gebäudemanagement: Begriffe und Leistungen, Beuth Verlag GmbH, Berlin 08/2000
6 Nävy, J.: Facility Management: Grundlagen, Computerunterstützung, Einführungsstrategie, Praxisbeispiel, Springer Verlag Berlin; Heidelberg; New York; Barcelona; Budapest; Hongkong; London; Mailand; Paris; Santa Clara; Singapur; Tokio 1998
7 Klammt,F.; Von Bratwurst und Frankfurtern – Unterschiede zwischen dem Facility Management in den USA und in Deutschland, in der Facility Manager, Heft 11/12/1999, **S. fehlt**
8 Zechel, P.: Facility Management in der Praxis: Herausforderung in Gegenwart und Zukunft, 4. Auflage, expert-Verlag, Wien, Linde, Renningen-Malsheim 2002
9 noch einfügen (Man. Nr. 35)
10 Luhmann, Th. (Hrsg.): Photogrammetrie und Laserscanning: Anwendung für As-bulit-Dokumentation und Facility-Management, Wichtmann, Heidelberg 2002 (Man.-Nr. 33)
11 Quelle prüfen, (Man.-Nr. 17)
12 DIN 31051: Grundlagen der Instandhaltung, Beuth Verlag GmbH, Berlin 07/2003
13 DIN 18960: Nutzungskosten im Hochbau, Beuth Berlag GmbH, Berlin 08/1999
14 Gondring, H.: Facility Management als Value-Driver, Der Facility Manager als Generalist im Wertschöpfungsprozess rund um die Immobilie, Vortrag auf dem 4. Künzelsuaer Baudialog
15 Pfnür, A.: Betriebliche Immobilienökonomie, Physica-Verlag, Heidelberg:2002
16 Greiner P; Mayer, P.E.; Stark, K.: Baubetriebslehre – Projektmangement, 2. korrig. Auflage, Friedr. Vieweg & Sohn Verlagsgesellschaft mbH, Braunschweig 2002, S.269
17 DIN EN ISO 14001: Umweltmanagementsystem – Spezifikation mit Anleitung zur Anwendung, Beuth Verlag GmbH, Berlin 1996
18 Grünzig, M.: Die Zukunft liegt am Dom, in: Frankfurter Allgemeine Zeitung (FAZ) vom 08.01.2005, S. 37
19 Deutscher Bundestag (Hrsg.): Konzept Nachhaltigkeit – Vom Leitbild zur Umsetzung; Abschlußbericht der Enquete-Kommission „Schutz des Menschen und der Umwelt" des 13. Deutschen Bundestages, Bonn 1998
20 Schade D.: Ressourcen – was ist das überhaupt?; in: Bild der Wissenschaft Heft 6/1997, S. 30 f.
21 www.rolp.thueringen.de
22 Bundesverband der deutschen Ziegelindustrie e.V. (Hrsg.): Ökologisches Bauen mit Ziegeln, Bonn, 1998
23 Bundesministerium für Umwelt, Naturschutz und Reaktorsicherheit (Hrsg.): Konzept der Bundesregierung zur Verbesserung der Luftqualität in Innenräumen"; erarbeitet von der In-

terministeriellen Arbeitsgruppe „Verbesserung der Luftqualität in Innenräumen", Bonn 1992, S.24

24 Brucker G.: Ökologie und Umweltschutz – ein Aktionsbuch; Quelle & Meyer Verlag Heidelberg, Weisbaden, 1993

25 TAE-Kolloquium „Werkstoffwissenschaften und Bauinstandsetzen" MSR, 99, Technische Akademie Esslingen, 30.11.-02.12.1999, Workshop „Ökologie und Bauinstandsetzen", 01.12.1999

26 Müller A.: Aufbereitung von Baustoffen und Wiederverwertung; Vorlesungsskript Fakultät Bauingenieurwesen, Bauhaus - Universität Weimar, WS 99/00, unveröffentlicht

27 www.horx.com, www.zukunftsinstitut.de

28 Horx, M.: Mega-Trends und Co., Vortrag anlässlich des Hindelanger Baufachkongresses am 22.01.04, unveröffentlicht

29 www.trendbuero.de

30 Bundesamt für Bauwesen und Raumordnung (BBR): Bericht nachhaltige Stadtentwicklung, Bonn 1998

31 Kohler N., Paschen H.: Stoffströme und Kosten in den Bereichen Bauen und Wohnen; Studie des Instituts für Technikfolgenabschätzung und Systemanalyse (ITAS) und des Instituts für Industrielle Bauproduktion (IfIB) im Auftrag der Enquete-Kommission, Berlin Heidelberg 1998

32 Bundesministerium für Verkehr, Bau- und Wohnungswesen: Leitfaden Nachhaltiges Bauen; Stand Januar 2001

33 Weizsäcker E.U.v., Lovins A.B., Lovins L.H.: Faktor vier – der neue Bericht an den Club of Rome; Droemersche Verlagsanstalt Th. Knaur Nachf.. München, 1997

34 Kornadt O.: Nachhaltige Entwicklung: Herausforderung und Chance für die Baubranche; Bauingenieur Band 75, Heft Jan./2000, S. 22-28

35 Kollmann H.: Ökobilanzierung; unter: http://www.mb.uni siegen.de/d/Studium/beispiel/oeko.htm (11.05.2005)

36 Kohler, N.: Grundlagen zur Bewertung kreislaufgerechter, nachhaltiger Baustoffe, Bauteile und Bauwerke; 20. Aachener Baustofftag, 3.März 1998; auch unter: http://www.ifib.uni-karlsruhe.de/web/ (11.05.2005)

37 WTA – Wissenschaftlich-Technische Arbeitsgemeinschaft für Bauwerkserhaltung und Denkmalpflege e.V. München (Hrsg.): WTA-Merkblätter, WTA-Schriften, WTA-Kompendien; unter www.wta.de

38 Huber F.: Methoden der Ökobilanzierung im Vergleich; Fachtagung „Zement und Beton" 1998, Informationstagungen „Zement und Beton" 1999, S. 28-31

39 Gleißner T., Thiel D.: Das „gesunde" Bauen geht auch die Planer an; Deutsches IngenieurBlatt, Oktober 1999, S. 37-43

40 Weber B.: Nachhaltige Entwicklung und Weltwirtschaftsordnung. Probleme – Ursachen – Lösungsmöglichkeiten, Leske und Budrich, Opladen 1998

41 Eyerer P., Reinhardt H.-W.: Ökologische Bilanzierung von Baustoffen und Gebäuden; Birkhäuser-Verlag, Basel 2000

42 Industrieverband Werktrockenmörtel e.V.: Verbandsinterne Studie „Ökologische Aspekte von Werktrockenmörtel", Stand 2000

43 Gertis E., Sedlbauer K.: Ökobilanz von Bauprodukten: Faktor Zeit muß stärker berücksichtigt werden; Bundaesbaublatt 47 (1998), H. 11, S.17-20

44 Richter K.: Ökologische Beurteilung von Bauinstandsetzungen; in: Internationale Zeitschrift für Bauinstandsetzen, 2. Jg., Heft 6, S. 505-518, 1996

45 SIA (Hrsg.): Hochbaukonstruktionen nach ökologischen Gesichtspunkten; SIA-Dokumentation 0123, Zürich 1995

46 Sedlbauer K., Kaufmann A., Seifert F.: Das bauphysikalische Verhalten bestimmt die Ökobilanzierung von Bauprodukten; IBP-Mitteilung Nr. 338 des Fraunhofer Instituts für Bauphysik, Stuttgart/Holzkirchen 1998

47 Wuppertal Institut für Klima, Umwelt, Energie: MIPS-online; Download-Bereiche der Internetseite http://www.wupperinst.org/Projekte/mipsonline (11.05.2005)

48 Schmidt-Bleek F.: Wieviel Umwelt braucht der Mensch?; Berlin-Basel-Boston: Birkhäuser, 1993

49 Schmidt-Bleek F.: Das MIPS-Konzept; Droemersche Verlagsanstalt Th. Knaur Nachf.. München, 1998

50 Bundesministerium für Verkehr, Bau- und Wohnungswesen: Leitfaden Nachhaltiges Bauen; Stand Januar 2001

51 Mandl, W.: Softwaregestützte Gebäudeplanung – Optimierung von Ökonomie und Ökologie; In: Gänßmantel J. (Hrsg.): Ökonomie und Ökologie in der Bauwerkserhaltung; WTA-Schriftenreihe Heft 26, Sonderheft zur denkmal 2004, WTA-Publications, München 2004

52 Geburtig, G.: Bauen im Bestand – Baurecht, Möglichkeiten und Grenzen, in: Bauen im Bestand – mit Holz, 4. Holzbauforum, HUSS-MEDIEN GmbH, Berlin 2004, S. 8-36

53 Pünder, Volhard, Weber & Axster: Rechtliche Erfordernisse bei der Umnutzung von Bestandsimmobilien, in: Der Syndikus, Heft Januar/Februar 2000

54 NVwZ 1998, Neue Zeitschrift für Verwaltungsrecht, 1998, S. 842 ff.

55 Lübbe, H. Die Aufdringlichkeit der Geschichte, Graz 1989

56 Steinecke, A.: Chancen und Risiken der touristischen Vermarktung des kulturellen Erbes – Eine Einführung, in: Megatrend Kultur? Chancen und Risiken der touristischen Vermarktung des kulturellen Erbes, 2. Europäisches Wissenschaftsforum auf der internationalen Tourismus-Börse in Berlin 1993 (ETI-Texte-Heft 1)

57 Schmidt, H.: Zur Entwicklung denkmalpflegerischer Richtlinien seit dem 19. Jahrhundert; in: Jahrbuch 1989 des Sonderforschungsberichtes 315 der Universität Karlsruhe 1990, S. 1-24

58 Energieeinsparverordnung (EnEV) - Verordnung über energieeinsparenden Wärmeschutz und energieeinsparende Anlagentechnik bei Gebäuden (EnEV), vom 16.11.2001, in Kraft seit 01.02.2002

59 DIN 4108-2: Wärmeschutz und Energie-Einsparung in Gebäuden, Teil 2: Mindestanforderungen an den Wärmschutz, Beuth-Verlag GmbH, Berlin Juli 2003

60 Stahr M. (Hrsg.): Praxiswissen Bausanierung; Vieweg-Verlag Braunschweig/Wiesbaden 1999

61 WTA (Hrsg.): Beurteilen von Mauerwerk – Mauerwerksdiagnostik, Merkblatt 4-5-99/D, WTA-Publications, Freiburg 1999

62 WTA (Hrsg.): Der Echte Hausschwamm – Erkennung, Lebensbedingungn, vorbeugende Maßnahmen, bekämpfende chemische Maßnahmen, Leistungsverzeichnis, Merkblatt E-1-2-03/D, WTA-Publications, München 2004

63 Wießner, J.: Sanierung von Pilzbefall in Holz und Wand; Veröffentlichung im Download-Bereich der Internetseite www.jochenwiessner.de

64 Wießner, J.: Fachwerksanierung aus der Sicht des Holzschutzsachverständigen, Veröffentlichung im Download-Bereich der Internetseite www.jochenwiessner.de

65 Sypra, W.; Meyer, S.: Evakuierungsübungen in Cottbus, Brandschutz im Gebäudemanagement, in: Deutsche BauZeitschrift (DBZ) Brandschutz 2/2004, bauverlag, Gütersloh 2004

66 International Facility Management Association (IFMA, Hrsg.): Benchmarkingreport 2003, www.ifma-deutschland.de

67 „Neue Gebäude haben hohe Nutzungskosten" in Beratende Ingenieure Heft 11/12 2004, S. 38, Springer-VDI-Verlag

68 Paul, E.: Bewertungsmethoden im Kontext der funktionalen Werttheorie, in: Grundstücksmarkt und Grundstückswert (GuG) Nr. 2/1998, S. 84 – 92

69 Bundesministerium für Verkehr, Bau und Wohnungswesen (Hrsg.): Leitfaden Nachhaltiges Bauen, Stand Januar 2001, 1. Nachdruck

70 Rößler, S.: Wirtschaftlichkeitsbetrachtung Eigenbewirtschaftung vs. Fremdbewirtschaftung am Standort Steubenstraße, Bauhaus-Universität Weimar, Dezernat Planung und Bau in Zusammenarbeit mit dem Hochschulzentrum Liegenschaftsmanagement, Weimar 2003, unveröffentlicht

71 DIN EN ISO 8402, Ausgabe 1995-08 „Quality management and quality assurance – Vocabulary"

72 DIN 55350-11: Begriffe zu Qualitätsmanagement und Statistik - Teil 11: Begriffe des Qualitätsmanagements, Beuth Verlag GmbH, Berlin 08/1995

73 DIN EN ISO 9000: Qualitätsmanagementsysteme - Grundlagen und Begriffe (ISO 9000:2000), Beuth Verlag GmbH, Berlin, 12/2000

74 Oswald R., Abel R.: Hinzunehmende Unregelmäßigkeiten bei Gebäuden; Bauverlag Wiesbaden und Berlin 2000 (2. Auflage)

75 Zimmermann: Bauschadenssammlung; Band 1-13; Fraunhofer-IRB-Verlag Stuttgart

76 Wild, C.: Einsatz von Internettechnologien in der Gebäudeleittechnik – Stand der Technik und Ausblick, in Tagungsband Messe und Kongress Düsseldorf 20. – 22.05.2003 Facility Management, VDE VERLAG GMBH, Berlin und Offenbach 2003, S. 235 - 239

77 Rader, M.: Einsatz und Grenzen von XML-Web Services in der Gebäudeautomation - Praxisbeispiele, in: Tagungsband Messe und Kongress Düsseldorf 20.-22.05. 2003 Facility Management, VDE VERLAG GMBH, Berlin und Offenbach 2003, S. 241 – 254

78 GFR Hrsg.): Systemlösungen für Gebäudemanagement und Gebäudeautomation Verl, 2004

79 Henzelmann, T.: Energiemanagement, in: Schulte, K.-W. (Hrsg.): Facilities Management, Rudolf Müller GmbH & Co. KG, Köln 2000, S. 175

80 Gesamtenergieeffizienz von Gebäuden: Richtlinie 2002/91/EG des Europäischen Parlaments und des Rates vom 16. Dez. 2002

81 Lambrecht, K.: Gesamtenergieeffizienz von Gebäuden, EU-Richtlinie setzt neue Maßstäbe bei Bau, Kauf und Vermietung, in: Deutsches Architektenblatt 3/04, 2004

82 Hegner,: EnEV 2006, www.enev-online.de Quelle ergänzen

83 DIN 18599: Energetische Bewertung von Gebäuden, erscheinen wahrscheinlich Juli 2005

84 Gänßmantel, J.; Geburtig, G.; Essmann, F.: EnEV und Bauen im Bestand, HUSS-MEDIEN GmbH, Berlin 2005

85 Arbeitskreis Energieberatung (Hrsg.): Energieberatung, Energieeinsparung und Energieeffizienzen, Info-Blatt 8, Erfurt 2003

86 www.th-online.de, www.dmwi.de

87 www.kfw.de

88 Fachartikelsammlung „Energie effizient nutzen", Fraunhofer Institut für Systemtechnik und Innovationsforschung (ISI), Online verfügbar unter: http://www.isi.fhg.de/e/publication/fachartikel/haupt.htm.

89 Fachinformationszentrum Karlsruhe-Projektgruppe Energie und Umwelt, Informationen unter : http://www.fiz-karsruhe.de/peu

90 Wanke, A.; Trenz, S.: Energiemanagement für mittelständische Unternehmen, Fachverlag Deutscher Wirtschaftsdienst GmbH & Co. KG, Köln 2001

91 Energieeinspargesetz (EnEG) – Gesetz zur Einsparung von Energie in Gebäuden: vom 22.Juli 1976 (BGBl I S. 1873, 1978), geändert durch das Erste Änderungsgesetz vom 20. Juni 1980 (BGBl. I S. 701, 1980)

92 www.nrw.ea.de

93 Portal für Energiesparen und Erneuerbare Energien, http://www.THEMA-ENERGIE.DE

94 Völkermann, M.: Chancen für Facility Managementanbieter durch „Public Privat Partnerships (PPP)", in: Tagungsband Facility Management, Messe und Kongress Düsseldorf 20. – 22.05.2003, VDI-Verlag GmbH, Berlin 2003, S. 48

95 Parlamentarierbrief des Hauptverbandes der Deutschen Bauindustrie e.V., Symposium „Privatwirtschaftliche Realisierung öffentlicher Hochbaumaßnahmen", 07. November 2002 in Weimar

96 AWV – Arbeitsgemeinschaft für wirtschaftliche Verwaltung e.V.; im Auftrag des Bundesministeriums für Wirtschaft und Arbeit (Hrsg.): Public Privat Partnership, Ein Leitfaden für öffentliche Verwaltung und Unternehmer, Dokumentation, 2. Auflage, Eschborn 2003

97 Unterlagen zum Symposium „Privatwirtschaftliche Realisierung öffentlicher Hochbaumaßnahmen", 07. November 2002 in Weimar

98 Alfen, : Symposium „Privatwirtschaftliche Realisierung öffentlicher Hochbaumaßnahmen", 07. November 2002 in Weimar

99 Gerner, M.; Rübesam H.; Hauer, Ch.: Die wirtschaftlichen Auswirkungen der Denkmalpflege, Studie des Detuschen Handwerks für Handwerk und Denkmalpflege, Probstei Johannesberg Fulda e.V. (Hrsg.), Fulda 1997

100 Carl-Zeiss Jena GmbH

101 Zipfel, H.: Optimierung der Energieprozesse in einem mehrgeschossigen Industriebau, Vortrag auf der Tagung des Arbeitskreises Energieberatung des Freistaates Thüringen am 05. April 2004 in Weimar, unveröffentlicht

102 Lutz, S.; Jenisch, R.; et al: Lehrbuch der Bauphysik, B. G. Teubner GmbH, Stuttgart/Leipzig/Wiesbaden 1984, 5. Auflage 2002

103 DIN 18550-3 Putz - Teil 3: Wärmedämmputzsysteme aus Mörteln mit mineralischen Bindemitteln und expandiertem Polystyrol (EPS) als Zuschlag; Beuth Verlag GmbH, Berlin März 1991

104 WTA (Hrsg.): Beurteilung und Instandsetzung gerissener Putze an Fassaden; WTA-Merkblatt 2-4-94/D

105 WTA (Hrsg.): Sanierputzsysteme; WTA-Merkblatt 2-2-91/D; siehe www.wta.de

106 Weizsäcker E.U.v., Lovins A.B., Lovins L.H.: Faktor vier – der neue Bericht an den Club of Rome; Droemersche Verlagsanstalt Th. Knaur Nachf.. München, 1997

107 Bundesministerium für Verkehr, Bau- und Wohnungswesen: Leitfaden Nachhaltiges Bauen, Stand Januar 2001

108 Riess K.H.: Dämmstoffvergleich; unter: http://www.bau.com/forum/bio/174.htm (27.07.02)

109 IWM Industrieverband Werkmörtel e.V. Duisburg: Verbandsinterne Studie "Ökologische Aspekte von Werktrockenmörtel", Stand 2000

110 Baunutzungsverordnung-BauNVO in der Fassung der Bekanntmachung vom 23.01.1990 (BGBl. I S.132, geänd. Durch Einigungsvertrag v. 31.08.1990, BGBl. II S. 899, 1124) (BGBl. III 213-1-2)

111 Materialforschungs- und Prüfungsanstalt (MfPA) Weimar: Prüfbericht Nr. B 11/1430-99, Bearb.: Tribius, Rost, Weimar Dezember 1999, unveröffentlicht

112 HIS (Hrsg.): Stellung der Hochschulen im Liegenschaftsmanagement der Länder, Hannover 4/2001

113 HIS-Studie, Gebäudemanagement in den Hochschulen am Standort Weimar, Hannover Juli 2002, unveröffentlicht

114 Weller, R.; Opitc`, M.: Vom Planer zum Berater, in: Deutsches IngenieurBlatt Oktober 2003, S. 16 – 24

115 Krimmling, J.; Strauß, R.: Die Gestaltung von Gebäuden aus Sicht des Facility Managements, in: HLM, Bd. 54 (2003) Nr. 3, März

116 Narber, S.: Planung unter Berücksichtigung der Baunutzungskosten als Aufgabe des Architekten im Feld des Facility Management, Peter Lang GmbH Europäischer Verlag der Wissenschaften, Frankfurt am Main 2002

117 Dietrichs, J. C.: Kostensicherheit im Hochbau, Essen 1984, S. 30

118 www.ephorie.de

119 Bundesministerium für Verkehr, Bau- und Wohnungswesen: Leitfaden Nachhaltiges Bauen, Stand Januar 2001

120 Fraunhofer-Institut für Bauphysik (IB): EPIQR 1.: Software zur Gebäudediagnose; Holzkirchen 1999

121 KANIS – Computer und Software – Ingenieurbüro für Computeranwendung: Liegenschaftsinformtionssystem ARCHIKART; Vertriebsinformation 2.0 zu „FM in ARCHIKART"; Februar 2004; im Internet unter www.archikart.de

122 Stahr M.: Praxiswissen Bausanierung; Friedr. Vieweg & Sohn Verlagsgesellschaft mbH, Braunschweig/Wiesbaden 1999

123 TÜV Süddeutschland München/Wert-Konzept-Berlin KG Berlin (Hrsg.): Checkliste Altbau

124 WTA-Publications (Hrsg.): WTA-Merkblatt 4-5-99/D: Beurteilung von Mauerwerk - Mauerwerksdiagnostik; Wissenschaftlich-Technische Arbeitsgemeinschaft für Bauwerkserhaltung und Denkmalpflege e.V. (WTA), München; Ausgabe 1999

125 WTA-Publications (Hrsg.): WTA-Merkblatt 8-2-96/D: Fachwerkinstandsetzung nach WTA II – Checkliste zur Instandsetzungsplanung und -durchführung; Wissenschaftlich-Technische Arbeitsgemeinschaft für Bauwerkserhaltung und Denkmalpflege e.V. (WTA), München; Ausgabe 1996

DIN Normen zum Facility Management

Nr.	Titel
32736	Gebäudemanagement; Begriffe und Leistungen; Ausgabe 2000-12
31051	Grundlagen der Instandhaltung; Ausgabe 2003-07
31052	Instandhaltung: Inhalt und Aufbau von Instandhaltungsanleitungen; Ausgabe 1981-06
18960	Nutzunmgskosten im Hochbau; Ausgabe 1999-08
276	Kosten im Hochbau; Ausgabe Juni 1993
277	Grundflächen und Rauminhalte von Bauwerken im Hochbau; Ausgabe 1987-06
4109	Schallschutz im Hochbau; Anforderungen und Nachweise; Ausgabe 1989-11 mit Berichtigung 1; Ausgabe 1992-08; Beiblatt 1 und 2; Ausgabe 1989-11
4109/A1	Schallschutz im Hochbau; Anforderungen und Nachweise Änderung A1; Ausgabe 2001-01
EN ISO 14001	Umweltmanagementsystem – Spezifikation mit Anleitung zur Anwendung;1996
4108-2	Wärmeschutz und Energie-Einsparung in Gebäuden, Teil 2: Mindestanforderungen an den Wärmeschutz; Ausgabe 2003-07
EN ISO 8402	Quality managements and quality assurance – Vocabulary; Ausgabe 1995-08
55350-11	Begriffe zu Qualitätsmanagement und Statistik, Teil 11: Begriffe des Qualitätsmanagements; Ausgabe 1995-08
EN ISO 9000	Qualitätsmanagement-Systeme; Grundlagen und Begriffe; Ausgabe 2000-12
EN ISO 9001	Qualitätsmanagement-Systeme; Forderungen; Ausgabe 2000-12
V 18599	Energetische Bewertung von Gebäuden
V 4108-4	Wärmeschutz und Energie-Einsparung in Gebäuden, Teil 4: Wärme- und feuchteschutztechnische Bemessungswerte; Ausgabe 2004-07
EN 832	Berechnung des Heizenergiebedarfs, Wohnungen, Ausgabe 2003-06
EN 1745	Mauerwerk und Mauerwerksprodukte-Verfahren zur Ermittlung von Wärmeschutzrechenwerten, Ausgabe 2002-08
V 4108-6	Wärmeschutz und Energie-Einsparung in Gebäuden, Teil 6: Berechnung des Jahresheizwärme- und des Jahresheizenergiebedarfs; Ausgabe 2003-06 mit Korrektur Ausgabe 2004-03

EN 12354   Bauakustik-Berechnung der akustischen Eigenschaften von Gebäuden aus
             den Bauteileigenschaften Teil 1, Ausgabe 2000-12, Teil 2 und 3, Ausgabe
             2000-09, Teil 4, Ausgabe 2000-04, Teil 6, Ausgabe 2004-04

18205   Bedarfsplanung im Bauwesen; Ausgabe 1996-04

EN 13306   Begriffe der Instandhaltung; Ausgabe 2001-09

GEFMA- Richtlinien zu Facility Management und Sanierung

Nummer	Titel / Titelblatt	Status	Datum	Bemerkung
Gruppe 100	**Begriffe & Leistungsbilder**			
GEFMA 100-1	Facility Management Grundlagen	Entwurf	2004-07	
GEFMA 100-2	Facility Management Leistungsspektrum	Entwurf	2004-07	
GEFMA 108	Betrieb-Instandhaltung-Unterhalt von Gebäuden und gebäudetechnischen Anlagen; Begriffsbestimmungen	Entwurf	1998-04	zurückgezogen; Überarbeitung läuft
GEFMA 110	Leitung Facility Management; Leistungsbild	Arbeitspapier	1996-12	nur für GEFMA-Mitglieder; Bearbeitung ruht
GEFMA 122	Betriebsführung von Gebäuden, gebäudetechnischen und Außenanlagen	Entwurf	1996-12	zurückgezogen; Überarbeitung läuft
GEFMA 122	Betriebsführung im FM; Definitionen, Leistungsbild	--	2004	Bearbeitung läuft
GEFMA 124	Energiemanagement; Leistungsbild	Arbeitspapier	2001-12	nur für GEFMA-Mitglieder; Bearbeitung ruht
GEFMA 126	Inspektion und Wartung im FM; Definitionen; Leistungskatalog	--	2004	Bearbeitung läuft
GEFMA 130	Flächenmanagement; Leistungsbild	Entwurf	1999-06	verfügbar; Überarbeitung läuft
GEFMA 134	Schutz & Sicherheit im FM	-	-	Bearbeitung läuft
GEFMA 170	Marketing im FM	-	-	Vorbereitung läuft
GEFMA 180	FM-gerechte Neubauplanung; Leistungsbild	Arbeitspapier	2002-01	nur für GEFMA-Mitglieder; Bearbeitung ruht

GEFMA 182	Gebäude- und Anlagen-kennzeichnung; Empfeh-lungen, Anwendungsbei-spiele	Arbeitspa-pier	2001-01	zurückgezogen
GEFMA 186	Mängelansprüche (Gewähr-leistung) im FM	-	-	Bearbeitung läuft
GEFMA 190	Betreiberverantwortung im FM	Ausgabe	2004-01	-
GEFMA 192	Risikomanagement im FM	-	-	Vorbereitung läuft
GEFMA 194	Haftung & Versicherung im FM	-	-	Vorbereitung läuft
Gruppe 200	**Kosten, Kostenrechnung, Kostengliederung, Kos-tenerfassung**			
GEFMA 200	Kosten im FM; Kostenglie-derungsstruktur zu GEFMA 100	Entwurf	2004-07	
GEFMA 210	Betriebs- und Nebenkosten im gewerblichen Mietwesen (gemeinsam mit gif Gesell-schaft für immobilienwirt-schaftliche Forschung e.V.)	-	2004	Bearbeitung läuft, Arbeitspapier für Mitglieder verfüg-bar
GEFMA 220	Lebenszykluskostenrech-nung im FM; Grundlagen	-	-	Bearbeitung läuft
GEFMA 230	Prozesskostenrechnung im FM; Grundlagen	-	-	Bearbeitung läuft
GEFMA 240	Prozessbummernsystem; Struktur und Anwendung	-	-	Bearbeitung läuft
Gruppe 300	**Benchmarking**			
GEFMA 300	Benchmarking im FM; Bezugsgrößen, Anwendung	Arbeitspa-pier	1996-06	nur für GEFMA-Mitglieder; Bear-beitung ruht
Gruppe 400	**CAFM**			
GEFMA 400	Computer Aided Facility Management CAFM; Beg-riffsbestimmungen, Leis-tungsmerkmale	Ausgabe	2002-04	-

GEFMA 402	Software für das Energie-management; Klassifizie-rung und Funktionalitäten	Entwurf	1999-12	-
GEFMA 410	Schnittstellen zur IT-Integration von CAFM-Software	Ausgabe	2004-03	
GEFMA 420	Einführung eines CAFM-Systems	Ausgabe	2003-04	-
GEFMA 430	Datenbasis und Datenma-nagement in CAFM-Systemen	Entwurf	2004-12	
Gruppe 500	**Ausschreibung und Ver-tragsgestaltung bei Fremdvergaben von Dienstleistungen**			
GEFMA 500	Outsourcing im FM; Hin-weise für Ausschreibung und Vertragsgestaltung	Entwurf	1996-12	zurückgezogen
GEFMA 502	FM-Vertrag; Entwicklung und Struktur eines Vertra-ges für das Outsourcing von FM-Diensten	Entwurf	2000-09	zurückgezogen; Überarbeitung läuft
GEFMA 510	Mustervertrag Gebäudema-nagement	Version 1.1.	2004-11	-
GEFMA 520	Muster-LV Gebäudemana-gement			Bearbeitung läuft
GEFMA 530	Paket: Mustervertrag und LV-Gebäudemanagement			Lieferung LV-GM nach Erscheinen
Gruppe 600	**Berufsbilder; Aus- und Weiterbildung im FM**			
GEFMA 604	Zertifizierungsverfahren in Übereinstimmung mit den Richtlinien 620 und 630	Ausgabe	2001-12	-
GEFMA 608	Entwicklung von Unterrichtskonzepten für den Lehrbereich FM	Entwurf	1998-12	zurückgezogen; Überarbeitung läuft
GEFMA 610	FM-Studiengänge	Ausgabe	2005-01	-
GEFMA 620	Ausbildung zum Fachwirt FM (GEFMA)	Entwurf	2001-12	-

GEFMA 622	Fachwirt für FM; Prüfungsordnung	Stand	2004-04	-
GEFMA 630	Ausbildung zum Faciliy Management Agent (GEFMA)	Entwurf	1998-12	-
GEFMA 650-1	FM Grundbegriffe; Skriptum für Lehre	Ausgabe	2005-01	-
GEFMA 650-2	FM Grundbegriffe; Foliensatz zur Vorlesung	Ausgabe	2005-01	-
Gruppe 700	**Qualitätsaspekte**			
GEFMA 700	Qualitätsorientiertes FM auf der Grundlage der E DIN EN ISO 9000 und 9001	Entwurf	2000-03	-
Gruppe 900	**Sonstiges**			
GEFMA 900	Gesetze, Verordnungen, UVVorschriften FM	Stand	2005-01	-
GEFMA 900.xls	GEFMA 900 als editierbares Excel-Arbeitsblatt	Stand	2004-01	nur für GEFMA-Mitglieder
GEFMA 910	Normen und Richtlinien FM	Stand	2005-01	-
GEFMA 910.xls	GEFMA 910 als editierbares Excel-Arbeitsblatt	Stand	2004-01	nur für GEFMA-Mitglieder
GEFMA 920	Publikationsverzeichnis FM	Stand	2004-04	-
GEFMA 922-1	Dokumente im FM: Gesamtverzeichnis mit Quellentexten	Stand	2004-09	-
GEFMA 922-2	Dokumente im FM: Gesamtverzeichnis in Kurzform	Stand	2004-09	-
GEFMA 922-3	Dokumente im FM: Gesetzlich geforderte Dokumente	Stand	2004-09	-
GEFMA 922-4	Dokumente im FM: Dokumente der HOAI (1996)	Stand	2004-09	-
GEFMA 922-5	Dokumente im FM: Dokumente der VOB/C (2002)	Stand	2004-09	-
GEFMA 922-6	Dokumente im FM: Abnahmedokumente für Bauherren	Stand	2004-09	-

GEFMA 922-7	Dokumente im FM: Dokumente für das Objektmanagement	Stand	2004-09	-
GEFMA 922-8	Dokumente im FM: Dokumente für das Betreiben	Stand	2004-09	-
GEFMA 922.xls	GEFMA 922 als editierbares Excel-Arbeitsblatt	Stand	2004-09	nur für GEFMA-Mitglieder
GEFMA 940	Marktübersicht CAFM	5. Auflage	2003-05	zurückgezogen, Überarbeitung läuft
GEFMA 950	Marktstruktur FM 2000	Ausgabe	2000-02	zurückgezogen
GEFMA 960	Marktübersicht Gebäudemanagement-Dienstleister	Ausgabe	2002-09	zurückgezogen
GEFMA 970	Marktübersicht Gebäudeautomation	Ausgabe	2003-10	-
GEFMA 980	Trend-Studie für Facility Management 2003	Ausgabe	2003-11	-

WTA-Merkblätter (Auswahl)

Merkblatt-Nr.   **Titel**

Holzschutz

1-2-03/D   Der Echte Hausschwamm (Entwurf; Erstausgabe 1-2-91/D)

Oberflächentechnologie

2-9-04/D   Sanierputzsysteme (Entwurf; Erstausgabe 2-2-91/D)

2-4-94/D   Beurteilung und Instandsetzung gerissener Putze an Fassaden

2-5-97/D   Anti-Graffiti-Systeme

Naturstein

3-10-97/D   Natursteinrestaurierung nach WTA XII:

Zustands- und Materialkataster an Natursteinbauwerken

3-11-97/D   Natursteinrestaurierung nach WTA III:

Steinergänzung mit Restauriermörteln/Steinersatzstoffen

3-12-99/D   Natursteinrestaurierung nach WTA IV: Fugen

3-13-01/D   Zerstörungsfreies Entsalzen von Naturstein und anderen porösen

Baustoffen mittels Kompressen

Mauerwerk

4-3-98/D   Instandsetzen von Mauerwerk – Standsicherheit/Tragfähigkeit

4-4-04/D   Mauerwerksinjektion gegen kapillare Feuchtigkeit

4-5-99/D   Beurteilung von Mauerwerk – Mauerwerksdiagnostik

4-6-03/D   Nachträgliches Abdichten erdberührter Bauteile

(Entwurf; Erstausgabe 4-6-91/D)

4-7-02/D   Nachträgliche Mechanische Horizontalsperren

4-11-02/D   Messung der Feuchte bei mineralischen Baustoffen

Beton

5-1-99/D   Wartung von Betonbauwerken: Musterwartungsvertrag

5-5-90/D   Qualitätssicherung bei Instandsetzungsmaßnahmen an Betonbauwerken

5-6-99/D   Bauwerksdiagnose

5-7-99/D	Prüfen und Warten von Betonbauwerken
5-15-03/D	Schutz und Instandsetzen von Beton: Leistungsbeschreibung

Physikalisch-Chemische Grundlagen

6-1-01/D	Leitfaden für hygrothermische Simulationsberechnungen
6-2-01/D	Simulation wärme- und feuchtetechnischer Prozesse

Fachwerk

8-1-03/D	Fachwerkinstandsetzung nach WTA I:
	Bauphysikalische Anforderungen an Fachwerkgebäude
8-2-96/D	Fachwerkinstandsetzung nach WTA II:
	Checkliste zur Instandsetzungsplanung und -durchführung
8-8-00/D	Fachwerkinstandsetzung nach WTA VIII:
	Tragverhalten von Fachwerkgebäuden
8-9-00/D	Fachwerkinstandsetzung nach WTA IX:
	Gebrauchsanweisung für Fachwerkhäuser
8-12-04/D	Fachwerkinstandsetzung nach WTA XII:
	Brandschutz bei Fachwerkgebäuden

Sachwortverzeichnis